U0229773

高效Web
前端开发之路 YUI 3.15

Yahoo User Interface library

◎ 钱伟 刘艳春 编著

清华大学出版社
北 京

内 容 简 介

  JavaScript 是一种最初由 Netscape 的 LiveScript 发展而来的面向对象的 Web 脚本语言，被 ECMA 国际定义为国际化标准——ECMAScript。JavaScript 具有使用局限性。在 Web 方面，其必须与各种 DOM 技术结合才能发挥作用。因此，一些具有开拓创新精神的开发者们便开发出了各种丰富的第三方框架，通过第三方的支持代码实现浏览器兼容性的统一、代码的简化以及功能的增强。

  本书作者便是在此背景下，以国外最优秀的 JavaScript 框架之一——Yahoo User Interface Library（简称 YUI）的最新版本 YUI 3.15 为基础编写而成。本书通过通俗易懂的语言和大量丰富的实例，帮助读者解决实际生产环境中的各种问题。

  本书适用于 YUI 工程师，也可以作为教材供高校师生学习使用。

图书在版编目（CIP）数据

高效 Web 前端开发之路——YUI 3.15 / 钱伟，刘艳春编著. —北京：清华大学出版社，2015
ISBN 978-7-302-38393-2

Ⅰ. ①高⋯　Ⅱ. ①钱⋯ ②刘⋯　Ⅲ. ①JAVA 语言-程序设计　Ⅳ. ①TP312

中国版本图书馆 CIP 数据核字（2014）第 250896 号

组稿编辑：夏兆彦
文稿编辑：张　阳
责任校对：胡伟民
责任印制：何　芊

出版发行：清华大学出版社
   网 址：http://www.tup.com.cn，http://www.wqbook.com
   地 址：北京清华大学学研大厦 A 座   邮 编：100084
   社 总 机：010-62770175   邮 购：010-62786544
   投稿与读者服务：010-62776969，c-service@tup.tsinghua.edu.cn
   质 量 反 馈：010-62772015，zhiliang@tup.tsinghua.edu.cn
印 刷 者：清华大学印刷厂
装 订 者：三河市新茂装订有限公司
经 销：全国新华书店
开 本：185mm×260mm   印 张：24.75   字 数：620 千字
版 次：2015 年 1 月第 1 版   印 次：2015 年 1 月第 1 次印刷
印 数：1～3500
定 价：49.00 元

产品编号：058679-01

前　　言

　　JavaScript 是一种基于原型继承的、面向对象的动态 Web 脚本语言，其被广泛应用于多种 Web 平台，是目前最流行的 Web 前端编程语言，也是 Web 标准化的三驾马车——结构标准化（XHTML 1.0）、表现标准化（CSS 2.1）以及行为标准化（ECMAScript）中 ECMAScript 的具体化形式。使用 JavaScript，开发者可以编写功能强大的脚本。在当下以用户体验为核心的开发大环境下，JavaScript 具有重要的作用。但是作为一种弱类型、无具体对象操作功能的脚本语言，JavaScript 也具有先天的不足，其必须借助其他的对象模型（例如 XHTML DOM、HTML DOM 或 XML DOM）来操作各种 Web 元素，因此在使用 JavaScript 时，必须考虑各种 Web 浏览器对 JavaScript 本身的解析，以及对 DOM 的表现方式。这也是 JavaScript 难于使用的根本原因。

　　基于以上原因，众多具有开拓创新精神的 JavaScript 开发者们编写了各种各样的第三方 JavaScript 框架。这些框架的共同点就是通过插件的方式，为普通开发者提供简化的语法以及具有良好封装的接口，供普通开发者快速调用预置的模块，提高开发效率，降低兼容性 BUG 产生的几率。

　　目前，常见的 JavaScript 第三方框架包括大名鼎鼎的 JQuery、Prototype、Ext JS、Dojo 和 YUI 等。这些第三方框架各有各的侧重点：JQuery 注重简洁和高效，但在功能上相比一些老的框架尚有不足；Prototype 注重代码的优雅，基于底层，易学易用，体积精简，但功能较弱；Ext JS 的特点是高性能，具有可定制的 Web UI 控件库、丰富的文档和可扩展的组件模型，但学习难度较大；Dojo 是目前功能最强大的 JavaScript 框架，具有强大的界面和特效封装，但使用较难，语法增强方面较弱。

　　相比而言，YUI 以 DOM 脚本来简化 Web 开发，并提供大量高交互性的可视化元素，同时学习难度较 Ext JS 和 Dojo 等较小。总体而言，YUI 是一种极其优秀的第三方框架。由于其有 Yahoo 的开发团队维护，因此在版本更新维护方面也比较稳定，不断地推出新版本，由此产生了诸多的拥趸。

　　本书将以 YUI 3.15 版本的框架为基础，通过通俗易懂的语言和大量丰富的实例，帮助读者解决实际生产环境中的各种问题，提高 Web 前端的开发效率。

1. 目标读者

　　本书作为一款 YUI 框架的入门图书，主要面向具有较强学习能力或一定编程基础的初学者，初学者可以按照篇目顺序依次阅读和学习，逐渐掌握前端开发的基础技术和 YUI 框架的实用开发技术。

　　当然，在阅读本书之前，读者如果能对 XHTML/HTML 或 XML 等标记语言和 CSS 样式表具有一定的了解，具备一定的 JavaScript 基础知识和一些面向对象程序设计理论知识，则在理解本书讲述的各种程序开发思路时，会更得心应手。

如果读者已经具有相当水准的 Web 开发基础或已经熟练掌握一般前端开发技术，则可以直接跳过第一篇，从第二篇中的后半部分开始学习，或者直接学习第三篇的 YUI 框架内容。相信通过第三篇正文中的大量具体实例，读者可以非常容易地了解 YUI 框架的特点以及开发方式。

2. 主要内容

第一篇作为全书的开篇，简要介绍了 Web 开发的各种理论基础，以及采用的相关静态技术，包括 HTML、CSS 等，帮助开发者了解前端界面的显示方法。

第二篇通篇承上启下，介绍了 Web 前端交互的相关背景，以及 Javascript 脚本语言的语法、基本开发方式、面向对象的程序设计以及 Web 开发中采用的其他交互技术，如浏览器对象、HTML DOM 以及前端事件的处理等，为开发者们学习 YUI 框架打下基础。

第三篇以较大的篇幅详细介绍了 YUI 框架的基本知识，加载和使用 YUI 的模块，自定义模块和 YUI 辅助工具，以及使用 YUI 框架处理 DOM 元素和节点、处理增强事件、操作样式表等前端交互的方式。最后，还重点介绍了使用 YUI 框架来实现前后端异步数据交互的方法。通过这些内容，开发者可以与后端程序员配合开发出完整的 Web 项目。

全书以阶梯的方式逐级介绍各种相关知识，由浅入深，由易至难，但又结构清晰。用户可以根据实际的需要，选择性地阅读相关篇章即时补充知识，满足生产环境的需求。

3. 学习准备工作

在学习本书所讲解的内容时，读者需要有一台可以联接互联网的计算机，并安装 Windows 或 Mac OS 操作系统。除此之外，读者还应在操作系统中安装以下几款软件，包括至少一款主流的 Web 浏览器（例如 Internet Explorer 8.0、Firefox 3、Opera 10 或它们的更新版本）、一款文本编辑器（Notepad ++）或其他有效的开发平台工具（Dreamweaver、Zend Studio、Eclipse 或 WebStorm 等）。本书所有实例均采用 WebStorm 开发。如果读者需要使用 Ajax 前后端交互功能，则需要安装服务器端软件（例如 Apache、IIS）、PHP 编译器以及数据库软件（MySQL、SQL Server）等，并正确地配置服务器环境。

在学习 YUI 框架时，读者可能会频繁使用浏览器调试工具（例如 Internet Explorer 自带的 IE 开发人员工具、Firefox 的 Firebug 插件或 Opera 的 DragonFly 工具）。在选择了对应的 Web 浏览器后，需要确认这些浏览器调试工具可以正常工作。

4. 示例源代码

示例源代码本身仅仅是向开发者介绍某种需求的应对方法。基于篇幅的限制，在本书的正文中，可能不会提供全部的示例代码，而仅仅提供其中最重要的部分，而对于这些纯数据性的内容，开发者可以根据代码的结构自行补充或将其忽略。

5. 勘误声明

尽管本书作者已竭尽所能地勘察校验，但是错误总是难以避免。如果读者在本书中找到了错误，例如文法错误或代码错误，请告知本书作者，以便作者能够尽快改正错误，在此致以由衷的感谢。

　　除了封面署名人员之外，参与本书编写的人员还有李海庆、王咏梅、王黎、汤莉、倪宝童、赵俊昌、康显丽、方宁、郭晓俊、杨宁宁、王健、连彩霞、丁国庆、牛红惠、石磊、王慧、李卫平、张丽莉、王丹花、王超英、王新伟等。在编写过程中难免会有漏洞，欢迎读者通过清华大学出版社网站 www.tup.tsinghua.edu.cn 与我们联系，帮助我们改正提高。

编者

目　　录

第 1 篇　筑基篇

第 1 章　Web 开发基础 2

1.1　什么是 Web 2

   1.1.1　WWW 的产生 2

   1.1.2　万维网的发展 3

   1.1.3　Web 终端的多样化与 Web 项目开发 3

1.2　Web 前端开发技术基础 4

   1.2.1　Web 站点的构成 4

   1.2.2　Web 开发标准 5

   1.2.3　Web 前端技术的松耦合 8

1.3　Web 开发工具 9

   1.3.1　Dreamweaver 系列开发工具 10

   1.3.2　Eclipse 系列及其衍生品 10

   1.3.3　WebStorm 系列 13

1.4　着手开发 Web 项目 14

   1.4.1　Web 项目开发模式 14

   1.4.2　项目分工与协作 17

   1.4.3　项目代码规范 19

1.5　项目代码的管理 30

   1.5.1　版本控制工具 30

   1.5.2　常用版本控制工具 32

   1.5.3　版本操作规范 34

1.6　项目代码的调试 35

   1.6.1　Firebug 35

   1.6.2　F12 开发人员工具 38

   1.6.3　JSLint 及 JSHint 40

1.7　小结 41

第 2 章　Web 元素的结构 43

2.1　XHTML 结构语言基础 43

   2.1.1　文档类型声明 43

   2.1.2　标记 44

      2.1.3   属性 ··· 46

      2.1.4   属性和属性值的写法 ····························· 48

      2.1.5   注释 ··· 49

  2.2 文档结构标记 ··· 49

      2.2.1   文档头标记 ····································· 49

      2.2.2   文档主体标记 ································· 52

      2.2.3   框架集标记 ····································· 52

  2.3 文档的布局 ··· 54

      2.3.1   文档节布局 ····································· 54

      2.3.2   定义列表布局 ································· 55

      2.3.3   无序列表布局 ································· 55

  2.4 语义元素 ··· 56

      2.4.1   块语义元素 ····································· 56

      2.4.2   内联语义元素 ································· 59

  2.5 表格元素 ··· 60

      2.5.1   表格标记 ··· 60

      2.5.2   简单表格 ··· 61

      2.5.3   完整表格 ··· 63

  2.6 交互元素 ··· 65

      2.6.1   表单 ··· 65

      2.6.2   标签与数据集合组件 ····················· 66

      2.6.3   输入组件 ··· 67

      2.6.4   列表菜单组件 ································· 70

      2.6.5   文本字段组件 ································· 72

  2.7 小结 ··· 73

第 3 章   **Web 元素的显示** ··· 74

  3.1 结构和样式的松耦合 ··· 74

  3.2 使用样式表 ··· 75

      3.2.1   外部样式表 ····································· 75

      3.2.2   内部样式表 ····································· 77

      3.2.3   内联样式表 ····································· 78

      3.2.4   注释 ··· 78

  3.3 选择 Web 元素 ··· 80

      3.3.1   基本选择器 ····································· 80

      3.3.2   伪选择器 ··· 83

      3.3.3   选择器的优先级 ····························· 85

      3.3.4   选择方法 ··· 86

  3.4 属性和属性值 ··· 89

      3.4.1   样式代码的写法 ····························· 89

　　　3.4.2　属性值的类型 ··· 90
　　　3.4.3　属性的优先级 ··· 93
　3.5　字体的样式 ·· 94
　　　3.5.1　字体的系列 ··· 94
　　　3.5.2　字体的其他样式 ·· 98
　　　3.5.3　合并字体样式 ··· 101
　3.6　文本的样式 ··· 103
　3.7　容器的样式 ··· 104
　　　3.7.1　容器的盒模型 ··· 105
　　　3.7.2　容器的显示效果 ··· 105
　　　3.7.3　容器的补白和填充 ··· 109
　　　3.7.4　容器的边框 ·· 112
　　　3.7.5　容器的背景和光标 ··· 115
　3.8　列表与表格的样式 ··· 118
　　　3.8.1　列表的样式 ·· 119
　　　3.8.2　表格的样式 ·· 121
　3.9　小结 ·· 123

第 2 篇　进阶篇

第 4 章　开发 Web 脚本 ·· 126
　4.1　以交互为核心的 Web ·· 126
　4.2　使用脚本语言 ·· 127
　　　4.2.1　Javascript 脚本语言简介 ····································· 128
　　　4.2.2　为文档插入脚本 ··· 128
　　　4.2.3　Javascript 语法 ·· 131
　4.3　Javascript 数据基础 ·· 132
　　　4.3.1　变量与常量 ·· 132
　　　4.3.2　数据类型 ·· 133
　　　4.3.3　数据的运算 ·· 140
　　　4.3.4　运算的优先级 ··· 146
　4.4　代码流程控制 ·· 147
　　　4.4.1　分支流程控制 ··· 148
　　　4.4.2　迭代流程控制 ··· 154
　　　4.4.3　流程的跳转 ·· 158
　4.5　函数 ·· 161
　　　4.5.1　创建函数 ·· 161
　　　4.5.2　函数的参数 ·· 164
　　　4.5.3　函数对象 ·· 167

4.6 小结·····170
第5章 面向对象的编程·····171
5.1 了解面向对象·····171
5.1.1 传统的面向过程理念·····171
5.1.2 面向对象方法的形成·····172
5.2 面向对象的 Javascript·····175
5.2.1 Javascript 原型对象·····176
5.2.2 工厂函数·····178
5.2.3 构造函数·····180
5.2.4 类和对象的成员·····183
5.2.5 对象的作用域·····187
5.3 Javascript 原生对象·····190
5.3.1 字符串对象·····190
5.3.2 日期对象·····195
5.3.3 数组对象·····199
5.3.4 正则表达式对象·····208
5.4 小结·····215
第6章 Web 对象和交互·····216
6.1 Web 浏览器对象·····216
6.1.1 窗口对象·····216
6.1.2 浏览器对象·····224
6.1.3 屏幕对象·····225
6.1.4 历史记录与定位·····226
6.2 HTML 文档对象模型·····228
6.2.1 HTML DOM 简介·····229
6.2.2 Document 对象·····231
6.2.3 Element 对象·····236
6.3 处理交互事件·····248
6.3.1 事件的原理·····248
6.3.2 Javascript 事件类型·····249
6.3.3 Javascript 事件对象·····252
6.4 小结·····257

第3篇　框架篇

第7章 使用 YUI·····260
7.1 认识 YUI 框架·····260
7.1.1 YUI 框架的开发背景·····260
7.1.2 YUI 框架整体剖析·····263

7.2 加载 YUI 框架 ···265
　　7.2.1 获取 YUI 框架 ···265
　　7.2.2 加载包和模块 ···267
7.3 自定义 YUI 模块 ··269
　　7.3.1 创建自定义 YUI 模块 ····································269
　　7.3.2 自定义模块的依赖 ···270
　　7.3.3 加载外部自定义 YUI 模块 ·····························271
　　7.3.4 自定义模块组 ···273
　　7.3.5 自定义包 ···275
7.4 自定义 YUI 配置 ··276
7.5 辅助工具 ···277
　　7.5.1 数据类型测试 ···277
　　7.5.2 处理简单变量 ···279
7.6 小结 ···281
第 8 章 操作 DOM 元素和节点 ··282
8.1 筛选 DOM 元素 ··282
　　8.1.1 基本筛选方式 ···282
　　8.1.2 增强筛选方式 ···287
　　8.1.3 高级筛选 ···289
8.2 处理 DOM 节点 ··292
　　8.2.1 创建 DOM 节点 ···293
　　8.2.2 编辑 DOM 节点 ···293
　　8.2.3 插入 DOM 节点 ···300
　　8.2.4 清空或删除节点 ···302
8.3 处理 DOM 节点集合 ··303
　　8.3.1 批量操作集合中的节点 ···································303
　　8.3.2 操作集合中的节点 ···304
　　8.3.3 遍历节点集合 ···306
8.4 小结 ···308
第 9 章 处理增强事件 ···309
9.1 YUI 事件概述 ··309
　　9.1.1 原生 Javascript 的事件处理 ···························309
　　9.1.2 YUI 事件 ···310
9.2 绑定事件和解绑事件 ··311
　　9.2.1 绑定事件 ···312
　　9.2.2 解绑事件 ···314
9.3 事件的高级应用 ··318
　　9.3.1 基本事件源引用 ···318
　　9.3.2 获取键盘信息 ···320

　　　9.3.3　获取鼠标信息 ·· 321

　　　9.3.4　DOM 渲染与脚本预载 ··· 323

　　　9.3.5　阻止浏览器默认行为 ··· 325

　9.4　委托事件 ·· 327

　9.5　小结 ·· 329

第 10 章　操作样式表 ·· 330

　10.1　建立标准化样式 ·· 330

　　　10.1.1　CSS Reset ·· 330

　　　10.1.2　重建标准样式 ··· 334

　　　10.1.3　应用一致字体 ··· 335

　10.2　网格化布局 ·· 336

　10.3　简单动画交互 ··· 338

　　　10.3.1　显示和隐藏元素 ·· 338

　　　10.3.2　拖曳元素 ··· 341

　　　10.3.3　调整元素尺寸 ··· 343

　10.4　自定义过渡动画 ·· 346

　　　10.4.1　显示隐藏动画 ··· 346

　　　10.4.2　绑定自定义过渡动画 ·· 348

　10.5　小结 ··· 355

第 11 章　异步数据交互 ··· 356

　11.1　异步数据交互初探 ··· 356

　　　11.1.1　HTTP 协议 ·· 356

　　　11.1.2　传统的同步数据交互 ·· 360

　　　11.1.3　异步数据交互 ··· 361

　11.2　获取和显示数据 ·· 362

　　　11.2.1　加载静态数据 ··· 363

　　　11.2.2　获取动态数据 ··· 366

　　　11.2.3　处理异常 ··· 369

　11.3　处理复杂数据 ··· 371

　　　11.3.1　JSON 数据格式 ··· 371

　　　11.3.2　JSON 数据格式的应用 ·· 372

　11.4　提交数据和文件 ·· 375

　　　11.4.1　提交表单组件 ··· 376

　　　11.4.2　上传文件 ··· 379

　11.5　小结 ··· 381

第1篇　筑基篇

随着计算机技术和互联网技术的进步和推广，计算机和互联网已经极大地改变了大众的生活方式和工作方式，各种 Web 应用如雨后春笋般蓬勃发展起来。Web 应用相比传统的 C/S 架构应用程序，其特点是更"轻"，更便捷，与普通人的结合也更加紧密。相对而言，开发 Web 应用的难度也就更大，需要采用更多复杂的技术来实现。

本篇立足于开发 Web 应用所必须掌握的一些基础知识，例如 Web 的原理、开发工具、开发模式、项目协作、项目代码管理、代码调试等，以及 Web 开发所采用的各种基本静态开发技术，包括 XHTML 结构语言、CSS 样式表等。通过在有限的篇幅中介绍这些基础知识，帮助用户初窥 Web 开发之门径。

第 1 章　Web 开发基础

Web 开发与其他软件工程的开发一样，是一个庞大的系统工程，其与其他类型的软件工程又有极大的区别。在开发其他软件工程时，开发者仅需要了解项目所使用的一种编程语言以及数据库的操作语言即可，而 Web 开发涵盖了极其广阔的技术，需要开发者熟练掌握多种开发语言，并能够使用各种工具。

Web 开发项目比传统软件工程项目更加复杂和多样，对开发者的要求也更高。那么Web 开发者需要了解哪些技术呢？这就是本章需要介绍的内容。

1.1　什么是 Web

从字面上理解，Web 即"网"，是对全球无数错综复杂的终端设备上的各种数据资源的具象化命名。在软件开发领域，Web 等同于万维网，又被称作 WWW（World Wide Web，W3）等。Web 并不等同于互联网（Internet），其仅仅是依托互联网的一项服务，也可以被称作互联网业务的一个子集。使用 Web，就是通过指定的协议从互联网中发布或获取数据。

1.1.1　WWW 的产生

自从人类第一台计算机 ABC（Atanasoff–Berry Computer，阿塔纳索夫-贝瑞计算机）诞生以来，学者们认为不同的计算机之间需要进行通信和数据的传输，以提高科学数据的分享范围和计算机系统的使用效率。

以上理由直接促使美国国防部于 20 世纪 60 年代研发和组建了人类历史上第一个计算机网络——APPA 网络，并在 1973 年将该网络扩展成为一个跨国际的通信网络——互联网（Internet），实现由美国到英国和挪威的远程计算机联接，并逐渐延伸到全世界范围。

早期的互联网仅用于学术以及军事用途，且仅支持传递普通的文本数据和富文本数据。虽然相比基于模拟技术的电话和电报，互联网已是极大的技术进步，但是其仍然具有一定的局限性。

1990 年，麻省理工学院教授蒂姆·伯纳斯-李爵士（Sir Tim Berners-Lee）首次将超文本系统、传输控制协议以及域名系统结合在一起，架设了世界上第一个 Web 站点，并开发了世界上第一个 Web 浏览器和 Web 开发工具 WWW（World Wide Web）。WWW 浏览器在NeXTSTEP 操作系统的工作站和欧洲原子能研究组织的互联网节点内运行。

WWW 以及第一个站点的建立，正式标志着万维网的诞生。但是早期的万维网仍然仅应用于学术用途，并不向普通人开放。直至 1993 年 4 月 30 日，欧洲原子能研究组织才正式将万维网向普通公众免费开放，至此，真正意义的万维网才为普通大众所用，从根本上改变了人类的生活方式。

1.1.2　万维网的发展

在欧洲原子能研究组织宣布免费向公众提供万维网服务之后，万维网经历了三次较大的发展过程，包括".com"时代、"Web 2.0"时代以及正在进行的"Web 3.0"时代等。

1．".com"时代

".com"时代历经 1998～2001 年，是万维网发展和普及的时代。在此之前，电子数据交换已经被一些企业作为一种商务手段，但应用范围比较有限。在此之后，随着个人计算机的普及，万维网由学术界和军方为主要用户群体的历史被终结，万维网真正走向了普通公众，大量基于 HTML 技术的网站被建立起来，包括门户网站、企业网站、电子商务网站和个人主页等。

".com"时代的 Web 站点最主要的特点是信息发布。在这一时代，各种类型的信息生产发布平台成为了人们获取信息的主流渠道，同时，电子商务被作为一种全新的商务模式建立起来，越来越多的用户开始通过万维网来购买商品，采购各种生产生活资料。

2．"Web 2.0"时代

在".com"时代，最主要的万维网服务是新闻服务，其特点是以广播的形式向终端用户发布信息，本质上仍然是传统媒体的延伸和发展。"Web 2.0"这一概念是一种全新的互联网服务方式，相比传统的互联网服务，"Web 2.0"时代更注重促进网络上人与人之间的信息交换和协同合作，模式更加以用户为中心。

在"Web 2.0"时代，互联网服务的主体从门户网站转变为网络社区、Web 应用程序、社交网站、博客以及互动百科程序等。这些服务的特点就是交互传播，即终端用户不仅仅是信息的接受者，同时也是信息的生产者和发布者。

"Web 2.0"从根本上改变了人类互相交流的方式，将人类从传统的面对面交流，利用电话、短信、传真和电报等电子通信工具交流改变为通过各种自媒体平台进行交流。

3．"Web 3.0"时代

"Web 3.0"时代是对"Web 2.0"时代的继承和发展。在这一时代，万维网本身已经被转化成一个巨大的数据库，数据被真正地视为重要的资源宝库。同时，万维网的终端也逐渐由传统的 PC 被转移到了更加丰富的智能化平台上，例如各种手持计算机设备（PDA、平板电脑、智能手机等）或智能家电设备。

"Web 3.0"时代还延伸出了更多的定义，例如"无处不联网"的物联网、云计算、分布式数据库、开放技术等。

1.1.3　Web 终端的多样化与 Web 项目开发

早期的万维网是基于各种专业化的计算机服务器系统和工作站系统的。随着个人计算机（PC）技术的逐渐发展，越来越多的个人计算机被投入到家庭生活中，逐渐成为人们生活不可或缺的部分。万维网的终端载体也逐渐由企业级的服务器和工作站发展为各式各样的品牌个人计算机、兼容计算机、苹果计算机等。

在 20 世纪 90 年代初期，全世界绝大多数国家和地区都已经发展出了以个人计算机为终端的互联网络。当时，绝大多数的 Web 站点都是为这些个人计算机用户服务的。Web 项目的开发者依托个人计算机终端的各种浏览器作为开发的目标，仅需要针对这些浏览器进行项目调试和测试。

然而，随着计算机小型化技术的发展和智能化芯片技术的广泛应用，1992 年，一种全新的手持终端设备被研发出来，这种设备就是 PDA（Personal Digital Assistant，个人数码助理）。第一款 PDA 设备是苹果电脑的"牛顿"。

相对于传统计算机，PDA 的特点是轻便、小巧、可移动性强，同时又不失功能的强大。其采用存储卡为外存介质，通过红外或蓝牙接口等无线传输来保障数据通信。"牛顿"这一产品本身在商业上并未取得成功，但是其他公司借鉴此思路，推出了一代又一代 PDA 产品，PDA 的功能也日趋完善起来，最重要的是，PDA 开始支持与 PC 一样的万维网浏览功能，通过移动网络与互联网的其他终端联接。

PDA 产品的发展也带动了其他一些智能设备的发展，包括智能手机、平板电脑等设备逐渐地发展起来。另外，传统的大家电也有智能化的趋势，例如电视、机顶盒等视听家电逐渐也在采用各种移动操作系统，支持从万维网获取媒体资源展示给用户。

各种 Web 终端的多样化直接导致了 Web 开发工作的复杂性。传统的 Web 站点开发，开发者需要测试的平台仅包括各种版本类型的 Web 浏览器，例如 Internet Explorer、Apple Safari、Mozilla Firefox 等。随着 Web 终端的多样化，各种分辨率和色彩模式的设备层出不穷，各种人机交互方式的不断革新（由传统的鼠标、键盘逐渐演化为触摸屏设备、体感设备等），开发者需要面对的调试和测试平台也越来越多。

现代的 Web 开发者往往需要了解更多的设备类型和设备特点，需要掌握更多的开发语言和交互开发技术等，这些全新的技术为 Web 开发者带来了更大的挑战。

1.2　Web 前端开发技术基础

Web 项目前端开发是指面向终端用户的 Web 项目开发工作，其涵盖了万维网技术、计算机软件开发技术、人机交互技术等领域，是复杂的系统工程。在开发 Web 项目时，需要与多种计算机软件开发技术相结合。

1.2.1　Web 站点的构成

Web 站点本身是一种基于浏览器的软件系统。和绝大多数软件类似，该系统分为两个主要的部分，即面向终端用户的前端部分，以及面向服务器和底层数据的后端部分。

1. Web 前端

Web 前端即面向 Web 前台终端用户的软件功能模块的集合。Web 前端需要解决的问题主要包括三点，即显示内容、显示效果以及捕获交互。

❑ 显示内容

Web 站点建设的目的即向终端用户展示信息内容，包括各种文本、图像、音频、视频和动画等。除此之外，还包括基于超文本技术的链接等，以实现信息内容之间的承接关系。

❑ 显示效果

在提供显示内容时，Web 站点还应支持为这些显示内容进行美化，提供各种样式效果，例如文本的尺寸、字体、前景色、背景色，图像的阴影、边框等。使用这些效果的目的是突出局部显示内容，或将显示内容以更加美观的方式展示给终端用户。

❑ 捕获交互

Web 站点与传统媒体相比，本身具有更强大的互动功能。这些互动功能是通过捕获用户的操作并提供相关的反馈来实现的。现代的 Web 站点支持捕获用户的鼠标操作、键盘操作、触屏操作甚至体感操作，通过这些丰富的交互操作帮助终端用户获得更佳的操作体验，以及更加便捷的信息获取方式等。

2．Web 后端

Web 后端是指 Web 站点中面向后台数据库、服务器端，用于存储数据和为前端提供显示的基础数据的功能模块。Web 后端主要负责管理和维护，以及为前端功能模块提供 Web 站点的各种准确数据。Web 后端通常包含以下几个模块。

❑ 账户及权限管理

Web 后端的使用和维护通常由 Web 站点的管理员以及其他分工的工作人员完成，因此为保障整个系统的安全运行，需要通过设置口令的方式为站点的各种操作角色加密，保障所有对 Web 站点的操作都是在符合管理规范的情况下进行的，防止越权和非法提权操作。

❑ 站点内容管理

Web 后端的主要工作即维护为 Web 前端提供各种信息的数据，例如站点的新闻、产品、各种分类信息以及公告等。这些内容的管理模块即站点内容管理模块。

❑ 数据库管理

数据库是一种用来存储、操作和管理数据的工具软件。绝大多数 Web 站点都需要采用数据库来管理各种数据信息，以便动态更新站点的内容。Web 后端用来操作数据库的模块即数据库管理模块。

1.2.2　Web 开发标准

Web 前端开发从根本上讲就是为了实现 Web 前端需要解决的显示内容、显示效果和捕获交互的问题，即 Web 的结构、表现和行为。最初，各种 Web 浏览器以及其采用的技术五花八门，各种 Web 浏览器都通过自定义的技术来描述 Web 页面的各种元素，同时，这些 Web 浏览器也都采用各自发明的脚本语言来丰富页面元素的交互。

这种各自为战的混乱局面直接导致 Web 开发者无所适从，开发的 Web 应用在不同的 Web 浏览器中往往面目全非。由于这些 Web 浏览器的拥趸都数量巨大，开发者们甚至会在自己建立的 Web 站点上标注"本站点仅限 XX 浏览器用户浏览"（第一次浏览器大战时期确实有很多开发者这么做）。

在这种情况下，业内对统一 Web 标准的呼声也就越来越高，基于此，W3C（World Wide Web Consortium，国际万维网协会，一个非政府的万维网标准制订和推广组织）和 ECMA 国际（欧洲计算机制造商协会发展而来的一个国际化信息与电信企业协会）发展了多种为 Web 开发制订的标准，分别应用于 Web 的结构、表现和行为，这就是 XHTML 结构语言、CSS 层叠样式表和 ECMAScript 脚本语言。

1．XHTML 结构语言

XHTML（Extensible HyperText Markup Language，可扩展的超文本标记语言）是基于传统的 HTML 发展而来，并以 XML（Extensible Markup Language，可扩展的标记语言）的严格规范重新订制的结构语言。

在 2000 年 1 月 26 日，XHTML 语言正式被 W3C 发布和提交给 ISO（International Organization for Standardization，国际标准化组织），成为网页设计的国际标准化开发语言，替代了早期的 HTML 3.2 和 HTML 4.0。

XHTML 语言的特点是严谨和具有严格的结构与书写格式，因此被各种设备和软件解析时更加高效和便捷。同时，XHTML 还具有较强的扩展性，可以为各种不同类型的终端设备所支持。同时，XHTML 在绝大多数语法和标记的使用上都能够兼容传统的 HTML，因此一经推出立即为业界所接受，并被迅速大范围应用。

如今，XHTML 是被当前各种 Web 浏览器完全支持的主流版本。未来新的 Web 结构语言为由 XHTML 衍生和发展而来的 HTML 5.0，但 HTML 5.0 尚未订制完毕，因此只有一些 Web 浏览器支持其部分功能。本书开发所使用的 Web 结构语言仍然是 XHTML1.0。

2．CSS 层叠样式表

早期的 Web 应用是通过 HTML 不完善的表现描述功能实现 Web 元素的样式变换的。由于 HTML 功能的局限性，一些 Web 浏览器的开发者发明了各种样式表现语言来对 Web 元素进行增强描述，使得样式描述语言越来越混乱。

1994 年，在欧洲原子能研究组织工作的哈康·列（Hakon Wium Lie）、蒂姆·伯纳斯-李爵士（Sir Tim Berners-Lee）以及罗伯特·卡里奥（Robert Cailliau）结合之前已经被使用的各种样式语言，共同研究和发明了一种全新的样式描述语言 CSS（Cascading Style Sheets，层叠样式表），通过选择器-样式代码的键值对方式来描述 Web 页面的各种元素。

1995 年，哈康·列对外正式发布了 CSS 样式表语言，并和 W3C 进行了讨论，对 CSS 样式表语言进行了修订，使其更加符合 Web 语言的特性。

1996 年，CSS 样式表语言的第一版正式完成，并于当年 12 月发布，被称作 CSS 1.0。该语言被推出后，并未被广泛采用。世界上第一款完全支持 CSS 1.0 的 Web 浏览器是 2000 年微软公司开发的运行于 Macintosh 系统的 Internet Explorer 5.0。随后，随着 Internet Explorer 版本的升级和市场份额的逐渐扩大，CSS 1.0 才得以广泛使用。

W3C 在 1998 年 5 月发布了更新的 CSS 2.1 规范，修改了 CSS 1.0 的一些错误和不被支持的内容，并增加了一些已经被多种 Web 浏览器添加的扩展内容，但是时至今日，尚未有任何一款 Web 浏览器完全支持所有 CSS 2.1 的内容，即使 CSS2.1 是当前的事实标准。

CSS 的更新版本 CSS 3.0 于 1999 年开始制订，但由于其发展方向不断被修改和订正，直到 2011 年 6 月，其才为 W3C 的 CSS 发展小组发布，成为公开的 Web 开发标准。目前，只有最新的 Web 浏览器才支持其部分功能，也尚未有任何 Web 浏览器能够支持其全部功能。

CSS 4.0 版本已经开始制订，但何时发布，何时能被所有主流 Web 浏览器采用仍然遥遥无期。基于此，本书仍然以 CSS 2.1 为基础，在之后部分章节中采用一些 CSS 3.0 的技术。

3. ECMAScript 脚本语言

早期的 Web 应用通过 HTML 的表单元素来实现与用户的交互和简单的行为。随着用户交互的日趋复杂，各种 Web 浏览器都采用了基于自身而设计的脚本语言来实现更加复杂的 Web 行为，例如 Netscape Navigator 浏览器采用的是 Netscape 公司和 Sun 公司开发的 Javascript，而 Internet Explorer 则采用的是微软公司开发的 VBScript 脚本语言。

这些不同的脚本语言的采用，直接导致了 Web 应用的兼容性灾难，采用不同脚本的 Web 应用仅能获得某一种 Web 浏览器的支持，在另一种 Web 浏览器中则完全无法使用。基于此，开发者们必须只选择一种脚本，或花费大量时间和精力学习和使用多种脚本才能实现完全兼容。

1996 年 8 月，为了使 Web 浏览器获得更强的兼容性，微软公司为其 Internet Explorer 浏览器引入了 JScript 脚本语言。这种脚本语言在语法和解析方面实际上与 Netscape 公司和 Sun 公司开发的 Javascript 语言基本一致，可以看作是 Javascript 脚本语言的微软版本。JScript 脚本语言的诞生，真正使 IE 浏览器能够同时兼容多种脚本，这一举措获得了极大的成功，同时也推动了标准化的 Web 脚本语言的诞生。

1996 年 11 月，Netscape 公司正式将 Javascript 脚本语言提交给当时的 ECMA 国际，希望将该脚本语言正式申请为国际化标准。ECMA 国际于 1997 年 6 月正式采纳该脚本语言，并制订基于 ECMA-262 的国际标准，从此，Javascript 正式取代了其他脚本语言，成为 Web 开发的标准化语言。几乎所有 Web 浏览器厂商都围绕 ECMA-262 标准开发了基于自身软件的 Javascript 子集，以便与 ECMA 官方标准接轨。ECMA-262 标准迄今为止发展出了 6 个主要的版本，其特点如表 1-1 所示。

表 1-1　ECMA-262 发展而来的版本

版本	发布时间	特点
第 1 版	1997 年 6 月	初始版本
第 2 版	1998 年 6 月	格式修正，使其符合 ISO/IEC16262 国际标准
第 3 版	1999 年 12 月	增加正则表达式、语法作用域链处理、新的控制指令、异常处理、错误定义以及数据输出格式化等改进
第 4 版	未发布	该版本被放弃，其部分功能被引入第 5 版，其中部分用于 XML 的读写功能被一些厂商使用，称为 E4X
第 5 版	2009 年 12 月	新增严格模式"strict mode"，更彻底的错误检查机制，对第三版更加细化，增加部分新功能如 getters、setters，支持 JSON 对象和更完整的反射
第 5.1 版	2011 年 6 月	完全参照 ISO/IEC16262:2011 国际标准制订语法和格式

除以上 5 个 ECMA 版本外，第 6 版和第 7 版正在紧张制订中。未来的 ECMAScript 脚本将增加更多新的概念及语言特性。

ECMAScript 本身是一个开发语言标准。实际上绝大多数 Web 开发者使用的是基于 ECMAScipt 标准而制订的各种 ECMAScript 子集。这些子集大多由 Web 浏览器和 Web 排版引擎平台的开发商编写和实现。目前，基于 ECMAScript 脚本语言的子集主要有以下几种，如表 1-2 所示。

表 1-2　ECMAScript 脚本语言的平台和子集

开发商	名称	平台	ECMA 版本
Mozilla	Javascript	Gecko 排版引擎	ECMA-262 第 5 版
Google	Javascript	V8 排版引擎	ECMA-262 第 5 版
Microsoft	JScript	Trident 排版引擎	ECMA-262 第 5 版
Apple	Javascript	KHTML、WebKit 排版引擎	ECMA-262 第 3 版
Opera	ECMAScript	Presto 排版引擎	ECMA-262 第 5 版
Microsoft	JScript.NET	.NET Framework	ECMA-262 第 3 版
Adobe	ActionScript	Flex Framework 以及 Flash VM	ECMA-262 第 3 版及第 4 版的 XML 部分（E4X）

早期的 Web 浏览器往往使用各自开发的排版引擎，每一种排版引擎对应一个品牌的 Web 浏览器，这些 Web 浏览器才是最终为终端用户解析 Web 项目代码的平台。随着 Web 浏览器的发展，如今绝大多数 Web 浏览器更愿意采用开源的通用排版引擎，以使自身更符合 Web 标准化的需求。各种排版引擎与 Web 浏览器的对应关系如表 1-3 所示。

表 1-3　Web 排版引擎与 Web 浏览器

排版引擎	浏览器	排版引擎	浏览器
Gecko	Netscape Navigator、Firefox 系列 Web 浏览器	Trident	Internet Explorer 3.0 到 10.0
Presto	Opera 3.5 到 12.0	WebKit	Internet Explorer 11.0、Opera 13.0 及之后版本的 Opera 浏览器、Safari 浏览器、Chrome 浏览器
V8	Chrome 浏览器		

目前，绝大多数主流 Web 浏览器都已经开始采用 WebKit 排版引擎，以追求更符合 Web 标准化的代码解析方式，为开发者和终端用户提供更完善的体验。未来的 Web 浏览器在 Web 排版和脚本解析方面更加趋于统一和融合，为开发者提供兼容性更强的展示平台。

1.2.3　Web 前端技术的松耦合

Web 前端的开发是和终端用户进行交流的过程。早期的 Web 前端基本上是通过 HTML 语言来解决所有问题，包括使用 HTML 显示文档内容，描述显示效果，并通过 HTML 的表单控件来实现简单的交互捕捉。

随着计算机技术的发展和普及，越来越多的终端用户开始追求表现更加美观，交互更加便捷的 Web 应用。传统的 HTML 语言弊端逐渐开始展现，其已经很难再满足终端用户和开发者在美观和交互便捷方面的需求，这迫使 Web 前端开发者不断使用更新的技术，为终端用户呈现更加丰富的显示效果和交互。

同时，由于使用的标准化技术日趋复杂，基于维护的需要，越来越多的开发者将前端代码根据结构、表现和行为划分为三个彼此隔离且相互作用的层。其中，XHTML 结构语言用来定义页面的数据和语义，CSS 样式表用来为页面元素添加样式和各种视觉效果，Javascript 脚本语言用来为页面元素添加行为和交互，其层次关系如图 1-1 所示。

图 1-1　Web 前端代码的分层

XHTML 在 Web 页面中的地位更加底层，其决定了 Web 页面能够显示什么内容。CSS 样式表和 Javascript 脚本语言代码并不一定相互依赖，其本身都是基于 XHTML 结构语言并用来操作和描述 XHTML 元素。

Web 前端的结构、表现和行为本身具有一定的相关性，共同组成一个整体，也就是具有耦合关系。但是如果结构、表现和行为耦合过紧，则如果修改其中一部分内容，对应的其他两部分内容也都需要做出相应的修改，而修改过于频繁，则会增大 Web 应用的维护成本。基于此种理由，Web 前端技术的松耦合成为目前最流行的开发方式。

开发松耦合的 Web 项目，最重要的就是将结构、表现和行为强行地隔离开：结构即结构，表现即表现，行为即行为。应用到实际项目中，即拒绝使用 XHTML 的描述性标记和属性，完全采用 CSS 样式表来定义 Web 元素的样式和视觉效果。同时，也应当尽量避免使用 Javascript 脚本语言来定义和修改 CSS 样式。如果需要动态地修改某些元素的样式，可以先在 CSS 样式表中将这些样式以 CSS 类的方式预置，然后通过 Javascript 脚本语言动态地为元素添加类，实现动态修改样式效果。

松耦合式的前端开发可以解决多个不同方向的前端开发者（结构开发、样式开发以及脚本开发）之间相互协作时产生的各种接口冲突问题，切实提高前端开发的效率，同时降低项目维护的成本。因此，在前端开发时应尽量采用松耦合的方式进行开发。

1.3　Web 开发工具

"工欲善其事，必先利其器"。在开发 Web 项目时，选择一款功能强大、自动化高的开发工具可以切实提高开发效率，降低开发成本。一款成熟的 Web 开发工具至少应具备四种主要的功能，即快速有效的代码提示与补完、强大的自定义代码格式化系统、版本控制和团队协作功能。目前流行的 Web 开发工具主要有三个系列，即 Dreamweaver 系列、Eclipse 系列极其衍生品以及 WebStorm 系列。

1.3.1　Dreamweaver 系列开发工具

Adobe Dreamweaver 系列开发工具是由 Adobe 公司结合 Golive、原 Macromedia Dreamweaver 整合而成的一套适合个人开发者独力完成整个 Web 项目的综合性开发平台。Dreamweaver 相比其他的开发工具具有体积小、速度快、功能丰富的特点。它不仅支持前端项目的开发，还支持站点的管理，PHP、JSP、ASP 以及 ASP.NET 等多种后端程序的开发，是一种用途广泛的开发工具。

Dreamweaver 目前最新的版本为 Dreamweaver CS6 的云端化版本 Dreamweaver CC。相比之前的 Dreamweaver CS6，Dreamweaver CC 更加强调了云端功能，支持用户将各种配置信息甚至站点数据存储到云端，实现脱离主机的移动化开发。除此之外，Dreamweaver CC 还增强了可视化的 CSS 面板工具，并强化了对 JQuery 等现代脚本框架的支持，提高了开发效率。其主要界面如图 1-2 所示。

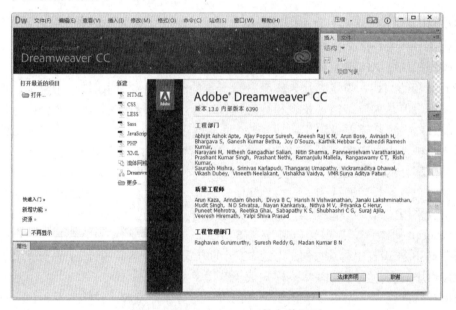

图 1-2　Dreamweaver CC 的主体界面

虽然 Dreamweaver 具有强大的功能适应性和代码提示补完功能，但是其在代码格式的自定义方面并不太完善，仅支持极少数的自定义项目，因此往往无法适应团队统一的代码书写格式要求。另外，虽然 Dreamweaver 具有团队协作的功能（支持 SVN、VSS 等团队协作版本控制工具），但是其功能并不强大，只能满足一般团队协作要求，因此 Dreamweaver 更适合个人开发中小型项目，不适合大型项目的开发。Dreamweaver 还是一款商业软件，开发者需要购买才能使用。

1.3.2　Eclipse 系列及其衍生品

Eclipse 是一种开源的综合性开发平台，其本身开发的目的是为解决 Sun 公司的闭源开发工具 NetBean 昂贵而缺乏扩展性等问题。随着大量开发者贡献代码,今天的 Eclipse 已经成为一款具备强大功能和扩展性,几乎支持所有常见的编程语言的可扩展开发平台。Eclipse 除了适合程序开发者外,还适用于项目设计、项目测试等多种开发用途。

　　Eclipse 目前最新的版本为 Eclipse 4.3 Kepler。新版本更新了整个扩展平台,优化了程序执行效率,对 Git 团队协作工具有了更好的支持。Eclipse 4.3 Kepler 的主体界面如图 1-3 所示。

图 1-3　Eclipse 4.3 Kepler 的主体界面

　　Eclipse 本身是一个免费的基础平台,具备强大的扩展性,因此全世界的开发者为其开发了大量的插件工具,包括对编程语言的支持插件、代码格式插件、视觉插件、团队协作插件等。正因为这些插件的存在,Eclipse 才拥有强大的生命力。

　　除了支持大量插件外,由于 Eclipse 本身是一个开源的开发项目,因此很多第三方的软件开发商以 Eclipse 项目为基础,专门针对前端开发对 Eclipse 进行改写和优化,开发出了各种 Eclipse 的衍生产品,进一步丰富了 Eclipse 本身的功能和体验。目前常见的 Eclipse 衍生产品主要包括两种,即 Zend Studio 系列开发平台和 Aptana Studio 系列开发平台。

1. Zend Studio 系列开发平台

　　Zend Studio 是基于 Eclipse 平台开发的最著名的综合性开发平台,其本身是为解决 PHP 语言开发网站后台程序而设计,但是随着前端开发技术的复杂化以及在 Web 项目开发中占据的比重逐渐增大,Zend Studio 的前端开发功能也不断地完善,最终形成了前后端并重的功能。Zend Studio 平台由于采用了 Eclipse 平台作为基础,因此支持绝大多数 Eclipse 平台的插件,Zend 公司本身也为 Eclipse 平台贡献了大量的代码和工具。

　　今天,绝大多数基于 PHP 项目的 Web 开发工作都是采用 Zend Studio 平台完成的。Zend

Studio 平台目前最新的版本是 Zend 10.1，基于 Eclipse 3.4 Juno 创建。Zend Studio 10.1 的主体界面如图 1-4 所示。

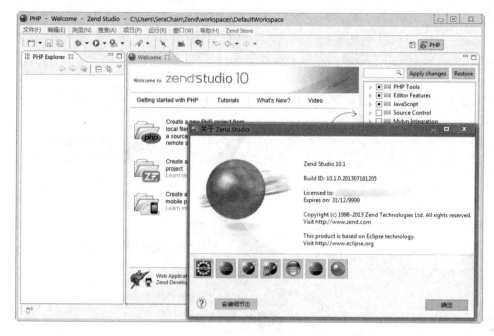

图 1-4　Zend Studio 10.1 的主体界面

Zend Studio 开发平台最大的特点就是前后端并重，既支持 PHP 项目的开发，提供大量 PHP Zend 框架的支持，同时也对前端 XHTML、CSS 样式表和 Javascript 具有良好的支持。因此，在开发基于 PHP 项目的 Web 前端应用时，开发团队完全可以全部使用 Zend Studio 这一种开发工具，以获得无缝的团队协作效果。

由于 Zend Studio 开发平台对 Eclipse 平台的插件支持较好，因此，如果在开发工作中需要采用其他的 Eclipse 工具，完全可以直接从 Eclipse 各种工具下载站点获取和安装，通过第三方的工具来拓展 Zend Studio 的功能。Zend Studio 是一款商业开发工具，开发者需要购买才能使用。

2. Aptana Studio 系列开发平台

与 Zend Studio 类似，Aptana Studio 开发平台也是一款基于 Eclipse 平台开发的综合开发工具。相比 Zend Studio 的前后端并重的功能设计而言，Aptana Studio 更加强调前端开发。其针对前端开发需求而专门设计，因此在前端开发方向上具有更加强大的功能，例如支持更多类型的前端代码编写。其代码提示和补完功能也比 Zend Studio 更加人性化，支持多种富客户端的开发方式。

Aptana Studio 平台同样支持 PHP 开发（相较 Zend Studio 功能弱一些），另外还支持 Ruby 项目和 Rails 项目，允许开发者通过多种编程语言开发 Web 项目。此外，Aptana Studio 还支持强大的宏功能，提供了大量针对多种开发语言的可视化快速代码生成工具。目前 Aptana Studio 最新版本为 3.4.1，基于 Eclipse 3.7 Indigo 创建。Aptana Studio 3.4.1 的主体界面如图 1-5 所示。

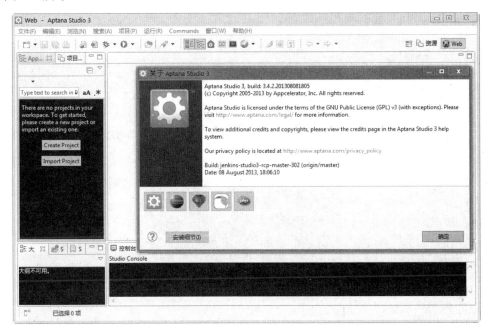

图 1-5　Aptana Studio 3.4.1 的主体界面

与 Zend Studio 相比，Aptana Studio 在对 PHP 开发方面支持较弱，但是对其他一些轻量化开发技术支持较好，且同样支持通过 Eclipse 插件拓展团队协作功能。在对前端代码的提示和补完方面，Aptana Studio 更胜一筹，因此如果开发 Python、Ruby & Rails 项目或纯前端项目，Aptana Studio 可以获得更佳的效率。开发 PHP 项目也可以使用 Aptana Studio。早期的 Aptana 是一款商业软件，近年来开发商以免费的方式提供授权，允许在非商业用途的开发中免费使用。

1.3.3　WebStorm 系列

除了 Dreamweaver 系列和 Eclipse 系列之外，近年来又出现了一款新的基于前端开发的综合性开发平台，即 JetBrains 公司出品的 WebStorm 系列开发平台。该平台是一款全新的立足于前端开发设计的开发工具，是近年来最受欢迎的前端开发工具之一。

WebStorm 开发平台专门为 Javascript 脚本开发而设计，为开发者提供了众多强大的 Javascript 开发功能，例如支持编码导航和快速对象查询，支持快速代码重构和修复，提供了强大的单元测试与调试工具。除此之外，WebStorm 还支持批量代码分析和混合代码检查与提示，对未来的 CSS3、LESS、正则表达式、HTML5 也提供了强大的支持。相比 Dreamweaver 系列和 Eclipse 系列，WebStorm 开发平台的速度快，是一款高效的轻量化开发工具。

WebStorm 的代码格式化功能也同样强大。它可针对各种不同类型的代码，支持几百种代码格式自定义工具。WebStorm 是一款商业软件，因此并未提供扩展和插件的开发功能，但是 JetBrains 官方已经预先为 WebStorm 开发了基于 Git、SVN、CVS 等多种团队协作开发功能的支持。WebStorm 最新版本为 6.0，主体界面如图 1-6 所示。

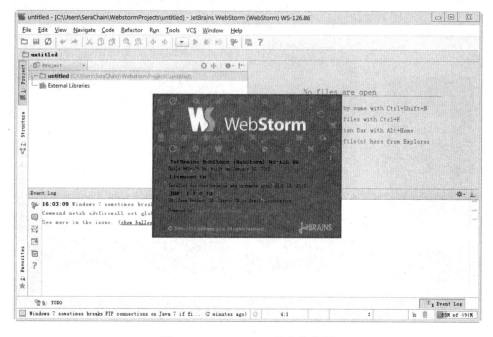

图 1-6　WebStorm 6.0 的主体界面

WebStorm 是一款新兴的 Web 开发工具，其界面和使用方式与传统的 Eclipse 系列开发工具具有较大差别，因此目前支持的插件也比较少。另外由于官方并未发布中文版本，因此在学习和使用方面具有诸多问题，并不适合初学者和英文基础较差的用户。WebStorm 也是一款商业软件，开发者需要购买授权才能使用。

1.4　着手开发 Web 项目

在了解 Web 开发项目使用的技术和工具后，有必要了解一些 Web 项目的开发常识和团队协作的良好工作习惯，这些经验和技巧可以帮助开发者快速融入开发团队，或使项目的设计和实现具有更佳的维护性和可持续发展性。

1.4.1　Web 项目开发模式

早期的 Web 开发者往往只需要掌握一种后端开发语言，对数据库具有一定的了解，会使用 HTML 语言，即可开发出一个简单的 Web 站点。而今天的 Web 项目越来越大，一两种开发语言和技术已经远远不能满足 Web 项目的需要，仅以前端开发为例，现代的 Web 开发需要采用的技术已经越来越多，越来越多的开发者开始引入大量第三方框架以及更多先进的技术来提高开发效率，降低开发成本。

目前主流的 Web 项目开发模式主要有三种，即流线式开发、分布式开发以及更极端的 MVC 开发。

1．流线式开发

流线式开发是最早基于个人项目开发延伸而来的开发模式。在这种模式下，一个开发工作被划分为多个步骤，包括应用逻辑开发、界面元素开发、结构代码开发、项目测试等。通常情况下，这些步骤按照从抽象到具体化的方式依次进行，如图 1-7 所示。

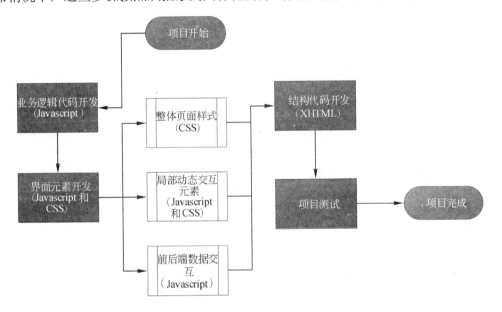

图 1-7　流线式开发的流程

流线式开发更适合中小型的开发项目（例如中小企业站点、博客等较为简易的 Web 项目），适用于外包中小型开发项目的企业采用。在这种开发模式中，项目团队可以按照并行的方式进行多线程开发，每个方向的开发者（Javascript 框架开发、界面元素开发和结构代码开发等）分别为不同的项目进行开发工作，以实现最大限度提高开发效率。

在这种开发模式下，前端脚本框架更多地选择一些快速的轻量级 DOM 操作框架，例如 jQuery 等，以提高开发效率。在界面元素设计方面，既可以自行开发界面元素，也可以采用一些成熟的界面元素框架，例如 Bootstrap、jQuery UI、jQuery EazyUI 等。

2．分布式开发

分布式开发更加强调开发过程的模块化和并行化，也更加重视业务逻辑代码的开发。分布式开发将业务逻辑代码划分为多个子模块进行开发，并采用一些成熟的 UI 框架来实现界面元素的效果。以一个内容管理系统（CMS）为例，其具体的开发流程如图 1-8 所示。

分布式开发适合较为复杂的开发项目（例如门户网站、搜索引擎、论坛、内容管理系统、OA 在线办公系统等），适合专业的项目团队长期维护某一个大中型 Web 项目（目前绝大多数的大型 Web 企业也都采取这种形式），快速根据不断变化的业务需求开发新的业务模块，扩张 Web 项目的功能。在这种开发模式下，更加强调项目的多个子系统以统一的标准进行并行开发，通过大型应用框架来实现项目代码的管理，增强项目的扩展性。

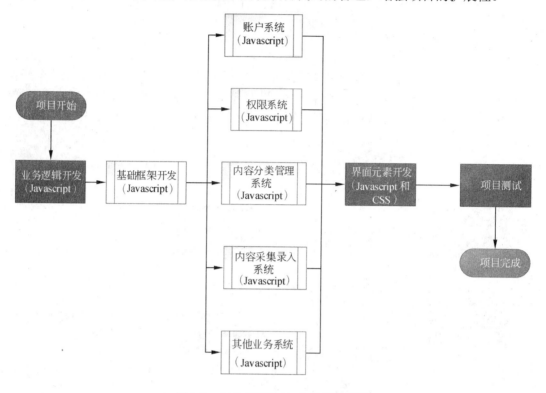

图 1-8　分布式开发 CMS 系统的流程

在这种模式下，轻量级的脚本框架（jQuery 等）往往无法对上万行的业务逻辑代码进行有效的管理，绝大多数开发团队更趋向于采用一体化的大型 Web 框架（例如 ExtJS、YUI 等多功能全方位的大型开发框架），通过这些大型框架有效的业务逻辑管理功能和界面元素设计功能实现复杂的功能。

3．MVC 方式开发

MVC 是一种由大型应用程序开发引入前端开发的一种全新设计模式和开发模式，其由三个要素组成，即模型（Model）、视图（View）和控制（Controller）。

MVC 开发比分布式开发更加强调模块化开发，更加强调业务逻辑的分划、模型和模块的设计，通过强制的分层将业务逻辑、显示层信息以及之间的关系分离出来，通过统一的模块通信机制相互作用，形成一个整体。其分层的作用如下。

❑ 模型层（Model）

模型层用于封装与应用程序的业务逻辑相关的数据以及对数据的处理方法。"模型"有对数据直接访问的权力，例如对数据库的访问。"模型"不依赖"视图"和"控制器"，也就是说，模型不关心它会被如何显示或是操作。但是模型中数据的变化一般会通过一种刷新机制被公布。为了实现这种机制，那些用于监视此模型的视图必须事先在此模型上注册，从而视图可以了解在数据模型上发生的改变。

在前端开发方向，模型层主要负责与后端数据处理程序的交互，通过各种数据操作指令控制后端的数据处理程序获取数据，以及如何对数据库进行写入。

❑　视图层（View）

视图层能够实现数据有目的的显示。在视图中一般没有程序上的逻辑。为了实现视图上的刷新功能，视图需要访问它监视的数据模型（Model），因此应该事先在被它监视的数据那里注册。

在前端开发方向，视图层主要负责决定哪些数据在页面中显示。当用户交互操作提出需求后，视图层通过控制器向模型层发送数据请求，实现快速的用户交互。

❑　控制器（Controller）

控制器起到不同层面间的组织作用，用于控制应用程序的流程，处理事件并作出响应。"事件"包括用户的行为和数据模型上的改变。

在前端开发方向，控制器的作用就是做视图层和模型层的连接工具，为各种页面的交互行为传递数据需求。

以上三个分层强制将所有前端代码分割开来，通过指定的通信方式相互传递数据。基于 MVC 的前端开发方式，其开发的程序与后端程序的关系如图 1-9 所示。

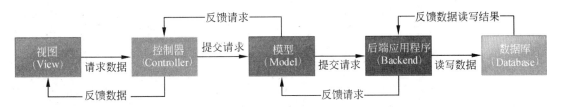

图 1-9　MVC 开发模式的前后端分层结构关系

基于 MVC 模式的前端开发将传统的后端处理业务逻辑、前端处理显示逻辑的关系修改为后端仅根据前端指令提供数据，所有业务逻辑都放到前端来处理，实现富客户端的程序架构。这种方式的好处在于业务逻辑和运算都由终端用户的计算机来负责，降低了服务器的负载，节省了项目运维的成本。

除此之外，由于其将大量业务逻辑用前端开发，因此后端的压力逐渐降低，后端重构的成本也会相应降低。在前端开发语言不变的情况下，可以方便地移植后端代码（例如将 PHP 后端移植为 JSP 等），降低了后端程序移植的风险。

另外，这种模式也可以促使后端开发团队将精力更多地投入到如何提高系统项目的运维效率，提高数据库效率的方向上来。

前端 MVC 开发模式是近年来新兴的开发模式，目前尚处于前沿研究。基于风险控制的原因，目前并未有大型的 Web 项目采用这种开发方式，应用这种开发模式的仅为实验性质的中小型 Web 项目。

在这种模式下，开发者更热衷于采用一种现有的 MVC 框架，然后将多种前端框架结合使用以实现各分层的功能。例如，以 jQuery 框架为基础，采用 Ember.js 或 Angular.js 全面管理 MVC 结构，然后再使用 jQuery EazyUI、Bootstrap、jQuery UI 等 UI 框架实现视图层的显示。

1.4.2　项目分工与协作

早期的 Web 项目多是中小型项目，由于采用的技术并不复杂，也对用户体验、程序执行效率、维护性等要求较低，因此多为一个程序员包打天下，采用各种"ha-ck"式的方式解决问题（即一切以项目实现为目的，不考虑技术可扩展性和维护性）。

随着 Web 技术的发展，竞争日趋激烈，现在 Web 项目往往对用户体验的要求较高，需要一个团队不断地更新和维护项目，增加新的功能，提升用户体验，改进项目代码，因此，需要采用更多更复杂的技术实现项目开发。就以前端开发而言，各种框架、工具越来越专业化，一个程序员实现整个项目开发的模式就技术上而言越来越困难。此时，越来越多的企业开始从后端开发的经验着手，引入前端团队开发，通过开发团队的分工协作提高项目开发的效率。

以分布式开发为例，Web 前端开发团队通常由 5～7 人组成，分别担任不同的角色，如图 1-10 所示。

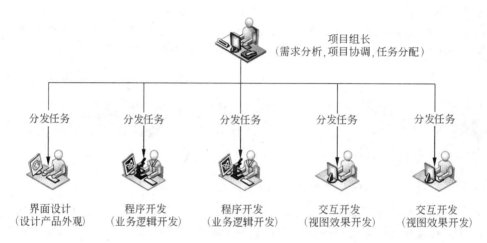

图 1-10　典型的前端 Web 开发团队结构

前端 Web 开发团队通常包括四种角色，即项目组长（PM）、界面设计（UID）、程序开发（PD）和交互开发（ID）。角色作用如下。

❏ 项目组长（PM）

项目组长是整个项目团队的首脑，其责任是审核项目需求，与后端开发团队交流，制订统一的开发接口，协调整体项目的工作，并分配开发任务，制订开发周期。

❏ 界面设计（UID）

界面设计主要负责项目产品的外观、显示效果等，其通常需要使用各种平面设计软件（例如 Adobe Photoshop、Adobe Fireworks 等）制作 Web 项目整体的效果图、各种界面元素的样式，除此之外，可能还会负责部分 CSS 样式表的编写，辅助交互开发设计各种交互效果。

❏ 程序开发（PD）

程序开发在分布式开发模式下，主要负责项目的底层框架开发、业务逻辑开发，负责对后端团队提供的数据进行运算、筛选，以高效的数据为整个项目开发团队服务。在 MVC 模式开发下负责模型层和控制器的编写，制订前端数据传输的标准等。

❏ 交互开发（ID）

交互开发在分布式开发模式下，主要负责项目的结构代码编写、各种显示效果的开发，根据程序开发者提供的数据编写前端显示代码和交互特效。在 MVC 模式开发下负责视图层部分的编写，与界面设计合作将最佳的显示效果和交互体验提供给用户。

1.4.3　项目代码规范

程序的代码是规范和格式化的语言，相比自然语言而言，代码往往比较难以判读。尤其前端开发所使用的 Javascript 脚本语言本身就由于语法的灵活和形式的多样，被称作"最容易被误解的编程语言"。

在一个项目团队中，如果每个成员都以自我的形式编写代码，那么其开发的代码往往只有该成员自己能够阅读和维护，当成员变动或其他成员需要维护该成员的代码时，这些个性化的代码往往会影响整个项目维护的效率。

因此，项目团队的协作开发需要梳理整个项目团队的代码书写风格和开发规范，从而保持代码的一致性，使得项目开发团队所有成员都能够判读和维护其他成员的代码。此时，就需要制订一个统一的代码书写格式规范，所有项目团队成员都应该以这一规范来书写代码，并按照指定的要求编写注释。

1．基本书写格式

基本书写格式是指进行整体代码开发时需要遵循的规约，它定义了各种语素级别的代码书写方式。

❑　代码缩进

代码缩进的作用是使多行不同结构的代码更加清晰和直观。常用的代码缩进包括空格缩进和 Tab 缩进两种。由于 Tab 符号在不同的开发工具中显示长度可能有所区别，因此建议采用空格缩进的缩进方式，以防止不同开发工具浏览代码时产生代码字符形变的问题。

代码缩进的数量也应在整个开发团队中统一，例如 Yahoo 的前端开发团队就统一使用 4 个空格作为代码缩进的标准。

❑　行长

行长是指每行代码包含的字符数量。通常情况下开发工具的窗口能够显示的字符数量是有限的，过长的行会导致开发工具窗口出现横向的滚动条，导致开发者浏览代码和代码对比时必须随时横向滚动窗口，降低浏览的效率。

通常情况下，绝大多数的开发团队都会根据自身硬件设备支持的屏幕分辨率制订一个统一的行长标准，提高代码浏览的效率。在此推荐每行代码长度不超过 80 个字符，在绝大多数宽屏显示器下可以同时展示两个文档窗口而不出现横向滚动条。

❑　空行

空行在代码结构中的作用是分隔不同语义的代码块，将不同类型的代码块有效地分隔开来。在此强烈建议在语句块（包括类、函数、命名空间、分支语句和迭代语句等）之前都应保留一个空行，在这些语句块内部的首行也应保持为空。除此之外，在注释之前也应保留一个空行。

2．命名法则

命名法则是指在创建类、对象、命名空间、函数、方法、属性和变量等实体时，定义这些实体名称的法则。命名法则可以规范整个项目开发时所有实体的命名，提高开发团队书写代码的一致性。使用统一的命名法则，可以提高团队沟通的效率，帮助团队成员快速阅读代码。

常用的命名法则分为三种，即大驼峰命名法、小驼峰命名法和匈牙利命名法。

❑　大驼峰命名法

大驼峰命名法是指将多个单词拼接在一起，每个单词的首字母大写，其他字母小写的命名法则。例如，定义用户名的变量，如采用大驼峰命名法，则可以将其命名为 UserName 等。大驼峰命名法则通常用于构造函数、全局类等。

❑　小驼峰命名法

小驼峰命名法与大驼峰命名法的区别在于，在多个单词拼接时，第一个单词的首字母小写，其他单词的首字母大写。例如，定义用户密码，如采用小驼峰命名法，可以将其命名为 userPassword 等。小驼峰命名法通常用于定义命名空间、局部类、对象、对象的属性和方法等。

❑　匈牙利命名法

匈牙利命名法同样基于若干单词的拼接，每个单词首字母必须大写（类似大驼峰命名法），但是需要以小写的数据类型作为整个命名的前缀。以 Javascript 为例，其各种变量的前缀如表 1-4 所示。

表 1-4　Javascript 的匈牙利命名法前缀

数据类型	英文名称	前缀	数据类型	英文名称	前缀
整数	integer	int 或 i	浮点数	float	fl
布尔值	boolean	bl	字符串	string	str 或 s
空值	null	nul	未定义值	undefined	und 或 u
对象	object	obj	数组	array	arr
日期	date	dt			

例如，定义一个用户的各种信息，如使用匈牙利命名法，则可以用 strName 定义用户姓名，intAge 定义年龄等。

匈牙利命名法是一种饱受争议的命名法则，一些开发者认为此种命名法则没有必要，而另一些开发者则坚持认为声明变量时采用匈牙利命名法可以提高代码的可读性，尤其在装箱和拆箱（数据类型相互转换）时，使用匈牙利命名法可以防止转换错误。作为折衷的办法，可以在为局部变量命名时使用此命名法则。

除了以上三种命名法则外，在处理全局常量或一些特殊的定义值时，应该使用另外一种命名法则将其与普通的命名空间、类、对象、属性和方法区分开来，这种命名法则即常量命名法则（或宏命名法则）。常量命名法则并非成文的约定，而是一些开发者的特殊习惯，这种习惯对项目代码命名极有帮助，可以对命名的元素进行强调，突出其与其他实体的区别。

常量命名法则的书写方式为将名称的所有单词大写，单词和单词之间以下划线隔开，例如，定义一个服务器 URL 地址，可以将其命名为 SEVER_URL 等。

团队统一使用规定好的命名法则可以提升代码的统一规范性，有效地避免各种五花八门的实体名称影响团队成员对代码的判读。除了遵守命名法则外，在命名方法或函数时，建议采用动宾词组来明确地表示这些方法或函数的语义，在此列出了一些常用的方法和函数前缀，如表 1-5 所示。

表 1-5　常用的方法或函数的前缀及其语义

前缀	语义	前缀	语义
can	能否处理或运算，返回布尔值	has	是否包含或存在，返回布尔值
is	是否从属于或归于某个类型，返回布尔值	get	获取数据，返回对象或普通变量
set	设置或写入某值，用于保存数据	create	创建对象或界面元素，返回对象或字符串
move	移动界面元素	remove	删除某个对象或界面元素
delete	彻底删除某个对象或界面元素	add	增加数据或集合的元素
convert	数据类型或界面元素的转换	switch	切换工作流
show	显示界面元素	hide	隐藏界面元素
dispose	处理数据	edit	编辑数据或集合的元素

3．变量

程序的任务就是对各种数据进行判断和处理，这些数据通常都是占据在内存中指定地址的值，即变量。使用变量时同样需要遵循制订的规范，防止代码被误读的同时，也防止程序出现逻辑错误。

❑　变量的默认值

在创建一个变量时，应该为变量添加一个默认值，以防止之后引用该变量时由于该变量没有实际的值而导致的错误。同时，由于 Javascript 是一种弱类型编程语言（没有强制变量的数据类型），因此为变量赋予一个默认值，可以有效地标定该变量的数据类型，防止不可控的装箱拆箱操作。常见的各种数据类型的变量默认值如表 1-6 所示。

表 1-6　各数据类型的变量默认值

数据类型	默认值	数据类型	默认值
字符串	"	数字（包括整数和浮点）	0
布尔值	false	空值	null
数组	[]	对象	null
日期	new Date ( )	正则表达式	/^[\s\S]*$/

❑　单语句单变量

在创建变量时，请尽量为每一个变量书写一个独立的 var 语句。虽然一个 var 语句创建多个变量显得更有效率，但是基于创建每个变量都应该有独立的注释（帮助其他开发者了解该变量的作用）的原则，显然只有每个变量都独占一个 var 语句更好一些。

❑　原始包装类型的创建

原始包装类型即 Javascript 最基本的三种数据类型：字符串（String）、布尔值（Boolean）、整数和浮点数（Number）。在创建这些类型的数据时，由于这三种包装类型的类并不存在静态方法和静态属性，因此在以 new 运算符调用其构造函数时很容易产生 BUG，如下所示。

```
var strMyString = new String ( 'text' ) ;
var intMyNumber = new Number ( 15 ) ;
```

```
var blMyBoolean = new Boolean ( true ) ;
```

以上的代码在 Javascript 语法规范中是完全正确的，但是从开发和避免逻辑 BUG 的角度而言是应尽量避免的。在创建此类对象时直接赋予默认值或自定义值即可，如下所示。

```
var strMyString = 'text' ;
var intMyNumber = 15 ;
var blMyBoolean = true ;
```

4．注释

注释的作用是为代码提供自然语言的解释。在开发工作中，为代码添加注释是一项重要的工作。使用注释可以帮助项目团队的其他成员快速阅读各种语义繁杂、难以理解的代码。开发团队的注释风格也应该统一，以便所有团队成员快速阅读代码，同时统一而有效的注释可以帮助一些项目代码文档生成工具快速生成代码文档。

Javascript 的注释分为两种，一种为单行注释，一种为多行注释。

单行注释多用于注释语句块中某一条语句。通常情况下，对于各种流程语句（分支流程、迭代流程等）的注释可采用单行注释，将注释书写在语句的上方。例如，判断一个数组 arrTest 的长度是否等于 0，代码和注释如下所示。

```
//判断数组 arrTest 的长度是否等于 0
if ( 0 === arrTest.length )
{

    //代码块

}
```

而多行注释则主要用于注释语句块、文档等，为项目完成后的文档生成工具提供内容。大多数大型项目的多行注释都采用了 Google 的 JSDoc 标准，以支持 Google 开发的 JS 文档生成工具。在定义各种实体时，其注释格式如下所示。

❑ 文档注释

文档注释的作用是声明整个 Javascript 脚本代码文档的作用等信息，其书写于 Javascript 脚本文档的头部，格式如下所示。

```
/**
@fileOverview  文档描述
@version 文档版本
*/
```

其中，fileOverview 关键字定义文档的描述信息，version 关键字定义文档的版本。

❑ 类的注释

Javascript 本身并不存在类的概念，但是支持通过函数的封装模拟其他编程语言的类，因此在很多项目中，都会通过函数来创建所谓的"自定义类"，实现其他编程语言中类的功能。类的注释用于为自定义类（包括全局类、局部类和子类）提供描述信息，其格式如下所示。

```
/**
@class User
@constructs
@param {String} name 姓名
@param {String} password 密码
@param {Date} birthday 出生日期
@augments System.Object
@exports User as System.Object
*/
var User = function ( name , password , birthday ) {
    //构造函数代码
}
```

其中，class 关键字定义类的名称，constructs 关键字声明以下代码是一个构造函数，param 关键字定义类的构造函数参数，augments 定义类的继承关系，exports 关键字定义类的派生关系。

❏ 命名空间注释

Javascript 不存在命名空间的概念，但是在一些大型 Web 项目的开发中，需要对类和对象进行划分，防止出现命名污染，此时即可通过为类定义自定义方法，返回一个特殊对象的方式实现类似命名空间的功能。例如，为一个名为 TestClass 的类定义命名空间，代码如下。

```
var TestClass = {
    namespace : function (ns) {

        var parts = ns.split ( '.' ) ;
        var object = this ;
        var I ;
        var len ;

        for ( i=0 , len = parts.length ; I < len ; i++ )
        {

            if ( !object [ parts [ I ] ] )
            {

                object [ parts [ I ] ] = { } ;
            }
            object = object [ parts [ I ] ] ;
        }

        return object;
    }
};
```

在完成以上方法的编写后，即可通过该类的 namespace 方法声明命名空间，并编写注释，代码如下。

```
/**
@namespace
@description 测试命名空间
*/
var TestClass.namespace ( testNamespace ) ;
```

其中，namespace 关键字声明以下代码是一个命名空间，description 关键字定义该命名空间的描述。

❏ 常量注释

Javascript 并不存在常量这一概念，该概念是由其他编程语言引入的。Javascript 的常量其实是一种伪常量，其仍然可以被修改。通常情况下，这些常量会被用于系统某些固定的配置信息，或一些常数（例如 PI 等）。定义常量时同样需要编写注释以帮助团队其他成员了解该常量的作用，代码如下所示。

```
/**
@field
@constrant
@type Number
@description 圆周率的常数
*/
var PI = 3.1415926535;
```

其中，field 关键字定义该值是一个直接量（非函数），constrant 表示该值是一个常量，type 关键字定义该值的数据类型，description 定义该值的描述。

❏ 静态方法注释

静态方法是类中的一种特殊方法，其特点是不需要对类进行实例化，直接由类名来调用。静态方法只能调用静态属性。定义一个静态方法代码如下所示。

```
/**
@static
@param {Object} value 值
@return {Int32}
@description 转换为 Int32
@example
var n = 0;
var n2 = System.Convert.ToInt32(n) ;
*/
System.Convert.ToInt32 = function(value) {

}
```

其中，static 关键字定义该方法是一个静态方法，param 关键字定义该方法的参数数据类型和名称以及参数的中文描述，return 关键字定义该方法的返回值，description 关键字定义该方法的描述及作用，example 关键字定义该方法的使用示例。

❑　实例方法注释

实例方法与静态方法相反，其指必须从属于某一个类，当且仅当该类被实例化为一个具体的对象后才能调用的方法。定义一个实例方法代码如下所示。

```
/**
@public
@param {String} input 输入
@return {Int32}
@description 判断输入字符在当前字符中的起始索引
@example
var str = new System.String("hello, world");
var index = str.indexOf(world);
*/
System.String.prototype.indexOf = function(input) {

}
```

实例方法通常具有不同的访问级别，如果不限制其他类和对象访问，可使用 public 关键字进行定义，如果禁止其他类和对象访问，则可使用 private 关键字进行定义。

❑　事件注释

事件用于为某些对象绑定一个交互处理的过程，其通常是由一个方法实现的。与普通静态方法不同的是，事件需要通过 name 关键字定义事件的名称，再通过 event 关键字标识其是一个事件。事件其他方面与普通的实例方法并无区别，在此不再赘述。

❑　忽略注释

对于一些不需要文档生成工具生成文档的代码，开发者可以通过 ignore 关键字将其忽略，代码如下所示。

```
/** @ignore */
```

5．函数或方法

书写函数或方法时，除了需要注意在函数或方法之前添加空行、内部首行留空外，还需要注意函数的参数书写以及大括号的位置。一些初学者往往习惯将函数或方法的大括号独占一行，并在使用 return 返回对象时也将对象的大括号独占一行，代码如下所示。

```
function getData()
{

    return
    {
        title : 'DataTitle',
        author : 'Me'
```

```
    }
}
```

　　在上面的代码中，getData()函数的起始大括号独占一行，且 return 语句的返回值大括号也独占一行，在这种情况下，一些 Web 浏览器往往会自作主张强制为函数语句末尾和 return 语句末尾添加一个行结尾符号"；"，从而造成代码语法错误，如下所示。

```
// 一些 Web 浏览器可能会为下一行自动在行末添加分号
function getData() ;
{

    // 一些 Web 浏览器可能会为下一行自动在行末添加分号
    return
    {
        title : 'DataTitle',
        author : 'Me'
    }
}
```

　　因此，在实际开发中应尽量避免以上这种写法，而应采用更加安全的书写方式：将函数以及 return 语句返回的对象等语句块的大括号紧跟函数主体和 return 语句来书写，代码如下所示。

```
function getData(){

    return {
        title : 'DataTitle',
        author : 'Me'
    }
}
```

　　如果函数或方法在声明时需要加入大量的参数，且整个函数的语句超过了行长 80 的限制时，就需要对函数的参数进行拆分书写。在拆分函数参数时需要注意换行应在函数参数的逗号"，"之后进行，且换行后的行要比函数 function 语句所在的行多缩进一次。

　　通常拆分的方式有两种，即 C 风格和 Java 风格。其中，C 风格的特点是强制对函数的所有参数都换行，无论函数行长是否超过 80，每个参数都必须独占一行；Java 风格则是仅当行长超过 80 后才进行换行，否则不换行。在换行时每行应尽量在行长 80 的限度内书写更多的参数。

　　例如，在下面的代码中，就分别采用了 C 风格和 Java 风格对一个相同的函数=参数进行了换行，如下所示。

```
// C 风格
function MyTestFunction (
    myfunctioname ,
    functionauthor ,
```

```
        createdate ,
        modifydate ,
        updatedate ,
        testdate ,
        acceptdate ,
        from ,
        baseeditor ) {

        // ……
}


// Java 风格
function MyTestFunction ( myfunctioname , functionauthor , createdate ,
    modifydate , updatedate , testdate , acceptdate , from , baseeditor )
{

        // ……
}
```

以上两种书写方式各有各的优点。C 风格的书写更方便对每一个函数参数进行注释，但是在 Javascript 这种行解析的脚本语言中可能会造成解析效率低下；Java 风格虽然注释稍微麻烦，但是加载效率更高。因此在实际开发中，开发团队可以自由选择一种注释方式。笔者更推荐使用 Java 风格的方式。调用函数时为函数添加参数的书写方式与创建函数类似，在此不再赘述。

6．语句

语句是代码执行的主体，语句的书写格式应该清晰明了，划分明确，才能帮助后续的代码维护者更快更高效地理解语句。在此简要介绍 4 种常用的语句书写格式和注意事项。

❑ if 系列语句

if 系列语句包含 if…语句、if…else…语句和 if…else if…else 语句三种主要的形式。在书写 if 系列语句时，应在条件的括号两侧添加空格，同时为了防止 Web 浏览器自动在语句末尾添加分号“;”，应将语句的大括号紧跟语句末尾书写，代码如下所示。

```
if ( 1 === testValue ) {

        alert ( testValue ) ;
}
```

if…else…语句和 if…else if…else 语句的书写方式与 if 语句类似。建议将 else、else if 等关键字也独行处理，使得代码结构更松散便于阅读，代码如下所示。

```
if ( 1 === testValue ) {

    //语句……
```

```
    }
    else if ( 2 === testValue ) {

        //语句……

    }
    else {

        //语句……

    }
```

在语句体内首行空行是一个良好的习惯。无论是在书写函数、方法、类、对象，还是各种语句时，都应该将首行空出来。空出来的一行并不会影响文件的下载，也不会影响代码执行的效率，只会使后续的维护者更方便地阅读代码。

在书写 if 系列语句的条件时，如果条件的表达式长度超过了行长 80 的限制，开发者可以根据条件表达式中的逻辑运算符进行分割，在逻辑运算符之后强制换行，并对新行的条件表达式增加一次缩进。具体的缩进方式与函数参数类似，在此不再赘述。

❑ switch 语句

switch 语句的作用是判断一个变量可能出现的多种值，根据不同的值来决定执行哪一段代码，其书写格式在不同的开发框架和编程规范中区别较大，尤其 break 语句的缩进方式，常见的就有 Java 风格（case 和 default 语句缩进一次，break 语句缩进两次）和 Dojo 风格（仅 break 语句缩进一次）。具体选择哪一种风格或自定义风格完全可以由项目组决定，但是强烈建议每一个 break 语句之后要空一行，这样代码看起来更加整洁和清晰，如下所示。

```
switch ( testValue ) {

    case 'first' :
        //语句…… ;
    break ;

    case 'second' :
        //语句…… ;
    break ;

    case 'third' :
        //语句…… ;
    break;

    default:
        //语句…… ;

}
```

在书写 switch 语句时，无论如何请勿省略 default，否则一旦所有 case 语句的条件都不符合时，该语句就会被跳过。在异常处理中（绝大多数 switch 语句都被用于异常处理）意味着有些未知的异常不会被暴露出来。考虑所有分支可能出现的情况，封闭所有可能遗漏的分支是一种良好而严谨的开发习惯。

在语法上，case 语句可以不经 break、return 或 throw 等语句结束而连续执行，但是在实际开发中，建议所有的 case 语句（除非必须连续执行，但是必须以详细的注释注明）都以 break、return 或 throw 等语句结束，否则，当其他开发者维护此段代码时，很容易会认为这段代码漏掉了结束语句，而额外错误地添加一个结束语句，导致程序逻辑被改变。

❑　with 语句

在 ECMAScript 脚本规范中，with 语句用于为多个从属于相同类或对象的属性、方法省略其相同的父集（例如这些属性、方法共同从属的命名空间、类和对象），使代码更加精简。但是在实际开发中，由于 Javascript 本身就是一种最容易被误解的脚本语言，因此强烈建议禁止使用 with 语句。

❑　for…语句

for…语句是一种迭代语句（或称循环语句），其作用是根据一个依照指定规律变化的值（被称作循环节）重复执行一段代码若干次。在使用 for…语句时，应该尽量避免使用 continue 或 break 语句跳出循环，随意地跳出虽然可以提高代码效率，但是会极大地影响代码的判读。

7. 数组

在书写普通的短数组时，需要注意数组的元素与逗号分隔符 "," 之间要有空格，例如一个简单数组的书写方式如下。

```
var arrTestArray = [ 1 , 2 , 3 , 4 , 5 , 6 , 7 , 8 , 9 , 10 ] ;
```

如果数组元素的总长度超过了行长 80 的限制，则应对数组进行拆分书写，并保证每行行末以逗号分隔符 "," 为数组内的行结尾，代码如下所示。

```
var arrTestArray = [ 1 , 2 , 3 , 4 , 5 , 6 , 7 , 8 , 9 , 10 , 11 , 12 , 13 ,
    14 , 15 , 16 , 17 , 18 , 19 , 20 , 21 , 22 , 23 , 24 , 25 , 26 , 27 , 28 ,
    29 , 30 , 31 , 32 , 33 , 34 , 35 , 36 , 37 , 38 , 39 , 40 , 41 , 42 , 43 ,
    44 , 45 , 46 , 47 , 48 ];
```

需要注意的是由于数组和函数、语句等语句块不同，其末尾的右中括号之前没有分号 ";"，因此为防止 Web 浏览器自动为其最后一个数组元素添加分号 ";" 强制结尾换行，应将右中括号 "]" 贴近最后一个元素书写。

8. 对象

对象的结构与数组类似，其都由若干子结构组成，但是由于对象的结构组成非常复杂，子结构可能是普通变量构成的属性值，也可能是子对象、数组，以及对象的方法，因此书写对象时应尽量保证对象的每一个成员都独占一行，对象成员的子成员也应该至少独占一行。在下面的代码中，就书写了一个包含嵌套子对象结构的对象。

```
anObject = {
    color : 'red' ,
    wheels : 4 ,
```

```
engine : {
    cylinders : 4 ,
    size : 2.2
  }
};
```

9. 长字符串

在编写 Javascript 脚本时经常会需要创建一些长字符串，并对长字符串进行处理。此时，如果字符串的长度超过了行长，则应对字符串进行拆分，将其拆分为若干段短字符串，然后使用连接符"+"将其连接。

在书写这类字符串时同样需要注意应将连接符"+"作为行末的结尾，以防止代码解析错误。

1.5　项目代码的管理

在团队协作开发时，需要保障项目团队每个成员代码的一致性、避免代码冗余及保障代码的安全性，同时，面对多个成员同时进行的操作，需要不断地将成员编写的代码整合到一起。这些问题依靠手工来解决是十分困难的，因此，有必要使用一些自动化工具来对代码进行有效的管理，实现版本控制。

1.5.1　版本控制工具

版本控制是一个复杂的管理体系，其通过规范的版本控制开发流程，使用稳定高效的版本控制工具进行工作，可以说绝大多数项目团队的开发都离不开版本控制。在进行版本控制管理时，需要首先了解版本控制工具的功能和操作。

1. 版本控制工具的功能

版本控制工具是一个软件体系，其主要可以实现以下几种功能。

❑ 保持代码一致性

软件开发是一个团队协作进行的工作，需要每个团队成员并行工作，也就是同时分布进行不同的开发工作，每个团队成员都需要获取最新版本的代码并基于这些代码实现开发。因此，需要版本控制软件维护当前项目开发的代码，将每个成员提交的代码组织起来，保障每个成员随时都能从服务器获取最新版本的代码。

❑ 避免冗余备份

在开发项目时，有时需要将旧的代码版本备份起来以供未来参考。同时，备份旧的代码也有助于防止在开发出现问题后无法恢复旧有版本。因此，版本控制软件需要存储每一个代码文件的变更历史记录，以便开发团队的成员可以进行快速代码追溯和回滚。

❑ 创建分支项目

有时开发的一个软件项目可能被划分为多个不同的软件项目。在现有的项目代码基础上经过几个不同方向的修改，软件项目转变为多个功能和需求类似的分支项目。如果以手工的方式实现此类功能，很可能需要阅读大量的代码和文档，以确定每一个文件的功能，然后再进行人工删减。使用版本控制软件可以方便地建立多个分支，然后以母版本为参照，实现插件式的开发，快速将母版本扩展为多个分支项目版本。

❑　协调并行开发

版本控制软件应允许某一个团队成员在修改某个文件时对其进行锁定，禁止其他团队成员修改，避免版本冲突。版本控制软件也应该具备合并版本的功能，在发生版本冲突后通过特殊的标记标明该文件哪些内容属于哪个开发者编写的，为实现什么目的编写的，辅助开发者将更新的内容合并为一个文件。

❑　保护代码安全

版本控制工具的作用就是维护软件代码的版本，将最新的代码分享给团队所有成员。但是在大型项目中，版本控制工具可能掌握几十万行代码，由分处世界各地的团队开发，不应允许任意一个团队成员修改所有代码,否则一旦发生管理问题或其他不可知的误操作，很可能造成极大的损失。因此，版本控制工具应该能限定局部某些代码的修改和查看权限，保护代码不被未授权的团队或成员修改，提高代码的安全。

❑　整合全局代码

在软件开发工作完成后，版本控制工具还应提供代码的打包和生成工具，将包含各种版本控制信息的代码数据清理导出为正式的软件代码，供编译器编译或提交 Web 站点发布。

❑　开发文档管理

版本控制工具除了管理代码外，还可以管理开发项目的各种文档，例如功能需求书、功能设计书、数据库设计书、接口说明书、代码流程图、数据流程图等。通过对这些文档的管理，为开发团队提供可靠的开发说明，辅助开发团队更好地维护代码。

2．版本控制工具的系统结构

版本控制工具通常需要依托一台服务器来存储代码、代码的更新记录，以及一个完整的账户角色权限控制系统。同时，还需要在每个项目团队成员的开发工作站上安装对应的客户端，实现代码操作工作，其系统结构如图 1-11 所示。

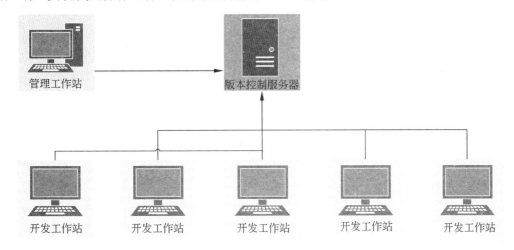

图 1-11　版本控制工具的系统结构图

3．版本控制操作流程

基于版本控制工具的开发工作需要一个规范的流程，每个团队成员都应该根据这一流程进行版本操作，才能使版本控制工具有效地工作。版本控制流程中，项目团队分为两种角色，即版本管理员和普通开发者，其工作流程如图 1-12 所示。

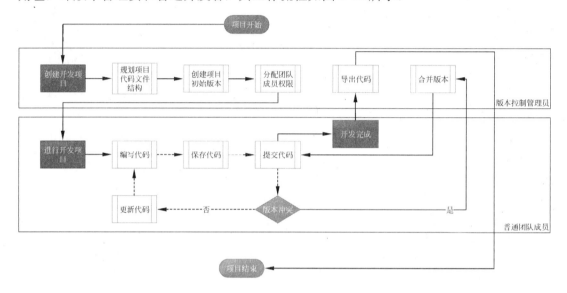

图 1-12　版本控制操作流程

其中，版本控制管理员的工作是创建版本项目，规划项目代码文件的结构，然后根据代码文件的结构以及团队中成员的任务来分配每个成员对局部代码的操作权限。在团队成员开发过程中如果出现了版本冲突，则处理冲突，合并版本。最终，当项目开发完毕后，将版本控制工具内的最终代码导出，交付使用。

普通开发团队成员的工作则是根据管理员分配的权限编写指定位置的代码，将其保存并提交到服务器中。如果出现了版本冲突，则提交给管理员合并，否则更新出新的代码，进入到下一个编码环节，循环操作直至项目开发完成。

1.5.2　常用版本控制工具

作为辅助开发的重要工具，版本控制工具有很多种，其功能也各异。开发一个项目，除了规划项目的功能、需求之外，最重要的还是应该根据项目的类型以及团队的操作习惯选择一款合适的版本控制工具。常用的版本控制工具包括 Microsoft Visual SourceSafe（VSS）、Concurrent Versions System（CVS）、Subversion（SVN）、Git 等。

1. Microsoft Visual SourceSafe（VSS）

Microsoft Visual SourceSafe（简称 VSS）是微软公司开发的一款用于 Visual Studio 开发平台的版本控制工具。与其他微软公司开发的软件类似，VSS 具有良好的可视化操作界面，和 Windows、.NET 平台以及 Office 软件等有极其优越的兼容性，可以完全独立出来作为 Windows 服务器的一个插件安装。

　　VSS 除了可以管理基于 Visual Studio 开发平台的代码之外，还可以有效地管理文本、视频、声音、可执行程序、图像以及 Office 系列文档。尤其针对 Office 系列文档，VSS 甚至可以像管理代码一样管理 Office 文档的版本，合并冲突等。由于 VSS 众多的优点，很多中小企业甚至使用它作为内部文档管理系统。

　　VSS 的缺点在于，它仅支持 Windows 操作系统的服务器和客户端，由于其管理文档时需要检索更复杂的文档内容（例如编译过的 Office 文档），因此和其他版本控制工具相比速度较慢。另外，VSS 还有一个显著的缺点就是对远程支持较差，当项目开发团队分处不同的地点时，使用 VSS 管理项目代码几乎是一个灾难。另外，VSS 仅能和 Visual Studio 系列开发平台对接，其他 Web 开发工具基本上无法获得 VSS 的客户端支持，因此，通常只有开发.NET 项目和基于.NET 的前端项目时才会选择使用 VSS。

2. Concurrent Versions System（CVS）

　　Concurrent Versions System（CVS）是开发源代码的并发版本系统，其可用于各种平台，包括 Linux、Unix 和 Windows NT 等。相比 VSS 的封闭性，CVS 更加开放，具有更强的平台适应性。

　　CVS 几乎拥有现代版本控制工具的所有功能，支持代码集中配置、灵活的无限制检出模式、替代管理、自动测试和同步开发，甚至支持通过互联网来管理分处异地的并行开发项目。基于 CVS 的强大功能，许多开源软件项目都使用该软件进行管理。

　　当然，CVS 也有一些缺陷，例如它和 VSS 一样采用文件的方式存储和管理数据（并非数据库软件），因此其速度和 VSS 几乎一样慢，且不支持文件元数据，只能存储文件本身的信息。另外 CVS 是针对文本的代码文件而设计的，因此对一些复杂类型的文件管理支持并不好（例如图片、Office 文档等编译过的二进制文件），对用户和权限的管理也并不如其他版本控制软件那么明确。另外，所有 CVS 的服务端操作几乎都是以命令行的方式实现的，对一些开发者而言比较困难。

　　CVS 适合管理大型开源项目，支持分处异地的多个项目开发团队或成员并行开发操作，通过互联网提交和更新代码，支持以 Web 页面的形式建立项目。CVS 典型的应用就是 Sourceforge.net，一个免费的公开项目管理站点，任何人都可以在该站点注册并创建开源项目，发布代码。由于 CVS 的部署和维护比较复杂，对于中小型开源项目而言，完全可以直接使用类似 Sourceforge.net 之类的在线 CVS 项目维护工具进行代码维护。对于中小型闭源项目而言，则不建议使用这一工具。

3. Subversion（SVN）

　　Subversion（SVN）是一款较"年轻"的版本控制工具，其针对 CVS 的一些项目缺陷而设计和开发，目的是最终取代 CVS。与 CVS 相同，SVN 也支持几乎所有操作系统平台，且由于其具备了强大的图形化服务端和客户端，能够方便地与其他各种操作系统、软件开发平台挂载，因此一经推出立即得到广泛应用。

　　SVN 作为未来 CVS 的替代品，其在设计上普遍吸取了 CVS 的特性，完善地继承了 CVS 的各种功能，例如代码集中配置、灵活的无限制检出模式、替代管理等，也支持通过互联网来管理分处异地的并行开发项目。目前，SVN 已经具有取代 CVS 的态势。

　　SVN 与 CVS 最大的区别在于，SVN 具有两种工作模式，一种是基于 BDB（一种事务安全型表类型的数据库），另一种则是基于 FSFS（一种不需要数据库的存储系统）。通常绝大多数开发团队都会选择第一种，基于强大的本地数据库引擎来管理数据，获得比 VSS 和 CVS 更高的存储效率。

　　SVN 也采用集中管理的工作模式，因此其管理较为方便，能够显著地增强代码的安全性，保持整个项目代码的一致性。另外，集中管理的原则具有更加明确的权限管理机制，可以方便地进行分层配置管理，实现不同权限开发者对项目代码的操作。

　　但是 SVN 的集中管理数据也存在一些问题：首先，大量开发者对服务器进行频繁的检出、提交操作会对服务器造成很大的负担；另外，在开发过程中必须随时保持与服务器的联接，一旦联接中断则将很可能无法工作。

　　SVN 适合管理中小型项目，尤其适合本地局域网，或者随时能够保障广域网连接的远程项目的管理操作，其同样支持以 Web 页面的形式建立和管理项目，并且提供了各种方便的可视化管理工具来配置服务器的信息，支持挂载在 Apache 服务器上直接运行，维护和部署都十分简单便捷。基于以上理由，在进行中小型项目时，如果项目组同处一个局域网络或具有 VPN，或者项目组随时可以保障互联网联接，则完全可以选择 SVN 作为版本控制工具。

1.5.3　版本操作规范

　　在使用版本控制工具来管理项目后，每一个项目组成员都必须遵守一定的版本操作规范，才能保障代码的安全，实现高效的开发管理。

1. 项目管理规范

　　项目管理规范是指项目管理者制定的，针对整个项目源代码的建立和操作的规范。其需要遵守以下守则。

　　❑ 项目建立规范

　　在前端开发过程中，在项目立项之后，项目管理者需要在版本控制工具中建立项目，规划项目的代码目录结构，合理地安排项目的代码存放方式。

　　❑ 账户分配规范

　　在建立项目后，项目管理者即可为每个项目组成员分配一个版本操作账户，做到专人专账户，要求每个成员都设定唯一的密码。

　　❑ 权限分配规范

　　在建立项目后，项目管理者需要根据项目组每个成员的职责和任务，分别为项目代码的目录建立权限控制，然后为这些目录分配具有写入权限的操作员。权限的合理分配可以保障项目代码的安全，防止项目组成员越权进行代码的提交。

　　❑ 代码合并规范

　　当代码的版本冲突时，项目管理者有义务对代码内容进行分析，然后将冲突的两个或多个文档合并在一起，产生新的版本号。除此之外，在合并版本时还应该编写合并版本的操作原因等信息。

　　❑　分支管理规范

在项目开发过程中，可能会根据项目临时的需求或者项目的衍生版本进行调整，此时就需要项目管理者为项目建立分支版本。每一个分支版本都必须具备完整的功能说明和建立的理由，以备项目维护所用。

2．开发操作规范

项目版本管理的开发操作规范是针对每一个项目开发者制定的。其目的是尽量规范版本管理的操作，避免版本冲突，提高版本管理的效率。其规定了项目组成员在编写代码和获取整体代码时的做法。

　　❑　检出代码规范

检出操作是指从服务器中下载整个项目的代码文档，将其部署到本地开发工作站的操作。在项目开始开发之前，每个参与的开发者都必须进行一次检出操作以获取项目的文件结构，并了解所允许编辑的代码部分。

　　❑　新增文件规范

在为项目新增一个代码或其他文档文件时，需要首先在本地工作站目录下创建代码文件或文档文件，待编辑完成后将其提交到服务器上。同时，必须书写完整的新增文件日志，日志的格式可以按照项目开发组内部的习惯制订，但是必须包含该文件的名称、相对于整个项目的目录位置、作用、初版作者以及创建时间等。

　　❑　编辑、提交代码规范

在编辑任何一个项目代码或文档文件之前，首先应该进行数据更新工作，确保得到的代码或文档是最新版本，然后将其锁定，再进行修改操作。在修改完成后，及时编写日志记录信息（包括新增的内容、修改的内容以及删除的内容），进行提交操作，然后对文件解锁。

　　❑　删除文件规范

如果因故需要对代码文件或文档文件进行删除，可以直接编写删除日志记录信息（包括删除文件的名称、作用以及删除的理由等），然后再提交整个目录。

1.6　项目代码的调试

项目代码是 Web 开发团队最终生产的产品。在开发代码时，使用一些有效的调试工具可以快速测试代码的有效性，追踪代码执行的过程，测试代码的 BUG。Web 项目的代码是基于 Web 浏览器运行的，因此绝大多数代码调试工具都需要依托 Web 浏览器。常用的前端代码调试工具主要有 Firefox 浏览器的 Firebug 和 IE 浏览器的 F12 开发人员工具等。除此之外，一些在线工具和基于其他开发平台的工具也可以辅助开发者调试代码，测试代码的逻辑性和书写严谨性，例如 JSLint 和 JSHint 等。

1.6.1　Firebug

Firebug 是一款第三方开发的基于 Firefox 的插件工具，是最著名的 Web 开发调试工具之一。Firebug 根据 Firefox 浏览器的更新而不断改进，已逐渐拓展到其他 Web 浏览器平台，包括 Opera 和 Safari 等。同时，Google 等 Web 浏览器开发商也采用了许多 Firebug 的技术，开发出基于自身 Web 浏览器的类似工具。

FireBug 是基于 Web 浏览器的插件，因此它只能依附于 Web 浏览器运行。以 Firefox 的 Firebug 插件为例，在打开 Firefox 浏览器后，执行【Firefox】|【附加组件】命令，即可打开【附加组件管理器】窗口，如图 1-13 所示。

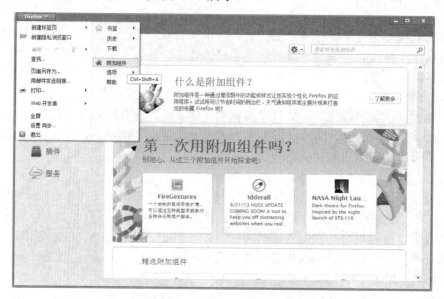

图 1-13　Firefox 的【附加组件管理器】窗口

在【附加组件管理器】右上角的搜索框中输入 Firebug，即可在更新的附加组件列表中找到 Firebug 的最新版本。单击右侧的【安装】按钮，即可安装，如图 1-14 所示。

图 1-14　安装 Firebug

在安装完成后，重新启动 Firefox 浏览器，即可单击导航工具栏右侧的 Firebug 按钮，启动 Firebug 插件，如图 1-15 所示。在默认状态下，Firebug 插件会显示于 Web 浏览器窗口的下方。

图 1-15　启动 Firebug 插件

Firebug 插件的窗口分为三个部分，即【标签】工具栏、【内容】窗格和【命令行】窗格。其中，【标签】工具栏和【内容】窗格都是默认显示，而【命令行】窗格则默认处于隐藏状态。

❏【标签】工具栏

【标签】工具栏是 Firebug 的导航工具，其包含 6 个工具按钮、7 个选项卡按钮、搜索栏以及 3 个窗口按钮等，其作用如表 1-7 所示。

表 1-7　Firebug【标签】工具栏

类型	图标	名称	作用
工具按钮		Firebug 选项	通过下拉菜单提供 Firebug 的各种属性设置，例如隐藏和禁用 Firebug，Firebug 的界面位置，用外部编辑器打开文档，文本大小，信息选项等
		查看页面元素	单击此按钮，即可通过可视化的方式选择页面中的元素，显示其在 HTML 的 DOM 节点位置
		后退	跳转到上一个【内容】窗格
		前进	跳转到下一个【内容】窗格
		显示命令行	显示【命令行】窗格（在【内容】窗格下方）
		面板选择器	订制面板按钮，显示或隐藏某个面板按钮
面板按钮		控制台	在【内容】窗格显示当前页面的各种错误、警告、消息、调试信息和写入 Cookie 的状态
		HTML	在【内容】窗格显示 HTML 的节点树，以及该节点树的 CSS 样式信息
		CSS	在【内容】窗格中显示当前页面加载的 CSS 源代码，并允许开发者对其进行临时修改，以调试页面元素的样式。除此之外，还允许通过选择器增加新的临时样式

续表

类型	图标	名称	作用
面板按钮		脚本	在【内容】窗格显示当前页面文档加载的脚本，并提供监控、堆栈和断点，辅助开发者进行调试
		DOM	在【内容】窗格中显示 DOM 节点的属性、方法、常量等信息
		网络	显示文档中各种下载的数据的明细信息
		Cookies	显示当前 Web 浏览器的 Cookie 规则以及写入当前系统的 Cookie 信息
搜索栏			检索当前文档代码中的内容
窗口按钮	▬	最小化	最小化 Firebug 窗体
	⬚	新窗口	在新窗口中打开 Firebug
	⏻	关闭	关闭 Firebug

❑ 【内容】窗格

【内容】窗格的作用是根据选择的面板按钮显示对应的数据信息，包括控制台、HTML、CSS、脚本、DOM、网络以及 Cookies 等。根据选择的面板不同，【内容】窗格可能会划分出若干窗格显示。

❑ 【命令行】窗格

在默认状态下，【命令行】窗格处于隐藏状态，当且仅当开发者单击【标签】工具栏的【显示命令行】按钮▤后，该窗格才会显示。【命令行】窗格显示的内容与【控制台】的【内容】窗格大体类似，因此当选择【控制台】面板时，此窗格将和【内容】窗格合并，其内容在此不再赘述。

1.6.2　F12 开发人员工具

F12 开发人员工具是微软的 Internet Explorer 浏览器专用的项目代码测试工具。其自 IE 7.0 版本开始被加入到 IE 的发行版中，并随着 IE 浏览器的不断发展而改进，每个主要的 IE 版本都会有对应版本的 F12 开发人员工具。

目前 F12 开发人员工具最新的稳定版本基于 IE 10.0，它可以模拟 IE 5.0 到 IE 10.0 之间所有 IE 版本的代码解析，是目前调试 IE 浏览器下脚本的最强大的工具（截止本书编写时，微软的 IE 11.0 和对应版本的 F12 开发人员工具仍处于测试版状态，并不稳定，因此不推荐使用）。

F12 开发人员工具与 Firebug 的不同在于其属于微软官方开发的工具软件，因此其性能和稳定性都比较强，且与 Web 浏览器结合得也更加紧密，执行效率高，速度快。尤其人性化的是，早期的 Firebug 并无中文版本，但是微软的 F12 开发人员工具则支持多种语言，包括中文。

另外，F12 开发人员工具的页面元素追踪功能也远胜 Firebug，可以支持模拟多个 IE 浏览器的功能也十分实用。但是由于其推出较晚，且界面上与 Firebug 有较大区别，因此并未被开发者普遍采用。

F12 开发人员工具是 IE 浏览器自带的工具，因此开发者无需下载，只需要拥有 7.0 版本以上的 IE 浏览器即可直接使用。

打开 IE 浏览器（IE 7.0 以上版本），按下 F12 键，或者直接按下组合键 Alt+T，在弹出的菜单中执行【F12 开发人员工具】命令，均可打开 F12 开发人员工具的窗体，如图 1-16 所示。

图 1-16　基于 IE 10.0 的 F12 开发人员工具

F12 开发人员工具的主体界面与其他 Windows 程序类似，分为【菜单】栏、【选项卡】面板和【内容】窗格三个部分。

□ 【菜单】栏

【菜单】栏提供了 10 种菜单栏命令以及【最小化】按钮 ▬、【新窗口】按钮 ▢ 和【关闭】按钮 ▨ 等工具。其命令及作用如表 1-8 所示。

表 1-8　F12 开发人员工具的【菜单】栏命令

命令	作用
文件	提供撤销操作、自定义查看源代码工具和帮助
查找	提供文档元素选择工具，辅助开发者用鼠标快速从文档中选择界面元素，追踪和查看 DOM 节点
禁用	提供禁止脚本执行、禁止弹出窗口阻止程序、禁止 CSS 等功能命令
查看	提供类和 ID 信息、链接路径、链接报告、选项卡索引、访问键、源代码等信息的快速查看工具，可将这些信息直接标注在浏览器页面上
图像	定义页面图像的各种信息，包括禁止图像加载、查看图像的分辨率、大小、路径、Alt 文本以及生成图像报告等功能
缓存	定义浏览器缓存的处理方式，例如清除缓存、清除 Cookies 等功能
工具	提供更改浏览器窗口尺寸、用户代理字符串、标尺、颜色选取器、轮廓元素等小工具
验证	提供根据 W3C 的 Web 标准对代码进行验证的各种工具
浏览器模式	允许选择当前浏览器以 IE 7.0 到 IE 10.0 等 4 种标准模式以及 IE 10.0 的兼容性模式等 5 种方式来验证当前文档在不同版本 IE 浏览器中的脚本兼容性
文档模式	允许当前浏览器以 IE 5.0 怪异模式（Quirks），IE 7.0、IE 8.0、IE 9.0、IE 10.0 的标准模式和 IE10 怪异模式（Quirks）来验证代码兼容性

□ 【选项卡】面板

F12 开发人员工具的【选项卡】面板与 Firebug 的【面板】按钮类似，都是用于定义【内容】窗格显示的内容，其包括 6 种选项卡，如表 1-9 所示。

表 1-9　F12 开发人员工具的【选项卡】面板

名称	作用
HTML	在【内容】窗格中显示当前文档的 HTML 节点树，以及对应节点的 CSS 样式、浏览器执行样式、盒模型和属性
CSS	在【内容】窗格中显示当前文档加载的所有 CSS 文档内容，包括选择器、属性，并提供启用或禁用的复选框，辅助开发者调试
控制台	在【内容】窗格中显示当前文档代码执行时的警告和错误信息
脚本	在【内容】窗格中显示当前文档加载的所有脚本内容和各种调试工具，并提供监视、堆栈、断点等功能
探查器	在文档加载时在【内容】窗格中提供采样工具，显示文档加载时各种脚本执行状况的明细信息
网络	在文档加载时在【内容】窗格中提供捕获工具，捕获网络事件的下载和传输，判断各种 HTTP 状态以及数据

❑ 【内容】窗格

用于根据【选项卡】面板选择的工具，显示对应的内容结果。

1.6.3　JSLint 及 JSHint

JSLint 是一款使用 Javascript 编写的闭源验证工具，其可以扫描 Javascript 脚本代码，追踪和查找这些脚本代码的问题，并提供出现问题的代码位置（行和字符位）。JSLint 可以显示出代码书写风格的错误、不合理的约定以及代码结构等问题，帮助开发者发现错误。

JSLint 提供了两种使用方式，一种是直接通过其官方网站（http://www.jslint.com）的在线检测工具，将代码粘贴到网站，选择指定的检查内容，即可在站点生成检测报告，如图 1-17 所示。

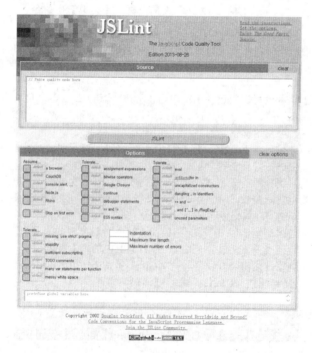

图 1-17　JSLint 在线检测工具

　　除此之外，也可以通过 Mozilla 提供的 Java 实现的开源 Javascript 引擎——Rhino 工具追加插件，然后通过命令行的方式使用修改版本的 JSLint 功能。

　　JSHint 是 JSLint 的一个分支项目。JSLint 本身是基于其开发者编码习惯而开发的，限制较多，而 JSHint 的目标是提供更加个性化的 Javascript 代码质量和编程风格检查工具。相比 JSLint，JSHint 提供了更多的自定义检查项目，其使用较为复杂，但是可以针对不同项目开发团队自身的习惯进行定制。JSHint 同样提供在线检测工具和 Rhino 工具，其在线检测工具地址为 http://www.jshint.com，如图 1-18 所示。

图 1-18　JSHint 在线检测工具

　　JSLint 和 JSHint 并不能百分之百地检测出代码中的逻辑错误，但是在语法检测、编码风格检测上具有不可替代的功能。使用这两款工具，可以帮助开发者和开发团队维持良好的编码习惯，防止混乱的编码风格导致不可预知的错误。

1.7　小　　结

　　Web 前端项目开发是一个复杂而严谨的系统工程，其涵盖了多种应用技术，包括

XHTML 结构语言、CSS 样式表和 Javascript 脚本语言等。因此，作为全书的开篇，本章简
要介绍了 Web 的产生、发展以及未来终端的多样化，并介绍了 Web 站点的构成、开发所
使用的技术标准、开发工具等。

　　除了 Web 开发的各种基础技术和知识外，由于当代 Web 项目的开发往往需要项目开
发团队的多个成员共同努力协作实现，因此在本章的末尾还介绍了 Web 团队开发的一些协
作经验和知识，包括 Web 项目的开发模式、分工协作以及前端 Web 开发的脚本代码规范
等。除此之外，还针对现代 Web 的代码管理方向，介绍了版本控制工具的概念、常用的版
本控制工具以及使用版本控制工具的一些规范。

　　最后，针对前端脚本开发的调试工作，介绍了三种常用的调试工具，为开发者编写程
序和测试代码提供技术支持。

第 2 章　Web 元素的结构

Web 结构语言（即 XHTML 结构语言）是整个 Web 开发体系中的基石，其结构和内容奠定了 Web 应用向终端用户展示的基础，因此在开发 Web 应用之前，首先需要了解的就是 XHTML 结构语言的语法和规范，以及各种 Web 结构元素、Web 结构组件的使用方法。

通常情况下，XHTML 结构语言可以为 Web 应用提供三种类型的显示元素，即语义元素、表格元素和交互元素，除此之外，还将定义整个文档的结构并对其进行布局，正是这些显示元素构成了 Web 应用。本章将简单介绍 XHTML 语言的基础语法、结构元素以及各种显示元素的代码，为 Web 应用开发夯实基础。

2.1　XHTML 结构语言基础

XHTML 作为一种国际化的通用标准，被广泛应用于现代 Web 应用的开发中，以存储 Web 显示层面的数据。目前，绝大多数的现代 Web 站点和 Web 应用都使用 XHTML 结构语言开发。使用合理而规范的 XHTML 结构代码可以提高 Web 站点或应用的兼容性，同时提高 Web 代码解析程序的解析效率。

XHTML 是更加严谨和规范化的 HTML，其设计思路为沿用 HTML 的绝大多数标记，同时对 HTML 的语法进行整合，使其符合 XML 的规范。在绝大多数情况下，XHTML 完全符合 HTML 的语法，并以此做到向下兼容。

XHTML 是一种基于标记、属性、属性值和内联数据的结构化语言，其由文档类型声明（Doctype Declaration，简称 DTD）和根标记组成。根标记下再包含各种内容标记。

2.1.1　文档类型声明

文档类型声明，是由 XML 继承而来的特性，其作用是为读取和识别 XHTML 文档的软件提供当前文档的类型、语法规范来源等信息。文档类型声明必须被书写在 Web 页文档的头部，以告知各种读取文档的软件采用何种规范来获取文档内的数据并显示出来。

XHTML 的文档类型声明主要包括三种，即严格型（Strict Mode）、过渡型（Transitional Mode）和框架型（Frameset Mode）。

1. 严格型声明（Strict Mode）

严格型声明是 W3C 推荐采纳和使用的一种类型声明。在此声明模式下，禁止使用一些表现样式和视觉效果的标记，同时规范了绝大多数标记的书写和使用方法。严格型声明的书写方式是唯一的，如下所示。

```
<!DOCTYPE html PUBLIC "-//W3C//DTD XHTML 1.0 Strict//EN" "http://www.w3.
org/TR/xhtml1/DTD/xhtml1-strict.dtd">
```

2. 过渡型声明（Transitional Mode）

过渡型声明是为尚未完全适应 Web 结构化、语义化开发的 Web 开发者提供的一种向下（HTML 4.01 及以下版本）兼容的 XHTML 方案。在该方案下，开发者可以使用一些表现视觉效果的旧有 HTML 标记，从而实现一些显示功能。如非特别需要，在此不建议使用这一类型声明。过渡型声明的书写方式如下所示。

```
<!DOCTYPE html PUBLIC "-//W3C//DTD XHTML 1.0 Transitional//EN" "http://www.
w3.org/TR/xhtml1/DTD/xhtml1-transitional.dtd">
```

3. 框架型声明（Frameset Mode）

框架是指完全、完整地引入另一个 Web 文档的内容，将其嵌入到当前的 Web 文档中的一种文档类型，在这类 Web 文档中，当前的文档就是框架文档，而被引入的文档则被称作嵌入文档或者嵌入帧。

框架类型的 Web 文档通常被应用到一些特殊需求的页面，通过嵌入外部文档来实现文档内容的复用性。框架型声明的书写方式如下所示。

```
<!DOCTYPE html PUBLIC "-//W3C//DTD XHTML 1.0 Frameset//EN" "http://www.w3.
org/TR/xhtml1/DTD/xhtml1-frameset.dtd">
```

2.1.2 标记

标记是 XHTML 的基本构成部分。所有 XHTML 文档内部都将根标记、内容标记等以树的结构构建。其中，根标记在 XHTML 文档中是唯一的，而内容标记则按照指定的规则嵌套。

XHTML 的标记的书写方式必须严格遵循 XML 标准，即所有的标记都通过尖括号"<>"标识，且标记的名称必须小写。

1. 根标记

根标记（HTML）是 XHTML 文档中最重要的标记，其在 XHTML 文档中是唯一的，且只能位于 DTD 标记之后。根标记不是任何标记的子集，它只包含头部标记、主体标记和框架集标记三种子标记（如有必要，注释标记也可以作为根标记的子集）。典型的根标记应用代码如下所示。

```
<html>
    <head>
        这里是文档的头部……
    </head>
    <body>
        这里是文档的主体……
```

```
    </body>
</html>
```

所有主流 Web 浏览器都支持根标记。根标记具有唯一的实例属性，即 xmlns 属性，其用于标记当前文档的命名空间。在 XHTML 结构语言中，xmlns 属性的值必须是"http://www.w3.org/1999/xhtml"。除了实例属性外，根标记还支持 dir、lang 和 xml:lang 等标准属性。

2．标记的分类

XHTML 标记可以根据其书写方式分为两种，即闭合标记和非闭合标记。这两种标记都包含属性、属性值，闭合标记还包含内联的字符串数据。

❑ 闭合标记

闭合标记是指成对出现的标记，这类标记包含开始标记和结束标记，通过内联的字符串或嵌套的子标记来表现 Web 内容。典型的闭合标记有根标记（HTML）、文档头标记（HEAD）、文档主体标记（BODY）等。闭合标记的书写方式如下所示。

```
<html></html>
```

其中，"<html>"标记为起始标记，"</html>"标记为结束标记。绝大多数 XHTML 标记都是闭合标记，其内容必须被包含在起始标记和结束标记内部。

❑ 非闭合标记

非闭合标记是指无需通过内嵌的字符串或子标记来表现内容的一些特殊标记，这些标记已经表示了一个独立的内容块，因此无需再进行闭合。但是在 XHTML 语法中，非闭合标记需要通过"/>"结束，表示此标记已经闭合，方便各种识别程序查找标记的结束部分。

典型的非闭合标记有图像标记（IMG）、横线标记（HR）、换行标记（BR）等。非闭合标记的书写方式如下所示。

```
<br />
```

需要注意的是，非闭合标记结束的斜杠和标记名称之间必须空一格。

3．标记的嵌套

XHTML 的标记是以树的结构组织构建的，通常闭合标记都能够嵌套其他标记或字符串内容。例如，XHTML 的根标记（HTML）就能够嵌套文档头标记（HEAD）和主文档体标记（BODY），如下所示。

```
<html>
    <head></head>
    <body></body>
</html>
```

非闭合标记虽然不能嵌套其他标记，但可以作为子标记被嵌套在闭合标记中。

相比传统的 HTML，XHTML 的嵌套规则更为严格。在 HTML 中，允许将两个标记交叉嵌套。例如，下面的节和段落就属于典型的交叉嵌套。

```
<p><div>交叉嵌套的内容</p></div>
```

以上写法在 HTML 中是完全合法的，但是在 XHTML 中，这种方式被严格禁止。XHTML 的标记必须完全按照指定的内外层级嵌套，标记的起始标签和结束标签必须一一对应，如下所示。

```
<div><p>正常的层级嵌套内容</p></div>
```

2.1.3　属性

属性是标记的描述信息，用于描述标记的呈现方式、关联内容等信息。绝大多数 XHTML 标记都支持各种各样的属性。根据 XHTML 属性的作用，可以将其分为实例属性、核心属性、语言属性、键盘属性和事件属性。

1. 实例属性

实例属性是每个 XHTML 标记的特殊属性，其往往与标记自身的功能结合得十分紧密，绝大多数 XHTML 标记都会具有一个或多个实例属性。

2. 核心属性

核心属性是绝大多数 XHTML 标记都支持的共同属性，其用于定义 XHTML 标记与各种程序的接口，或其工具的提示信息。XHTML 的核心属性包括以下 4 种，如表 2-1 所示。

表 2-1　XHTML 核心属性

属性	属性值	作用
class	字母、数字或下划线，数字不可为开头，多个值可使用空格隔开	定义标记的类
id	字母、数字或下划线，数字不可为开头，该值在整个文档中必须是唯一的	定义标记在文档中唯一的 ID
style	CSS 样式表代码	定义标记的专属 CSS 样式
title	文本	定义标记的工具提示信息

绝大多数的 XHTML 标记都支持 XHTML 核心属性，除了基准路径标记（BASE）、头部标记（HEAD）、根元素标记（HTML）、元数据标记（META）、对象参数标记（PARAM）、脚本标记（SCRIPT）、内联样式标记（STYLE）以及文档标题标记（TITLE）等标记以外。

3. 语言属性

语言属性用于定义标记内文本的流向和所属语言的语言代码。除基准路径标记（BASE）、换行标记（BR）、框架标记（FRAME）、框架集标记（FRAMESET）、水平线标记（HR）、内联框架标记（IFRAME）、对象参数标记（PARAM）和脚本标记（SCRIPT）以外，所有的 XHTML 标记都支持语言属性。XHTML 的语言属性包括三种，如表 2-2 所示。

表 2-2　XHTML 语言属性

属性	属性值	作用
dir	ltr	默认值，定义标记内的文本自左至右流动
	rtl	定义标记内的文本自右至左流动
lang	语言代码	定义标记的工具提示信息

4．键盘属性

键盘属性用于定义使用键盘快速访问标记的方式。通常情况下，只有可交互的 Web 元素标记才支持键盘属性，例如超链接、嵌入的对象以及表单控件等。XHTML 的键盘属性包括两种，如表 2-3 所示。

表 2-3　XHTML 键盘属性

属性	属性值	作用
accesskey	字符	定义访问该 Web 标记的快捷键
tabindex	数字	定义按 TAB 键依次访问交互标记时的顺序

5．事件属性

事件属性的作用是为 XHTML 标记绑定对应的事件。事件是指用户对 XHTML 标记进行的操作触发的交互行为。这种交互可以是执行一段 Javascript 脚本，可以是调用 DOM 内置的方法实现的交互行为，也可以是改变 XHTML 的样式或调用 HTTP 协议的 POST 方法或 GET 方法。XHTML 的事件分为隐式事件和显式事件两种。

❑　隐式事件

隐式事件是指由 Web 浏览器等 XHTML 文档识别软件根据 XHTML 默认的标记和属性，自动触发和执行的事件。

这类事件并非基于用户自行定义，而是由软件自行识别和触发。典型的隐式事件指超链接标记 A、按钮标记 BUTTON、输入控件标记 INPUT 等交互标记被鼠标单击，以及绝大多数可视标记被鼠标滑过、单击时自动执行的行为。除此之外，还有元数据标记 META 也可以触发一些特殊的隐式事件（例如自动跳转到其他页面等）。

隐式事件是由 Web 浏览器自动触发，因此除非开发者对这些交互标记重新定义行为，否则必然会触发这些隐式事件。例如，当按钮标记 BUTTON 的 type 属性值为 "submit" 时，该按钮被鼠标单击，将自动触发按钮所属表单的提交事件，根据其所属表单标记 FORM 的 method 属性值，触发 HTTP 协议的 POST 或 GET 方法，如下所示。

```
<form method="get" action="insertData.php">
<p><button type="submit">提交表单</button></p>
</form>
```

隐式事件是无需开发者干涉的事件，因此无需专门为这类事件编写相关的代码。

❑　显式事件

显式事件是指由开发者通过 XHTML 标记的一些特殊属性编写的自定义事件，这一组属性被称作事件属性。事件属性的书写方式与普通 XHTML 属性类似，属性名都需要以小写的方式书写，属性值也必须被引号 """" 包裹。例如，为一个按钮添加鼠标单击事件，执行一个名为 TestFunc 的 Javascript 函数，代码如下。

```
<button type="button" onclick="javascript:TestFunc()">单击</button>
```

显式事件的语法与普通属性的语法类似，可以触发的行为类型包括窗体事件、表单事件、图像事件、键盘事件以及鼠标事件等。

关于事件属性的具体使用方法，请参考之后相关的章节。

2.1.4 属性和属性值的写法

XHTML 的属性和属性值的书写方式与 XML 一致，都必须书写在标记名称之后空一格的位置。需要注意 XHTML 与 HTML 4.01、HTML 5 有所不同的是，其强制规定所有的属性必须有属性值，且属性值必须被双引号 """" 包裹。

1．闭合标记的属性

如果标记为闭合标记，则属性应书写在闭合标记的起始标记内，不能书写在闭合标记的结束标记内。

例如 HTML 标记通常需要定义整个页面文档的命名空间，因此需要添加 xmlns 属性，且其属性值是唯一的，如下所示。

```
<html xmlns="http://www.w3.org/1999/xhtml"></html>
```

2．非闭合标记的属性

如果标记为非闭合标记，则标记的属性和标记的结束标识符斜杠 "/" 之间必须空格，例如页面基准 URL 标记 BASE 的属性，必须采用如下写法。

```
<base href="http://www.microsoft.com/china/" />
```

3．标记的多个属性

一个标记可以同时支持多种属性，但多个属性之间必须以空格隔开。例如，定义一个超链接的 URL 和工具提示信息，其代码如下所示。

```
<a href="http://www.microsoft.com/china" title="微软中国">微软中国</a>
```

4．属性的多个属性值

一些特殊的属性往往允许定义多个属性值，例如 class 属性（用于为标记添加类），就允许同时为标记定义多个类。此时，需要以空格隔开多个属性值。例如，定义一个段落，采用了红色的前景色和段首缩进两个字符，如下所示。

```
<p class="FrontColorRed TextIndent2em">测试段落。</p>
```

2.1.5 注释

注释是所有编程语言共有的一种特殊语法构件。注释的作用是标记一段代码，禁止语法解析程序解析这些被标注的代码。在开发过程中，注释通常有两个作用。第一个作用，即在调试时禁止某段代码被解析和执行，从而判断程序出现问题的位置。另一个作用则是作为代码的描述和解释，告知后续维护的开发者此段代码的作用、意义以及其他相关信息。

XHTML 的注释其实也是一种特殊的标记，区别在于其起始标记不需要以右尖括号"">""结束，其结束标记也不需要以左尖括号起始。XHTML 的注释起始标记为 "<!--"，结束标记为 "-->"。在注释标记内，可以嵌套任意非注释标记和双下划线以外的文本或标记，例如，一段文本注释如下所示。

```
<!-- 这里是注释内容 -->
```

注释标记内也可以嵌套其他 HTML 代码，例如，嵌套一个段落标记，注释段落标记内的内容，如下所示。

```
<!-- <p>此段代码不显示</p> -->
```

2.2 文档结构标记

文档结构标记是文档根元素 HTML 下最重要的标记，其作用是规划整个文档的基本结构，描述文档的性质并存放文档的显示内容。XHTML 具有三种文档结构标记，即文档头标记、文档主体标记和框架集标记。

2.2.1 文档头标记

文档头标记即 HEAD 标记，其作用是定义文档的标题、预加载的外部脚本、样式等文件，并定义文档的元数据以及内嵌的样式和脚本等信息。文档头标记位于根标记（HTML）内，作为其第一个子集存在。文档头标记仅能与框架集标记（FRAMESET）或主体标记位于同一级别，且只能位于这两种标记之前，如下所示。

```
<html>
    <head>
        <title>文档的标题</title>
    </head>
    <body>
        文档的内容……
    </body>
</html>
```

　　文档头标记具有一个唯一的实例属性 profile，其属性值为一个或多个以空格隔开的 URL 地址，用于链接外部的元数据信息。文档头标记具有多种类型的子集，分别作用于文档的基准路径、外链文件、元数据、脚本、内联样式以及文档的标题等。

1．基准路径

　　文档的基准路径由基准路径标记（BASE）来定义，其作用是在 Web 文档中声明一个作为所有当前 Web 文档内链接、内嵌对象路径的基准参考值和所有链接、路径的默认值。

　　基准路径标记可作用于超链接标记（A）、图像标记（IMG）、外链文档标记（LINK）、表单标记（FORM）以及对象标记（OBJECT）等，为这些标记内嵌的相对 URL 路径提供路径基准，组成完整的 URL。

```
<head>
<base href="http://www.microsoft.com/" />
</head>
<body>
<img src="eg_smile.gif" />
<a href="#">Microsoft</a>
</body>
```

　　在上面的代码中，图像标记（IMG）引用了一个外部图像的名称，在基准路径标记有效的情况下，Web 浏览器将以基准路径为默认 URL 解析，其解析的图像 URL 应为"http://www.microsoft.com/eg_smile.gif"。

2．外链文件

　　外链文件由外链标记（LINK）定义，其本身在 XHTML 规范中被赋予了强大的功能，允许将各种类型的外部文档加载和导入到当前文档中。但是在实际的应用中，Web 浏览器只支持从外部导入 CSS 样式表文档的功能。外链标记仅能出现在头部标记（HEAD）中，但不限制出现的次数。使用外链标记的方法如下所示。

```
<head>
<link rel="stylesheet" type="text/css" href="theme.css" />
</head>
```

　　在上面的代码中，外链标记为文档导入了一个名为 theme.css 的 CSS 样式表，将样式表的代码应用到 Web 文档中。

3．元数据

　　文档的元数据由元数据标记（META）定义，其作用是为 Web 浏览器提供当前 XHTML 文档的元数据信息，例如当前文档的字符集、更新日期、关键字等，从而为客户端 Web 浏览器提供报头，以及为搜索引擎爬虫程序提供检索的依据。合理使用元数据标记，可以帮助开发者更快、更高效地推广网站，提高网站 SEO 效率。

　　元数据标记必须存放于头部标记（HEAD）内，最好放在头部标记（HEAD）的开头，以便外部的搜索引擎程序高效地抓取数据。一个页面可以有多个元数据标记，根据元数据标记的属性用于不同的用途。

元数据标记的 content 属性是必选选项，但是 http-equiv 属性和 name 属性仅能有一个存在，其使用方法如下所示。

```
<meta http-equiv="charset" content="gbk">
<meta http-equiv="expires" content="31 Dec 2013">
```

上面的代码分别定义了 Web 页文档的编码字符集和缓存过期时间。

4．脚本

脚本由脚本标记（SCRIPT）定义，其作用是为 Web 文档导入一段外部的脚本，或直接执行一段内联的脚本。脚本标记允许开发者插入和使用 Javascript、VBScript、XHTML DOM 等多种类型的脚本语言编写行为代码，提高 Web 页的交互性。在下面的代码中，就调用了一段 XHTML 的 DOM 脚本，实现窗口关闭。

```
<script type="text/javascript">
widnow.close();
</script>
```

在此需要注意的是，所有主流的 Web 浏览器都支持脚本标记，但是仅有 IE 系列 Web 浏览器支持使用 VBScript 脚本语言，其他 Web 浏览器仅支持使用 Javascript 脚本语言。XHTML 的 DOM 脚本通常被作为 Javascript 类型处理，其 type 属性与 Javascript 脚本一样，为"text/javascript"。

5．内联样式

内联样式需要使用内联样式标记（STYLE）定义，其作用是为 Web 文档嵌入一段内联的 CSS 样式表代码，定义 Web 文档内各种 XHTML 标记的样式，并规定这些 CSS 样式表代码在何种媒介类型下有效。

内联样式标记与外链标记都能为 Web 文档添加 CSS 样式表，其区别在于，外链标记导入的是外部的 CSS 样式表文件，以提高外部的 CSS 样式表标记的复用性；而使用内联样式标记，则这些内嵌的 CSS 样式表代码只能为当前 Web 文档使用，没有任何复用性可言。

如果仅需要编写单独的 XHTML 文档，可以使用内联样式标记，而如果是为整个站点的所有 Web 页面编写样式，推荐采用外链标记。使用内联样式标记添加 CSS 样式表的方法如下所示。

```
<html>
    <head>
        <style type="text/css">
            h1 {color:red}
            p {color:blue}
        </style>
```

```
    </head>
    <body>
        <h1>Header 1</h1>
        <p>A paragraph.</p>
    </body>
</html>
```

6．文档标题

文档标题通过文档标题标记（TITLE）来定义，其作用是定义整个 Web 文档的标题。通常情况下，Web 浏览器会读取该标记的内容，并显示于浏览器窗口的标题栏或状态栏上。文档标题标记在整个 Web 文档中是唯一的，且必须作为文档头部标记（HEAD）的子集存在。使用文档标题标记定义 Web 文档的标题，代码如下所示。

```
<html>
    <head>
        <title>XHTML Tag Reference</title>
    </head>
    <body>The content of the document...</body>
</html>
```

2.2.2　文档主体标记

文档主体标记（BODY）的作用是存储所有 Web 页中的显示元素，为这些显示元素提供一个基本的容器。文档主体标记是 XHTML 中最重要的标记，是 XHTML 文档根标记的组成部分之一，与头标记并列，存在于头标记之后。使用文档主体标记定义文档内容，代码如下所示。

```
<html>
    <head>
        <title>文档的标题</title>
    </head>
    <body>
        文档的内容
    </body>
</html>
```

绝大多数 XHTML 标记都可以作为文档主体标记的子集，文档主体标记在 XHTML 文档中是唯一的。除框架集页以外，所有在 XHTML 文档中显示的内容都应从属于文档主体标记。

2.2.3　框架集标记

框架集标记（FRAMESET）是一种特殊标记，其作用是为 Web 文档嵌入一个或多个框架标记（FRAME），通过框架标记将外部的 XHTML 文档显示到当前页面中。

1. 使用框架集标记

框架集标记（FRAMESET）仅能作用于框架类型声明文档的标记。在框架类型声明的 XHTML 文档中，框架集标记将作为根标记（HTML）的唯一子集存在。在这种文档中，根标记（HTML）不包含文档头标记（HEAD），也不包含文档主体标记（BODY），其使用方法如下所示。

```
<frameset rows="25%,50%,25%">
    <frame src="header.html" />
    <frame src="main.html" />
    <frame src="footer.html" />
</frameset>
```

在上面的代码中，定义了一个上中下三行结构的框架集，分别链接外部的 header.html、main.html 以及 foooter.html Web 页。框架集标记通过两种实例属性和若干属性值来定义其内嵌的框架标记（FRAME）之间的位置关系，如表 2-4 所示。

表 2-4　框架集标记的实例属性

属性	属性值	是否必选	作用	DTD
cols	像素值	否	定义框架集的列的数量和宽度	F
	百分比		定义框架集的列的数量和宽度	
	*		定义框架集的列的数量和宽度	
rows	像素值	否	定义框架集的行的数量和高度	F
	百分比		定义框架集的行的数量和高度	
	*		定义框架集的行的数量和高度	

例如，需要将框架集标记中的框架以列的方式排列，可以定义其 cols 属性，而如果需要将框架集标记中的框架以行的方式排列，则可以使用 rows 属性。这两个属性是互斥的，也就是说，使用了其中一个，就不能再使用另一个。

2. 定义框架

框架标记（FRAME）是框架集标记（FRAMESET）的子集，用于定义从外部引用的 Web 页。框架标记是一种特殊的容器标记，其本身不包含任何内容，通过指定的属性来引入外部文档内容。例如，从外部引入一个名为 nav.html 的文档，可以直接调用框架标记的 src 属性，如下所示。

```
<frame src="nav.html" />
```

除了 src 属性外，框架标记还包含多种实例属性，可以定义框架的边框、边距、描述、是否允许调节尺寸等信息，如表 2-5 所示。

表 2-5　框架标记的实例属性

属性	属性值	是否必选	作用	DTD
frameborder	0	否	不显示框架的边框	F
	1		显示框架的边框	
longdesc	URL	否	框架导入 Web 文档的描述页面的 URL 地址	F
marginheight	像素值	否	框架顶部和底部的边距	F
marginwidth	像素值	否	框架左侧和右侧的边距	F
name	文本	否	框架的名称	F
noresize	noresize	否	禁止调整框架的尺寸	F
scrolling	yes	否	显示框架的滚动条	F
	no		不显示框架的滚动条	
	auto		根据框架的内容自行决定是否显示框架的滚动条	
src	URL	否	框架导入 Web 文档的 URL 地址	F

2.3　文档的布局

布局是指对文档中的各种显示元素进行分隔、排列、定位的操作，使之更加结构化和美观。XHTML 文档支持采用多种类型的标记来布局，例如使用文档节标记（DIV）、无序列表标记（UL）、定义列表标记（DL）等，来规划不同格式和类型的显示内容。

2.3.1　文档节布局

文档节布局是指采用文档节标记（DIV）作为显示内容的容器的布局方式。文档节标记（DIV）是 XHTML 最重要的标记之一，其作用是将一个 XHTML 文档划分为多个部分，然后再通过 CSS 样式表定义这些部分的样式。可以说，文档节标记具有布局的功能，可以灵活地为各种内容布局。

例如，在下面的代码中，就使用了文档节标记将页面划分为五个区块，包括页头、导航、内容、侧栏和页脚等，如下所示。

```
<body>
    <div id="header"></div>
    <div id="nav"></div>
    <div id="content"></div>
    <div id="aside"></div>
    <div id="footer"></div>
</body>
```

除了直接布局和划分区块外，文档节标记还可以自由地相互嵌套，从而实现更加灵活的布局。例如，定义一个图片新闻显示元素，可以通过将若干文档节标记组合而实现。

```
<div id="news_album">
    <div id="news_album_padding"></div>
```

```
    <div id="news_album_title">图片新闻标题</div>
    <div id="news_album_decoration">图片新闻描述</div>
</div>
```

文档节布局是目前 Web 开发中最常用的布局,通常用于整页内容的大模块分区布局操作,或对一些内容较为灵活、由多个复杂的部分构成的模块进行布局。

由于文档节布局所使用的是单一的文档节标记,因此滥用文档节标记布局很可能降低页面结构代码的可读性。因此,在实际开发过程中,建议将文档节布局和其他几种布局混合使用,使用多种布局和多种标记提高代码的可读性和维护性。

2.3.2　定义列表布局

定义列表布局是指采用定义列表标记(DL)作为显示内容的容器的布局方式。定义列表标记的特点是可以存储依照标题和内容成对出现的定义词条和定义描述,因此对于标题和内容成对显示的数据,使用定义列表布局可以使内容更加符合语义化的标准,也更富有结构性。

定义列表标记包含两种子集,即定义词条标记(DT)和定义描述标记(DD),这两种子集必须以“词条+描述”的方式成对存在,且不能调换顺序。

其中,定义词条标记必须与定义描述标记成对使用且必须位于定义描述标记之前;定义描述标记用于为定义列表标记中的定义词条标记提供解释信息或描述信息。

通常情况下,定义描述标记与定义词条标记成对出现,且必须位于定义词条标记之后。一个定义列表标记可以包含多对定义词条和定义描述。

典型的定义列表布局通常用于内容管理系统(CMS)的新闻模块。例如,一个新闻分类下包含的若干新闻词条,其中新闻分类名称可以用定义词条标记(DT)存储,新闻词条则可以用定义描述标记(DD)存储,代码如下。

```
<dl class="news_list">
    <dt class="news_category">国际新闻</dt>
    <dd class="news_data">
        <!--新闻内容-->
    </dd>
    <dt class="news_category">国内新闻</dt>
    <dd class="news_data">
        <!--新闻内容-->
    </dd>
    <!-- …… -->
</dl>
```

在上面的代码中,展示了一个由若干新闻分类组成的新闻列表模块,其中,每一个子模块都是由一个定义词条标记和一个定义描述标记组成。

2.3.3　无序列表布局

无序列表布局是指采用无序列表标记进行布局的一种布局方式。无序列表是一种由无序列表标记（UL）和列表项目标记（LI）组成的父子结构模块，以呈现出若干列表项目并列显示的效果。

其中，无序列表标记（UL）定义列表显示的区块，为列表项目提供显示容器，而列表项目标记（LI）则用于承载并列关系的各项内容。

无序列表布局通常应用于 Web 页的导航部分，或者需要呈现若干同一级别的整齐数据（如新闻列表、用户名列表等）。在处理单列的数据时，无序列表完全可以替代表格，使 Web 页的结构更加简单。下面的代码就是采用无序列表制作的一个页面导航条，代码如下。

```
<ul class="nav_list">
    <li><a href="index.php" title="首页">首页</a></li>
    <li><a href="news.php" title="新闻">新闻</a></li>
    <li><a href="product.php" title="产品">产品</a></li>
    <li><a href="customer.php" title="客户">客户</a></li>
    <li><a href="news.php" title="新闻">新闻</a></li>
</ul>
```

2.4　语义元素

XHTML 语言的前身 HTML 语言是基于学术文档的超文本显示而设计，因此包含了很多用于学术文档的专用标记，来表现某些特殊文本的语义，这些标记所表现的内容就是语义元素，而这些标记则被称作语义化标记。

XHTML 完整地继承了 HTML 的语义化标记和各种语义化的特色，通过语义元素和语义化标记表现其内容与文档之间的关系。常用的 XHTML 语义元素可以分为块语义元素和内联语义元素等两种。

2.4.1　块语义元素

块语义元素是指独立成块，是 Web 文档中一个独立的内容区域的语义元素，其包括标题元素、段落元素、插图元素、块引用元素等。块语义元素又被称作块状元素、块元素等。

1. 标题元素

标题是位于文章、章节开始的，用于标明文章、作品等内容的简短语句。标题通常以简洁的方式阐述下文的中心含义。在 Web 页中，标题元素具有特殊的意义，通常情况下，搜索引擎的检索功能会优先处理页面的关键字以及页内的标题元素。因此，合理地使用标题元素，可以使 Web 文档的结构更加语义化，更容易被搜索引擎检索。

XHTML 提供了 6 种标题标记，分别为 H1、H2、H3、H4、H5 和 H6，用于表示文档中的一级标题到六级标题，基本可以满足一般 Web 文档的排版和语义化需求。下面的代码就分别定义了这六种标题，如下所示。

```
<h1>第一章　这里是一级标题</h1>
<h2>1.1　这里是二级标题</h2>
```

```
<h3>1.1.1    这里是三级标题</h3>
<h4>1.1.1.1    这里是四级标题</h4>
<h5>1.1.1.1.1    这里是五级标题</h5>
<h6>1.1.1.1.1.1    这里是六级标题</h6>
```

所有的主流 Web 浏览器都支持采用上文的方式为文档编目，定义标题。通常情况下，Web 浏览器会将标题部分加粗显示，并根据标题的级别决定显示标题文本的字体尺寸。例如，在 IE 11.0 浏览器下，以上的代码显示效果如图 2-1 所示。

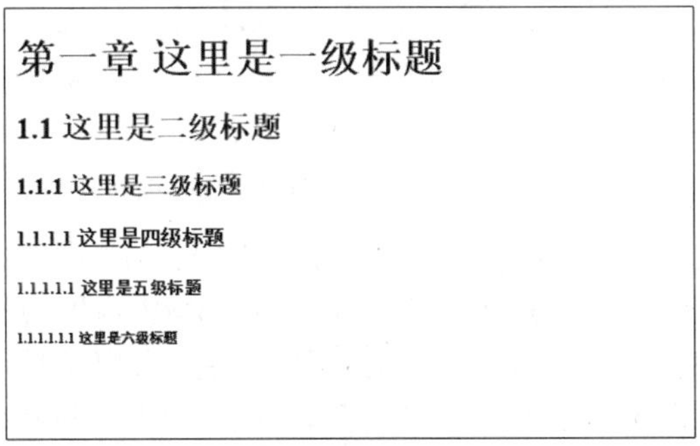

图 2-1　各级标题的显示效果

2．段落元素

段落是一种文章内的内容单位，其通常为若干语句组成的句群，并且这些语句具有一个共同的意义。在 Web 页中，段落元素通常用于表现正文中的内容。XHTML 提供了段落标记（P）将文本或其他数据以正文段落的方式进行语义化显示。

段落标记是一种基本的语义化标记，在绝大多数 Web 文档中有重要的语义意义。在默认状态下，Web 浏览器会为段落标记前后创建一些补白并定义默认的行高。以下就是一个以段落标记定义的典型段落，代码如下。

```
<p>This is some text in a very short paragraph。</p>
```

依照英文的行文习惯，段落往往顶格书写。但是针对中文书写习惯，如果需要对段落进行特殊订制（例如段首缩进 2 个字符），可使用 CSS 样式表单独定义段落的样式。

3．插图元素

XHTML 和 HTML 都被称作超文本标记语言，所谓超文本，就是可以存储和展示超出文本内容的丰富媒体元素的内容，例如图像、声音、视频和动画等。在很多文章中，插图都是重要的正文内容，有一些文档甚至完全以插图为主。

XHTML 通过图像标记（IMG）为 Web 页添加插图元素，将外部的图像插入到当前 Web 页中。图像标记的作用是在 Web 页面区域的指定位置链接一个外链图像，以嵌入的方式显示。图像标记并不会把外部的图像保存到当前的外部网络中，只会通过外部的链接读取这一图像。一旦外部图像源失效，则图像标记链接的图像也将随之无法显示。

图像标记还有一种用法，即作为未来插入图像的预先占位，被称作图像占位符。根据 XHTML 的规范，所有的图像标记都必须包含图像的描述文本。在下面的代码中，就使用了图像标记来为 Web 页添加了一幅插图，代码如下。

```
<img src="http://www.baidu.com/img/bdlogo.gif" alt="百度一下，你就知道" />
```

在 Web 浏览器中，即可查看到加载此图像的 Web 页面，如图 2-2 所示。

图 2-2　插图元素的页面

所有主流 Web 浏览器都支持图像标记，但是对图像标记链接的图像格式有所区别。几乎所有的 Web 浏览器都支持 JPEG、GIF、PNG 以及 BMP 四种格式的图像，但是在 IE 6.0 及以下版本的 IE 浏览器中，对 PNG 仅仅是有限支持，即仅支持不包含 Alpha 通道的 16 位色 PNG 图像，或包含 Alpha 通道的 8 位色 PNG 图像，不支持包含 Alpha 通道的 16 位色及以上色位的 PNG 图像。

在 IE 7.0 浏览器中，虽然支持了包含 Alpha 通道的 16 位色及以上色位的 PNG 图像，但是使用这些图像会导致页面加载效率急剧下降。直至 IE 8.0 浏览器，才真正解决了 PNG 图像的显示问题。

另外，在页面中采用 BMP 图像会极大地降低页面打开的效率，导致用户需要下载大量数据才能显示。图像标记支持多种类型的实例属性，用于定义图像的各种参考信息、路径等，如表 2-6 所示。

表 2-6　图像标记的实例属性

属性	属性值	是否必选	作用	DTD
alt	文本	是	图像的描述信息	STF
src	URL	是	图像链接目标的 URL 地址	STF
align	left	否	定义图像居左对齐	TF
	right		定义图像居右对齐	
	top		定义图像顶部对齐	
	middle		定义图像居中对齐	
	bottom		定义图像底部对齐	
border	像素值	否	定义图像边框的宽度	TF
height	像素值	否	定义图像的宽度像素值	STF
	百分比		定义图像根据其父元素的相对宽度百分比值	
hspace	像素值	否	定义图像左右两侧的补白	TF
ismap	URL	否	定义图像由服务器端映射的 URL 地址	STF
longdesc	URL	否	图像导入 Web 文档的描述页面的 URL 地址	STF
usemap	URL	否	定义图像由客户端映射的 URL 地址	STF
vspace	像素值	否	定义图像上下两方的补白	TF
width	像素值	否	定义图像的高度像素值	STF
	百分比		定义图像根据其父元素的相对高度百分比值	

4．块引用元素

引用是学术文档中的一种重要内容，其标识了在文章中这一段内容并非作者原创，而是引自外部，并且通常会标注内容的来源信息。块引用元素是通过块引用标记实现的，其将定义一个块状的引用区域，为区域内的文本提供来源信息，并将这些文本内容从正文中分离出来，独立地显示。使用块引用标记的示例如下所示。

```
<blockquote cite="http://www.baidu.com">
Here is a long quotation here is a long quotation here is a long quotation.
</blockquote>
```

块引用标记通过其 cite 实例属性来定义引用内容的来源。在此需要注意的是，所有主流 Web 浏览器都支持块引用标记，但尚无任何一款 Web 浏览器支持对块引用标记的 cite 属性进行解析，只有一些脚本框架通过第三方的方式实现了类似功能。

2.4.2　内联语义元素

内联语义元素的作用与块语义元素类似，都可以标识某些 Web 页内容的语义和作用，但是其通常存在于 Web 文档的块内容以内，以行内的方式显示。典型的内联语义元素包括超链接元素、缩写元素、短引用元素等。内联语义元素又被称作内联元素。

1．超链接元素

超链接元素通过超链接标记（A）、图像映射标记（MAP）和热区标记（AREA）在 Web 页中创建一个热点，然后捕获用户的鼠标单击操作，根据以上这三种标记定义的 URL 地址决定链接跳转的位置，实现超链接功能。

❑ 超链接标记

超链接标记（A）的作用是为文本或其他整体的显示元素定义一个由 URL 和锚记组成的路径，并为用户提供跳转到此路径的接口，当用户单击此标记时，即执行默认的跳转交互行为。在默认状态下，跳转的目标文档将直接显示在当前的窗口中。如果希望弹出新的窗口或跳转到指定的框架内，则可以通过超链接标记的 target 属性进行自定义。

在下面的代码中，将使用超链接标记定义一个基于文本的超链接，代码如下。

```
<a href="http://www.microsoft.com" title="Microsoft">Microsoft</a>
```

❑ 图像映射标记和热区标记

超链接标记只能为文本或一个整体的显示元素定义链接，如果需要将一个显示元素拆分成若干个局部单元，再为其分别添加链接，则需要使用图像映射标记（MAP）和热区标记（AREA）。图像映射标记和热区标记结合起来，可以为某一个单独显示元素的局部单元添加链接。

例如，在下面的代码中，添加了一个图像显示对象，并通过图像映射标记添加了三个局部单元的超链接，代码如下。

```
<img src="planets.jpg" border="0" usemap="#planetmap" alt="Planets" />
<map name="planetmap" id="planetmap">
  <area shape="circle" coords="180,139,14" href ="venus.html" alt="Venus" />
  <area shape="circle" coords="129,161,10" href ="mercur.html" alt=
  "Mercury" />
  <area shape="rect" coords="0,0,110,260" href ="sun.html" alt="Sun" />
</map>
```

2. 缩写元素

缩写元素通常用于为某个单词或短语添加一个工具提示，显示其完整的内容或书写方法。XHTML 提供了两种内联的缩写元素，分别对应截断缩写和首字母缩写两种方式。

❏ 截断缩写

截断缩写是指将某个单词的局部提取出来，作为整个单词的缩写，例如 etcetera 可以缩写为 "etc." 等。截断缩写需要使用截断缩写标记（ABBR），如下所示。

```
<abbr title="etcetera">etc.</abbr>
```

❏ 首字母缩写

首字母缩写是指将英文短语中的每一个单词第一个字母提取出来，作为整个短语的缩写，例如 World Wide Web，可以缩写为 WWW 等。首字母缩写多用于英文短语，其需要使用首字母缩写标记（ACRONYM），如下所示。

```
<acronym title="World Wide Web">WWW</acronym>
```

使用缩写元素，可以为语句块中的缩写内容提供完整的注释，帮助阅读者了解缩写内容的含义，防止出现歧义。

3. 短引用元素

短引用是相对于块引用的一种引用形式，其相比块引用，多用于内联的正文，引用外部某一个语句或某一个词组，将其插入到普通正文中。短引用元素需要使用短引用标记（Q）实现，代码如下所示。

```
<q>Here is a short quotation here is a short quotation</q>
```

2.5　表　格　元　素

表格是 Web 页中一种特殊的数据显示形式，其通常由标题、表头、正文和脚注组成，可以显示分行和分列的大量数据单元。在 XHTML 中，表格是由表格标记及其多种复杂的子集标记组成，每个标记都承载着不同的功能。

2.5.1　表格标记

表格标记（TABLE）是 XHTML 中结构最复杂的标记之一，其支持多种类型的子元素标记，例如表格标题标记（CAPTION）、表头标记（THEAD）、脚注标记（T-FOOT）、表格主体标记（TBODY）、表格列组标记（COLGROUP）以及表格行标记（TR）等。

　　表格标记支持多种复杂的实例属性，用于定义表格的外观、边框、补白、间距等，以使表格适应各种类型的数据，如表 2-7 所示。

表 2-7　表格标记的实例属性

属性	属性值	是否必选	作用	DTD
align	left	否	定义表格水平左对齐	TF
	right		定义表格水平右对齐	
	center		定义表格水平居中对齐	
bgcolor	RGB 颜色	否	定义 RGB 十进制颜色背景，例如 RGB(255,0,0)	TF
	十六进制颜色		定义十六进制颜色背景，例如#ff0000	
	颜色名称		定义颜色背景，例如 red	
border	像素值	否	定义表格边框的宽度	STF
cellpadding	像素值	否	定义单元格边缘与其内容之间的补白像素大小	STF
	百分比		定义单元格边缘与其内容之间的补白相对单元格的百分比大小	
cellspacing	像素值	否	定义单元格之间的补白像素值	STF
	百分比		定义单元格之间的补白相对表格的大小	
frame	vold	否	不显示外侧边框	STF
	above		显示上部的外侧边框	
	below		显示下部的外侧边框	
	hsides		显示上部和下部的外侧边框	
	lhs		显示左边和右边的外侧边框	
	rhs		显示左边的外侧边框	
	vsides		显示右边的外侧边框	
	border		在所有四个边上显示外侧边框	
rules	none	否	没有线条	STF
	groups		位于行组和列组之间的线条	
	rows		位于行之间的线条	
	cols		位于列之间的线条	
	all		位于行和列之间的线条	
summary	文本	否	定义表格的摘要信息	STF
	百分比		定义表格相对其父元素的宽度百分比	STF
width	像素值		定义表格的宽度像素值	

　　严格模式的 XHTML 禁止使用表格的 align 属性、bgcolor 属性定义表格内容的对齐方式和背景色。frame 属性和 rules 属性是 XHTML 专有的新属性，因此目前仅有部分较新的 Web 浏览器支持。

　　早期的 Web 页面往往是用表格标记来实现布局，实际上这是一种错误的方法，表格标记本身的作用仅仅应该是显示各种数据，而非为页面中的元素布局和定位。

2.5.2　简单表格

　　表格具有两种模式，即简单模式和完整模式。简单模式的表格通常直接存储分行和分列的各种数据，因此其表格标记只包含表格行标记（TR），每个表格行标记（TR）再包含若干表格单元格标记（TD）和表头单元格标记（TH）。

1. 表格行

行是表格中横向单元格的排列集合。在表格的行中，若干单元格会按照指定的高度位置横向排列。行以表格行标记（TR）表示。在表格中，包含单元格最多的表格行标记决定表格的列数。表格行必须包含至少一个表格的单元格才有意义。不包含单元格的表格行在 Web 浏览器中将被隐藏。

严格模式的 XHTML 允许开发者通过 align 属性和 valign 属性分别定义该行内单元格的水平对齐方式和垂直对齐方式。但通常情况下，绝大多数开发者都会使用 CSS 样式表来操作这些显示方式。

在下面的代码中，定义了一个包含 4 个单元格的表格行，代码如下。

```
<tr align="center">
    <td>春</td>
    <td>夏</td>
    <td>秋</td>
    <td>冬</td>
</tr>
```

2. 单元格

单元格是表格中最基本的显示单位，其存储了表格中每一条具体的数据。XHTML 的表格支持两种类型的单元格，即表头单元格和表格单元格。

表头单元格由表头单元格标记（TH）表示，用于定义标题类型的单元格。在Web 浏览器中，表头单元格内的文本往往以粗体显示，一些 Web 浏览器还会将其水平居中对齐处理。表格单元格由表格单元格标记（TD）表示，用于定义存储普通数据的表格单元格。

在下面的代码中，简单定义了一个横向带表头单元格的数据行，代码如下。

```
<tr align="center">
    <th>季节</th>
    <td>春</td>
    <td>夏</td>
    <td>秋</td>
    <td>冬</td>
</tr>
```

3. 单元格的跨行

在一些复杂的表格中，很可能会出现一个单元格需要纵跨多行内容，此时就需要设置单元格的纵跨行数，使其能够纵跨多个表格行。表头单元格标记（TH）和表格单元格标记（TD）都支持纵跨属性 rowspan，该属性的属性值为大于 1 的整数，表示单元格纵跨的行数。

在下面的代码中，就定义了两个表格行，这两个表格行共用一个表头单元格标记，代码如下。

```
<tr>
    <th rowspan="2">季节</th>
    <td>春</td>
    <td>夏</td>
</tr>
<tr>
    <td>秋</td>
    <td>冬</td>
</tr>
```

需要注意的是，在上面的代码中，第一行的第一个单元格纵跨了两行，因此第二行只需要包含两个单元格即可。

4．单元格的跨列

XHTML 不仅允许单元格的跨行，还允许单元格跨列显示，以定义各种复杂的数据内容。表头单元格标记（TH）和表格单元格标记（TD）都支持横跨属性 colspan，该属性的属性值为大于 1 的整数，表示单元格横跨的列数。

在下面的代码中，就定义了三个表格行，其中第一行的数据横跨两列，作为第二行和第三行数据共同的标题，代码如下。

```
<tr>
    <th colspan="2">季节</th>
</tr>
<tr>
    <td>春</td>
    <td>夏</td>
</tr>
<tr>
    <td>秋</td>
    <td>冬</td>
</tr>
```

2.5.3　完整表格

完整的表格通常应包含标题、表头、脚注、主体等四个部分，其中表头、脚注和主体还可以包含若干列组、表格行，每个表格行内可以包含若干表格单元格和标题单元格等。一些简单的表格也可以直接包含若干表格行，每个表格行内再包含一定数量的单元格等。

在下面的代码中，展示了一个完整的表格及其包含的所有子集标记，代码如下所示。

```
<table>
    <colgroup span="7" style="text-align:center;">
```

```
        <col span="5" style="color:#000;" />
        <col span="2" style="color:#f00;" />
    </colgroup>
    <caption>Calendar</caption>
    <thead>
        <tr>
            <th>Mon.</th>
            <th>Tues.</th>
            <th>Wed.</th>
            <th>Thur.</th>
            <th>Fri.</th>
            <th>Sat.</th>
            <th>Sun.</th>
        </tr>
    </thead>
    <tfoot>
        <tr>
            <th colspan="7">Aug. 2013</th>
        </tr>
    </tfoot>
    <tbody>
        <tr>
            <td>29</td>
            <td>30</td>
            <td>31</td>
            <td>1</td>
            <td>2</td>
            <td>3</td>
            <td>4</td>
        </tr>
        <!-- …… -->
    </tbody>
</table>
```

在 Web 浏览器中，将自动地把表格中的各种标记按照指定的规范进行排列，然后显示出来，如图 2-3 所示。

Calendar						
Mon.	**Tues.**	**Wed.**	**Thur.**	**Fri.**	**Sat.**	**Sun.**
29	30	31	1	2	3	4
5	6	7	8	9	10	11
12	13	14	15	16	17	18
19	20	21	22	23	24	25
26	27	28	29	30	31	1
Aug. 2013						

图 2-3 完整表格的显示效果

1. 表格的标题

表格标题的作用是表明整个表格的含义，以及表格的编号排序等信息。在定义表格标题时，需要使用表格标题标记（CAPTION）。

表格标题标记是一种闭合标记，其在表格的子集标记中只能出现一次。在使用表格标题标记时需要注意的是，当表格包含表格列组标记（COLGROUP）时，表格标题标记将位于表格列组标记（COLGROUP）之后，否则，表格标题标记必须位于表格内其他子集标记之前。绝大多数表格往往会省略表格标题标记。例如，定义一个表格的标题为"表 1-1　表格的属性"，代码如下所示。

```
<caption>表 1-1  表格的属性</caption>
```

2. 表头、脚注和主体

表头、脚注和主体分别用于定义表格各列数据的名称、汇总信息和具体数据。其中，表头定义各列数据的名称，脚注定义各列数据的汇总，表格主体存储具体的各列数据。

在 XHTML 中，表头的数据必须存储于表头标记（THEAD）中；脚注的数据必须存储于脚注标记（TFOOT）中；表格主体的数据必须存储于表格主体标记（TBODY）中。在编写表格数据的代码时，以上这三种 XHTML 标记必须一起使用，且必须按照表头标记、脚注标记和表格主体标记的顺序使用。这三种标记内都可以包含若干表格行和表格单元格。

2.6　交 互 元 素

在 XHTML 中，允许开发者通过一些特殊的标记元素捕获用户的交互操作，根据指定的行为将操作的结果传递到服务器中。这些特殊的标记元素即交互元素。

2.6.1　表单

表单是所有交互元素的基本容器，其作用是将若干交互控件组合到一个特殊的容器中，并在触发一些特殊事件时将这些控件内的用户数据提交给服务器端的程序，实现前后端的数据交换。

表单标记（FORM）本身在 Web 浏览器中并不显示，也不承担交互数据的获取和显示功能，所有交互数据的获取和显示功能往往依赖于表单标记内包含的各种交互控件。在下面的代码中，定义了一个简单的登录表单标记，如下所示。

```
<form action="http://www.test.com/login" method="post">
    <fieldset>
        <legend>系统登录</legend>
        <label>账户:
            <input type="text" name="account" value="" />
        </label>
```

```
        <label>密码：
          <input type="password" name="password" value="" />
        </label>
    </fieldset>
</form>
```

表单标记具有多种实例属性，用于定义提交数据的 URL、数据类型、提交方式等信息，如表 2-8 所示。

表 2-8　表单标记的实例属性

属性	属性值	是否必选	作用	DTD
action	URL	是	定义提交表单中控件交互数据的目标 URL	STF
accept	MIME 类型	否	定义通过文件上传来提交的文件的类型	STF
accept-charset	字符集名称	否	发送到服务器中的表单数据的字符集编码	STF
enctype	MIME 类型	否	发送到服务器中的表单数据的文件类型	STF
method	get	否	使用 HTTP GET 方法发送表单数据	STF
	post		使用 HTTP POST 方法发送表单数据	
name	文本	否	定义表单的名称	TF
target	_blank	否	定义在新窗口打开目标 URL	TF
	_parent		定义在当前框架的父框架打开目标 URL	TF
	_self		定义在当前窗口或当前框架打开目标 URL	TF
	_top		定义在当前窗口的顶部框架打开目标 URL	TF
	框架名称		定义在指定名称的框架打开目标 URL	TF

在严格模式的 XHTML 规范下，表单标记至少应包含一个 action 属性，定义交互数据的 URL 目标。通常情况下，还应该为表单标记添加 method 属性，定义提交表单的具体方式，例如 HTTP GET 方式或 HTTP POST 方式等。

2.6.2　标签与数据集合组件

在使用各种交互组件时，经常会需要对交互组件进行描述，或对交互组件进行分组，此时就需要使用一些辅助性的组件，例如标签组件和数据集合组件。

1．标签组件

标签组件的作用是为各种交互组件提供描述性的文本信息，例如组件的名称等。除此之外，标签组件还可以将一些交互组件包裹起来，扩大交互组件的焦点区域，当用户单击标签组件时，标签组件可以将焦点自动转移到其包含的交互组件上。

标签组件通过标签标记（LABEL）存储这些名称内容，在下面的代码中，就使用标签组件包裹了两个单选按钮类型的输入组件，定义了输入组件的名称，代码如下。

```
<label><input type="radio" name="gender" value="male" />男</label>
<label><input type="radio" name="gender" value="female" />女</label></p>
```

标签组件是最简单的交互组件，其除了可以包裹其他交互组件（例如输入组件、列表菜单组件和文本域组件等）之外，还可以在非包裹的状态下与这些交互组件关联，同样实现捕获用户鼠标焦点的功能，此时需要使用标签标记的 for 属性。

标签标记的 for 属性的属性值通常为标签组件关联的其他交互组件的 id 属性值，例如，当一个文本域类型的输入组件 id 为 account，那么可以通过此 id 属性与标签组件建立关联，代码如下。

```
<label for="account">账户名称</label>
<input type="text" name="username" id="account" />
```

除了 Safari 2 及之前版本的 Safari 浏览器之外，所有的主流 Web 浏览器都支持标签组件。在 Web 开发中，灵活使用标签组件可以提高各种交互页面的操作便捷性。

2．数据集合组件

数据集合组件的作用是为各种交互组件分组、分列，对交互组件进行归纳整理。在一些复选框类型的输入组件集合中，使用数据集合组件可以更清楚地反映复选框组的范围，使交互组件更加富有条理。

数据集合组件由数据集合标记（FIELDSET）和数据集合标题标记（LEGEND）组成，其关系类似表格标记（TABLE）和表格标题标记（CAPTION），但是相比之下，数据集合标题标记（LEGEND）在数据集合标记（FIELDSET）中是必须存在的，不可或缺。

下面的代码定义了一个简单的数据集合组件，通过数据集合标题标记（LEGEND）显示数据集合的名称，如下所示。

```
<fieldset>
    <legend>health information</legend>
    <label>height: <input type="text" /></label>
    <label>weight: <input type="text" /></label>
</fieldset>
```

在 Web 浏览器中，数据集合往往会显示出一个边框，将其包裹的内容环绕起来。在 IE 浏览器下，以上代码显示效果如图 2-4 所示。

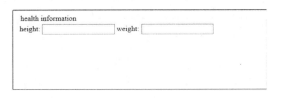

图 2-4　数据集合名称显示效果

2.6.3　输入组件

输入组件是最复杂的交互组件，可以多种形式显示，捕获输入的文本内容、选择的指定元素、上传的文件等。除此之外，输入组件还提供了表单操作功能，可以提交或重置表单标记（FORM）内所有组件的数据。

输入组件通过输入标记（INPUT）定义，该标记包含多种实例属性，用于定义输入组件的特性，如表 2-9 所示。

表 2-9　输入标记的实例属性

属性	属性值	是否必选	作用	DTD
accept	MIME 类型	否	定义上传文件时提交的文件类型	STF
align	left	否	定义控件居左对齐	TF
	right		定义控件居右对齐	
	top		定义控件顶部对齐	
	middle		定义控件居中对齐	
	bottom		定义控件底部对齐	
alt	文本	否	定义图像域的替代文本	STF
checked	checked	否	定义单选域或复选域初始化时被选中	STF
disabled	disabled	否	定义此输入控件处于禁用状态	STF
maxlength	整数	否	定义文本域或密码域允许输入的最大字数	STF
name	文本	否	提交表单时输入控件的名称	STF
readonly	readonly	否	定义此输入控件处于只读状态	STF
size	整数	否	定义文本域或密码域的宽度倍数（以字符宽度计算）	STF
src	URL	否	定义图像域引用外部图像的 URL 地址	STF
type	button	否	定义输入控件为按钮域	STF
	checkbox		定义输入控件为复选域	
	file		定义输入控件为文件域	
	hidden		定义输入控件为隐藏域	
	image		定义输入控件为图像域	
	password		定义输入控件为密码域	
	radio		定义输入控件为单选域	
	reset		定义输入控件为重置域	
	submit		定义输入控件为提交域	
	text		定义输入控件为文本域	

在以上实例属性中，最重要的实例属性是 type 属性，该属性决定了输入标记的基本性状。输入标记可分成 10 种功能状态，如下所示。

❑ 文本域

默认显示为带有边框的矩形元素，获取焦点后，允许输入各种明文文本并显示出来。

❑ 密码域

外观与文本域几乎一致，区别是其内容以密文的方式显示（由特殊的符号替代，在不同的操作系统和 Web 浏览器中样式有所区别）。

❑ 单选域

通常成组使用，显示为空心圆形标志，被单击选择后变为实心。如果多个单选域的 name 属性相同的话，则当其中一个单选域被选中后，其他单选域的选择状态将被清除。

❑ 复选域

显示为空心矩形标志，被单击选择后变为实心。与单选域有所区别，同一 name 属性的复选域允许被同时选中。

❑ 文件域

又被称作上传域，显示为一个无法输入内容的文本域以及一个紧贴的浏览按钮。单击按钮后可以调用浏览器的打开文件窗口，选择所需的文件，将其路径插入到文本域中，帮助表单获取文件的路径，从而在提交表单时将文件上传到服务器中。

❑ 隐藏域

隐藏域是一种不可见的交互控件，主要用于根据脚本获取用户操作的隐含信息进行提交操作，或在表单中提交一些不需要用户手动修改的数据。

❑ 图像域

图像域可以将外链的图像文件显示为输入控件，获取用户单击、双击或右击等操作，实现交互行为。在默认情况下，单击图像域会直接提交表单。

❑ 按钮域

按钮域与按钮标记（BUTTON）类似，都在页面中显示一个按钮，捕获用户的鼠标操作，并根据脚本执行对应的行为。

❑ 提交域

提交域与按钮域类似，都显示为一个按钮，其作用是捕获用户的鼠标操作，将表单内容提交到服务器。

❑ 重置域

重置域与按钮域、提交域类似，都显示为一个按钮，其作用是将当前所处表单内所有已经修改的内容恢复原状。

通过变化输入标记的 type 属性来定义一个包含多种输入内容类型的表单集合，代码如下。

```html
<form action="http://www.test.com/signin" method="post">
    <p>
        <label>用户账户:<input type="text" name="account" /></label>
    </p>
    <p>
        <label>鉴权口令:<input type="password" name="password" /></label>
    </p>
    <p>
        <label>重复口令:<input type="password" name="validator" /></label>
    </p>
    <p>
        <label><input type="radio" name="gender" value="male" />男</label>
        <label><input type="radio" name="gender" value="female" />女
        </label></p>
    <p>
        <label>个人照片:<input type="file" name="photo" /></label>
    </p>
    <fieldset>
        <legend>兴趣爱好</legend>
```

```
        <label><input type="checkbox" name="interest" value="1" />音乐
        </label>
        <label><input type="checkbox" name="interest" value="2" />小说
        </label>
        <label><input type="checkbox" name="interest" value="3" />电影
        </label>
        <input type="hidden" name="interests" value="" />
    </fieldset>
    <p>
        <input type="submit" value="注册" />
        <input type="reset" value="重置" />
        <input type="button" value="关闭" onclick="javascript:window.close
        ();" />
    </p>
</form>
```

　　不同类型的输入组件显示样式截然不同，在 Web 浏览器中打开此 Web 页，即可查看这些类型的输入组件显示的效果，如图 2-5 所示。

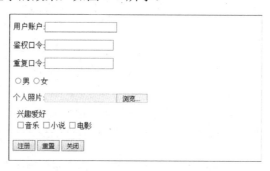

图 2-5　不同类型输入组件的显示效果

2.6.4　列表菜单组件

　　列表菜单组件是一种特殊的选择性交互组件，其可以为用户提供一个纵列的弹出菜单或内嵌列表，捕获用户选择的一个或多个菜单项目，将其对应的数据提交到服务器中。

　　列表菜单组件通过列表菜单标记（SELECT）、菜单项目标记（OPTION）和菜单项目组标记（OPTGROUP）定义，其结构为一个列表菜单标记包含若干菜单项目组标记和菜单项目标记，每个菜单项目组标记下再包含若干菜单项目标记。

1．列表菜单标记

　　列表菜单标记（SELECT）通过 size 属性定义其显示效果。当 size 属性被省略或其属性值为 1 时，列表菜单被 Web 浏览器显示为弹出式的下拉菜单；size 属性值为大于 1 的整数时，列表菜单被显示为多行的内嵌列表，通过滚动条上下拖曳显示菜单的完整内容。在下面的代码中，就对两个内容一致的列表菜单定义了不同的 size 属性值，使其显示效果截然不同。

```
<fieldset>
    <legend>选择您喜欢的 JS 框架</legend>
    <select size="3">
        <option value="jquery">JQuery</option>
        <option value="extjs">ExtJs</option>
        <option value="yui">YUI</option>
        <option value="prototype">Prototype.js</option>
    </select>
</fieldset>
<fieldset>
    <legend>选择您喜欢的 JS 框架</legend>
    <select size="1">
        <option value="jquery">JQuery</option>
        <option value="extjs">ExtJs</option>
        <option value="yui">YUI</option>
        <option value="prototype">Prototype.js</option>
    </select>
</fieldset>
```

在 Web 浏览器中执行以上代码，即可查看两种类型的列表菜单效果，如图 2-6 所示。

图 2-6　两种类型的列表菜单效果

其中，第一种列表菜单为内嵌的通过滚动条控制的列表菜单，第二种则是弹出式的下拉菜单，单击其右侧的箭头即可显示弹出效果。

当列表菜单被设置为内嵌的菜单时，开发者可以通过列表菜单标记（SELECT）的 multiple 属性定义是否允许用户同时选择菜单中的多项内容。multiple 属性的属性值只有一种，即字符串 multiple，当该属性被省略时，默认定义列表菜单只允许单选，否则列表菜单将为多选状态。

2. 菜单项的分组

菜单项目组标记（OPTGROUP）的作用是对菜单项进行分组，使菜单项的显示更加富有条理。除此之外，还可以对菜单项进行批量的禁用或提供描述。菜单项组标记仅能作为选择菜单标记（SELECT）的子集，以及菜单项目标记（OPTION）的父集存在。

在下面的代码中，就通过菜单项目组标记（OPTGROUP）定义了一个分组显示的列表菜单。

```html
<fieldset>
    <legend>Web 开发语言</legend>
    <select size="6">
        <optgroup label="前端开发">
            <option value ="javascript">Javascript</option>
            <option value ="css">CSS</option>
            <option value ="xhtml">XHTML</option>
        </optgroup>
        <optgroup label="后端开发">
            <option value ="php">PHP</option>
            <option value ="asp">ASP</option>
        </optgroup>
    </select>
</fieldset>
```

通常情况下，Web 浏览器会对菜单项目分组的标题加粗顶格显示，并对被分组的菜单项目缩进显示。在 IE 浏览器下，以上代码执行的效果如图 2-7 所示。

图 2-7　分组的菜单项目效果

2.6.5　文本字段组件

文本字段组件的作用是获取用户输入的大量文本内容，并提交到服务器中，其通过文本字段标记来实现效果。文本字段标记的实例属性如表 2-10 所示。

表 2-10　文本字段标记的实例属性

属性	属性值	是否必选	作用	DTD
cols	自然数	是	定义文本字段内的可见宽度（字符宽度的整数倍数）	STF
rows	自然数	是	定义文本字段内的可见行数（字符宽度的整数倍数）	STF
disabled	disabled	否	定义该文本字段处于禁用状态	STF
name	字符串	否	定义提交表单时文本字段的数据名称	STF
readonly	readonly	否	定义该文本字段处于只读状态	STF

在默认情况下，文本字段标记不限制输入的文本数量，也不会限制输入的行数。开发者可以通过其 cols 属性和 rows 属性定义文本字段标记能够直接显示的列数和行数，或通过 CSS 样式表定义文本字段标记精确的宽度和高度。在下面的代码中，就简单定义了一个包含默认值的文本字段标记。

```html
<textarea rows="3" cols="20">
请在此处输入您的简介。
</textarea>
```

需要注意的是，由于文本字段标记是通过其起始标记和结束标记之间的内联文本作为其提交服务器的数据内容，因此在将其数据提交服务器时，应随时注意去除数据两侧的多余空格。

2.7　小　　结

XHTML 结构语言由 HTML 衍生而来，针对 HTML 的宽松语法导致的设备读取过程中的种种问题而设计，采纳了完全标准化的 XML 风格，是 XML 的一个典型子集。相比 HTML 而言，XHTML 的语法更加严谨和严格，更易被各种软件读取。可以说，XHTML 是更加规范的符合 XML 标准的 HTML。

在 Web 开发中，XHTML 占据重要的地位，实际上，所谓的 Web 前端开发就是通过各种脚本来操控 XHTML 代码实现的，因此熟练掌握 XHTML 语言对 Web 前端开发尤为重要。

承接本书开篇，本章简单介绍了 XHTML 结构语言的文档类型、标记、属性、属性值和注释等实体，并分解了 XHTML 文档的结构，将各种常用的 XHTML 标记的用法展示给读者，帮助读者了解 Web 页内各种显示元素是如何编写而成的。只有深入了解 XHTML，才能编写出结构严谨的 Web 应用。

第 3 章　Web 元素的显示

　　XHTML 代码结构只是构成了 Web 元素本身的内容部分，并非是呈现给 Web 终端用户的最终效果。在 Web 应用中，所有的 Web 元素都需要采用各种方式重新布局定位，并且用多种手法进行美化和修整，才能组合成为符合终端用户审美观和使用习惯的用户界面。

　　在标准化的 Web 开发中，为 Web 元素布局定位、美化修整都需要使用到 CSS 样式表技术，此技术决定了 Web 应用的显示效果，以便为终端用户提供直观而方便的操作界面。本章将以实用的角度介绍 CSS 样式表技术在现代 Web 站点开发过程中的应用，帮助开发者更快地了解 CSS 样式表技术的原理和应用的方式。

3.1　结构和样式的松耦合

　　传统的 Web 站点和 Web 应用往往采用旧的 HTML 内置标记来实现页面的排版，再通过对表格单元格的拆分、合并、修改单元格的宽度和高度实现布局。

　　这种简陋而粗糙的手法可以做出十分美观的网站，在 20 世纪 90 年代，这种手法颇为流行，很多图像设计软件（例如 Adobe Photoshop、Adobe Fireworks 等）甚至直接提供切片工具来辅助传统的网站美工、艺术工作者生成这类网页。此时，Web 开发的分工并不明确，很多中小型 Web 站点或 Web 应用往往由学习美术、艺术专业的 Web 设计师设计和制作。

　　随着现代 Web 技术的发展，美观已经不再是衡量一个 Web 站点或 Web 应用的唯一标准，一个成功的现代 Web 站点或 Web 应用应该且必须符合以下要求。

- 可维护性、可扩展性和前瞻性
- 交互的便捷性
- 能够被搜索引擎快速抓取内容

　　以上三点要求中，可维护性、可扩展性和前瞻性决定了 Web 站点和 Web 应用是否具有快速更新、修复、改版，不断适应用户新需求和期望的能力；交互的便捷性决定了用户的操作体验；被搜索引擎快速抓取内容决定了是否能招揽更多的终端用户。

　　这三方面的需求决定了传统的 Web 开发模式、HTML 表格包打天下的实现方式已经不再适合开发现代的 Web 站点和 Web 应用。随着开发 Web 站点的复杂度逐渐增加，现代的 Web 设计和开发也逐渐分工，由传统的 Web 设计师包揽全部工作转换为 Web 设计师设计用户界面，前端开发者完成前端界面的开发和部署。

　　基于以上背景，现代的 Web 开发引入了 CSS 样式表技术和严格模式的 XHTML 技术，将站点的内容和显示效果分离开来，使得站点内容的维护更加便捷，修改更加迅速，同时也便于更快地改版和形成新的界面效果，结构化的 XHTML 更符合 XML 标准，可以更容易地被搜索引擎检索。

前端开发结构和样式的松耦合的意义在于，将结构和表现完全从依赖关系上分离出来，结构即结构，表现即表现。通过降低结构和表现之间的依赖性，来提高整体 Web 代码维护的效率。

具体到代码层级，松耦合采用 XHTML 的严格型声明（Strict Mode）来编写结构代码，拒绝任何表现样式的 HTML 标记，编写"纯"结构的数据。然后通过 XHTML 标记的 id 或 class 等核心属性的值建立一个完整的 Web 元素关系表，将各种显示元素的 id 和 class 整理记录。最后根据 Web 元素关系表进行针对性的 Web 元素界面效果代码开发。

在对 Web 站点或应用的界面进行更新时，可以针对 Web 元素关系表直接编写全新的 CSS 样式表，在不改变结构的情况下构建新的界面样式。

作为典型的 CSS 松耦合推广站点，CSS 禅意花园（http://www.csszengarden.com/），采用了完全规范化的结构代码开发，并允许第三方的设计者为其编写各式各样的界面 CSS 代码，完全实现了一个站点多种样式的效果。

3.2　使用样式表

所有的 CSS 样式表必须被 XHTML 结构代码加载，才能在 Web 页中实现样式的效果。XHTML 结构语言支持三种类型的 CSS 样式表，即外部样式表、内部样式表和内联样式表。通常情况下，其优先级为外部样式表最低，内部样式表其次，内联样式表最高。

与其他编程语言类似，CSS 支持通过注释的方式禁止某些代码的执行，或为代码进行解释和说明。

3.2.1　外部样式表

外部样式表是指在 Web 文档外部书写的样式表，其需要将 CSS 样式表的代码书写到外部独立的扩展名为 CSS 的样式表文件中，然后再通过 XHTML 结构语言提供的 LINK 标记将样式表文件导入到 Web 文档中生效。

外部样式表的优点在于其将各种 CSS 样式代码存储在外部，与 Web 文档本身隔离，因此可以提高样式代码和结构代码的独立性，增强样式代码的复用性，实现一段样式代码应用于多个 Web 页。在复杂的大型 Web 项目开发中，多数样式代码都以外部样式表的方式存在。

外部样式表的缺陷也十分明显，其执行的优先级较低，经常会被内部样式表和内联样式表覆盖。另外，由于其往往和多个 Web 页关联，因此在开发和调试时很可能对其做出的任何修改都将影响到所有相关的 Web 页。另外，Web 页在加载外部样式表时需要占用一个独立的 HTTP 线程，因此加载速度可能会比其他两种样式表慢一些。

1. CSS 样式表文件

CSS 样式表文件分为两个部分，第一部分为编码声明，第二个部分则为所有样式的代码。编码声明的作用是向 Web 浏览器提供该 CSS 样式表文件所采用的语言编码，如下所示。

```
@charset 'Code' ;
```

在上面的伪代码中，关键字 Code 表示当前 CSS 样式表文件的基本语言编码，其可以是 utf-8、utf-16、gbk、gb2312 等。在此需要注意的是，编码声明必须书写在 CSS 样式表文档的第一行，且之前不能有任何其他内容，否则一些兼容性较差的 Web 浏览器（例如 Google 的 Chrome 等）将无法正常识别该 CSS 文档。

选择 CSS 编码声明是非常重要的，通常情况下建议选择 utf-8 编码，以提高在不同语言版本的 Web 浏览器中样式代码的通用型。另外，不提倡在 CSS 代码中书写中文（CSS 的注释除外），在一些非中文版本的 Web 浏览器中，很可能会无法识别这些中文字符。

在编码声明之后，开发者即可直接书写 CSS 的注释和普通代码，例如，在下面的代码中，就展示了一个简单 CSS 文件的内容。

```
@charset 'utf-8' ;
body {
    margin : 0px ;
    padding : 0px ;
}
```

2. 链接资源标记

在 Web 页中，外部 CSS 样式表必须通过 XHTML 结构语言的链接资源标记（LINK）才能正确地加载。链接资源标记（LINK）在 XHTML 1.0 规范中被赋予了强大的功能，允许将各种类型的外部文档加载和导入到当前文档中。但是在实际的应用中，Web 浏览器只支持从外部导入 CSS 样式表文档的功能。

链接资源标记仅能出现在头部标记（HEAD）中，且不限制出现的次数。为 Web 页链接一个外部样式表文件的代码如下所示。

```
<head>
    <link rel="stylesheet" type="text/css" href="theme.css" />
</head>
```

除了以上代码中的 rel 属性和 type 属性外，链接资源标记还支持 media 属性，其作用是根据用户客户端的媒体类型，决定外部样式表是否被启用。media 属性支持以下几种属性值，如表 3-1 所示。

表 3-1　链接资源标记支持的媒体类型

属性值	作用	属性值	作用
screen	定义外链文档用于 PC 显示器或其他计算机屏幕	ttv	定义外链文档用于电传打字机以及类似的使用等宽字符网格的媒介
tv	定义外链文档用于电视机类型设备（低分辨率、有限的滚屏能力）	projection	定义外链文档用于放映机

属性值	作用	属性值	作用
handheld	定义外链文档用于手持设备（小屏幕、有限带宽）	print	定义外链文档用于打印预览模式/打印页面
braille	定义外链文档用于盲人点字法反馈设备	aural	定义外链文档用于语音合成器
all	定义外链文档适用于所有设备		

例如，针对手机屏幕加载一个外部的 CSS 文件，即可为链接资源标记添加 media 属性，设置其属性值为 handheld，代码如下。

```
<head>
    <link rel="stylesheet" type="text/css" media="handheld" href=
    "styles/handheld/main.css" />
</head>
```

3.2.2　内部样式表

内部样式表是基于 Web 文档自身的一种样式表存储形式，其特点是与 Web 结构代码结合十分紧密，优先级高于外部样式表，低于内部样式表。相比外部样式表，内部样式表的优点是加载效率更高，不需要多占用一个 HTTP 联接下载线程，其缺点是样式表代码的复用性较差，只能应用于当前的 Web 文档。

为 Web 文档添加内部样式表时，需要使用到 XHTML 结构语言的内部样式标记（STYLE）。内部样式标记（STYLE）支持以下属性，如表 3-2 所示。

表 3-2　内部样式标记（STYLE）的属性

属性	属性值	是否必选	作用	DTD
type	text/css	是	定义 CSS 样式的 MIME 类型	STF
media	screen	否	定义样式代码用于 PC 显示器或其他计算机屏幕	STF
	ttv		定义样式代码用于电传打字机以及类似的使用等宽字符网格的媒介	
	tv		定义样式代码用于电视机类型设备（低分辨率、有限的滚屏能力）	
	projection		定义样式代码用于放映机	
	handheld		定义样式代码用于手持设备（小屏幕、有限带宽）	
	print		定义样式代码用于打印预览模式/打印页面	
	braille		定义样式代码用于盲人点字法反馈设备	
	aural		定义样式代码用于语音合成器	
	all		定义样式代码适用于所有设备	

内部样式标记（STYLE）与链接资源标记（LINK）类似，都只能书写在文档头标记 HEAD 以内。例如，为一个 Web 页添加一段内部样式代码，代码如下所示。

```
<head>
    <style type="text/css">
```

```
        h1 {color:red}
        p {color:blue}
    </style>
</head>
```

如果仅仅需要编写单独的 XHTML 文档，可以使用内部样式标记，而如果是为整个站点的所有 Web 页面编写样式，推荐采用链接资源标记（LINK）。

3.2.3 内联样式表

内联样式也是一种 CSS 样式的类型，其与外部样式和内部样式相比，优先级更高，更灵活，可以和 XHTML 的各种标记直接紧密结合，为 Web 元素直接提供定义 CSS 样式的接口。当然，其缺点也同样明显，就是需要针对每一个 XHTML 结构标记编写 CSS 代码，代码的复用性更差，修改和维护也更为复杂。

在为 XHTML 结构标记添加内联样式时，需要使用到其核心属性 style，该属性的属性值为一个长字符串，可以包含用于描述该结构标记的大量 CSS 样式代码。

例如，为一个段落定义段首缩进、字体、前景色、字号、行高等样式，代码如下。

```
<p style="color : #fff ; font-family : SimSun , Arial ; font-size : 12px ;
line-height : 18px ; text-indent : 2em ;">
先帝创业未半而中道崩殂，今天下三分，益州疲弊，此诚危急存亡之秋也。然侍卫之臣不懈于内，
忠志之士忘身于外者，盖追先帝之殊遇，欲报之于陛下也。诚宜开张圣听，以光先帝遗德，恢弘志
士之气，不宜妄自菲薄，引喻失义，以塞忠谏之路也。
<p>
```

在实际开发中，内联样式由于其复用性差，且维护性比其他两种样式表的复杂度更高，因此除非通过脚本修改，否则并不推荐一般开发者使用。

3.2.4 注释

与其他编程语言类似，CSS 样式表也支持注释功能，可以帮助开发者禁用某一段代码，或者为某些代码提供文字说明。CSS 提供两种注释方式，一种是基于单行内容的行注释，另一种则是基于连续多行内容的块注释。

1. 行注释

行注释的作用是将当前行的局部内容注释，禁止 Web 浏览器对这些内容进行解析。CSS 的行注释需要使用到双反斜杠"//"将内容标记起来，例如，在下面的代码中，第一行内容就已被行注释。

```
//定义页面主体内容的间距
body {
    margin : 0px ;
}
```

　　行注释不仅可以用于注释整行内容，也可以临时注释某一行内由某个字符起始直至行尾的所有内容。例如，在下面的代码中，就将代码块内第二句 CSS 样式代码提升至前一行行尾并实现了注释。

```
//定义页面主体内容的间距
body {
    margin : 0px ; //margin-left : 20px ; margin-top : 10px ;
    padding : 20px ;
}
```

　　行注释适合为代码块提供语义类型的说明内容，例如注释某一段 CSS 代码在整个 Web 页中的功能和作用等。在使用行注释时，尽量注意用简短而精确的文本实现代码的注释。另外，要按照 Javascript 代码的规范保障每一行的字符数不要超过 80，如果需要注释的内容超过了 80 个字符的限制，则勿使用行注释。

2. 块注释

　　块注释的作用是提供一个开始标记和结束标记，并强制将标记内包含的若干代码或文本注释起来，禁止 Web 浏览器解析和执行。块注释比行注释更加自由灵活，其起始标记为连写的反斜杠"/"和星号"*"，结束标记为连写的星号"*"和反斜杠"/"。

　　例如，在下面的代码中，就使用了块注释来禁止 Web 浏览器解析一些 CSS 样式语句。

```
body {
    margin-left : 20px ;
    /* margin-top : 10px ;
    padding : 20px ; */
}
```

　　块注释既可以注释若干行代码，也可以注释一行代码中的局部内容，实现行注释的功能。例如，在下面的代码中，就使用了块注释注释局部行的内容。

```
p {
    margin : 0px 5px ;
    padding : 0px ;
    text-indent : 2em ;
    font-size : 12px ;
    font-family : SimSun , Arial ;
    /* font-weight : normal ; */
    color : #000 ;
    line-height : 18px ;
}
```

　　块注释适合将若干行代码快速禁用，也适合为局部的代码添加详细的多行注释内容。在使用块注释时，在此同样推荐遵循行字符数 80 的限制，以最大限度保障各种开发工具下的浏览性能。

3.3　选择 Web 元素

　　纯粹的 XHTML 结构代码构成的 Web 元素在 Web 浏览器中显示的结果往往十分粗糙，因此需要开发者为其建立 CSS 样式表，通过 CSS 样式表对这些 Web 元素进行排版、布局、美化，赋予 Web 元素各种效果。

　　CSS 样式表是一种基于数据表的语言，其可以包含若干条规则，每一条规则由选择器语句和样式代码构成。每一个选择器语句对应一段样式代码。其中，选择器语句可以是独立的基本选择器，或基本选择器与伪选择器的集合，也可以是若干基本选择器、基本选择器与伪选择器的集合共同构成的复合选择方法语句。

3.3.1　基本选择器

　　选择器是 CSS 样式表的表头，是每一条数据的基本标题，其本身用于在样式代码与对应的 Web 元素间建立关联，通过选择和筛选两种方式帮助 Web 浏览器确认样式代码是否应应用到某个 Web 元素上。选择器语句可以是单独的选择器代码，也可以是选择器和伪类选择器、若干种选择器的集合。

　　CSS 样式表的基本选择器包括标记选择器、类选择器、ID 选择器等。

1．标记选择器

　　标记选择器是基于 XHTML 标记衍生而来的 CSS 选择器，其与 Web 页中的某一种 XHTML 标记紧密关联。定义这些标记的 CSS 样式，其使用方法如下所示。

```
TagName {
    Statements ;
}
```

　　在上面的伪代码中，TagName 关键字表示 XHTML 标记的名称，Statements 关键字表示定义的 CSS 代码。在下面的代码中，就采用了标记选择器来定义 Web 页中 HTML 标记以及超链接标记 A 的样式。

```
html {
}

a {
}
```

2．类选择器

　　类选择器是基于 XHTML 标记的 class 属性值产生的 CSS 选择器，其与 Web 页中所有 class 属性值相等的 Web 元素紧密关联，以定义这些标记的 CSS 样式。其使用方法如下所示。

```
.ClassName {
    Statements ;
}
```

在上面的伪代码中，ClassName 关键字表示对应 XHTML 标记的 class 属性值，Statements 关键字表示定义的 CSS 代码。类选择器的选择器之前必须添加英文句点"."以将其和其他选择器区分开来。带有英文句点"."的前缀也是类选择器的唯一标识。例如，在 Web 页中存在以下代码，如下所示。

```
<p class="front_color_red">这里的字体以红色显示</p>
<p class="front_color_green">这里的字体以绿色显示</p>
<p class="front_color_red">这里的字体仍然以红色来显示</p>
```

在编写针对以上代码的 CSS 样式时，即可采用类选择器的方式将这些文本的前景色区分开来，代码如下。

```
.front_color_red {
    color : #f00 ;
}
.front_color_green {
    color : #0f0 ;
}
```

类选择器是 CSS 选择器中使用最灵活的选择器，其特性决定了样式代码和 XHTML 标记中的 class 属性可以通过复合的拆分组合，实现 CSS 样式的碎片化，以最简洁的代码实现复杂的样式。

例如，以下代码中每一个标记仅包含一个 class 属性值，代码如下。

```
<p class="front_color_red_background_color_gray">这里的字体以红色显示，背景为灰色</p>
<p class="front_color_green_background_color_gray">这里的字体以绿色显示，背景为灰色</p>
<p class="front_color_red_background_color_white">这里的字体以红色显示，背景为白色</p>
<p class="front_color_green_background_color_white">这里的字体以绿色显示，背景为白色</p>
```

在编写针对以上代码的 CSS 样式时，只能针对每一个标记编写完整的针对该标记的样式，如下所示。

```
.front_color_red_background_color_gray {
    color : #f00 ;
    background-color : #eee ;
}
.front_color_green_background_color_gray {
```

```css
    color : #0f0 ;
    background-color : #eee ;
}
.front_color_red_background_color_white {
    color : #f00 ;
    background-color : #fff ;
}
.front_color_green_background_color_white {
    color : #0f0 ;
    background-color : #fff ;
}
```

上面的代码中，每条 CSS 代码都必须包含两种属性，这种写法效率较低，同时也比较繁冗。在实际开发中，完全可以采用碎片化的方式编写 XHTML 代码，为其赋予多个 class 属性，然后针对每一个 class 属性编写更简洁的 CSS 代码，如下所示。

```html
<p class="front_color_red background_color_gray">这里的字体以红色显示，背景为灰色</p>
<p class="front_color_green background_color_gray">这里的字体以绿色显示，背景为灰色</p>
<p class="front_color_red background_color_white">这里的字体以红色显示，背景为白色</p>
<p class="front_color_green background_color_white">这里的字体以绿色显示，背景为白色</p>
```

在编写针对以上代码的 CSS 样式时，则可以只编写单条定义前景色或背景色的样式代码，如下所示。

```css
.front_color_red {
    color : #f00 ;
}
.front_color_green {
    color : #0f0 ;
}
.background_color_gray {
    background-color : #eee ;
}
.background_color_white {
    background-color : #fff ;
}
```

碎片化的 CSS 样式代码更加简洁，其选择器和代码含义的关联也更加直接，因此在开发过程中，推荐采用这种方式以提高代码的效率。

3. ID 选择器

ID 选择器是基于 XHTML 标记的 id 属性值产生的 CSS 选择器。在 XHTML 标准中，一个 Web 页内所有 XHTML 标记的 id 属性值是不能重复的，即一个 XHTML 标记的 id 属性值如果为 "a"，则其他任何 XHTML 标记的 id 属性值都不能再是 "a"。基于此特点，CSS 的 ID 选择器可以为 Web 页中某一个唯一的元素定义 CSS 样式。ID 选择器的使用方法如下所示。

```
#ID {
    Statements ;
}
```

在上面的伪代码中，ID 关键字表示对应 XHTML 标记的 id 属性，Statements 关键字表示定义的 CSS 语句。ID 选择器的选择器之前必须添加符号 "#" 以将其和其他选择器区分开来。带有符号 "#" 前缀也是 ID 选择器的唯一标识。例如，在一个 Web 页中，包含以下模块，代码如下。

```
<div id="header"></div>
<div id="nav"></div>
<div id="content"></div>
<div id="aside"></div>
<div id="footer"></div>
```

使用 CSS 的 ID 选择器，可以方便地为这些模块定义针对性的 CSS 样式，代码如下所示。

```
#header {
}
#nav {
}
#content {
}
#aside {
}
#footer {
}
```

3.3.2　伪选择器

伪选择器是一种特殊的选择器，其与普通选择器的区别在于，普通选择器必须与一个实际存在的 XHTML 标记相关联，而伪选择器则不需要与任何实际的 XHTML 标记关联。

1. 伪类选择器

伪类选择器是一种典型的伪选择器，其必须和标记选择器、类选择器或 ID 选择器结合使用，用于定义这些选择器所指定 XHTML 标记的一些特殊显示状态。

CSS 2.1 标准提供了五种基本伪类选择器，分别对应 XHTML 标记（主要是超链接标记 A）的五种状态，如表 3-3 所示。

表 3-3　基本伪类选择器

伪类选择器	作用	应用对象
:hover	定义标记在鼠标悬停状态下的效果	所有显示对象的 XHTML 标记
:link	定义标记为超链接状态下的效果	超链接标记 A
:focus	定义标记在获取焦点后的效果	超链接标记 A
:visited	定义标记为超链接且已被访问过时的效果	超链接标记 A
:active	定义标记在选定状态下的效果	超链接标记 A

通常情况下，伪类选择器需要和其他选择器配合使用，作为后缀追加到其他选择器之后，其使用方法如下所示。

```
Selector:Pseudo-Selector {
    Statements ;
}
```

在上面的伪代码中，Selector 关键字表示普通的选择器，其可以是标记选择器、类选择器或 ID 选择器；Pseudo-Selector 关键字表示伪类选择器，Statements 关键字表示定义该选择器的 CSS 语句。

所有伪选择器都必须添加英文冒号 “:” 以和其他选择器分隔。例如，定义一个页面中所有的超链接状态样式，可以将标记选择器与伪类选择器配合使用，代码如下。

```
a:hover {
}
a:link {
}
a:visited {
}
a:active {
}
a:focus {
}
```

在早期的 Web 浏览器中，伪类选择器仅能对超链接标记 A 发生作用，但现代的 Web 浏览器已经不再对伪类选择器进行限制，因此，绝大多数 Web 显示对象的 XHTML 标记都可以使用 “:hover” 的伪类选择器定义鼠标悬停样式。另外，所有 IE 浏览器均不支持 “:focus” 伪类选择器。

除了以上五种基本伪选择器之外，CSS 2.1 还支持两种用于筛选的伪类选择器，即 “:first-child” 和 “:lang()” 伪类选择器。

- “:first-child” 伪类选择器

“:first-child” 为首元素选择器，用于筛选若干符合选择器规则的 XHTML 元素的第一个元素。例如，在如下的 XHTML 结构中，包含了多个列表项目标记 LI，代码如下。

```
<ul>
    <li>--==Data List==--</li>
    <li>Data 1</li>
```

```
    <li>Data 2</li>
    <li>Data 3</li>
</ul>
```

如需要针对以上代码编写 CSS 样式，设置第一个列表项目加粗显示，即可使用首元素选择器，代码如下。

```
li:first-child {
    font-weight : bold ;
}
```

所有主流 Web 浏览器都支持首元素选择器，但仅当 XHTML 文档具有正确的文档类型声明时，首元素选择器才为 IE 浏览器所支持。

- ":lang()"伪类选择器

":lang()"为语言选择器，用于在多语言页面根据 XHTML 标记的 lang 属性筛选不同语言的标记内容，其后的括号内用于书写 XHTML 标记的 lang 属性值。例如，在以下的代码中包含两个文本段落，一段为英文一段为中文，代码如下。

```
<p lang="en">The quick brown fox jumps over the lazy dog.</p>
<p lang="cn">敏捷的棕毛狐狸从懒狗身上跃过。</p>
```

在针对以上代码编写 CSS 时，即可使用语言选择器根据语言筛选样式，代码如下。

```
p:lang(en){
}
p:lang(cn){
}
```

所有主流的 Web 浏览器都支持语言选择器，但仅当 XHTML 文档具有正确的文档类型声明时，语言选择器才为 IE 浏览器所支持。

2．伪对象选择器

伪对象选择器也是一种伪选择器，其与伪类选择器的区别在于，伪类选择器用于根据对象的状态定义其样式效果，而伪对象选择器则用于根据对象内部的局部元素定义其样式效果。CSS 2.1 支持四种伪对象选择器，如表 3-4 所示。

表 3-4　伪对象选择器

伪对象选择器	作用	伪对象选择器	作用
:first-letter	定义文本的第一个字符样式	:before	定义对象之前内容的样式
:first-line	定义文本的首行样式	:after	定义对象之后内容的样式

伪对象选择器的使用方式与伪类选择器基本一致，在此不再赘述。

3.3.3　选择器的优先级

优先级是计算机开发的一个术语，其规定了计算机程序处理数据时的处理顺序。CSS

样式表是一种行解析的编程语言，Web 浏览器在解析 CSS 样式表时，以自上而下的顺序逐行判读，根据行的顺序将 CSS 样式表所描述的效果应用到 Web 页的 XHTML 对象上。

在默认的状态下，CSS 样式表越新（在代码文件中处于较为靠后的位置），则其优先级越高，反之，则优先级较低。这种优先级排序被称为默认优先级。除此之外，不同类型的选择器在 Web 浏览器中的处理优先级是有所区别的。Web 浏览器在解析这些选择器时，还会依照选择器的覆盖选择范围对样式代码的优先级进行修正。通常情况下，选择器覆盖选择范围越广，则优先级越低。

在三种基本选择器中，标记选择器被认为是覆盖范围最广的选择器，其可应用于 Web 页中所有对应的标记，因此优先级最低；类选择器作为标记若干分类的选择器，优先级比标记选择器高一些；ID 选择器只针对某一个 XHTML 对象，优先级最高。三种基本选择器的优先级公式如下所示。

标记选择器<类选择器<ID 选择器

如果一个 XHTML 标记拥有多个 class 属性值，符合多个类选择器的 CSS 样式匹配，则 Web 浏览器将以加载的最后一个类选择器样式为准。

例如，在下面的代码中，XHTML 的超链接标记 A 既包含 id 属性，也包含多个 class 属性。

```
<a href="http://www.baidu.com" title="百度一下，你就知道" id="baidu_link"
class="nav_link hyper_link">百度</a>
```

针对上面的代码，可以编写四条 CSS 样式规则，代码如下。

```
#baidu_link {
    color : #000 ;
}
.nav_link {
    color : #0f0 ;
}
.hyper_link {
    color : #00f ;
}
a {
    color : #f00 ;
}
```

在上面的代码中，ID 选择器“#baidu_link”的样式规则优先级最高，因此无论如何调整这四条 CSS 样式规则的顺序，超链接标记 A 最终显示的都是黑色（#000）。如果删除 ID 选择器“#baidu_link”的样式规则，则类选择器“.nav_link”和“.hyper_link”中以最后一条的样式效果为准，超链接标记 A 默认显示为蓝色。仅有当 ID 选择器“#baidu_link”、类选择器“.nav_link”和“.hyper_link”都被删除的情况下，超链接 A 才会显示为红色。

3.3.4 选择方法

选择方法是指使用多种选择器对 XHTML 对象进行组合选择，实现精确的选择器匹配的使用方法。在 CSS 2.1 标准中，支持对选择器进行分组、派生等复合操作，同时也支持对 XHTML 对象以全局通配符的方式匹配。除以上常用的三种选择方法外，CSS 2.1 还支持交叉派生选择、交叉相邻选择以及属性匹配选择等，这些选择方法并不常用，在此不再赘述。

1．分组选择

分组选择方法是指当多个 XHTML 对象需要定义相同的 CSS 样式时，对这些 CSS 样式进行合并而产生的一种复合选择方法。其特点在于允许用一组 CSS 样式规则定义多个不同类型、多种标记或多个符合指定 ID 的 XHTML 对象。

在使用分组选择方法时，需要将若干 CSS 选择器合并为一个复合选择器，被合并的 CSS 选择器之间用英文逗号 "," 隔开，如下所示。

```
Selector1 , Selector2 , Selector3 {
    Statements ;
}
```

在上面的伪代码中，Selector1、Selector2 和 Selector3 等关键字用于表示分组选择的三种选择器或选择器与伪类选择器的组合，Statements 关键字表示描述的 CSS 代码。例如，同时定义 Web 页中的 6 种标题标记的 CSS 样式，设置其前景色为红色，代码如下所示。

```
h1 , h2 , h3 , h4 , h5 , h6 {
    color : #f00 ;
}
```

上面的代码中，CSS 复合选择器由 6 种标记选择器组成，每个标记选择器之间都使用了逗号 "," 作为分隔符。在将这段 CSS 代码添加到 Web 页之后，所有一级标题标记 H1、二级标题标记 H2、三级标题标记 H3、四级标题标记 H4、五级标题标记 H5 和六级标题标记 H6 都将被应用该样式。

2．派生选择

派生选择方法是一种依照 XHTML 对象的嵌套关系来定义的选择方法，其特点是可以精确地定义指定位置 XHTML 对象的 CSS 样式。在使用派生选择方法时，需要了解被定义的 XHTML 对象的精确嵌套结构，通过 XHTML 对象的嵌套结构来决定派生选择的选择器序列，其使用方法如下所示。

```
Selector1 Selector2 Selector3 {
    Statements ;
}
```

在上面的伪代码中，Selector1、Selector2 和 Selector3 等关键字用于表示派生选择的三种选择器或选择器与伪类选择器的组合，Statements 关键字表示描述的 CSS 代码。如果确定三种选择器或选择器与伪类选择器的组合嵌套结构为 Selector1 包含 Selector2，Selector2 包含 Selector3，则这种派生的关系即被 Web 浏览器判定为有效。

例如，在下面的代码中，存在两个超链接标记 A，其分别嵌套于不同的 XHTML 结构中。

```
<div id="header">
    <ul class="top_nav_list">
        <li class="top_nav_element">
            <a href="about.php" title="关于我们">关于我们</a>
        </li>
        <!-- …… -->
    </ul>
</div>
<div id="nav">
    <ul class="nav_list">
        <li class="nav_element">
            <a href="index.php" title="网站首页">网站首页</a>
        </li>
        <!-- …… -->
    </ul>
</div>
```

在上面的代码中包含了两个不同的超链接标记 A，这两个超链接标记 A 分别被嵌套于不同的无序列表标记 UL 中。如果直接使用标记选择器定义其样式，则两个超链接标记 A 都将被应用样式，如需要分别定义这两个超链接标记 A 的样式，就必须使用派生选择器，如下所示。

```
#header .top_nav_list .top_nav_element a {
    color : #f00 ;
}
#nav .nav_list .nav_element a{
    color : #0f0 ;
}
```

派生选择的特点是根据 XHTML 元素所在 Web 页的代码结构，依次排列其父元素对应的选择器，每个选择器之间以空格隔开。使用派生选择，可以方便地定义位于不同位置的 Web 元素的样式。

3．全局匹配

全局匹配是指在 CSS 选择方法中，使用全局匹配符号"*"来匹配指定层级下的任意 XHTML 标记，包括这些 XHTML 标记的自标记等。全局匹配可以快速地将某个层级下所有的 XHTML 标记筛选出来，然后再供开发者为其定义统一的样式。

例如，需要匹配整个 Web 文档中的所有标记，设置其最小高度为 0，开发者可以直接用全局匹配符号"*"定义 CSS 样式，代码如下。

```
* {
    min-height : 0 ;
}
```

在将上面的代码添加到 CSS 样式表后，开发者即可定义整个 Web 文档内所有的 XHTML 标记的最小高度。

全局匹配的优点在于其使用简单，只需很少的代码即可定义大量 Web 元素的样式，其缺点也同样突出，由于其一次性操作的 Web 元素较多，因此可能会降低整个页面的渲染速度。同时，对整个页面中所有 Web 元素统一定义样式的意义往往也并不大（全局渲染灰度除外）。因此，多数开发者往往将其余派生选择方法结合使用，对局部的 Web 元素进行订制，在开发效率和渲染速度之间取得一个平衡。

例如，Web 文档中存在一个定义列表 UL，该列表中存放有若干定义词条 DT 和定义解释 DD，代码如下。

```
<dl class="library" id="library">
    <dt>jQuery</dt>
    <dd><!-- ……--></dd>
    <dt>YUI Library</dt>
    <dd><!-- ……--></dd>
</dl>
```

如果开发者需要设置所有定义词条 DT 和定义解释 DD 的样式，即可通过全局匹配符号"*"与派生选择方法结合使用，代码如下。

```
#library * {
    //……
}
```

3.4　属性和属性值

在使用选择器和选择方法对 Web 元素进行匹配后，即可使用 CSS 的样式代码，定义 Web 元素的具体样式。

3.4.1　样式代码的写法

CSS 的样式代码通常是一个集合，其由若干属性和属性值组成的样式语句构成，每一句样式语句都应包含一个 CSS 属性，以及若干 CSS 属性值。

属性规定了 CSS 规则所需要描述的 XHTML 对象某一方面的性状，例如 XHTML 对象的宽度、高度、边框、补白等都属于属性定义的范畴，CSS 2.1 规范了近百种 CSS 属性，其中绝大多数属性已被所有现代主流的 Web 浏览器所支持。

根据 CSS 属性的定义的样式类型，可以将其划分为背景属性、边框属性、文本属性、字体属性、边距属性、补白属性、列表属性、内容属性、尺寸属性、定位属性、打印属性和表格属性等。

属性值是对属性的描述和定义，其内容和格式与属性的类型息息相关。CSS 属性和 CSS

属性值以冒号":"隔开。单句的 CSS 语句写法如下所示。

```
Property : Value ;
```

在上面的伪代码中，Property 关键字表示 CSS 的属性，Value 关键字则表示对应属性的属性值。一些特殊的 CSS 属性往往可以包含多个 CSS 属性值，此时，这些属性值通常以空格隔开，如下所示。

```
Property : Value1 Value2 Value3 ;
```

在上面的伪代码中，Property 关键字表示 CSS 的属性，Value1、Value2 和 Value3 等关键字表示该属性的多个属性值。

当一个 CSS 选择器或选择器的组合只对应一条 CSS 属性时，末尾的英文分号";"可以省略。而如果该 CSS 选择器或选择器的组合对应多条 CSS 属性时，除了最后一条外，其他的 CSS 属性与属性值语句末尾的英文分号";"都不可省略，如下所示。

```
Property1 : Value1 ;
Property2 : Value2 ;
Property3 : Value3
```

在上面的伪代码中，Property1、Property2 和 Property3 等关键字表示三个 CSS 属性，Value1、Value2 和 Value3 等关键字表示之前三个 CSS 属性对应的属性值。

例如，定义一个 Web 元素的文本前景色为红色，其属性为 color，属性值可为 red，代码如下所示。

```
color : red ;
```

如果需要定义某个 Web 元素的边框线为黑色一像素实线，则可以使用多个属性值的方式定义，如下所示。

```
border : 1px solid #000 ;
```

而在定义某个 Web 元素的文本前景色为红色的同时定义其背景色为黑色，代码如下所示。

```
color : red ;
background-color : black ;
```

3.4.2 属性值的类型

属性值定义了 CSS 规则的具体效果程度，例如 XHTML 对象各种属性的具体尺寸、颜色、显示方式等，都属于属性值定义的范畴。通常来讲，CSS 的基本属性值分为颜色值、绝对长度值、相对长度值、URL 以及英文关键字等。

1. 颜色值

颜色值通常用于描述各种 XHTML 对象的文本前景色和背景色，CSS 支持四种表示颜色的方式，即十六进制数字、颜色英文名称、百分比数字函数和十进制数字函数等。

- 十六进制数字

十六进制数字取色法是网页中最常用的取色方法，其格式如下所示。

```
color:#RRGGBB;
```

RR、GG 和 BB 都是两位的十六进制数字。RR 代表对象颜色中红色的深度，GG 代表对象颜色中绿色的深度，而 BB 则代表对象颜色中蓝色的深度。通过描述这 3 种颜色（3 原色），即可组合出目前可在显示器中显示的 1600 多万种颜色。例如，白色即 "#ffffff"，红色即 "#ff0000"，黑色即 "#000000"。

当表示每种原色的两位十六进制数字相同时，可将其缩写为一位。例如，颜色 "#ff6677" 可缩写为 "#f67"。

- 颜色英文名称

颜色的英文名称也是一种较为直观的颜色表示方法，通常情况下，开发者可以使用 17 种颜色名称来表示各种基本的颜色，如表 3-5 所示。

表 3-5　17 种颜色名称和对应的十六进制数字表示法

英文名称	中文名称	十六进制颜色	英文名称	中文名称	十六进制颜色
black	黑色	#000000	white	白色	#ffffff
red	红色	#ff0000	yellow	黄色	#ffff00
lime	浅绿	#00ff00	aqua	天蓝	#00ffff
blue	蓝色	#0000ff	fuchsia	品红	#ff00ff
gray	深灰	#808080	silver	银灰	#c0c0c0
maroon	深红	#800000	olive	褐黄	#808000
green	深绿	#008000	teal	靛青	#008080
navy	深蓝	#000080	purple	深紫	#800080
transparent	透明	-			

除以上 17 种颜色外，微软公司的 IE 系列 Web 浏览器还支持对另外 140 余种颜色以英文名称的方式表示。在使用颜色的英文名称来表述颜色时需要注意，不同的 Web 浏览器在识别这些名称时，解析的结果可能有所区别。一些早期的 Web 浏览器会以不正确的方式解析颜色，因此，在此并不推荐大范围使用英文名称表示颜色。

- 百分比数字函数

百分比数字函数也是一种常见的颜色表示方式。其原理是将色彩的深度以百分比的形式来表示，其使用方法如下所示。

```
color:rgb(100%,100%,100%);
```

在百分比颜色表示方式中，第一个值为红色，第二个值为绿色，第三个值为蓝色。色彩的百分比越大，则其色彩深度越大。

- 十进制数字函数

十进制数字表示法其原理和百分比表示法相同，都是通过描述数字的大小来控制颜色的深度。其书写格式也与百分比表示法类似，如下所示。

```
color:rgb(255,255,255);
```

十进制数字表示法表示颜色的数值范围为 0 到 255，数值越大，则该颜色的色深也就越大。

2. 绝对长度值

绝对长度值是指在设计中使用的衡量物体在实际环境中长度、面积、大小等度量单位。通常情况下其很少在网页中使用，常用于实体印刷中。但是在一些特殊的场合，使用绝对单位是非常必要的。

在 CSS2.1 的规范中，绝对长度值允许以下五种单位，如表 3-6 所示。

表 3-6　绝对长度值单位

英文名称	中文名称	说明
in	英寸	在设计中使用最广泛的长度单位
cm	厘米	在生活中使用最广泛的长度单位
mm	毫米	在研究领域使用较广泛的长度单位
pt	磅	在印刷领域使用非常广泛，也称点，其在 CSS 中的应用主要用于表示字体的大小
pc	皮咔	在印刷领域经常使用，1 皮咔等于 12 磅，所以也称 12 点活字

3. 相对长度值

相对长度值与绝对长度值相比，其在 Web 开发中应用更加广泛，但会受到 Web 应用输出的显示屏幕因素的影响，影响因素包括屏幕分辨率、屏幕可视区域、浏览器设置和相关元素的大小等。CSS 2.1 支持以下几种相对长度单位，如下所示。

- em

em 单位表示字体对象的行高。其能够根据字体的大小属性值来确定大小。例如，当设置字体为 12px 时，1 个 em 就等于 12px。如果网页中未确定字体大小值，则 em 的单位高度根据浏览器默认的字体大小来确定。在 IE 浏览器中，默认字体高度为 16px。

- ex

ex 是衡量小写字母在网页中的大小的单位。其通常根据所使用的字体中小写字母 x 的高度作为参考。在实际使用中，浏览器将通过 em 的值除以 2 以得到 ex 值。

- px

px 就是像素，是显示器屏幕中最小的基本单位。px 是网页和平面设计中最常见的单位，其取值是根据显示器的分辨率来设计的。

- 百分比

百分比也是一个相对单位值，其必须通过另一个值来计算，通常用于衡量对象的长度或宽度。在网页中，使用百分比的对象通常取值的对象是其父对象。

4. URL

URL（Uniform Resource Locator）即统一资源定位符。URL 是用于完整地描述 Internet

上网页和其他资源的地址的一种标识方法。在 CSS 中同样可以使用绝对地址或相对地址，其通常用于引用外部的各种资源，例如背景图像等，在此不再赘述。

5. 整数

一些特殊的属性允许开发者以无单位的自然数定义属性的变化幅度，例如 font-weight 属性等。需要注意的是，自然数的属性值不应包含任何单位，绝大多数使用长度值作为属性值的属性都允许使用不带单位的数字"0"。

6. 英文关键字

除以上几种属性值外，CSS 还支持采用英文单词关键字作为属性值，定义一些必须以文字描述的 CSS 属性，这些属性值通常与 CSS 属性紧密相关。

3.4.3　属性的优先级

之前的章节中已介绍过 CSS 是一种被 Web 浏览器以行的方式解析的语言，因此，Web 浏览器在解析 CSS 规则的若干属性和属性值时，同样存在优先级的概念。

在默认状态下，在同一个 CSS 样式规则中，属性的代码越新，则其优先级越高，反之则越低，这种优先级为默认优先级。例如，在下面的代码中，对文本前景色进行了多次描述。

```
color : #f00 ;
color : #0f0 ;
color : #00f ;
```

在上面的代码中，Web 浏览器会依照默认的优先级逐行解析，并将最下方一行的同属性数据作为应用到 Web 元素中的基准样式。如果需要人工对这一优先级进行干预，可以使用重点操作符"!important"对某一条属性进行临时提权，代码如下所示。

```
color : #f00 ;
color : #0f0!important ;
color : #00f ;
```

在上面的代码中，依次书写了三条属性和属性值组成的样式语句，按照默认的优先级规则，真正应用到 Web 元素的样式应为第三条语句，但是由于第二条样式语句拥有重点操作符"!important"，因此 Web 浏览器会以这条样式语句为最终应用的基准。

需要注意的是，重点操作符"!important"必须直接跟随属性值书写，位于分号";"之前。一个语句只能添加一个重点操作符，如若干属性都添加了重点操作符，则添加重点操作符的语句之间仍然以默认优先级解析。

另外，重点操作符"!important"属于 CSS 2.1 新增的功能，因此早期的 IE 浏览器（Internet Explorer 6.0 及之前版本的 IE 浏览器）不支持此功能。

3.5 字体的样式

文字是 Web 页中最基本的内容，其通常作为最基本的单位以块的方式嵌入到 XHTML 文档中。CSS 允许开发者定义文本元素的字体类型、尺寸、修饰、粗细、行高、风格等属性。

3.5.1 字体的系列

字体系列属性的作用是定义文本元素中文字所采用的字体系列，是对文字本身的基础修饰，决定了字体所采用的风格式样和最终的显示效果。

1. 衬线字体系列和无衬线字体系列

计算机支持的字体系列多种多样，数目繁多，根据其书写的笔画是否包含修饰特点，可以将其分为基本的两大类，即衬线字体和无衬线字体。

- 衬线类字体系列

衬线类字体系列是指字母或汉字的笔画开始、结束的地方有额外的装饰的字体系列，其特点是强调横竖笔画的对比，通过衬线强制性地为字母或汉字的笔画修饰，增强笔画的粗细差异，提高字体的阅读性，避免发生行间的阅读错误。

典型的衬线类字体系列英文包括 Times New Roman、Garamond 和 Georgia 等，中文包括宋体、中宋、明体等。衬线字体系列来自于报纸杂志图书的印刷用字体，适用于大段的正文内容，如图 3-1 所示。

- 无衬线类字体系列

无衬线类字体系列与衬线类字体系列相对应，专指字母或汉字的笔画没有额外装饰的字体。这类字体系列通常是机械的和统一线条的，往往拥有相同的曲率、笔直的线条和锐利的转角。无衬线类字体系列相比衬线类字体系列，显得规则和有序。

典型的英文无衬线类字体系列包括 Arial、Verdana、Trebuchet MS、Helvetica 等，中文无衬线类字体系列包括黑体、雅黑、幼圆等。无衬线类字体系列通常适用于文章的标题类文本内容，在以衬线类字体系列应用的正文段落中，也可以插入一些少量的无衬线类字体系列文本，以将这些少量文本突出显示，如图 3-2 所示。

2. 手写字体系列

手写字体系列是一大类字体系列，其来自于书法艺术，在一些特殊类型的 Web 页中，使用手写字体系列可以更好地与正文内容相结合，展现出丰富的艺术效果。

常见的英文手写字体系列包括 Bikham Script Pro、Viner Hand ITC、Comic Sans MS 等，常见的中文手写字体系列包括仿宋、楷体、隶书、行楷体等，如图 3-3 所示。

图 3-1　典型衬线类字体系列

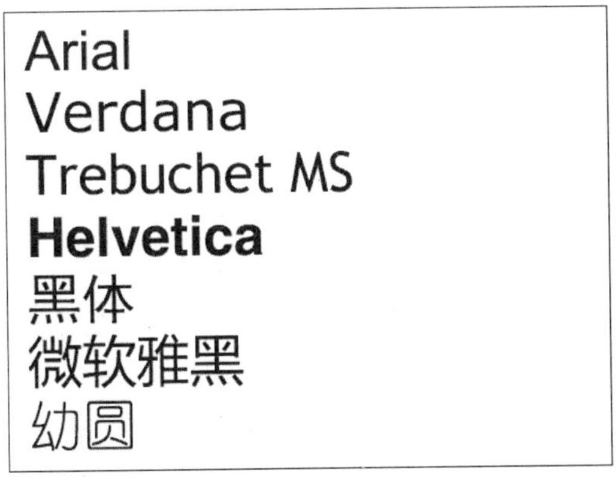

图 3-2　典型无衬线类字体系列

3．等宽字体系列

　　等宽字体是另一类基本由无衬线类字体系列衍生而出的特殊字体，其特点是每个字母的宽度相等，通常用来模拟命令行输入和打字机效果等。在 Web 设计中，通常用于显示各种类型的源代码数据。很多开发者也会在开发工具中使用等宽字体。

　　由于中文字符的特殊性，绝大多数中文字体都属于等宽字体，常见的英文等宽字体包括早期的 Courier，微软开发的 Consolas、Terminal，Linux 下的开源字体 DejaVu Sans Mono、Monospace、Nimbus Mono L、Luxi Mono 等，如图 3-4 所示。

图 3-3　典型手写字体系列

图 3-4　典型等宽字体系列

4．Web 安全字体系列

　　由于 Web 设计是基于计算机 Web 浏览器的设计，当 Web 页被各种 Web 浏览器解析时，仅有终端用户计算机中已经安装的字体系列才能正确地显示，因此在选取和使用字体系列时，要受到终端用户计算机所安装字体系列的限制，开发者应尽量选择绝大多数计算机终端用户都安装的字体系列。

　　这种为绝大多数终端用户安装，可供开发者自由选择使用的字体系列被称作 Web 安全字体系列。依照操作系统版本和语言的区别，常用的 Web 安全字体系列主要包括以下几种，如表 3-7 所示。

表 3-7　Web 安全字体系列

字体系列类型	语言	字体系列名称		
衬线类字体	英文	Garamond	Georgia	Times New Roman
		Bookman Old Style	Palatino Linotype	Times
		Book Antiqua	Palatino	
	中文	宋体（SimSun）	新宋体（NSimSun）	
无衬线类字体	英文	Arial	Helvetica	Arial Black
		Gadget	Impact	Charcoal
		Lucida Sans Unicode	Lucida Grande	MS Sans Serif
		Geneva	Symbol	Tahoma
		Trebuchet MS	Verdana	Webdings
		Wingdings	Zapf Dingbats	
	中文	黑体（SimHei）	微软雅黑（Microsoft YaHei）	
手写类字体	英文	Comic Sans MS		
	中文	仿宋（FangSong）	楷体（KaiTi）	
等宽类字体	英文	Courier	Courier New	Lucida Console
	中文	所有中文字体		

5. 字体系列属性

定义字体系列需要使用 CSS 的 font-family 属性，该属性的属性值可以是三种格式，即单独的字体系列名称，或字体系列优先级列表等。在定义了应用的字体系列后，还可以在字体系列之后添加字体系列的类型。

- 定义单独字体系列

当字体系列为单独的一种字体系列时，可以直接将字体系列的名称作为字体系列属性的属性值，如下所示。

```
font-family : Font ;
```

在上面的伪代码中，Font 关键字表示定义的具体字体系列名称，是 font-family 属性的最基本的属性值。例如，定义一段文本采用宋体字，可以用以下两种方式定义，如下所示。

```
font-family : 宋体 ;
font-family : SimSun ;
```

在上面的代码中，使用了两种方式定义字体系列，一种是以字体系列的中文名称来实现，另一种则采用的是字体系列的英文名称。

在中文版的 Web 浏览器中，这两种方式的效果是完全一样的，但是对于一些英文版本的 Web 浏览器而言，第一种方式可能会造成识别错误，因此，在此推荐无论使用哪种语言的字体，应尽量在 CSS 中书写字体系列的英文名称。

当定义的字体系列名称为多个英文单词构成时，应在字体名称两侧添加单引号""或双引号""""予以标记，以将其和其他类型的属性值区分开来。例如，定义一段文本采用

Arial Black 字体系列，代码如下。

```
font-family : 'Arial Black' ;
```

- 定义字体系列优先级列表

当需要根据实际客户端计算机安装字体系列，同时为文本内容匹配多种字体系列，以防止客户端计算机缺失某种字体系列导致显示错误时，可以定义一个具备优先级的字体系列列表，其方法为以英文逗号","的方式依次列举多个字体系列的名称，如下所示。

```
font-family : Font1 , Font2 ;
```

在上面的代码中，Font1 关键字和 Font2 关键字表示两种字体系列的名称。在 Web 浏览器解析这段代码时，会首先检查客户端计算机是否安装有名称与 Font1 相同的字体系列，如果有，则将这段文本以 Font1 字体系列显示，否则，再检查客户端计算机是否安装有名称与 Font2 相同的字体系列，如果有，则将这段文本以 Font2 字体系列显示。如果这两种字体系列都未安装，则以 Web 浏览器默认的字体系列显示。

例如，定义一段文本以微软雅黑字体系列显示，如未安装微软雅黑字体系列（例如 Windows XP 系统或更低版本的 Windows 系统），则使用宋体系列显示。如为英文操作系统，则以英文字体系列 Arial 显示，代码如下所示。

```
font-family : SimSun , 'Microsoft YaHei' , Arial ;
```

- 定义字体系列的类型

在定义文本的字体系列时，除了定义字体系列的名称外，还可以定义字体系列的类型，例如衬线类字体系列、无衬线类字体系列、手写字体系列和等宽字体系列。此时，可以将字体系列的类型放在 font-family 属性值的最后，与其他字体系列的名称隔开。

一个 font-family 属性值只能包含一个字体系列。在下面的代码中，依次定义了常用的 Web 安全字体系列和对应的类型，如下所示。

```
//衬线类字体系列
font-family : Garamond , serif ;
font-family : Georgia , serif;
font-family : 'Times New Roman' , Times , serif ;
font-family : 'Bookman Old Style' , serif ;
font-family : 'Palatino Linotype' , 'Book Antiqua' , Palatino , serif ;
font-family : SimSun , 'Times New Roman' , serif ;
//无衬线类字体系列
font-family : Arial , Helvetica , sans-serif ;
font-family : 'Arial Black' , Gadget , sans-serif ;
font-family : Impact , Charcoal , sans-serif ;
font-family : 'Lucida Sans Unicode' , 'Lucida Grande' , sans-serif ;
font-family : 'MS Sans Serif' , Geneva , sans-serif ;
font-family : Tahoma , Geneva , sans-serif ;
font-family : 'Trebuchet MS' , Helvetica , sans-serif ;
font-family : Verdana , Geneva , sans-serif ;
```

```
font-family : 'Microsoft YaHei' , 'Arial' , sans-serif ;
//手写字体系列
font-family : 'Comic Sans MS' , cursive ;
font-family : 'FangSong' , 'Comic Sans MS' , cursive ;
font-family : 'KaiTi' , 'Comic Sans MS' , cursive ;
//等宽字体系列
font-family : 'Courier New' , Courier , monospace ;
font-family : 'Lucida Console' , Monaco , monospace ;
```

3.5.2 字体的其他样式

除了定义字体的系列外，CSS 还可以定义字体的其他属性，包括字体的风格、小型大写字母、粗细、尺寸、行高等样式，为文字建立丰富的效果。

1. 字体的风格

在英文书写习惯中，倾斜的字体表示对文字内容本身的强调。CSS 允许开发者以 font-style 属性定义普通文字的斜体或倾斜效果，其支持四种风格属性，如表 3-8 所示。

表 3-8   CSS 的字体风格属性值

属性值	作用	属性值	作用
normal	默认值，普通的非倾斜字体风格	italic	斜体风格
oblique	倾斜风格	inherit	继承父元素的风格

例如，定义一段文本以斜体的方式强调显示，可以使用 font-style 属性的 italic 属性值，代码如下所示。

```
font-style : italic ;
```

需要注意的是，所有版本的 IE 浏览器都不支持 CSS 的 inherit 属性值，如果需要在 IE 浏览器下定义元素继承父元素的某种效果，直接将其忽略即可。另外，无论斜体还是倾斜效果，都是英文的特色，在实际 Web 开发中，勿对中文采用这种样式。

2. 小型大写字母

小型大写字母是英文的一种特殊书写方式，其效果是将所有小写字母转换为大写方式，然后再缩小至原尺寸的 25%左右。CSS 允许开发者以 font-variant 属性定义普通拉丁字母的此类效果，其支持以下几种属性值，如表 3-9 所示。

表 3-9   CSS 的小型大写字母属性值

属性值	作用	属性值	作用
normal	默认值，普通的字母书写风格	small-caps	以小型大写字母的方式书写
inherit	继承父元素的字母书写风格		

例如，定义一段英文文本的字母以小型大写字母风格书写，代码如下所示。

```
font-variant : small-caps ;
```

需要注意的是，这种风格仅对英文等拉丁字母语言的文本有效，对中文文本没有任何显示效果的区别。

3．字体的粗细

字体的加粗是中文和英文文本共同的内容强调方式。CSS 允许开发者以 font-weight 属性定义字体的加粗或减细方式，使所对应的字体与标准尺寸的字体区分开来，实现内容强调或内容弱化功能。

font-weight 属性的属性值包括两种：一种是以整数数值的方式精确地定义字体的加粗或减细模式，其值限定必须是 100 到 900 之间的整百数字，其中默认粗细程度为 400；另一种属性值定义方式则是以关键字的方式直接定义字体的加粗或减细模式，其属性值如表 3-10 所示。

表 3-10　CSS 的 font-weight 关键字属性值

属性值	作用	属性值	作用
normal	默认值，相当于数字值 400	bold	加粗的字体，相当于数字值 700
bolder	更粗的字体，相当于数字值 900	lighter	减细的字体，相当于数字值 100
inherit	继承父元素的粗细尺寸		

例如，定义一段文本加粗显示，其 CSS 代码写法包含如下两种。

```
font-weight : bold ;
font-weight : 700 ;
```

所有的 Web 浏览器都支持 font-weight 属性，但是在实际的效果中，使用数字值来定义除了字体的粗细，仅有 100、400、700 和 900 等四个数字被认为是有效的，其他的数字值效果与 lighter、normal、bold 和 bolder 区别并不明显。

4．字体的尺寸

尺寸也是字体的一种重要属性，其决定了字体在 Web 页中显示的大小。CSS 允许开发者以 font-size 属性定义字体的尺寸，实现灵活的文本排版效果。font-size 属性的值可以是绝对长度值，也可以是相对长度值、整数 0 或百分比。

当 font-size 属性值为 0 时，相当于相对长度值为 0px。如果其属性值为百分比，则相对应的是其父元素的 font-size 属性值的比例。与 font-weight 属性类似，font-size 属性也支持以英文关键字的方式定义，其属性值如表 3-11 所示。

表 3-11　CSS 的 font-weight 关键字属性值

属性值	作用	属性值	作用
xx-small	1 级字体，对应 7pt 或 9px	x-small	2 级字体，对应 7.5pt 或 10px
small	3 级字体，对应 10.2pt 或 13.5px	medium	4 级字体，对应 12pt 或 16px
large	5 级字体，对应 13.5pt 或 18px	x-large	6 级字体，对应 18pt 或 24px
xx-large	7 级字体，对应 24pt 或 32px	smaller	相对父元素尺寸小一级的字体
larger	相对父元素尺寸大一级的字体	inherit	从父元素继承字体的尺寸

font-size 属性没有统一的默认值，在不同的 Web 浏览器下，文本内容的具体尺寸是有所区别的。例如，在 IE 浏览器中，将会默认定义所有普通文本以 medium、12pt 或 16px 的相对长度值尺寸显示。

定义一段文本内容的字体尺寸为 18px，代码如下所示。

```
font-size : 18px ;
```

在 Word 等文档排版工具中，往往以字体的号数作为标准来标记字体的实际尺寸，而在 Web 设计中，则往往以相对长度值单位像素（px）作为字体尺寸的标准。在实际的 Web 开发中，经常需要将这类字体的号数转换为绝对长度值或相对长度值。在 Windows 分辨率默认为 96dpi 时，其对应的关系如表 3-12 所示。

表 3-12　字号与单位的换算表

字号	磅（pt）	像素（px）	字号	磅（pt）	像素（px）
初号	42pt	56px	小初	36pt	48px
一号	26pt	35px	小一	24pt	32px
二号	22pt	29px	小二	18pt	24px
三号	16pt	22px	小三	15pt	21px
四号	14pt	19px	小四	12pt	16px
五号	10.5pt	14px	小五	9pt	12px
六号	7.5pt	10px	小六	6.5pt	8px
七号	5.5pt	7px	八号	5pt	6px

通常情况下，Web 排版时正文文本的字体尺寸推荐采用中文 12px、英文 11px 或 12px，可以尽可能地维持文本内容的识别性和效率。

5. 字体的行高

绝大多数语言的文字都是横向排版的，因此，这些文字都会以行的方式汇集，行的高度设置就是每一行文字在 Web 页内占据的具体高度尺寸。一般情况下，字体会在行内垂直居中显示，也就是说，行越高，则字体所在行的文字顶部与底部的补白越大。

行高这一属性本身不是字体自身的属性，但是通常情况下与字体关系十分紧密，因此在此一并介绍。

在 CSS 中，通过 line-height 属性定义字体的行高，其属性值可以是数字、绝对长度值、相对长度值、百分比或英文关键字等。

当 line-height 属性值为数字时，定义的文本行高将为该文本块内普通字体尺寸与 line-height 属性值的乘积。例如，一段文本的字体尺寸为 12px，line-height 属性值为 2，则其实际行高将为 24px，代码如下。

```
font-size : 12px ;
line-height : 2 ; //实际段落行高应为12px×2，即24px
```

当 line-height 属性值为绝对长度值或相对长度值时，定义的文本行高将直接与 line-height 属性值相等。例如，定义一段文本的行高为 10.5pt，代码如下所示。

```
line-height : 10.5pt ;
```

当 line-height 属性值为百分比时,定义的文本行高为该文本的父元素行高与 line-height 属性值的乘积。例如,当一个文本段落的父元素行高为 18px,当此文本段落的行高被设置为 50%时,其实际行高应为 9px,如下所示。

```
div {
    line-height : 18px ;
}

div p {
    line-height : 50% ; // 实际段落行高应为 18px×50%,即 9px
}
```

line-height 属性值除了以上几种长度值或数字外,还包括两种英文关键字,其分别为 normal 和 inherit。当 line-height 属性值为 normal 时,其内容实际行高将由 Web 浏览器自动设定;而当 line-height 属性值为 inherit 时,其效果与值为 100%相同,即都继承父元素的行高。

3.5.3　合并字体样式

CSS 支持采用 font 属性一次定义多种类型的字体样式,包括字体的系列、风格、小型大写字母、粗细、尺寸和行高等。这种合并样式的属性在 CSS 中有许多种,font 属性只是其中最典型的一种。

1. font 属性的基本属性值

font 属性支持七种基本属性值,分别用于从 Web 浏览器自身提取字体系列或继承父元素的字体系列,应用到对应的文本上。这七种基本属性值均为英文关键字属性值,其值和作用如表 3-13 所示。

表 3-13　font 属性的基本属性值

属性值	作用
caption	定义文本采用浏览器标题控件(比如按钮、下拉列表等)的字体系列
icon	定义文本采用浏览器图标标记的字体系列
menu	定义文本采用浏览器下拉列表控件的字体系列
message-box	定义文本采用浏览器对话框控件的字体系列
small-caption	定义文本采用浏览器标题控件(比如按钮、下拉列表等)的小型版本字体系列
status-bar	定义文本采用浏览器窗口状态栏的字体系列
inherit	定义文本继承父元素的字体系列

在上表中,前六种基本属性值的作用与 font-family 属性是相同的,所不同的是 font-family 属性根据其属性值从操作系统已安装的字体中进行名称匹配,而这 6 种基本属性值则是从 Web 浏览器(在 Windows 操作系统中,与其主题所定义的字体相关)自身所

应用的字体中调用。

　　例如，定义一段文本使用浏览器下拉列表控件的字体系列，代码如下所示。

```
font : menu ;
```

2．font 属性的复合属性值序列

　　font 属性最大的使用价值在于其可以包含多种类型的属性值，定义字体的系列、风格、小型大写字母、粗细、尺寸和行高等。在使用 font 属性时，开发者可以依次定义六种类型的 CSS 属性值，如下所示。

```
font : Style Variant Weight Size/LineHeight Family ;
```

　　在上面的伪代码中，Style 关键字表示字体的风格属性值；Variant 关键字表示字体的小型大写字母属性值；Weight 关键字表示字体的粗细属性值；Size 关键字表示字体的尺寸属性值；LineHeight 关键字表示字体的行高属性值；Family 关键字表示字体系列的属性值。

　　例如，定义一段文本为斜体、小型大写字母、加粗、16px 尺寸，行高为 22px，采用 Arial 字体，代码如下所示。

```
font : italic small-caps bold 16px/22px Arial,sans-serif ;
```

　　在使用 font 属性定义复合属性值序列时，需要注意复合属性值序列中除字体尺寸和行高以外，属性之间都必须以空格的方式隔开。字体尺寸和行高两个属性之间需要使用反斜杠"/"进行标记。

　　font 属性的复合属性值序列也可以包含 caption、icon、menu、message-box、small-caption 和 status-bar 等六种基本属性值，但需要注意的是，字体系列的属性值与 caption、icon、menu、message-box、small-caption 和 status-bar 等六种基本属性值是互斥的，即定义了字体系列属性值，就不能再定义这六种基本属性值，反之亦如此。

　　font 属性的复合属性值序列允许开发者省略其中若干项目，也就是说并非每次使用 font 属性的复合属性值序列都必须显示定义所有的属性值。例如，仅需要定义字体系列为 Arial，倾斜显示，可以采用如下的代码。

```
font : italic Arial,sans-serif ;
```

　　在上面的代码中，省略了小型大写字母、粗细、尺寸、行高等属性，仅定义了风格和字体系列。使用这种方式定义字体的样式无法单独定义字体的行高，行高属性仅能和字体的尺寸联合使用，如下所示。

```
font : italic 12px/18px ;
```

　　如果在使用 font 属性的复合属性值序列时单独定义了字体的行高，则 Web 浏览器会将行高作为字体的尺寸来解析。任何情况下，定义字体行高时都应和字体的尺寸一起显示定义才有效。

3.6　文本的样式

文本内容是若干文字的集合，文本的样式主要定义了若干文字组成的整体的排布方式和修饰方式，为文本内容呈现各种丰富的视觉效果。

1．文本的前景色

前景色是指文字本身的颜色，其与文本所在的 Web 元素的背景色相对应。CSS 允许开发者使用 color 属性定义任意 Web 元素内文本的前景色。color 属性的属性值必须是颜色值，如十六进制数字、颜色的英文名称、百分比数字函数、十进制数字函数等，如下所示。

```
color : #ff0000 ;
color : #f00 ;
color : red ;
color : rgb ( 255 , 0 , 0 ) ;
color : rgb ( 100% , 0 , 0 ) ;
```

在上面的代码中，采用了五种方式定义文本的前景色，将其设置为红色。其中，第一种方式采用了完整的十六进制数字表示法，第二种采用了省略的十六进制数字，第三种采用了颜色的英文名称，第四种采用了十进制数字函数，第五种采用了百分比数字函数。

2．文本的首行缩进

首行缩进是适应中文书写习惯的一种标记段落文本的方式。在中文中，通常情况下需要对段落首行缩进两个字符。CSS 支持采用 text-indent 属性定义文本内容的首行缩进幅度，其属性值为绝对长度值或相对长度值，默认值为 0。定义段落文本的首行缩进，代码如下所示。

```
text-indent : 24px ;
```

在上面的代码中，定义了段落文本的默认首行缩进值为 24px。实际开发中，推荐根据字体本身的尺寸单位 em 作为首行缩进的单位，以确保在调节字体尺寸后，首行缩进的数值仍然能够与字体尺寸相匹配，通常情况下首行缩进的值会被定义为 2em，如下所示。

```
text-indent : 2em ;
```

3．文本的水平对齐方式

文本的水平对齐方式决定了文本内容在一个指定尺寸的 Web 元素中依靠水平方向显示方位。CSS 允许开发者使用 text-align 属性定义文本的水平对齐方式，其属性值主要包括 5 种，如表 3-14 所示。

表 3-14　CSS 的 **text-align** 关键字属性值

属性值	作用	属性值	作用
left	默认值，定义文本内容居左对齐	right	定义文本内容居右对齐
center	定义文本内容居中对齐	justify	定义文本内容两端对齐
inherit	继承父元素的文本内容对齐方式		

例如，定义一段文本以水平居右对齐的方式显示，代码如下所示。

```
text-align : right ;
```

需要注意的是，text-align 属性仅当文本内容所在的 Web 元素为块元素，或其被设置为以块元素的方式显示（请参考本书 3.7 节）时才有作用。如果 Web 元素本身没有一个指定的宽度（以内联的方式显示），则水平对齐设置将不起作用，文本内容会默认以居左的方式显示。

4．文本的修饰

文本的修饰是指对文本内容添加一些辅助的线条，以对文本的内容进行强调。例如在 Web 浏览器设置中，默认会为超链接标记（A）添加一条下划线，这种下划线就是一种典型的文本修饰。

CSS 允许开发者使用 text-decoration 属性定义文本内容的修饰方式，其支持六种类型的关键字属性值，如表 3-15 所示。

表 3-15　CSS 的 **text-decoration** 关键字属性值

属性值	作用	属性值	作用
none	禁用文本的修饰效果	underline	为文本添加下划线效果
overline	为文本添加上划线效果	line-through	为文本添加贯穿线效果
blink	定义文本闪烁效果	inherit	从父元素继承文本的修饰效果

如需要为一段文本添加贯穿线效果，以标记这段文本被删除，代码如下所示。

```
text-decoration : line-through ;
```

不同类型的 Web 元素，其 CSS 样式的 text-decoration 默认属性值是有所区别的，例如，超链接标记（A）、下划线标记（U）、插入文本标记（INS）的 text-decoration 默认属性值为 underline；删除标记（DEL）、删除线标记（STRIKE）、缩写删除线标记（S）的 text-decoration 默认属性值为 line-through 等。其他绝大多数 Web 元素的 text-decoration 默认属性值为 none。

另外需要注意的是，任何一种 Web 浏览器都不支持 text-decoration 属性的 blink 属性值，且没有任何可能要支持的迹象。

3.7　容器的样式

容器是一种抽象的概念，在 Web 开发中，泛指可以内嵌内容（文本、图像、视频、动画等）和子元素的 Web 元素。狭义的容器范畴仅包含可以内嵌内容的块元素，例如文档节标记（DIV）、段落标记（P）、表格标记（TABLE）等。广义的容器范畴则不仅包含块元素，还包含可以内嵌内容的内联元素。

容器和容器之间可以相互嵌套。在使用容器时，可以通过 CSS 样式表定义容器的样式，形成丰富的显示效果。

3.7.1　容器的盒模型

盒模型又被称作块模型、框模型，是指在 Web 开发中对 XHTML 的容器元素进行结构抽象化，从而得出的一种理想化的矩形结构体系，其意义在于可以更直观地研究容器元素之间的相互作用关系。

通常情况下，盒模型用于解释容器在 Web 页当中的各种具体容器元素的显示方式，一个典型的容器元素在盒模型概念下应包含以下结构，如图 3-5 所示。

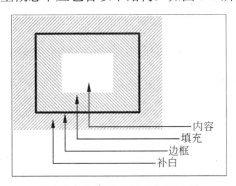

内容
填充
边框
补白

图 3-5　盒模型结构的容器元素

在图 3-5 中，将一个典型的 XHTML 块状容器元素拆分成了 4 个组成部分，由外到内分别为补白、边框、填充和内容。

其中，补白又被称作外间距、外边距，即容器元素与其父元素之间的间距；边框是容器元素与外部之间的边界线或分界线；填充又被称作内间距、内边距，是容器元素与其内部内容、内部子元素之间的间距；内容则是包含和覆盖容器元素内部内容（例如文本、图像、视频或动画等）、内部子元素的区域。

在 CSS 中，使用抽象化的盒模型概念，可以清晰地由外到内对容器元素进行详细的描述，阐述容器元素与其父元素、子元素之间的位置布局关系。

3.7.2　容器的显示效果

在 Web 页中，所有的显示内容都是被包裹在大大小小的各类容器元素中，因此容器元素的显示样式决定了这些被包裹内容的具体显示形式。使用 CSS 样式表，可以方便地定义各种容器的显示样式。

1. 容器的显示方式

CSS 提供了 display 属性，用于定义容器的显示方式。display 属性最重要的意义在于定义容器在 Web 页中显示的块的类型，其支持多种属性，如表 3-16 所示。

表 3-16　CSS 的 display 属性值

属性值	作用
none	定义容器处于隐藏状态
block	定义容器以块的方式显示，且独占一行。对块元素而言，此属性为默认值
inline	定义容器以内联的方式显示，对内联元素而言，此属性为默认值
inline-block	定义容器以块的方式显示，但不独占一行
list-item	定义容器以列表项目的方式显示，对于列表项目标记（LI）、定义词条标记（DT）、定义解释标记（DD）等列表项目标记而言，此属性为默认值
run-in	定义容器根据上下文决定以块元素或内联元素的方式显示
table	定义容器以表格的方式显示，对于表格标记（TABLE）而言，此属性为默认值
inline-table	定义容器以内联表格的方式显示
table-row-group	定义容器以表格行的分组方式显示，对于表格主体标记（TBODY）而言，此属性为默认值
table-header-group	定义容器以表头行的分组方式显示，对于表头标记（THEAD）而言，此属性为默认值
table-footer-group	定义容器以脚注行的分组方式显示，对于脚注标记（TFOOT）而言，此属性为默认值
table-row	定义容器以表格行的方式显示，对于表格行标记（TR）而言，此属性为默认值
table-column-group	定义容器以表格列组的方式显示，对于表格列组标记（COLGROUP）而言，此属性为默认值
table-column	定义容器以表格列的方式显示
table-cell	定义容器以表格单元格的方式显示，对于表格单元格标记（TD）和表头单元格标记（TH）而言，此属性为默认值
table-caption	定义容器以表头的方式显示，对于表头标记（CAPTION）而言，此属性为默认值
inherit	定义容器从父元素继承显示方式

绝大多数主流Web浏览器（除IE 7.0及以下版本的IE浏览器）都支持以上所有的display属性值。在 IE 7.0 及其以下版本的 IE 浏览器不支持 inline-table、run-in、table、table-caption、table-cell、table-column、table-column-group、table-row 和 table-row-group 等属性值。另外，在 IE 6.0 及以下版本的 IE 浏览器中，不支持 inline-block 属性值。

2. 容器的尺寸

尺寸是容器的一种基本属性，所有块元素容器都必须有一个固定的尺寸，否则很可能无法在 Web 页中正常显示。CSS 支持使用 width 属性和 height 属性分别定义容器的宽度和高度，其属性值可以是绝对长度值或相对长度值。例如，定义一个容器元素为宽 200px、高 10pt 的矩形，代码如下所示。

```
width : 200px ;
height : 10pt ;
```

width 属性和 height 属性的默认属性值为英文关键字 auto，其表示由 Web 浏览器自动计算容器的宽度或高度。在非 IE 系列 Web 浏览器中，还支持采用英文关键字 inherit 定义

width 属性和 height 属性，表示继承父元素的尺寸。

　　width 属性和 height 属性可应用于所有的块状显示元素标记，不仅包含容器标记，还支持一些非容器类的显示元素标记，例如图像标记（IMG）、对象标记（OBJECT）和映射区域标记（AREA）等。

　　在一些特殊的场合，可能会无法直接定义某个 Web 元素的固定尺寸，而是需要为其定义尺寸的变化范围，以便根据内容的增减，限定容器自身的尺寸变化幅度，此时就需要使用 CSS 的四种尺寸范围属性，即 min-width 属性、max-width 属性、min-height 属性和 max-height 属性。

　　其中，min-width 属性用于定义容器的最小宽度；max-width 属性用于定义容器的最大宽度；min-height 属性用于定义容器的最小高度；max-height 属性用于定义容器的最大高度。这四种属性的属性值与 width 属性、height 属性使用方式一致。例如，限定一个 Web 元素最小高度 120px，最大高度 300px，代码如下。

```
min-height : 120px ;
max-height : 300px ;
```

　　绝大多数主流 Web 浏览器（除 IE 6.0 及之前版本的 IE 浏览器）都支持 min-width 属性、max-width 属性、min-height 属性和 max-height 属性。IE 6.0 及之前版本的 IE 浏览器不识别 max-width 属性和 max-height 属性，也不支持尺寸的范围设置，其往往会将 min-width 属性识别为 width 属性，将 min-height 属性识别为 height 属性。

3．容器的浮动

　　在各种富文本编辑器中，往往会提供图文混排的功能，为包含文本和图像的文档实现图像浮动处理，从而使文本内容围绕在图像周围，呈现出美观的效果。

　　CSS 允许开发者通过 float 属性定义任意的容器浮动显示模式，自动将容器以块的方式显示并向指定的方向浮动，以实现类似的图文混排环绕效果。float 属性支持四种关键字属性值，如表 3-17 所示。

表 3-17　float 属性的关键字属性值

属性值	作用	属性值	作用
left	定义容器向左浮动	right	定义容器向右浮动
none	默认值，容器不浮动	inherit	由容器的父元素处继承其浮动方式

　　例如，定义一个 Web 元素向左浮动，代码如下。

```
float : left ;
```

　　在此需要注意的是，任何容器在浮动时都必然会呈现为块状，或以块的方式显示，即便该容器并没有定义过宽度和高度。如果容器本身没有定义宽度和高度，那么其宽度和高度将由浏览器根据其内容和子元素的尺寸自动计算。

　　在 Web 页的布局中，容器的浮动显示意义十分重要，其可以将若干 Web 元素以块的方式显示，且在一行排列（相当于 display 属性的 inline-block 属性值效果）。

4. 容器的定位方式

在 Web 开发中，所有的容器以默认的方式在 Web 页中依次排列显示，其位置由排列顺序决定，这种默认的定位方式即流动定位方式。除了流动定位方式外，CSS 还提供了多种类型的显示定位方式，这些定位方式可以通过 CSS 的 position 属性实现修改，其包含以下几种属性值，如表 3-18 所示。

表 3-18　position 属性的属性值

属性值	作用
static	默认值，定义容器以流动定位的方式显示，出现在正常的页面内容中
absolute	定义容器以局部绝对定位的方式显示，定位参照物为其上一级流动定位的父元素
fixed	定义容器以整体绝对定位的方式显示，定位参照物为浏览器窗口
relative	定义容器以相对定位的方式显示，定位参照物为其自身流动定位时的位置
inherit	由容器的父元素继承其定位方式

在上面的四种主要关键字属性中，static 属性值定义的是默认的流动定位方式，absolute、fixed 和 relative 三种属性值均为绝对定位方式，唯一区别在于这三种属性值定位使用的参照物。由于其参照物有所区别，因此在为容器定位时，需要实际根据需求来选择绝对定位属性。

- 针对窗口定位

例如，需要定位的容器是页面中的漂浮广告，其自身需要与页内的其他元素完全隔绝，则可以采用浏览器窗口为参照物，使用 fixed 属性值，当浏览器窗口滚动时，该容器将被钉死在窗口的指定位置。

- 针对元素流定位

如果需要定位的容器是页内的一些独立元素，但是又不需要其钉死在窗口指定的位置，则可以使用 absolute 属性值，针对其上一级流动定位的父元素进行绝对定位。

- 针对自身位置定位

如果仅仅需要在不影响父元素位置的情况下对某个容器进行位置的微调，则可以使用 relative 属性值，针对容器自身的位置进行简单的偏移设置。

5. 容器的绝对位置

在使用绝对定位后，即可通过 CSS 的属性定义容器的绝对位置，完成整个绝对定位设置流程。

- 平面绝对位置

CSS 提供了四种属性分别用于定义容器的平面坐标，如表 3-19 所示。

表 3-19　CSS 的平面坐标属性

属性	作用	属性	作用
left	定义容器在绝对定位下的左侧偏移距离	right	定义容器在绝对定位下的右侧偏移距离
top	定义容器在绝对定位下的顶部偏移距离	bottom	定义容器在绝对定位下的底部偏移距离

表 3-19 中的四种属性都是基于长度距离的，因此其属性值可以是相对长度值、绝对长

度值、与自身对应尺寸的百分比，也可以是关键字 auto 或 inherit。当其属性值为 auto 时，默认以 Web 浏览器计算对应方向的偏移距离，而当其属性值为 inherit 时，默认由其父元素继承对应方向的偏移距离。

例如，定义一个绝对定位的 Web 元素相对其参照物左侧偏移 10px，顶部偏移 22px，代码如下。

```
left : 10px ;
top : 22px ;
```

在此需要注意的是，由于容器自身往往具有一定的尺寸，因此在定义了容器的左侧偏移为一个精确的长度值后，请勿再为其定义右侧的偏移，同理，在定义了容器的顶部偏移为一个精确的长度值后，也请勿再为其定义底部的偏移。偏移的参照物由之前介绍的 position 属性决定，参照物决定了偏移值生效的范围。

- 层叠顺序

层叠顺序也是反映容器位置的一种参数。当容器被设定为绝对定位后，如果多个容器之间产生了重叠，则可以使用 CSS 提供的 z-index 属性对这些重叠的容器进行排序，决定哪个容器显示，哪个容器被叠压。

z-index 属性的属性值可以是整数或 auto、inherit 等英文关键字。当其属性值为整数时，数值越大，则显示的优先级越高，反之则越低。如果其属性值为 auto，则由容器在 XHTML 代码中的位置来决定是否显示。在代码中出现得越晚，则显示优先级越高。如果其属性值为 inherit，则由容器的父元素继承层叠顺序属性。

在使用 z-index 属性时需要注意，被应用该属性的容器必须被定义为绝对定位，即其 position 属性的值必须是 absolute、relative 或 fixed，否则 z-index 属性将不起作用。

例如，定义一个容器始终在浏览器窗口的左上角浮动，且显示于所有内容之上，代码如下。

```
position : fixed ;
left : 0px ;
top : 0px ;
z-index : 999 ;
```

3.7.3　容器的补白和填充

容器的补白和填充是对其外部和内部的尺寸进行拓展或收缩的一种描述方式，其可以改变容器与其父元素、同级元素或子元素之间的间距，更加灵活地定义容器和容器之间的关系。

1. 容器的补白

补白是容器与外部元素的边距，CSS 提供了 margin 系列属性用于定义容器的补白，其包含五种属性，即 margin-top、margin-right、margin-bottom、margin-left 以及 margin 自身。其中，margin-top、margin-right、margin-bottom 和 margin-left 等四种属性是单独属性

值的属性，支持采用百分比、绝对长度值、相对长度值定义容器在顶部、右侧、底部和左侧四个方向的补白。另外，这四个属性还支持使用英文关键字 auto（默认值）和 inherit 定义由 Web 浏览器自行计算容器补白的长度值，或从容器的父元素继承容器补白的长度值。例如，定义一个容器左侧补白 40px，代码如下所示。

```
margin-left : 40px ;
```

定义其他方向的补白距离与定义左侧的补白距离类似，在下面的代码中，就定义了容器四个方向的不同补白距离，如下所示。

```
margin-left : 35px ;
margin-right : 2em ;
margin-top : 0 ;
margin-bottom : 5pt ;
```

margin 属性与以上四种 margin 系列属性不同，其属于复合属性，即允许定义多个属性值的属性。margin 属性同时允许开发者为其定义不超过四个属性值，其每种属性值定义方式都有所区别。

当 margin 属性同时包含四个属性值时，其各属性值分别用于定义容器顶部、右侧、底部和左侧等四个方向的补白。例如，定义一个容器顶部补白 50px，右侧补白 40px，底部补白 30px，左侧补白 20px，代码如下。

```
margin : 50px 40px 30px 20px;
```

当 margin 属性同时包含三个属性值时，其各属性值分别用于定义容器顶部、水平左右侧和容器底部等方向的补白。例如，定义一个容器顶部补白为 20px，左侧和右侧补白均为 30px，底部补白 10px，代码如下。

```
margin : 20px 30px 10px ;
```

当 margin 属性同时包含两个属性值时，其各属性值分别用于定义容器垂直方向和水平方向的补白。例如，定义一个容器顶部与底部的补白为 10pt，左侧与右侧的补白为 5pt，代码如下。

```
margin : 10pt 5pt ;
```

当 margin 属性仅包含一个属性值时，其表示定义容器四周所有方向的补白均为相等的指定距离，例如，定义一个容器四周的补白均为浏览器自动计算，代码如下所示。

```
margin : auto ;
```

在使用 margin 系列属性定义容器的补白时需要额外注意，IE 6.0 及之前版本的 IE 浏览器具有一个兼容性 bug，即当定义了容器的浮动方向为左侧或右侧后，对应方向显示的补白距离为定义数值距离的两倍。

例如，当定义某个容器向左浮动，且左侧补白 10px，在 IE 6.0 及之前版本的 IE 浏览器中，此补白距离将被显示为 20px。因此，需要使用 CSS hack 的方式进行修补，典型的修补方式如下所示。

```
float : left ;
margin : 10px 20px 10px 20px!important ;
margin : 10px 20px 10px 10px ;
```

在上面的代码中，连续使用了两个 margin 属性值定义容器的补白。其中，第一条是针对 IE 7.0 及之后版本的 IE 浏览器的代码，第二条则是针对 IE 6.0 及之前版本的 IE 浏览器（这些浏览器不识别"!important"提权）。

容器的补白与绝对定位的位置在不同类型的容器上具有各自的实用意义。如果容器因绝对定位设置而被从整个文档流中剥离出来，则需要用绝对定位来定义其位置，而如果容器并未从文档流中剥离出来，仍然属于文档流的一部分，则可以使用补白的方式对其进行定义。

2. 容器的填充

填充是容器与其内部内容和子元素的边距。与补白类似，CSS 也提供了五种属性用于定义容器的填充，即 padding 系列属性的 padding-top、padding-right、padding-bottom、padding-left 以及 padding 自身。

与 margin 系列属性类似，padding-top、padding-right、padding-bottom 和 padding-left 等四种属性都是单独属性值的属性，其属性值可以是百分比、绝对长度值、相对长度值、英文关键字 auto 和 inherit，分别用于定义容器顶部、右侧、底部和左侧四个方向的填充距离。

当其属性为百分比、绝对长度值或相对长度值时，将直接决定容器的填充距离；当其属性为 auto 时，将由 Web 浏览器自行计算容器填充的距离；而当其属性值为 inherit 时，定义从容器的父元素继承容器补白的长度值。

在下面的代码中，将直接通过以上四种属性定义一个容器四个方向的填充距离，如下所示。

```
padding-left : 15px ;
padding-right : 0 ;
padding-top : auto ;
padding-bottom : 22pt ;
```

padding 属性与之前介绍的 margin 属性十分类似，其也属于复合属性，即允许定义多个属性值的属性，但至多不超过四个属性。

当 padding 属性同时包含四个属性值时，其四个属性值依次用于定义容器顶部、右侧、底部和左侧等四个方向的填充，例如定义一个容器顶部填充 22pt，右侧填充 10px，底部填充 0px，左侧填充 1em，代码如下。

```
padding : 22pt 10px 0 1em ;
```

当 padding 属性同时包含三个属性值时，其三个属性值依次用于定义容器顶部、水平左右两侧以及容器底部等三个方向的填充。例如，定义一个容器顶部填充为 10px，左侧和右侧填充为 2em，底部填充为 auto，代码如下。

```
padding : 10px 2em auto ;
```

当 padding 属性同时包含两个属性值时，其两个属性值依次用于定义容器垂直方向和水平方向的填充。例如，定义一个容器垂直方向填充为 5px，水平方向填充为 1em，代码如下。

```
padding : 5px 1em ;
```

当 padding 属性仅包含一个属性值时，其表示定义容器四周所有方向的填充均为指定的相等距离。例如，定义一个容器四周的填充均为 5px，代码如下所示。

```
padding : 5px ;
```

3.7.4　容器的边框

边框是容器内外的分界线，在默认情况下，除了表格和被赋予超链接的图像，几乎所有的 Web 元素都没有显式的边框。在设计 Web 元素时，可以通过 CSS 赋予 Web 元素多种类型和颜色的边框。

1．容器边框的宽度

宽度是容器边框最基本的属性。在 CSS 中，提供了五种属性用于定义边框的宽度。如果需要为整个容器赋予统一的边框宽度，可以使用 CSS 的 border-width 属性，其属性值可以是相对长度值、绝对长度值，或指定的英文关键字，默认值为 0。

当 border-width 属性的属性值为相对长度值或绝对长度值时，将直接决定容器四周的边框为精确的设定宽度，例如，定义一个容器四周的边框宽度为 2px，代码如下。

```
border-width : 2px ;
```

border-width 属性支持四种类型的英文关键字属性值，如表 3-20 所示。

表 3-20　border-width 属性的关键字属性值

属性值	作用	属性值	作用
thin	为容器定义细边框，相当于 1px	medium	为容器定义中等宽度的边框，相当于 3px
thick	为容器定义粗边框，相当于 5px	inherit	由容器的父元素继承边框宽度设置

border-width 属性也支持不超过四个复合属性值，这些复合属性值的使用方法与之前介绍的 margin 属性和 padding 属性类似。例如，分别定义容器顶部边框宽度为 2px，右侧边框宽度为 5px，底部边框宽度为 3px，左侧边框宽度为 1px，代码如下。

```
border-width : 2px 5px 3px 1px ;
```

在需要分别为容器四周的边框定义不同的宽度时，还可以使用由 border-width 衍生而来的四种系列属性，包括 border-top-width、border-right-width、border-bottom-width 和

border-left-width，其分别可定义容器顶部、右侧、底部和左侧四个方向的边框宽度。

这四种属性都支持采用单一属性值进行定义。例如，分别定义一个容器顶部边框 5px，右侧边框 2px，底部边框 3px，左侧边框为 0，代码如下。

```
border-top-width : 5px ;
border-right-width : 2px ;
border-bottom-width : 3px ;
border-left-width : 0 ;
```

2. 容器边框的类型

CSS 支持开发者为容器定义多种类型的边框，例如常见的包括实线、点划线、虚线、双线和一些特殊的 3D 特效线等。在定义容器四周的边框类型时，需要使用 border-style 属性，其属性值包括 11 种英文关键字，如表 3-21 所示。

表 3-21　border-style 属性的关键字属性值

属性值	作用	属性值	作用
none	默认值，定义无边框	hidden	定义存在边框但处于隐藏状态，仅对表格类元素有效，用于合并表格边框
dotted	点划线边框，由若干点构成的边框线	dashed	虚线边框，由若干短直线构成的边框线
solid	实线边框	double	双实线边框
groove	3D 凹槽边框	ridge	3D 凸起边框
inset	3D 嵌入边框	outset	3D 弹起边框
inherit	由父元素继承边框的类型		

例如，定义一个容器边框均为虚线，代码如下。

```
border-style : dashed ;
```

border-style 支持同时定义不超过四个属性值，为容器四周建立不同类型的边框，其使用方法与之前介绍的 margin 属性和 padding 属性类似。例如，定义一个容器顶部边框为实线，左侧和右侧水平方向边框为点划线，底部边框为虚线，代码如下。

```
border-style : solid dotted dashed ;
```

在需要分别为容器四周的边框定义不同的边框类型时，还可以使用由 border-style 衍生而来的四种系列属性，包括 border-top-style、border-right-style、border-bottom-style 和 border-left-style 等，其分别可定义容器顶部、右侧、底部和左侧四个方向的边框类型。

这四种属性都支持采用单一属性值进行定义。例如，分别定义一个容器顶部边框为实线，右侧边框为点划线，底部边框为虚线，左侧边框为双实线，代码如下。

```
border-top-style : solid ;
border-right-style : dotted ;
border-bottom-style : dashed ;
border-left-style : double ;
```

需要注意的是在 Web 浏览器中，边框线的显示类型与边框线的宽度也有着直接的关系。当边框线的宽度小于 3px 时，双实线边框、3D 凹槽边框、3D 凸起边框、3D 嵌入边框和 3D 弹起边框等类型的边框显示效果和实线边框没有区别。

3. 容器边框的颜色

CSS 提供了 border-color 属性用于定义容器四周边框的颜色，其属性值可以是十六进制数字、颜色的英文名称、百分比数字函数、十进制数字函数或 inherit 英文关键字。border-color 属性可以包含四个复合属性值，其使用方法与之前介绍的 margin 属性和 padding 属性类似。例如，定义一个容器的四周边框中，垂直方向为红色,水平方向为绿色，代码如下。

```
border-color : red green ;
```

如果需要定义容器四周都采用统一的蓝色作为边框色，则代码如下所示。

```
border-color : rgb ( 0% , 0% , 100% ) ;
```

border-color 属性是具有默认值的，在默认的状况下，border-color 属性的属性值为 transparent。

在需要分别为容器定义四周不同颜色的边框时,也可以使用由 border-color 属性衍生而来的四种属性，其分别为 border-top-color、border-right-color、border-bottom-color 和 border-left-color，这四种属性都支持单一的颜色属性值。例如，定义一个容器顶部边框颜色为红色，右侧边框颜色为绿色，底部边框颜色为黑色，左侧边框颜色为蓝色，代码如下所示。

```
border-top-color : red ;
border-right-color : #00ff00 ;
border-bottom-color : rgb ( 0 , 0 , 0 ) ;
border-left-color : rgb ( 0% , 0% , 100% ) ;
```

4. 合并容器边框设置

如果需要为容器定义四周统一的整体边框，包括相同的宽度、颜色和类型，则可以使用 CSS 提供的 border 属性。border 属性支持四种类型的属性值，如表 3-22 所示。

表 3-22 border 属性的四种属性值

属性值	作用
边框宽度值	定义容器四周边框的宽度，支持绝对长度值、相对长度值、数字 0、关键字 thin、medium、thick 等
边框类型值	定义容器四周边框的类型，支持关键字 none、hidden、dotted、dashed、solid、double、groove、ridge、inset、outset 等
边框颜色值	定义容器四周边框的颜色，支持十六进制颜色值、百分比数字函数、十进制数字函数、颜色的英文名称等
inherit	定义容器某种边框属性由父元素中继承

border 属性可以同时定义三种边框属性，例如宽度值、类型值和颜色值，在此种情况下不能使用 inherit 属性。例如，定义一个容器为一像素宽度的黑色实线，代码如下所示。

```
border : 1px solid #000 ;
```

只有当以上三种边框属性值至少有一个没有被显式定义时，才能使用 inherit 属性。例如，在下面的代码中，仅定义了边框的宽度，其他两项属性都由父元素继承，如下所示。

```
border : 1px inherit ;
```

不过总的来说，由于 IE 系列的 Web 浏览器对所有 CSS 属性的 inherit 属性值都不支持，因此在实际开发中，不推荐使用 inherit 属性值。

3.7.5　容器的背景和光标

为容器赋予背景、修改鼠标滑过容器时显示的默认光标可以为 Web 元素呈现出别致的效果，也是 Web 前端艺术设计的重要实现方式。使用 CSS 样式表，开发者可以方便地定义和修改这些样式属性。

1. 容器的背景类型

CSS 支持开发者为容器定义两种类型的背景，即图像背景和纯色背景。在定义容器的背景时，可以使用 background-image 属性定义图像背景的 URL 地址，其格式如下所示。

```
background-image : url ( URL ) ;
```

在上面的伪代码中，URL 关键字表示图像的 URL 路径。例如，调用一个路径为"http://www.baidu.com/img/bdlogo.gif"的图像作为容器的背景，代码如下。

```
background-image : url ( 'http://www.baidu.com/img/bdlogo.gif' ) ;
```

如果需要定义容器的背景颜色，则可以使用 background-color 属性实现。background-color 属性的属性值与文本的前景色类似，必须是十六进制数字、颜色的英文名称、百分比数字函数、十进制数字函数等类型的数据。例如，定义一个容器的背景色为绿色，以下几种方式均是正确的，如下所示。

```
background-color : #0f0 ;
background-color : #00ff00 ;
background-color : green ;
background-color : rgb ( 0% , 100% , 0% ) ;
background-color : rgb ( 0 , 255 , 0 ) ;
```

通常情况下，图像背景的优先级要比纯色背景高一些，当同时为容器定义了图像背景和纯色背景后，图像背景会覆盖到纯色背景上。另外需要注意的是，如果容器的背景图像是包含 alpha 通道的 GIF 图像或 PNG 图像，则同时定义背景图像和背景色后，背景图像的 alpha 通道区域会显示出容器的背景色。

2．容器的滚动显示模式

CSS 支持使用 background-attachment 属性定义背景图像的滚动显示模式，即当用户使用鼠标滚动查看页面时，容器的背景图像的位移状况。该属性支持三种英文关键字属性值，如表 3-23 所示。

表 3-23　背景图像的滚动显示模式属性值

属性值	作用
scroll	默认值，定义背景图像在用户滚动查看页面时随页面其他元素一起移动
fixed	定义背景图像在用户滚动查看页面时静止
inherit	从父元素继承背景图像的滚动显示模式

background-attachment 属性被应用于整个 Web 页背景的情况比较多。在一些 Blog 类的 Web 页中，将一个整幅的背景图像定义为 fixed 属性值，可以保证无论终端用户怎样滚动查看页面，背景图像的位置始终相对于 Web 页的其他元素处于静止状态。

3．容器背景的位置

CSS 支持使用 background-position 属性定义背景图像的显示位置，其可以定义背景图像相对于容器的位移。background-position 属性的属性值支持多种类型的属性值。其中，英文关键字属性值主要包括以下几种，如表 3-24 所示。

表 3-24　背景图像的显示位置关键字属性值

属性值	作用
left	定义背景图像居左显示，即背景图像的左侧和容器的左侧对齐
right	定义背景图像居右显示，即背景图像的右侧和容器的右侧对齐
top	定义背景图像垂直居顶显示，即背景图像的顶端和容器的顶端重合
bottom	定义背景图像垂直居底显示，即背景图像的底端和容器的底端重合
center	定义背景图像在水平或垂直方向居中显示，即背景图像的中心点和容器的中心点重合

除了采用英文关键字作为 background-position 属性的属性值外，开发者还可以使用百分比、相对长度值和绝对长度值来定义背景图像相对容器的位移。当其属性值为百分比时，参照物为容器的宽度和高度尺寸。即定义水平方向的位移时，100%等于容器自身的实际宽度；定义垂直方向的位移时，100%等于容器自身的实际高度。

background-position 属性的属性值使用较为复杂，其可以包含一个单独的属性值，也可以同时包含两个属性值。绝大多数情况下，开发者在使用该属性时都会同时定义两个属性值，以防止因省略属性值导致的 Web 浏览器误判。

在使用双属性值定义 background-position 属性时，如果采用的是关键字属性，则 left、right、top 和 bottom 四个属性不能重复使用，left 属性值和 right 属性值不能同时使用，top 属性值和 bottom 属性值也不能同时使用，如下所示。

```
background-position : left left ;      //错误的定义方式
background-position : top top ;        //错误的定义方式
background-position : right right ;    //错误的定义方式
```

```
background-position : bottom bottom ;    //错误的定义方式
background-position : left right ;       //错误的定义方式
background-position : top bottom ;       //错误的定义方式
background-position : left top ;         //正确的定义方式
background-position : left bottom ;      //正确的定义方式
background-position : left center ;      //正确的定义方式
background-position : right top ;        //正确的定义方式
background-position : right bottom ;     //正确的定义方式
background-position : right center ;     //正确的定义方式
background-position : center top ;       //正确的定义方式
background-position : center bottom ;    //正确的定义方式
background-position : center center ;    //正确的定义方式
```

如果采用的属性值都是英文关键字，则这两个属性值的顺序可以互换，例如下面的两行代码，其最终效果是一致的，如下所示。

```
background-position : left top ;
background-position : top left ;
```

如果定义的 background-position 属性值都是百分比、相对长度值或绝对长度值，则第一个属性值将被用于定义背景图像的水平位移，第二个属性值将被用于定义背景图像的垂直位移。例如，定义背景图像在水平方向偏移 5 像素，垂直方向偏移 22pt，代码如下。

```
background-position : 5px 22pt ;
```

需要注意的是，在上面这种情况下，两个属性值是不能调换的。如果定义的两个属性值中，一个属性值为英文关键字，另一个属性值为百分比、相对长度值或绝对长度值，则仅有当关键字属性为 left、right、top 或 bottom 时才允许调换其书写顺序。

当 background-position 属性的一个关键字属性为 left 或 right 时，另一个属性必然被用于定义背景图像的垂直位移；当其中一个关键字属性为 top 或 bottom 时，另一个属性必然被用于定义背景图像的水平位移；当其中一个关键字属性为 center 时，第一个属性将被用于定义背景图像的水平位移，第二个属性将被用于定义背景图像的垂直位移。

如果 background-position 属性仅包含一个属性值，则另一个属性值将被默认设置为 center 或 50%。在未为容器定义 background-position 属性时，Web 浏览器会默认定义背景图像左上角与容器对齐，即将 background-position 属性的属性值以 "top left" 或 "0px 0px" 的方式处理。

另外需要注意的是，在一些特殊的 Web 浏览器（例如 Firefox、Opera 等）中，必须先将容器的 background-attachment 属性设置为 fixed，background-position 属性才能正常工作。

4. 容器的重复显示方式

CSS 支持使用 background-repeat 属性定义背景图像的重复显示方式，其支持五种类型的属性值，如表 3-25 所示。

表 3-25　背景图像的重复显示方式属性值

属性值	作用	属性值	作用
repeat	默认值，定义背景图像从水平和垂直两个方向重复显示	repeat-x	定义背景图像从水平方向重复显示
repeat-y	定义背景图像从垂直方向重复显示	no-repeat	定义背景图像不重复显示，仅显示一次
inherit	定义背景图像从容器的父元素继承重复显示方式		

例如，定义一个背景图像仅在水平方向重复显示，垂直方向不重复显示，其代码如下所示。

```
background-repeat : repeat-x ;
```

5. 合并背景样式设置

与边框属性 border 类似，CSS 同样提供了 background 复合属性，用于为开发者提供一个简化的合并背景样式属性。background 复合属性支持将 background-image、background-color、background-attachment、background-position 以及 background-repeat 等属性的属性值合并为一个属性值序列，实现简单而高效的背景设置。

例如，定义一个容器的背景中心为百度的 Logo 图标，其他为白色，在滚动屏幕的时候始终位于容器原位置的中央，不重复显示，代码如下。

```
background : #fff url ( 'http://www.baidu.com/img/bdlogo.gif' ) no-repeat
fixed center center ;
```

在此需要注意的是，容器的背景定位属性 background-position 的属性值往往是一个属性值序列，因此在 background 属性中使用这一属性值序列时，不能将 background-position 属性值序列拆开，也就是说在上面的代码中，属性值"center center"是不能中间插入其他属性值的。例如，以下写法中，前两种写法是错误的，只有第三种写法是正确的。

```
//错误的写法
background : top url ( 'http://www.baidu.com/img/bdlogo.gif' ) center ;
background : left fixed repeat-x bottom ;
//正确的写法
background : right center scroll repeat-y ;
```

在没有为 background 属性的属性值序列中添加 inherit 属性值时，其属性值可以省略一部分，此时被省略的属性值将被设置为默认值。如果 background 属性的属性值序列中包含 inherit，则所有被省略的属性值都将被设置为 inherit。

3.8　列表与表格的样式

列表和表格是 Web 页中的两种特殊数据结构。在 CSS 中，提供了多种类型的属性以定义这两种特殊数据结构的样式。

3.8.1 列表的样式

在 Web 页中，列表具有两种作用，一种是为若干并列关系的 Web 元素布局，另一种则是显示并列关系的内容数据。在 CSS 中，开发者可以定义列表的三种基本属性，也可以通过指定的属性同时定义所有列表属性。

1. 列表的项目符号类型

在 XHTML 中，列表分为无序列表和有序列表两种，其区别在于无序列表默认采用圆点作为列表项目符号，有序列表则采用阿拉伯数字作为列表项目符号。在 CSS 中，允许开发者使用 list-style-type 属性灵活地修改列表项目符号的类型，其属性值为英文关键字，如表 3-26 所示。

表 3-26　列表项目符号的类型

属性值	作用	属性值	作用
none	隐藏列表项目符号	disc	无序列表默认值，以圆点的方式显示列表项目符号
circle	以圆环的方式显示列表项目符号	square	以实心方块的方式显示列表项目符号
decimal	有序列表默认值，以阿拉伯数字的方式显示列表项目符号	lower-roman	以小写罗马数字的方式显示列表项目符号
upper-roman	以大写罗马数字的方式显示列表项目符号	lower-alpha	以小写英文字母的方式显示列表项目符号
upper-alpha	以大写英文字母的方式显示列表项目符号	inherit	由父元素继承列表项目符号

在上表的各种属性中，disc、circle 和 square 三种属性值常被应用于无序列表中，而 decimal、lower-roman、upper-roman、lower-alpha 和 upper-alpha 五种属性值则常被应用于有序列表中。

例如，修改一个无序列表的列表项目符号为实心方块，代码如下所示。

```
list-style-type : square ;
```

同理，修改一个有序列表的列表项目符号为小写英文字母，代码如下所示。

```
list-style-type : lower-alpha ;
```

除了以上属性值外，list-style-type 属性还支持一些其他的属性值，例如 hebrew、armenian、cjk-ideographic 等，这些属性值往往只针对特殊的 Web 浏览器的显示语言有效，因此并未得到广泛的 Web 浏览器支持，在此不再赘述。

需要注意的是，对于一些旧版本的 Web 浏览器（例如 IE 6.0 等），如果列表左侧的内填充尺寸小于 2 个字符（2em），则列表项目符号无法正常显示。

2．列表的项目符号图像

除了以自定义的一些列表项目符号来标识列表项目外，CSS 还支持以任意的外部图像作为列表的项目符号，建立更加个性化的列表元素，其提供了 list-style-image 属性，用于引用外部的符号图像。

list-style-image 属性支持以下几种类型的属性值，如表 3-27 所示。

表 3-27　列表项目符号图像的类型

属性值	作用
URL 函数	以函数的方法定义列表项目符号图像引用的外部图像 URL 地址
none	禁用列表项目符号
inherit	由父元素继承列表项目符号的类型设置

例如，使用一个 URL 为 "/images/list_icon.gif" 的图像作为列表的项目符号，代码如下所示。

```
list-style-image : url ( '/images/list_icon.gif' ) ;
```

在使用 list-style-image 属性时请尽量在之前规定一个 list-style-type 属性，以防止列表项目符号图像在不可用时仍然能够有一个列表项目符号显示，如下所示。

```
list-style-type : disc ;
list-style-image : url ( '/images/list_icon.gif' ) ;
```

3．列表的项目符号位置

除了定义列表项目符号的类型外，CSS 还支持定义列表项目符号的显示位置，此时需要使用到 list-style-position 属性。该属性支持三种英文关键字属性值，如表 3-28 所示。

表 3-28　列表项目符号位置属性值

属性值	作用
inside	列表的项目符号以位于列表内部的方式显示
outside	默认值，列表的项目符号以位于列表外部的方式显示
inherit	设置由父元素继承列表列表项目符号的显示位置

在默认状态下，无论有序列表还是无序列表的项目符号都将被定义为列表外部显示，如果需要手工对其进行修改，则可以使用以下代码，如下所示。

```
list-style-position : inside ;
```

4．合并列表样式

CSS 提供了 list-style 属性，用于整体定义列表的项目符号样式设置。与之前的各种复合 CSS 属性类似，list-style 同时支持 list-style-image、list-style-type 和 list-style-position 三种属性的属性值合并序列，并支持使用 inherit 属性值定义从父元素继承列表的项目符号样式。

　　例如，定义一个列表的项目符号默认采用实心方块，在可以获取 URL 为 "/images/list_icon.gif" 的图像时采用该图像作为项目符号，并定义项目符号在列表内部显示，代码如下。

```
list-style : square url ( '/images/list_icon.gif' ) inside ;
```

　　在上面的代码中，同时为列表的项目符号定义了三种属性值，可以大为简化列表的项目符号设置代码。

3.8.2　表格的样式

　　表格是最复杂的 Web 元素之一，其本身在 XHTML 中由一个 XHTML 标记集合构成，包含了十几种类型的 XHTML 标记，是这十几种类型的标记构成的一个整体。

　　在不同类型的 Web 浏览器中，默认显示的表格样式是有所区别的。例如在旧版本的 IE 浏览器中，表格的边框线和单元格的边框线之间会有间距，而在一些新版的其他 Web 浏览器中，默认往往不会显示这些边框线。基于此理由，需要通过 CSS 为这些表格定义一个统一的显示样式，提高 Web 页的浏览器兼容性。

1. 合并表格边框

　　通常情况下，在 Web 页中如果同时设置了表格和表格单元格的边框，则这两种 XHTML 标记的边框线会保持一定的边距，造成表格双边框线的现象。CSS 提供了 border-collapse 属性用于帮助开发者自定义这些边框线的合并设置。

　　border-collapse 属性支持三种英文关键字属性，如表 3-29 所示。

表 3-29　border-collepse 属性的属性值

属性值	作用
separate	默认值，强制将表格和单元格的边框分离
collapse	强制合并所有表格和单元格的边框
inherit	由表格的父元素继承表格单元格合并的状态

　　例如，定义一个表格元素的单元格始终处于合并状态，其 CSS 代码如下所示。

```
border-collapse : collapse ;
```

　　在此需要注意的是，border-collapse 属性的优先级是比较高的，一旦将其属性值设置为 collapse，则之后介绍的 border-spacing 属性的个性化设置将被覆盖掉。

　　border-collapse 属性可以用于表格标记（TABLE），也可以用于表格内部的各种容器标记，例如表头标记（THEAD）、表格主体标记（TBODY）、表格脚注标记（TFOOT）、表格行标记（TR）等。

2. 单元格间距

　　在 border-collapse 属性被忽略或该属性被设置为 separate 时，开发者可以通过 CSS 的

border-spacing 属性定义表格单元格之间的间距。border-spacing 属性支持两种属性值，一种为相对长度值或绝对长度值，另一种则是英文关键字 inherit，表示由父元素继承单元格间距设置。

当开发者为 border-spacing 属性定义一个单独的长度属性值时，该长度属性值将被应用于每个单元格之间，定义水平间距和垂直间距均为这一长度属性值。例如，定义水平间距和垂直间距均为 5px，代码如下。

```
border-collapse : separate ;
border-spacing : 5px ;
```

开发者也可以为 border-spacing 属性定义两个长度属性值，此时，第一个长度属性值将被用于定义单元格之间的水平间距，第二个长度属性值将被用于定义单元格之间的垂直间距。例如，定义表格元素单元格水平间距为 2px，垂直间距为 4px，代码如下。

```
border-collapse : separate ;
border-spacing : 2px 5px ;
```

border-spacing 属性和 border-collapse 属性类似，可以用于表格标记（TABLE），也可以用于表格内部的各种容器标记，例如表头标记（THEAD）、表格主体标记（TBODY）、表格脚注标记（TFOOT）、表格行标记（TR）等。

3. 单元格布局方式

通常情况下，在没有强制定义表格和其包含的单元格尺寸时，Web 浏览器显示表格时会使用特定的算法决定表格尺寸及其内含单元格尺寸之间的关系。此时，就涉及到两种表格的尺寸计算方式，包括自动表格算法和固定表格算法。

- 自动表格算法

自动表格算法需要遍历表格中所有的单元格，根据这些单元格内容的多少来计算单元格的尺寸，在尽可能保障所有单元格内容不换行的情况下，将各列单元格的宽度累加，最终求得表格的宽度。绝大多数 Web 浏览器都采用此种算法。

- 固定表格算法

固定表格算法与自动表格算法不同，其通过快速读取表格第一行的单元格内容决定表格各列单元格的宽度，将这些单元格累加的宽度作为表格宽度的基准。然后，将对超出第一行单元格宽度的其他单元格内容进行强制换行。相比自动表格算法，这种表格算法速度更快，更高效。

CSS 提供了 table-layout 属性来帮助开发者决定选择哪一种表格尺寸计算方法，其属性值包括三种，如表 3-30 所示。

表 3-30 表格单元格布局方式属性值

属性值	作用
automatic	默认值，以自动表格算法的方式布局表格
fixed	使用固定表格算法的方式布局表格
inherit	由表格的父元素继承表格的单元格布局方式

例如，定义一个表格采用固定表格算法为单元格布局，代码如下。

```
table-layout : fixed ;
```

table-layout 属性仅能应用于表格标记 TABLE，且仅对包含多行数据的表格有效。如果表格内仅包含一行数据，则 table-layout 属性将不起作用。

3.9　小　　结

CSS 样式表由传统的 HTML 语言中各种描述性的标记和属性衍生而来，专门针对 Web 页的各种显示效果而设计，用于帮助开发者编写更加纯粹的、数据化的 XHTML 语言。在标准化的 Web 开发中，CSS 样式逐渐起到了越来越重要的作用，提高了 Web 代码的简洁性和规范性，有效地改善了传统 Web 开发中结构与表现内容混合编码的状况，实现了前端结构与表现的松耦合。

本章详细介绍了 Web 开发中的松耦合概念，以及现代 Web 前端开发的基本要求，通过 CSS 的选择器、属性以及属性值等实体的介绍，帮助开发者了解 CSS 的基础语法。然后，在此基础上介绍了文本内容、各种布局容器以及列表和表格等 Web 元素的 CSS 样式设计。基于这些知识，开发者将可以独力地制作出简单的静态页面，为开发复杂交互界面打下一个坚实的基础。

第2篇 进 阶 篇

Web 页面是目前最流行的互联网交互平台，其本身除了通过 XHTML、HTML 和 CSS 样式表向用户展示内容以外，还通过丰富的脚本来为用户提供更多交互性的体验，以大量灵活地响应来为终端用户提供服务。

Javascript 就是这样一种主要基于 Web 交互应用的脚本语言。早期的 Javascript 仅仅立足于事件触发的一些简单脚本，但随着互联网的发展以及现代 Web 开发技术的逐渐演进，Javascript 已经逐渐发展成为一门复杂而功能强大的中等体量编程语言，其灵活的语法、丰富的功能不断地由更多开发者发掘出来。

本篇将对 Javascript 脚本语言的基本语法、数据处理、基于面向对象的各种语言特性和设计思想进行详细介绍，同时还将以较大的篇幅来对 Web 前端的各种对象和交互技术进行深入挖掘，全面展现 Javascript 在 Web 前端中的应用，为开发者学习 YUI 框架打下基础。

第 4 章　开发 Web 脚本

传统的 Web 制作往往是基于 XHTML 结构语言和 CSS 样式表为用户展示简单的显示内容，通过超链接这一方式实现与用户最基础的交互，满足用户最简单的使用需求。

现代 Web 开发所面对的用户群体更加复杂，其对 Web 交互和设计效果的需求也更高，开发者不得不以更复杂的手段满足这些用户群体日趋严格的使用需要。此时，基本的 XHTML 结构语言和 CSS 样式表已无法满足用户的交互需求，Web 脚本的作用逐渐体现出来，开发者需要使用 Javascript 脚本语言来实现更复杂的前端计算。

如今，基于 Javascript 脚本语言的前端项目应用越来越普遍，一些前端项目甚至已经开始逐步取代后端程序开发语言的作用，实现了诸如权限判定、内容验证等复杂的计算功能，这些都得益于 Javascript 脚本语言强大而丰富的计算功能。

4.1　以交互为核心的 Web

Web 页最初被建立的目的是作为计算机程序的一种简单替代品，实现在线的内容展示。随着前端技术逐渐地发展，简单的传统静态页面越来越无法满足用户使用的需求，因此诞生了以交互为核心的 Web，这一概念的提出，极大地改变了整个互联网世界。

在 WWW 最初在欧洲原子能研究组织诞生之时，Web 页的作用仅仅是向世界各地的 Web 用户展示各种技术文档和科学文献，此时的 Web 页更注重内容的展示，一切设计都以内容展示为核心。

这种 Web 页通常不需要什么复杂交互，使用第一代的 HTML 语言即可实现所有需求。例如世界上第一个 Web 站点就是基于最基本的 HTML 语言构成，如图 4-1 所示。

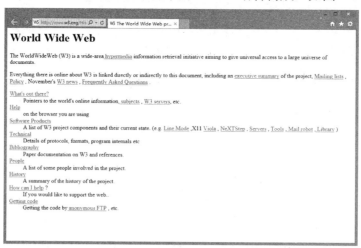

图 4-1　WWW 的第一个 Web 页

随着互联网的快速发展，WWW 早已不再单独局限于学术使用，已经逐渐成为公众获取信息的重要渠道。公众对 Web 页的要求也从简单的内容显示逐渐演变为更加美观的 Web 内容显示，使得 XHTML 和 CSS 等技术得以大显身手，各种以 CSS 技术设计和美化的静态 Web 页飞速增长。

例如，著名的 CSS 技术网站 CSS 禅意花园（http://www.csszengarden.com）就是典型的以 XHTML 和 CSS 构建的静态 Web 页，其支持全世界的开发者和设计者使用标准化的 CSS 为其设计和制作界面效果，如图 4-2 所示。

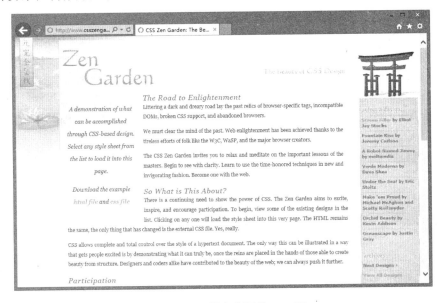

图 4-2　CSS 禅意花园的 Web 页

使用 XHTML 和 CSS 技术构建的静态 Web 页虽然极大地提高了 Web 页的观赏性，使得传统的 Web 页面更加美观，但是由于其自身技术的限制，对用户交互方面的支持极其有限。

随着用户对 Web 项目需求的逐渐复杂化以及前端显示设备的多样化（由传统的 PC 逐步演化为各种 PC、平板电脑、智能手机、数字机顶盒甚至智能手表和智能眼镜等），这种纯静态的页面已经无法满足用户更高的交互需求，因此，Web 开发者不得不在前端开发方向倾注更多的精力，使用更加复杂的开发技术满足用户的需求。

种种以上的复杂需求改变了 Web 开发的流程，使得 Web 前端开发更加趋向于复杂化，从根本上终结了静态 Web 页包打天下的局面。现代的 Web 前端开发更加注重交互的便捷性和通信的即时性，通过以交互为核心的 Web 应用为用户提供更加便捷的服务。

4.2　使用脚本语言

现代的 Web 前端开发更加注重通过各种交互脚本语言来快速响应用户的交互需求，从而实现丰富的前端交互效果和服务器端即时通信。前端 Web 开发的交互脚本核心即以

Javascript 脚本语言和 XHTML DOM 结合形成的前端应用程序，在开发这类应用程序时，首先需要了解的就是如何使用脚本语言。

4.2.1　Javascript 脚本语言简介

Javascript 脚本语言是被 Web 浏览器逐行解析的、面向对象的、动态弱类型的、基于 ECMAScript 标准的脚本语言，其被广泛应用于 Web 浏览器的动态交互开发，通过对各种 Web 元素的操作和控制来实现用户交互。

Javascript 脚本语言是 Web 前端开发的重要组成部分，在 Web 前端开发中，Javascript 通常用于完成以下几种任务。

- 操作文档结构元素

Javascript 脚本语言本身并不能直接操作 Web 文档中的 XHTML 结构代码，但是其可以通过 XHTML 结构语言提供的 DOM（Document Object Models，文档对象模型）来快速读取、写入 XHTML 结构，实现对文档结构元素的控制。

- 操作样式表

XHTML 结构语言的 DOM 还提供了对 XHTML 结构标记的 CSS 样式进行读写的接口，因此通过 XHTML 的 DOM，Javascript 也可以间接地操作 XHTML 结构的 CSS 样式表。各种基于 Javascript 脚本实现的动画、交互通常都是以该方式实现的。

- 操作 Web 浏览器

与 XHTML 结构语言类似，Web 浏览器通常也会提供一些额外的接口，这些接口的调度方式与 XHTML 的 DOM 类似，也被称作 BOM（Browser Object Models，浏览器对象模型）。通过 BOM，Javascript 也可以操作一些 Web 浏览器实现一些功能，例如读取 Web 浏览器的信息、操作 Web 浏览器执行一些简单命令等。

- 与服务器快速交互

Javascript 脚本语言的一种最重要的应用就是通过局部提交和数据获取，与服务器端程序进行快速的数据交互，从而实现比传统的 POST 和 GET 提交更加便捷的数据传输，提高页面的动态加载效率，避免在数据交互时刷新页面而造成的用户操作不便。

4.2.2　为文档插入脚本

在前端开发中，开发者可以通过两种方式为 Web 页插入 Javascript 脚本语言，一种是通过外部的脚本文件将脚本代码载入当前文档；另一种则是直接在 Web 页的 XHTML 结构代码中书写脚本代码。第一种被称作外部脚本，而第二种则被称作内部脚本。

1. 加载外部脚本

外部脚本与之前介绍的外部 CSS 类似，都是通过 URL 定位一个外部的文档，通过将外部的文档加载到当前 Web 页实现脚本内容的载入。在使用外部脚本时，需要先创建一个扩展名为"js"的外部脚本文件，在脚本文件中书写 Javascript 代码，将其保存到指定的位置。然后，即可使用 XHTML 结构语言的脚本标记（SCRIPT），通过其指定的 src 属性将脚本文件的 URL 与 Web 文档关联，加载外部脚本。脚本标记（SCRIPT）支持以下几种属性，如表 4-1 所示。

表 4-1 脚本标记 SCRIPT 的属性

属性	属性值	是否必选	作用	DTD
type	MIME 类型	是	定义脚本的 MIME 类型	STF
charset	字符集	否	定义脚本的字符集	STF
defer	defer	否	定义脚本在 Web 文档加载完成后再执行	STF
language	脚本名称	否	定义脚本语言的名称	TF
src	URL	否	定义加载外部脚本文件的 URL 地址	STF

在加载外部脚本时，直接为脚本标记（SCRIPT）添加 type 属性，设置 type 属性为 "text/javascript"，并将脚本文件的 URL 作为 src 属性的属性值加载即可。例如，为 Web 文档加载一个 URL 为 "/Scripts/default.js" 的文件，代码如下。

```
<script type="text/javascript" src="/Scripts/default.js"></script>
```

脚本标记（SCRIPT）是一种闭合标记，在使用该标记时，需要用结束标记将其正确地闭合。在 XHTML 结构语言的规范中，并未强制限制脚本标记出现在 Web 文档中的位置，其不仅可以存在于文档头标记（HEAD）中，也可以存在于文档主体标记（BODY）中。在实际开发中，为使页面加载效率更高，通常情况下会将所有加载外部脚本的脚本标记放在文档主体标记（BODY）的末尾。

外部脚本的优势在于，其可以被多个 Web 文档加载和使用，通常以外部脚本的方式存在的代码具有极高的复用性。因此，几乎所有大型的 Web 项目中，用于逻辑处理、框架构建的底层脚本代码都是以外部脚本的形式存在。在实际开发中，建议开发者以模块化的方式规划项目的代码，提高代码的复用性，然后将所有可复用的代码都放在外部文档中，通过外部加载的方式载入到 Web 页。

2. 加载内部脚本

内部脚本是指书写在 Web 文档内部的 Javascript 脚本，与外部脚本相似，内部脚本也必须通过 XHTML 结构语言的脚本标记才能正确地应用在 Web 页中。在编写内部脚本时，同样需要使用 XHTML 结构语言的脚本标记（SCRIPT），通过脚本标记标识代码的类型。

与外部脚本有所区别的是，内部脚本在使用脚本标记（SCRIPT）时不需要定义脚本的 URL，仅需要声明脚本的 MIME 类型即可。例如，在下面的代码中，就通过脚本标记 SCRIPT 定义了一段内部脚本，如下所示。

```
<script type="text/javascript">
/**
@class UIProject
@constructs
@augments System.Object
@exports UIProject as System.Object
*/
```

```
var UIProject = function ( ) {
   //……
}
</script>
```

在上面的代码中，用脚本标记（SCRIPT）定义了一个项目的基础类。虽然内部脚本的加载效率要比外部脚本多少快一些，但是在实际的项目开发中，除非编写的是完全不需要复用的代码，否则请尽量将脚本代码存放在外部文件中以提高代码的复用性和维护性。

3．脚本加载位置

Javascript 脚本在页面的加载时主要有两种加载方式，即前置加载和末端加载。这两种方式各有优缺点，在实际开发中应酌情选择。

- 前置加载

在传统的 Web 开发中，无论是加载外部脚本还是内部脚本，绝大多数开发者通常会在 Web 文档的文档头标记（HEAD）内使用脚本标记（SCRIPT），也就是在页面加载时，强制首先加载 Javascript 脚本，再加载 Web 文档自身的其他 XHTML、HTML 元素以及其他类型的数据，这种方式被称作前置加载。

前置加载的优点在于，其可以强制以最优先级的方式加载 Javascript 脚本，在网速较慢的情况下，可以避免用户操作时因脚本未加载完成而导致的错误响应。同时，在一些强制使用 Javascript 控制页面加载以及整体数据维护的应用中，前置加载也可以防止内容显示的各种错误。

但是前置加载本身也是存在一些问题的，尤其在页面需要加载大量的脚本（例如各种框架、代码库）时，会严重降低页面加载的速度，增大了用户等待页面加载的时间。而且，一些 DOM 操作的脚本只能在整个 XHTML、HTML 内容加载完成后才能检索到对应的 DOM 元素，如果尚未加载完成这些 DOM 元素，则这些 DOM 操作的脚本往往会报告错误。

在实际开发中，如果开发者仅仅编写了一些函数，通过按钮等控件来调用，则此种方式完全适用。

- 末端加载

现代的 Web 开发者们更推荐以末端加载的方式为 Web 文档添加脚本，即将脚本标记（SCRIPT）放置在文档主体标记（BODY）的末尾，按照指定的顺序，在文档的 HTML、XHTML 和 CSS 加载完毕后再依次加载脚本内容。

这种方式的优点在于，如果页面需要加载大量的脚本，优先加载页面中的显示内容可以让用户更快地浏览这些内容，在用户浏览内容完成后进行交互操作时，通常情况下脚本内容已经加载完毕，用户体验较好。同时，如果脚本中包含了 DOM 操作，则末端加载脚本也可以避免 DOM 元素无法查找的错误。

末端加载也存在一些问题。通常情况下，如果网速较慢，将脚本加载放置在页面加载的末尾，可能造成文档加载完毕但脚本尚未加载完成，使得页面的一些交互功能无法实现。另外，一些用来处理页面显示样式的脚本（例如判断客户端类型从而决定加载页面的版本、语言之类的脚本）如果都放在页面末端加载，也会使页面加载效率进一步降低。

在实际开发中，如果开发者需要加载前端框架以及诸多复杂的业务逻辑代码，则可以选择此种方式，以提高页面显示内容的加载速度，同时根据脚本的加载状况来激活各种交互事件。提高页面显示内容加载效率的同时，末端加载保障所有内容加载完成后才允许用户进行交互操作，防止脚本加载未完成时产生各种错误。

4.2.3 Javascript 语法

计算机编程语言是由自然语言演化而来，是为计算机代码编译程序（针对 Javascript，这一编译程序通常为 Web 浏览器）设计的一种特殊的人造语言。这种语言与其他语言的区别在于，其设计目的并非用于人与人之间的交流，而是用于人与指定的计算机语言解析程序交流。由于计算机语言解析程序的解析能力限制，计算机编程语言必须按照较自然语言更加严格和刻板的语法才能使计算机更精准而高效地解析。

与其他编程语言类似，Javascript 也具有其自身规范化的语法，通过指定格式的书写规范和格式规范各种实体和语义内容。

1. 脚本代码的组成

Javascript 脚本代码是由语句和语句块组成的。其中，语句是最基本的代码构成单位，语句块可以包含若干语句，也可以与其他语句并列存在。

- 语句

语句是 Javascript 代码的基本构成单位，是代码逐行解析和执行时的依据。依照 Javascript 脚本语言的基本规范，所有 Javascript 的代码都必须存放在语句中。语句可以独占一行，也可以分布于多行。每一个语句都应以英文分号";"作为结尾。在下面的代码中，就创建了一个最简单的 Javascript 语句。

```
window.alert ( 'Hello,World' ) ;
```

在上面的代码中，通过 Javascript 调用 XHTML DOM 中 Window 对象的 alert()方法输出了一个字符串，实现了简单的 Hello World 程序。

- 语句块

语句块是若干条语句的集合。Javascript 的语句块大体可以分为两类，一类是封装类语句，其可以将若干条语句封装为一个整体，整合为一个标识供语句快速调用，例如函数就属于这一类；另一类则是流程类语句块，其作用是根据指定的类型干涉其内含的语句执行先后顺序和方式，例如分支流程、迭代流程等类型的语句块就属于这一类。

语句块的结构通常如下所示。

```
Command1
{

    Statements ;
} [Command2 ;]
```

在上面的伪代码中，Command1 关键字表示语句块的类型标记，其可以是语句块的名称，也可以是一段代码（例如函数的名称和参数等）。Command2 关键字为语句块的补充命令，其通常用于 do...while 类语句中。语句块包含的语句必须书写在大括号内，语句块和语句块可以相互嵌套。

2．脚本代码的书写

在书写 Javascript 脚本代码时需要注意，Javascript 脚本语言是一种对大小写敏感的编程语言。虽然一些 Web 浏览器可以忽略部分关键字、运算符的大小写区分，但是在书写代码时应养成良好的书写习惯，不能混用大写和小写字母。

3．实体

实体（Entity）是计算机软件开发领域的一个特定术语，其表示计算机软件开发过程中所有以语句为基础组成的代码模块。在 Javascript 脚本语言中，存在有两种实体，一种实体是指 Javascript 本身概念定义的基本实体，例如变量、常量、对象、函数、函数参数、函数返回值等。另一种，则是通过面向对象的程序设计规范强制规定的扩展实体，其主要包括包、命名空间、类、属性、方法、实例等。需要注意的是，这些扩展实体并非 Javascript 语法中包含的元素，而是通过基本实体衍生而来的虚拟实体。

实体的概念在 Javascript 中十分重要，实际上 Javascript 最主要的编程功能就是处理这些实体。

4.3　Javascript 数据基础

Javascript 脚本语言是一种动态的弱类型脚本语言，其语法多借鉴自一些传统的大型程序开发语言，例如 Java、C、C++等。但是相比这些大型程序开发语言，Javascript 又有其自身的特性。在学习 Javascript 脚本语言之前，首先应了解 Javascript 脚本语言中的数据。

4.3.1　变量与常量

数据是计算机程序开发中的最基础的实体。在计算机编程语言中创建一条数据，其原理就是在计算机内存地址中标识出一块空间，将其赋予某一个已定义的名称。根据这段内存地址的读写性，又可将其分为变量和常量两种。

1．变量

变量来源于数学的解析几何，在计算机语言中指在初始化或实例化后，允许被修改、重新赋值或自运算的数据。Javascript 支持自定义变量的实例名称，允许使用实例名称访问变量，并允许对这些变量进行重新初始化、重新赋值或自运算。

Javascript 通过 var 运算符声明变量，在声明变量时既可以直接声明变量，也可以在声明变量后对变量赋值。在下面的代码中，就分别通过两个语句声明了两个变量，并对第二个变量进行了赋值。

```
var undTestVariable ;
var intTestInteger = 0 ;
```

在一个 Javascript 语句中也可以同时声明多个变量并为其中任意个数的变量赋值。例如，可以将上面的语句以下面的方式书写，如下所示。

```
var undTestVariable , intTestInteger = 0 ;
```

在上面的代码中，在同一条 var 语句中声明了两个变量，并为第二个变量进行了赋值操作，此时，需要用英文逗号","将两个变量分开。这种方式在语法上是完全符合 Javascript 规范的，但是在实际开发中，应尽量做到每个声明的变量都有独立的注释，因此不推荐使用这种方式。

2. 常量

常量在数学中是由基础的数字延伸而来，在计算机中指在被标记为只读的数据。作为弱类型动态脚本语言，Javascript 自身不支持自定义名称的常量，但是支持将一个指定的值作为"伪常量"使用。常量不可以被赋值。例如，3.45、'action'、false 等数据值都是典型的常量。

虽然 Javascript 不支持语义上的常量，但在实际的应用开发中，可以强制地指定一些变量为只读，从开发规范上禁止对这些变量进行再次赋值或自运算，制造出"伪常量"以满足一些特殊的需求。

4.3.2 数据类型

计算机在处理不同类型的数据时使用的方法是有所区别的。在传统的强类型编程语言中，如果完全依靠计算机识别数据的类型然后区分处理，则计算机往往需要耗费较多的资源，而且最终处理的结果也往往不尽如人意。

1. 原始数据类型

基于帮助计算机处理数据的需要，编程语言的设计者们往往会将各种数据按照其特性进行分类，强制要求开发者在使用这些编程语言创建数据时先定义数据的类型。作为一种脚本语言，Javascript 脚本语言虽然在数据分类上与强类型编程语言有所区别，但是仍然支持对一些基础的数据进行简单分类，这些类型又被称作原始数据类型。

- 字符串

字符串类型的数据用于存储各种语言的文字和符号，例如拉丁字母、中文、标点符号、空格等数据都属于字符串类型。在下面的代码中，就声明了一个字符串类型的数据，并为其初始赋值。

```
var strLanguageName = 'Javascript' ;
```

字符串类型数据的特点就是其必须被单引号"''"或双引号"""""环绕。Javascript 将所有以单引号"''"或双引号"""""环绕的内容都当作普通字符串来处理，例如，'A'、'15'、'false'

等变量都属于字符串类型。

与其他编程语言不同，Javascript 脚本语言中的字符串类型数据并不限制固定的大小，理论上，开发者可以将任意数量的 Unicode 或其他编码的字符集合起来作为字符串类型数据使用。

除了普通字符外，还有一些特殊的字符在字符串类数据内部起到特定的转义作用，被称作转义符。常用的转义符包括如下几种，如表 4-2 所示。

表 4-2 常用的转义符字符串

转义符	作用
\n	换行符
\t	制表符
\b	空格符
\r	回车符
\f	分页符
\\	反斜杠 "\"
\'	单引号 "'"
\"	双引号 """
\0nnn	八进制代码 nnn 表示的字符（n 为 0 到 7 之间的八进制数字）
\xnn	十六进制代码 nn 表示的字符（n 为 0 到 f 之间的十六进制数字）
\unnnn	十六进制代码 nnnn 表示的 Unicode 字符（n 为 0 到 f 之间的十六进制数字）

在实际开发中，经常会需要将 XHTML 代码以字符串的形式存放，以对 XHTML DOM 进行操作，此时，就存在引号的嵌套问题。例如，在下面的代码中，就通过转义符的方式将 XHTML 的双引号 """" 进行了转义，如下所示。

```
var strHTML = "<div class=\"header\"></div>";
```

这种转义符的书写方式费时费力，且很容易造成混淆，代码很不直观。因此，在此特别推荐强制以单引号 "'" 的方式环绕字符串，以规避滥用转义符的麻烦，提高代码的可读性。上面的代码可以下面的方式书写，如下所示。

```
var strHTML = '<div class="header"></div>';
```

- 数字

在 Javascript 中，数字类型支持 32 位的整数（$-2^{32}+1$ 到 $2^{32}-1$ 范围之间）或 64 位的浮点数（$-2^{64}+1$ 到 $2^{64}-1$ 范围之间）。其中 32 位的整数又可包含由其值推导而来的八进制或十六进制同值整数。

在表示八进制数字时需要在数字前添加 "0" 作为前缀，在表示十六进制数字时需要在数字前添加 "0x" 作为前缀。典型的数字类型变量有 0、65535、3.14、017、0xA92F 等。

需要注意的是，被引号环绕的数字在 Javascript 脚本语言中会被识别为字符串类数据，而非数字类型的数据。例如，字符串'0'、'3.14'与数字 0、3.14 是完全不同的。

在下面的代码中，就声明了四个数字类型的变量，第一个是整数，第二个是浮点数，第三个是八进制数字，第四个则是十六进制数字，如下所示。

```
var intMyAge = 30 ;
var flMyHeight = 1.80 ;
var intOctal = 0167 ;
var intHex = 0xff9a ;
```

　　虽然 Javascript 内置了八进制数字功能，但是在实际开发中，由于八进制数字本身应用极少，基本处于被弃用状态，因此请尽量避免使用八进制的数字，以防出现混淆或数据转换困难。

　　在处理或者存储一些非常大或非常小的浮点数字时，Javascript 支持以科学记数法的方式书写数字。例如在化学上标准摩尔单位分子量为 6.02×10^{23}，在 Javascript 中的表示方法为 6.02e23 或 6.02E23，而 5.3×10^{-10} 这类极小的科学记数法表示的数字，在 Javascript 中的表示方法为 5.3-e10 或 5.3-E10。Javascript 会自动将具有六个或六个以上前导 0 的浮点数以科学记数法来表示。

　　除了各种数字外，Javascript 还把一些基于 Number 对象的常量视为数字型数据，其主要包括以下几种，如表 4-3 所示。

表 4-3　Javascript 的几种数字类型常量

常量名	书写值	作用
Number.MAX_VALUE	1.7976931348623157e+308	Javascript 支持的最大数字
Number.MIN_VALUE	5e-324	Javascript 支持的最小数字
Number.NaN	NaN	转换为数字类型变量时如为非数字值时返回此值
Number.NEGATIVE_INFINITY	-Infinity	负无穷大，溢出时返回此值
Number.POSITIVE_INFINITY	Infinity	正无穷大，溢出时返回此值

　　需要注意的是，勿将以上五个数字类型常量用于数学计算，否则很容易返回错误的结果。

- 布尔

　　布尔类型的数据主要用于逻辑判断，其值只有两种，即 true 和 false，分别用于表示逻辑真和逻辑假。布尔类型的数据同样不需要用单引号 "''" 或双引号 "'"'" 环绕，Javascript 可以自动将 true 或 false 识别为布尔类型的数据而非字符串类型数据。在下面的代码中，就定义了一个简单的布尔值数据。

```
var blLoopTag = false ;
```

- Null

　　Null 是一个特殊的数据类型，其值只有一种，即 null。Null 类型的数据用于初始化一个可能被赋值为对象的变量，或与一个已经初始化的变量进行比较。另外，当函数的参数或返回值的期望值是对象时，可以将 Null 类型的数据作为参数或返回值传入或传出。

　　Null 类型的数据最大的意义是作为对象的占位符，因此不应将其与空字符串、布尔值 false、数字 0 或 Undefined 类数据混淆。关于对象的相关知识，请参考本书第 5 章。

- Undefined

　　Undefined 类型的数据与 Null 类似，也只有一种值，即 undefined。Undefined 类型的数

据表现为未初始化或未声明的变量的默认值。

需要注意的是，未初始化的变量和未声明的变量在 Javascript 脚本中的意义是完全不同的，因此，虽然其值都是 undefined，但是对其运算的结果可能完全不同。因此在实际开发中为提高程序的维护性能和规避一些特殊的脚本陷阱，不要轻易使用 Undefined 数据与其他数据相比较。

2．引用数据类型

除了原始数据类型外，Javascript 还提供了引用数据类型，这些数据类型本身实际上是一些特殊的系统原生类，所有这些类型的数据都是由系统原生类引用而来的实例。

* 对象

对象是一种特殊的引用数据类型，其作用是描述一个抽象的概念，并将若干该概念下的状态封装起来作为一个整体进行处理和调用。Javascript 的对象类引用数据类型属于原型对象，是所有 Javascript 引用数据类型的构建基础。定义一个 Javascript 对象，其方法如下所示。

```
var objTest = new Object ( ) ;
```

* 数组

数组也是一种特殊的引用数据类型，其作用是将若干个数据以对等的关系按照指定的序列存储起来，并提供若干方法和属性为开发者访问和操作这些数据提供接口。建立了一个简单的数组，代码如下所示。

```
var arrWorkGroupMembers = [ '张三' , '李四' , '王五' , '赵六' ] ;
```

* 日期

日期类数据是 Javascript 对象的一个子集，其作用是存储一些关于时间的信息，并提供各种方法帮助开发者读取和操作这些信息。在下面的代码中，就简单地创建了一个基于当前时间的日期类数据。

```
var dtNow = new Date ( ) ;
```

* 正则表达式

正则表达式数据是由字符串衍生而来的一种特殊的数据，其作用是提供由各种特殊字符以特殊的语法组成的规则，帮助开发者对字符串数据进行匹配和检测。正则表达式的使用方法非常复杂，在 Javascript 脚本语言中，所有正则表达式的规则是字符串必须由反斜杠"/"环绕。在下面的代码中，就定义了一个简单的正则表达式，用于验证任意数字。

```
var reNumber = /^(-?\d+)(\.\d+)?$/ ;
```

引用数据类型的各种对象往往具有更多复杂的属性和方法，因此如需了解这部分知识，请参考本书第 5 章。

3．数据的显式声明

虽然 Javascript 脚本语言支持对原始数据类型的分类，但是其并不支持在创建和生命数据时以显式地方式定义数据的类型，这点与其同源自 ECMAScript 脚本语言的 ActionScript 语言有着明显的区别。

这种方式的优越性在于可以更加灵活地操作数据，缺陷则是在绝大多数场合混乱使用数据非常容易造成数据的处理错误。因此在实际开发中，通常情况下建议开发者在声明变量时尽量为数据赋予一个初始值，强制地对其显式定义类型。例如，在下面的代码中，就分别定义了四个变量，并强制显式为其定义了初始数据类型，如下所示。

```
var strTestString = '' ;
var intTestNumber = 0 ;
var flTestFloatNumber = 0.0 ;
var blTestBoolean = false ;
```

显式定义以上数据的方法就是为其赋予一个已定数据类型的默认值，在开发中使用这种方法可以更加规范地操作数据，使程序代码的安全性大为提升。同样，在定义复合数据类型时也可以使用以上的方法。例如，在下面的代码中就分别定义了四个复合数据类型，分别是对象、数组、日期和正则表达式，如下所示。

```
var objTestObject = null ;
var arrTestArray = [] ;
var dtTestDate = new Date ( ) ;
var reTestRegExp = \^[\w\W]n*$\ ;
```

4．原始数据的转换

在显式地声明数据后，开发者仍然可以通过一些简单的方法对数据的类型进行转换，例如将任意数据类型转换为字符串、整数、浮点数、布尔值或正则表达式等。

● 转换为字符串

Javascript 脚本语言为绝大多数数据类型都提供了 toString()方法，用于将这些类型的数据转换为字符串，其包括数字、布尔值、对象、数组、日期和正则表达式等。在下面的代码中，就分别创建了七个字符串类型的变量，并将之前创建的数据以 toString()方法转换为字符串，然后再进行赋值操作，如下所示。

```
var strTestNumber = intTestNumber.toString ( ) ;
var strTestFloatNumber = flTestFloatNumber.toString ( ) ;
var strTestBoolean = blTestBoolean.toString ( ) ;
var strTestObject = objTestObject.toString ( ) ;
var strTestArray = arrTestArray.toString ( ) ;
var strTestDate = dtTestDate.toString ( ) ;
var strTestRegExp = reTestRegExp.toString ( ) ;
```

在将浮点数字转换为字符串类型数据时需要注意的是，如果浮点数字的小数部分为 0，则 Javascript 会先将其转换为整数，然后再转换其为浮点数。例如，浮点数 3.00 转换为字符串后结果会是字符串'3'.

- 转换为整数

Javascript 脚本语言提供了 parseInt()全局函数，用于将字符串、浮点数转换为整数。需要注意的是使用 parseInt()函数转换的字符串的起始字符必须是数字，转换的结果将为字符串起始若干连续的数字。如果要转换的字符串起始字符不是数字或要转换的数据类型不是字符串和浮点数，则 parseInt()函数将返回 NaN。

在下面的代码中就列举了几种通过 parseInt()函数转换数据的方法以及对应的转换结果。

```
console.log ( parseInt ( '36533' ) );            //输出结果为数字 36533
console.log ( parseInt ( '65535 个字节' ) );      //输出结果为数字 65535
console.log ( parseInt ( 'ECMAScript3.57' ) );   //输出结果为数字 NaN
console.log ( parseInt ( '3.1415926' ) );        //输出结果为数字 3
```

parseInt()函数除了可以将字符串、浮点数字转换为整数外，还可以将不同进制的整数转换为十进制数字，此时需要使用到该函数的第二个参数，即进制参数，其使用方法如下所示。

```
parseInt ( Number , Bit ) ;
```

在上面的伪代码中，Number 关键字表示要转换的数字必须是整数，可以是八进制、十进制或十六进制；Bit 关键字表示要转换的数字的进制，其值可以是 2、8、10 或 16。在下面的代码中，就分别将二进制、八进制和十六进制的三个数字转换为了十进制数字，如下所示。

```
console.log ( parseInt ( '01011' , 2 ) );      //输出结果为数字 11
console.log ( parseInt ( '0375' , 8 ) );       //输出结果为数字 253
console.log ( parseInt ( '0xffcc' , 16 ) );    //输出结果为数字 65484
```

- 转换为浮点数

转换浮点数的方法与转换整数类似，Javascript 脚本语言提供了 parseFloat()全局函数实现将字符串转换为整数的功能，其执行的原理与 parseInt()函数基本相同，在下面的代码中，就通过 parseFloat()函数对一些数据进行了转换操作，将其转换为整数，如下所示。

```
console.log ( parseFloat ( '11892Flight' ) );  //输出结果为数字 11892
console.log ( parseFloat ( '3.14' ) );         //输出结果为数字 3.14
console.log ( parseFloat ( '11.22.33' ) );     //输出结果为数字 11.22
console.log ( parseFloat ( '001122' ) );       //输出结果为数字 1122
console.log ( parseFloat ( '1023' ) );         //输出结果为数字 1023
```

在使用 parseFloat()函数时需要注意，该函数不支持八进制或十六进制的数字转换，也不支持进制参数，因此当被转换的数值为八进制数字时，将被直接作为十进制整数处理，而当被转换的数值为十六进制数字时，该函数只能识别数字 0。

5. 强制数据转换

除了原始数据的显式转换外，Javascript 还支持强制数据转换，其作用是通过更加复杂的逻辑处理数据的类型。其提供了三种类型的强制数据转换函数 String()、Number()和 Boolean()，分别用于将任意类型的数据转换为字符串、数字或布尔值。

- 强制转换为字符串

String()全局函数的作用是强制将任意类型的数据转换为字符串。相比 toString()方法，String()函数更加强力。例如，toString()方法无法处理 Null 或 Undefined 类型的数据，在转换这两种数据时会报错，但是 String()函数则可以直接将这两种数据转换为实际的字符串，如下所示。

```
console.log ( String ( null ) ) ;        //输出结果为字符串'null'
console.log ( String ( undefined ) );    //输出结果为字符串'undefined'
```

- 强制转换为数字

Number()全局函数的作用是强制将任意类型的数据转换为数字，包括整数和浮点数。其与 parseInt()函数和 parseFloat()函数的区别在于，parseInt()函数和 parseFloat()函数在转换布尔值、Null 值或 Undefined 值时会返回 NaN，在转换以数字开头的字符串时能识别第一个无效字符之前的部分数字；而 Number()函数在处理布尔值时，会将 true 转换为数字 1，false 转换为数字 2，Null 值转换为 0，另外，只要字符串中包含无效字符，则 Number()函数就会返回 NaN，如下所示。

```
console.log ( Number ( false ) ) ;       //输出结果为数字 0
console.log ( Number ( true ) ) ;        //输出结果为数字 1
console.log ( Number ( 'false' ) ) ;     //输出结果为 NaN
console.log ( Number ( 'true' ) ) ;      //输出结果为 NaN
console.log ( Number ( undefined ) ) ;   //输出结果为 NaN
console.log ( Number ( null ) ) ;        //输出结果为数字 0
console.log ( Number ( '3.14' ) ) ;      //输出结果为数字 3.14
console.log ( Number ( '11892' ) ) ;     //输出结果为数字 11892
console.log ( Number ( '2013.10.01' ) ); //输出结果为 NaN
console.log ( Number ( '360buy' ) ) ;    //输出结果为 NaN
```

如果被转换的数据可以被完整地转换，那么 Number()函数将自动判断将结果转换为整数或浮点数。

- 强制转换为布尔值

Boolean()全局函数用于将任意类型的数据转换为布尔值。在进行转换时，其会对几种原始数据类型的数据的值进行判断，通过逻辑判定决定转换的结果，然后再进行转换，其转换的方式如表 4-4 所示

表 4-4　Boolean()函数转换值的方式

数据类型	结果
String	当字符串为空时为 false，否则为 true
Number	当数字为+0、-0、0、NaN 时为 false，否则为 true
Null	false
Undefined	false
Object	当其值不为 null 时为 true，否则为 false

数据类型	结果
Array	当其值不为 null 时为 true，否则为 false
Date	当其值不为 null 时为 true，否则为 false
RegExp	当其值不为 null 时为 true，否则为 false

4.3.3 数据的运算

计算机软件程序最基本也是最重要的功能就是对数据进行运算，获取运算结果。这种所谓的"运算"并不局限于数学中的加减乘除等基本运算，还包含一些带有计算机特色的数据处理。

Javascript 的运算是通过特定的表达式和运算符实现的，根据参与运算的表达式数量，可以将运算分为一元运算、二元运算和三元运算，对应的运算符即一元运算符、二元运算符和三元运算符。常见的运算种类包含数学运算、关系运算、赋值运算、位运算、逻辑运算和其他运算等几种。

1. 数学运算

数学运算是最基本的数据运算方式，其作用是对整数和浮点数等两类数据进行基本的四则运算和其他衍生的运算。数学运算支持以下几种运算符，如表 4-5 所示。

表 4-5　数学运算的运算符

运算符	名称	作用	示例
+	求和	求两侧数字之和	console.log (1 + 2)；//输出数字 3
−	求差	求两侧数字之差	console.log (22 − 7)；//输出数字 15
*	求积	求两侧数字之积	console.log (3 * 5)；//输出数字 15
/	求商	求左侧数字除以右侧数字之商	console.log (14 / 7)；//输出数字 2
%	求余	求左侧数字整除右侧数字之余数	console.log (18 / 4)；//输出数字 2

数学运算必须由两个数字（可以是整型或浮点型）进行，因此所有的数学运算都属于二元运算，其所得的结果也只能是整型或浮点型的数字。

2. 关系运算

关系运算的作用是对两个数据进行比较，获取比较的逻辑真假（布尔值数据）。在此需要注意的是，关系运算与数学运算的区别在于关系运算所能使用的数据类型众多，通常情况下绝大多数数据类型都能使用关系运算。常用的关系运算符如表 4-6 所示。

表 4-6　关系运算的运算符

运算符	名称	作用	可用数据类型	示例
==	相等	判断两数据是否相等	所有数据类型	console.log (3 == 5)；//输出 false console.log ('aa' == 'aa')；//输出 true
!=	不等	判断两数据是否不相等	所有数据类型	console.log (3 != 5)；//输出 true console.log ('aa' != 'aa')；//输出 false

续表

运算符	名称	作用	可用数据类型	示例

===	全等	判断两数据是否在相等的同时数据类型也相同	所有数据类型	console.log (null === null) ; //输出 true
				console.log (null === undefined); //输出 false

!==	不全等	判断两数据是否无论值和类型都相同	所有数据类型	console.log (null !== null) ; //输出 false
				console.log (null !== undefined) ; //输出 true

>	大于	判断是否第一个数据大于第二个数据	数字	console.log (1 > 2); //输出 false
				console.log (3 > 2); //输出 true

<	小于	判断是否第一个数据小于第二个数据	数字	console.log (1 < 2); //输出 true
				console.log (3 < 2); //输出 false

>=	大于等于	判断是否第一个数据大于或等于第二个数据	数字	console.log (1 >= 2); //输出 false
				console.log (2 >= 2); //输出 true

<=	小于等于	判断是否第一个数据小于或等于第二个数据	数字	console.log (1 <= 2); //输出 true
				console.log (2 <= 2); //输出 false

所有的关系运算都需要由两个操作表达式进行，因此这些运算也都是二元运算。在使用关系运算符时尤其需要注意的是，Javascript 具有强类型转换机制，因此在判断两个数据是否相等时（使用相等运算符或不等运算符），如果被比较的两个数据类型不一致，则 Javascript 会强制对数据进行数据转换，将其转换为相同的类型后再进行比较。

例如，在语法上字符串'3.14'和浮点数 3.14 是完全不同的两个值，但是在使用相等运算符或不等运算符比较这两个值时，Javascript 会视其为相等，如下所示。

```
console.log ( '3.14' == 3.14 ) ;      //输出 true
console.log ( '3.14' == 3.14 ) ;      //输出 false
```

如果在开发过程中忽视了以上情况，则很容易造成 BUG。这种强制数据转换的机制是当数字和字符串相比较时，字符串会首先转换为数字，然后再进行比较。如果一个布尔值和数字比较，则布尔值也会首先被转换为数字，其中 true 被转换为 1，false 被转换为 0，然后再比较，如下所示。

```
console.log ( true == 1 ) ;           //输出 true
console.log ( false == 0 ) ;          //输出 true
```

如果一个值是对象而另一个不是，则 Javascript 会先尝试调用对象的 valueOf()方法得到原始类型值；如果对象没有定义 valueOf()方法，则会调用 toString()将对象转换为字符串再用之前的强制转换逻辑进行比较。

在相等运算符和不等运算符的比较表达式中，null 和 undefined、空字符串和数字 0 也被视为是相等的值，如下所示。

```
console.log ( null == undefined ); //输出 true
console.log ( '' == 0 ) ;          //输出 true
```

由于相等运算符和不等运算符在比较上的逻辑复杂性和易误解性，在实际开发中，除非需要将某个值与 null 比较，否则请尽量避免使用相等运算符和不等运算符。在进行两个值比较时，更推荐采用全等运算符和不全等运算符，这两个运算符在比较数据时不仅能够比较数据的值，还能同时比较数据的类型，更符合绝大多数情况下相等的逻辑意义。

3．逻辑运算

逻辑运算的原理是根据逻辑真、逻辑假和逻辑非三种基于自然逻辑的运算方式进行运算，其主要应用于各种逻辑判断，如下所示。

- 逻辑与

逻辑与运算所使用的运算符为"&&"。在逻辑与运算中，只有两个表达式均为真时，结果才为真。当两个表达式为一真一假时，结果为假。当两个表达式均为假时，结果仍然为假。两个表达式的逻辑与运算结果如表 4-7 所示。

表 4-7　两个表达式的逻辑与运算结果

第一个表达式	第二个表达式	结果	示例
true	true	true	console.log (true && true) ; //输出 true
true	false	false	console.log (true && false) ; //输出 false
false	true	false	console.log (false && true) ; //输出 false
false	false	false	console.log (false && false) ; //输出 false

逻辑与运算是典型的二元运算，因此在使用该运算时需要提供两个基于运算的表达式。在实际的开发中，请尽量保持两个表达式都是布尔值，否则很容易会因为 Javascript 的简便计算模式导致运算结果与预期结果不一致。

- 逻辑或

逻辑或运算所使用的运算符是"||"。在逻辑或运算中，只有当两个表达式均为假时，结果才为假，只要有一个表达式为真，则结果必然是真。两个表达式的逻辑或运算结果如表 4-8 所示。

表 4-8　两个表达式的逻辑或运算结果

第一个表达式	第二个表达式	结果	示例
true	true	true	console.log (true || true) ; //输出 true
true	false	true	console.log (true || false) ; //输出 true
false	true	true	console.log (false || true) ; //输出 true
false	false	false	console.log (false || false) ; //输出 false

逻辑或运算也是二元运算，其与逻辑与运算类似，都需要提供两个运算表达式。在实际的开发中，同样应尽量保障两个表达式都是布尔值，否则很容易出现错误。

- 逻辑非

逻辑非运算所使用的运算符是"!"，其属于典型的一元运算，即只需要一个运算表达式即可完成的运算。在逻辑非运算中，如果运算的表达式是真，则结果为假，否则，结果为真。

4．赋值运算

赋值运算的作用是为某个对象或变量指定一个值，或在对某个变量的值进行运算后，将获得的结果值赋予原变量。赋值运算是最基本的变量运算，声明变量等操作都需要使用到赋值运算。常用的赋值运算需要使用以下几种赋值运算符，如表 4-9 所示。

表 4-9　赋值运算的运算符

运算符	名称	作用	示例
=	基本赋值	将值赋予指定的变量	var blTag = false ; console.log (blTag) ; //输出 false
+=	加法赋值	先对变量进行求和运算，再将所得结果赋予原变量	var intCount = 5 ; intCount += 2 console.log (intCount) ; //输出 7
−=	减法赋值	先对变量进行求差运算，再将所得结果赋予原变量	var intCount = 3 ; intCount − = 1 ; console.log (intCount) ; //输出 2
*=	乘法赋值	先对变量进行求积运算，再将所得结果赋予原变量	var intCount = 6 ; intCount *= 3 ; console.log (intCount) ; //输出 18
/=	除法赋值	先对变量进行求商运算，再将所得结果赋予原变量	var intCount = 24 ; intCount /= 4 ; console.log (intCount) ; //输出 6
%=	求余赋值	先对变量进行求余运算，再将所得结果赋予原变量	var intCount = 19 ; intCoutn %= 4 ; console.log (intCount) ; //输出 3
++	叠加	在原变量值基础上加 1，再将所得结果赋予原变量	var intCount = 5 ; intCount ++ ; console.log (intCount) ; //输出 6
−−	累减	在原变量值基础上减 1，再将所得结果赋予原变量	var intCount = 9 ; intCount − − ; console.log (intCount) ; //输出 8

赋值运算中，叠加和累减两种运算属于一元运算，其他赋值运算属于二元运算，除基本赋值运算可以由任意类型的变量使用外，其他几种运算仅能在数字中使用。

5. 按位运算

按位运算的原理是将普通整数（十进制、十六进制）转换为二进制数字，然后再进行运算。按位运算又可分为按位逻辑运算和按位位移运算两种。

其中，按位逻辑运算会将每一位数位上的 0 视为逻辑假（false），1 视为逻辑真（true），然后再进行逻辑运算操作。按位位移运算则主要会根据第二个操作数字将第一个以指定的方向移动，然后得出新的位移后的数字结果。Javascript 支持七种按位运算，如表 4-10 所示。

表 4-10　按位运算的类型

运算方式	运算符	说明
按位与	&	二元按位逻辑运算，对两个二进制数字的每一位进行逻辑与运算，获取结果

运算方式	运算符	说明
按位或	|	二元按位逻辑运算，对两个二进制数字的每一位进行逻辑或运算，获取结果
按位异或	^	二元按位逻辑运算，对两个二进制数字的每一位进行逻辑或运算，获取结果，其与按位或运算的区别在于，当两个数字的同一数位数据如果都是 1，则运算结果为 0
按位非	~	一元按位逻辑运算，对二进制数字每一位进行逻辑非运算，获取结果
按位左移	<<	二元按位位移运算，在保留二进制数字符号的情况下对其所有数位向左（高位）移动指定的位数，右侧新增的数位填补为 0，获取结果
按位右移	>>	二元按位位移运算，在保留二进制数字符号的情况下对其所有数位向右（低位）移动指定的位数，左侧新增的数位填补为 0，获取结果
无符号按位右移	>>>	二元按位位移运算，在不保留二进制数字符号的情况下对齐所有数位向右（低位）移动指定的位数，左侧新增的数位填补为 0，获取结果

6．条件运算

条件运算是 Javascript 中唯一一种三元运算，其原理是对一个表达式进行逻辑判断，根据逻辑判断的结果决定采用运算中哪一个值作为整个运算的结果。条件运算的运算符为"?:"，其使用方法如下所示。

```
Expression ? TrueValue : FalseValue
```

在上面的伪代码中，Expression 表示判断的表达式，TrueValue 表示当表达式值为真时运算的结果，FalseValue 表示当表达式值为假时运算的结果。例如，判断一个数字是否大于 0，如果是，输出"该数字大于 0"，否则输出"该数字小于等于 0"，代码如下。

```
var intCount = 5 ;
console.log( intCount > 0 ? '该数字大于 0' : '该数字小于等于 0' ) ;
```

条件运算通常情况下可以代替一些简单的逻辑分支流程，简化代码，减少代码行数，但是如果在一行语句内大量运用此类运算，则很可能会提高代码阅读的复杂性。

7．其他运算

除了之前介绍的 6 种运算类型外，Javascript 还提供了一些带有特殊操作性质的运算，用于处理基础数据和对象，改变这些基础数据和对象之间的优先级关系等，如表 4-11 所示。

表 4-11　其他 Javascript 运算

运算类型	符号	作用	示例
删除	delete	一元运算，将某个实体从内存中删除	var objTest = null ; delete objTest ; //输出 undefined console.log (objTest.toString) ;
清除定义值	void	一元运算，将任意实体转换为未定义值 undefined	var intCount = 5 ; //输出 undefined console.log (void (intCount)) ;

续表

运算类型	符号	作用	示例
连接字符串	+	二元运算，将两个字符串连接起来，返回一个新的字符串	var strJava = 'Java' ; var strScript = 'script' ; //输出 Javascript console.log (strJava + strScript) ;
并列	,	二元运算，表现若干同类实体之间并列的关系	var intCount = 1 , strText = 'a' ;
建立数组	[]	一元运算，将其内含的数据作为元素，创建一个数组	var arrMatrix = [1 , 2 , 3] ; var arrEmpty = [ ] ;
数组索引	[]	二元运算，指定数组元素的指定索引序列，求得数组中该序列位置的值	var arrMatrix = [27 , 9 , 3 , 1] ; console.log (arrMatrix [2]); //输出 9
访问成员	.	二元运算，访问对象、类的指定成员	var objModel = null ; objModel.value = '' ;
检测原始类型	typeof	一元运算，检测某个变量的原始数据类型	var intCount = 69 ; // 输出 Number console.log (typeof intCount);
检测引用类型	instanceof	二元运算，检测某个对象是否属于一个引用数据类型	var objTest = new Object ( ) ; // 输出 true console.log (objTest instanceof Object) ;
建立实例	new	一元运算，将某个引用类型实例化	var MyFunction = new Function ( ) { } ;

建立对象	{}	一元运算，将内嵌的键值对数据转换为对象	var objTest = {
			　　name : 'my name' ,
			　　age : 15
			};

传递参数	()	一元运算，为函数和方法传递参数	isNaN (15) ;

定义成员值或为语句添加标记	:	二元运算，为对象和类定义成员的值，例如属性值、方法等。除此之外也可以为语句添加标记，以供其他语句调用	var objTest = {
			　　name : 'my name' ,
			　　age : 15
			};
			Start : intCount ++ ;

连接字符串的运算符"+"在书写上和数学运算中的加号"+"是完全一样的，在实际使用中，Javascript 会自动判断该运算符两侧的数据类型，当且仅当该运算符两侧的数据都是数字时，将其判断为数学运算的加号"+"，否则将会强制将该运算符两侧的数据转换为字符串，然后进行连接。

并列运算符","是一种应用广泛的内联分隔符，其不仅可用于一行代码中同时执行的多个语句，还被广泛应用于对象的若干成员、数组的若干元素以及函数的若干参数等之间作为分隔标志。

建立数组和数组索引的运算符"[]"书写也是完全一致的。其区别在于，当其作为一元运算符时，用于创建或表示一个数组，而当其作为一个二元运算符时，则其左侧为数组的名称，内部包裹的则是该数组指定的索引。

typeof 和 instanceof 两种运算符均可以检测数据的数据类型，但其作用有所区别。typeof 运算符仅能检测字符串、数字、布尔值和 undefined 四种原始数据类型，当数据为其他类型时，typeof 运算符只能返回 object，如下所示。

```
console.log ( typeof 'aaa' ) ;              //输出 string
console.log ( typeof 256 ) ;               //输出 number
console.log ( typeof 3.14 ) ;              //输出 number
console.log ( typeof true ) ;              //输出 boolean
console.log ( typeof undefined ) ;         //输出 undefined
console.log ( typeof null ) ;              //输出 object
console.log ( typeof { value = 'a'} );     //输出 object
```

如果需要识别某个对象的引用类型，则只能使用 instanceof 运算符对该对象可能的引用类型进行测试，通过测试结果判定该对象的原型链。例如，在对一个日期类对象以 instanceof 运算符对其类型进行匹配时，Object 和 Date 两个原型链均符合其引用类型，如下所示。

```
var dtNow = new Date ( ) ;
console.log ( dtNow instanceof Object ) ;   //输出 true
console.log ( dtNow instanceof Date ) ;     //输出 true
console.log ( dtNow instanceof RegExp ) ;   //输出 false
```

4.3.4　运算的优先级

在数学中，表达式的运算并非总是遵循自左至右的顺序，乘法和除法的运算优先级就要比加法和减法高一些，乘方和开方的运算优先级又比乘法和除法高一些。Javascript 的运算同样需要遵循优先级，通过优先级来控制各种运算的执行顺序。

1．运算符的分级

在默认的状态下，如果表达式中的运算都是同类运算，则 Javascript 以自左至右的顺序对表达式进行运算。但是当一个 Javascript 表达式包含多种类型的运算时，Javascript 会对这些运算的优先顺序进行修正，以指定的优先级别进行运算，此时，就可能改变运算的顺序，并影响运算的结果。通常情况下 Javascript 将运算划分了若干优先级，如表 4-12 所示。

表 4-12　Javascript 运算符的优先级

运算符（以中文顿号"、"分隔）	优先级
()、[]、{}、.、:	1
!、++、−−、typeof、new、void、delete、instanceof	2
*、/、%	3
+、−	4

续表

运算符（以中文顿号"、"分隔）	优先级
<<、>>、>>>	5
<、<=、>、>=	6
==、!=、===、!==	7
&	8
^	9
|	10
&&	11
||	12
?:	13
=、+=、-=、*=、/=、%=、	14
,	15

在上表中以从小到大的顺序将所有 Javascript 脚本语言中的运算符划分为了 15 个等级，其中，优先级数字越小，表示其优先级越高。当表达式中存在多个优先级的运算符时，Javascript 将先执行优先级高的运算符，再执行优先级低的运算符。如果当若干运算符都处于同一级别，则 Javascript 将仍然按照自左至右的顺序进行运算。

2．优先级的修正

在数学中，允许使用小括号"()"临时对运算的优先级进行修正，提升某些运算的优先级。例如，在下面的数学公式中，就将先计算优先级较低的加法，再计算优先级较高的乘法，如下所示。

```
( 3 + 5 ) × 9 = 72
```

在 Javascript 中，同样支持以小括号"()"的方式临时修正运算符的优先级，提高局部运算的级别。例如，在下面的代码中，默认情况下 Javascript 将优先进行逻辑非运算，再进行逻辑与运算，如下所示。

```
console.log ( ! true && ! true ) ; //输出 false
```

如果使用括号"()"对该逻辑运算的局部优先级进行变更，则可能得出完全相反的结果，如下所示。

```
console.log ( ! ( true && ! true ) ) ; //输出 true
```

在使用括号"()"修正运算的优先级时，括号的嵌套层级越高（越靠内），则优先级越高，嵌套层级越低（越靠外），则优先级越低。

4.4　代码流程控制

编程语言的作用是通过一行行的语句对各种程序数据进行处理和运算。Javascript 本身属于逐行解析语句的编程语言，在一些特殊需求场合下，开发者可以对程序语句执行的流程进行控制，提高程序的运算效率，使程序的代码更加简洁而精炼。

4.4.1　分支流程控制

在程序编写中，若干并列关系的语句可以组成几个分支。分支流程控制，就是根据指定的条件进行计算，以计算的结果判定和执行指定某一条分支的流程控制方式。Javascript 支持四种类型的分支流程语句，即 if 语句、if...else 语句、if...else if 语句和 switch...case 语句。

1. if 语句

if 语句是最简单的分支流程控制语句，其属于单分支的流程控制语句，作用是根据一个条件表达式判定的逻辑结果，决定其包裹的代码块是否允许被执行。if 语句的代码执行流程如图 4-3 所示。

在 Javascript 脚本语言中，if 语句的书写和使用方法如下所示。

```
if ( Condition ) {

    Statements ;
}
```

在上面的伪代码中，Condition 关键字表示 if 语句的执行判断条件，其可以是一个独立的逻辑值，也可以是一个可得出逻辑值的实际表达式；Statements 关键字表示分支的语句代码。

在 if 语句中，当且仅当 Condition 值或运算结果为逻辑真（True）时，Statements 语句才可被执行。否则，Statements 语句将被跳过。例如，判断一个值是否是字符串，如是字符串，则将其输出，代码如下所示。

```
var strTest = 'test' ;
if ( 'string' === typeof strTest ) {

    console.log ( strTest ) ;
}
```

由于并非所有的开发工具都能够判断出 if 语句内表达式的一些错误书写方法（例如错将全等运算符书写成赋值运算符等），因此在书写 if 语句时，通常情况下应尽量将常量书写在条件表达式的左侧，变量和表达式书写在条件表达式右侧，提高开发工具检查这种书写错误的效率。

2. if...else 语句

if...else 语句是 if 语句的升级版本，属于典型的双分支流程控制语句，其与 if 语句的区别在于，if 语句仅支持当条件成立时判定执行某一段语句，无法再当条件不成立时进行分支处理。而 if...else 语句则不仅可以在条件成立时执行一段语句，当条件不成立时，该语句还可以执行另一端分支语句，其执行流程如图 4-4 所示。

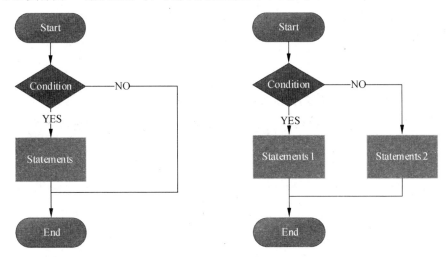

图 4-3　if 语句的执行流程　　　　　图 4-4　if...else 语句的执行流程

在 Javascript 脚本语言中，if...else 语句的书写和使用方法如下所示。

```
if ( Condition ) {

    Statements1 ;
}
else {

    Statements2 ;
}
```

在上面的伪代码中，Condition 关键字表示分支流程的判断条件：Statements1 关键字表示当 Condition 表达式为真时执行的语句；而 Statements2 关键字表示当 Condition 表达式为假时执行的语句。

if...else 语句可以对一个表达式进行完整的判断，处理所有表达式可能的结果，因此在实际开发中的应用远比 if 语句更加广泛。例如，判断一个数字是否能被数字 3 整除，代码如下。

```
var intNumber = 256 ;
if ( 0 === intNumber % 3 ) {

    console.log ( '该数字可以被数字 3 整除。' ) ;
}
else {

    console.log ( '该数字无法被数字 3 整除。' ) ;
}
```

由于数字 256 是无法被数字 3 整除的，因此上面的代码中，Javascript 将执行 else 下的语句块，输出"该数字无法被数字 3 整除。"的文本。在实际开发中，为避免代码执行过程中某些分支的数据处理状况被程序忽略，造成遗漏，应尽量多使用 if...else 语句而避免使用单独的 if 语句。

3. if...else if 语句

if...else if 语句更进一步地强化了逻辑判断的分支数量，其可以对两个以上的分支条件进行判定，然后决定这些分支下的代码是否执行，其代码执行逻辑如图 4-5 所示。

if...else if 语句相比之前两种分支流程语句，其可以支持超过三种以上的条件判断，因此更加灵活，其使用方法如下所示。

```
if ( Condition1 ) {

    Statements1 ;
}
else if ( Condition2 ) {

    Statements2 ;
}
......
else {

    Statements3 ;
}
```

在上面的伪代码中，Condition1 关键字表示第一个分支的判断表达式，Statements1 关键字表示当 Condition1 表达式为真时执行的语句；Condition2 关键字表示当 Condition1 表达式为假时进行的二次判断表达式，Statements2 关键字表示当 Condition2 表达式为真时执行的语句；Statements3 关键字表示当 Condition1、Condition2 等系列的表达式均不成立时执行的语句。

if...else if 并不限定 else if 语句出现的次数，也就是说，该语句中可以添加任意数量的 else if 语句，判断当上一级条件表达式为假时增加新的条件判定。例如，可以编写一个 if...else if 语句来判定变量的原始数据类型，然后通过 typeof 运算符依次对变量进行测试，实现输出结果，代码如下。

```
var strText = 'Test Text' ;
if ( 'string' === typeof strText ) {

    console.log ( '该变量是字符串类型。' ) ;
}
else if ( 'number' === typeof strText ) {

    console.log ( '该变量是数字类型。' ) ;
```

```
}
else if ( 'boolean' === typeof strText ) {

    console.log ( '该变量是数字类型。' ) ;
}
else if ( 'undefined' === typeof strText ) {

    console.log ( '该变量未定义或属于未定义类型。' ) ;
}
else {

    console.log ( '该变量非原始类型或属于占位符。' ) ;
}
```

在上面的代码中，连续使用了三个 else if 语句分别以 typeof 运算符对 strText 变量的原始数据类型进行判断和匹配，以在上一次判断失败后再次进行新的判断，通过连续四个条件的筛选实现对数据原始类型的判断并输出了结果。

4．switch…case 语句

switch…case 语句也是一种多分支判断的语句，其与 if…else if 语句的区别在于，if…else if 语句所进行的判断可以是基于多个不同类型的表达式，以各种复杂的运算结果决定代码块的执行，而 switch…case 语句则只能对某一个表达式的多种可能的运算结果进行判断，以决定执行哪些代码。

switch…case 语句在使用上相比 if…else if 限制较多，但是其特点是语法比较简洁，同时还支持一些复合地连续执行，因此在程序开发中，switch…case 语句有其独特的作用。该语句的代码执行逻辑如图 4-6 所示。

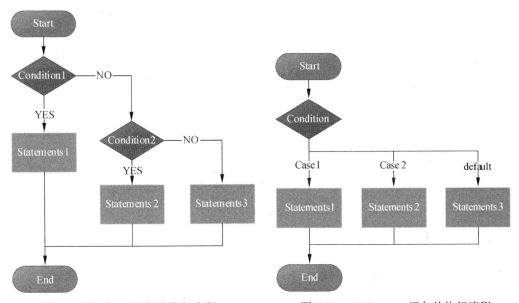

图 4-5　if…else if 语句的执行流程　　　　图 4-6　switch…case 语句的执行流程

与 if...else if 类似，switch...case 语句不限制判定分支的数量，开发者可以对一个表达式可能的任意数量的结果进行判断，如下所示。

```
switch ( Condition ) {

    case Case1 :
        Statements1 ;
    break ;
    case Case2 :
        Statements2 ;
    break ;
    //……
    default :
        Statements3 ;
    break ;
}
```

在上面的伪代码中，Condition 关键字表示 switch...case 语句判断执行分支的表达式；Case1、Case2 等关键字表示 Condition 表达式可能的值；Statements1、Statements2 等关键字表示当 Condition 关键字分别为 Case1 或 Case2 等值时执行的语句；Statements3 关键字表示默认执行语句，意即当所有的 Case1、Case2 等值都不符合 Condition 表达式的运算结果时执行的补救代码。

switch...case 语句与 if、if...else 以及 if...else if 等语句的区别还在于，其并不要求判断的表达式一定能够得到一个逻辑值结果。其判断的表达式可以获取数字、字符串等各式各样的结果，只要 case 语句后的值与表达式的运算结果匹配即可。

例如，编写一个判断当前日期是星期几的脚本，即可通过 switch...case 语句对获取的日期信息值进行比对，代码如下。

```
var dtToday = new Date ( ) ;
var intDay = dtToday.getDay ( ) ;
switch ( intDay ) {

    case 0 :
        alert ( '今天是周日。' ) ;
    case 1 :
        alert ( '今天是周一。' ) ;
    case 2 :
        alert ( '今天是周二。' ) ;
    case 3 :
        alert ( '今天是周三。' ) ;
    case 4 :
        alert ( '今天是周四。' ) ;
    case 5 :
        alert ( '今天是周五。' ) ;
```

```
case 6 :
    alert ( '今天是周六。' ) ;
default :
    alert ( '我也不知道今天是周几。' );
}
```

上面的代码分别定义了 dtToday 和 intDay 两个变量，表示当前日期对象以及当前星期的数值，通过日期对象的一个方法 getDay()获取数值并赋予 intDay 变量。然后，再使用 switch…case 语句判断日期的数值，进行计算。

在执行以上代码时，开发者会发现 Web 浏览器连续弹出了八个对话框，将所有的结果都输出了，其缘故就是没有在每个 case 语句之后添加 break 语句。如果开发者不希望在执行一个 case 语句后连续执行之后的其他 case 语句，则必须在该 case 语句中添加 break 语句，中断代码执行。将以上的代码修改成如下形式，即可精确判断当前日期，输出正确的结果，代码如下。

```
var dtToday = new Date ( ) ;
var intDay = dtToday.getDay ( ) ;
switch ( intDay ) {

    case 0 :
        alert ( '今天是周日。' ) ;
    break ;
    case 1 :
        alert ( '今天是周一。' ) ;
    break ;
    case 2 :
        alert ( '今天是周二。' ) ;
    break ;
    case 3 :
        alert ( '今天是周三。' ) ;
    break ;
    case 4 :
        alert ( '今天是周四。' ) ;
    break ;
    case 5 :
        alert ( '今天是周五。' ) ;
    break ;
    case 6 :
        alert ( '今天是周六。' ) ;
    break ;
    default :
        alert ( '我也不知道今天是周几。' );
}
```

在上面的代码中，每一个 case 语句都添加了 break 语句，以在分支语句执行后立即中断程序执行。default 语句由于在分支控制的末尾，因此可以将 break 语句忽略。

在书写 switch...case 语句时还应注意，由于 case 和其对应的 break 语句之间构成了一个完整的语句块，因此 case 语句和其对应的 break 语句在缩进上应该齐平，而其内包含的代码则应多缩进一次。

4.4.2 迭代流程控制

在程序开发中，如果需要重复地执行一段代码，就需要使用到迭代控制。迭代控制可以根据指定的表达式或值进行判断，当其表达式或值符合一定的条件时重复多次执行一段代码，直至表达式或值变更，不再符合某些条件后终止。

Javascript 脚本语言提供了四种迭代流程控制语句，即 while 语句、do...while 语句、for 语句和 for...in 语句。

1. while 语句

while 语句的结构和 if 语句类似，其可以对一个表达式或值进行逻辑判断，当其值为真时，重复执行一段代码，直至其值变化为假时终止。while 语句的执行流程如图 4-7 所示。

while 语句的特点是先进行一次逻辑判断，然后再决定是否执行代码，当且仅当逻辑判断结果为真时才执行代码，否则不执行，其使用方法如下所示。

```
while ( Condition ) {

    Statements ;

}
```

在上面的伪代码中，Condition 关键字表示 while 语句逻辑判断的表达式或值；Statements 关键字表示当 Condition 表达式或值为真时需要重复执行的代码。例如，需要编写一个计算 1 到 100 之间所有数字之和的程序，代码如下。

```
var intLoop = 1 ;
var intSum = 0;
while ( 100 >= intLoop ) {

    intSum += intLoop ;
    intLoop ++ ;
}
console.log ( intSum ) ; // 输出 5050
```

在上面的代码中，初始化了两个变量，其中 intLoop 为基础运算的初始值，intSum 为运算的结果。在 while 循环中，通过对 intLoop 变量的判断来决定是否需要重复执行 while 迭代内的代码，每执行一次就将 intLoop 计数器递增 1，当 intLoop 计数器递增至 100 后即终止迭代，此时，intSum 变量的结果就是 1 到 100 之间所有整数的和。

在实际开发中，由于迭代类的流程控制会消耗较大的系统资源，开发者应尽量保证迭代的条件判断始终有一个指定的范围，以保障迭代能正确结束。

如果迭代的条件判断总是成立，就成为了一个死循环。虽然在很多编程语言中死循环有其独特的使用价值，但是在 Javascript 这种极端依赖 Web 浏览器的编程语言中，死循环往往会使 Web 浏览器沉浸于迭代运算而无法及时响应，甚至造成死机，因此应尽量避免使用。例如，下面的代码就是一个典型的死循环，如下所示。

```
while ( true ) {

    Console.log ( '这个程序无法终止' ) ;

}
```

2．do…while 语句

do…while 语句也是一种基于简单表达式判断的迭代语句，其与 while 语句的区别在于，while 语句的执行首先会进行表达式的判断，再决定迭代是否执行，而 do…while 语句和 while 语句的判断和执行顺序正好完全相反，其特点是先执行一次迭代，然后再判断表达式是否为逻辑真，如是真，执行下一次迭代，否则就终止迭代。do…while 语句的执行流程如图 4-8 所示。

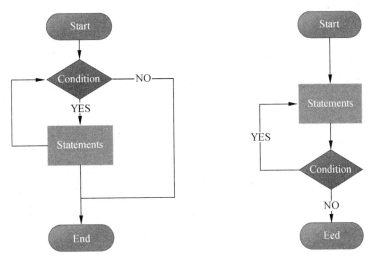

图 4-7　while 语句的执行流程　　　　图 4-8　do…while 语句的执行流程

在书写 do…while 语句时，也需要注意其条件的表达式要书写到语句的末尾部分，如下所示。

```
do {

    Statements ;

}
while ( Condition ) ; //输出 5050
```

在上面的伪代码中，Statements 关键字表示迭代的语句；Condition 关键字表示进行下一次迭代的条件表达式。需要注意的是，如果条件的表达式相同，那么 do...while 语句通常会比 while 语句多执行一次迭代，因此在使用 do...while 语句时需要充分考虑这一情况。例如，之前的计算 1 到 100 之间所有整数之和的程序，以 do...while 语句来实现的方式如下所示。

```
var intLoop = 1 ;
var intSum = 0;
do {

    intSum += intLoop ;
    intLoop ++ ;
}
while ( 100 >= intLoop ) ;
console.log ( intSum ) ;
```

在上面的代码中，同样声明了 intLoop 和 intSum 两个变量，并通过 do...while 迭代来对 intLoop 叠加，每次迭代都将叠加的结果与 intSum 相加获取最终 1 到 100 之间所有整数之和。

使用do...while语句进行迭代时同样需要为其判断的条件表达式限定一个指定的范围，避免死循环的产生。

3. for 语句

for 语句是一种最常见的迭代语句，其与 while 语句和 do...while 语句的区别在于，后两者的作用是根据表达式的逻辑值来作为迭代的依据，而for语句是一种基于计数器的迭代，其根据计数器的数值来决定是否迭代执行对应的语句，其执行流程如图 4-9 所示。

在 for 语句中，需要定义一个初始化的表达式作为迭代的计数器，然后再定义该计数器的取值范围（表达式和计数器叠加或累减的幅度），在每次迭代时将计数器叠加或累减后代入表达式中进行计算，判断是否继续迭代流程，其使用方法如下所示。

```
for ( Initialization ; Condition ; Increment ) {

    Statements ;
}
```

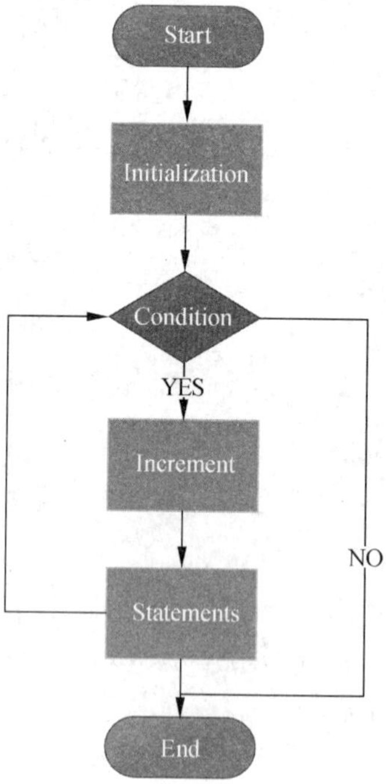

图 4-9 for 语句的执行流程

在上面的伪代码中，Initialization 关键字表示迭代的计数器；Condition 关键字为计数器的取值范围表达式；Increment 关键字表示计数器变量叠加或累减的幅度范围，其通常为一个基于赋值运算的表达式；Statements 关键字表示当 Initialization 计数器的值符合 Condition 表达式的需求时执行的迭代代码。

for 语句适合对一些有指定规律数据进行指定次数的重复性运算，或根据指定的索引遍历数组等。例如，计算整数 2 的 100 次幂，即可将 2 作为底数并将指数作为计数器进行迭代，求最终幂的代码如下所示。

```
var intRadix= 2 ;
var intPower = 1 ;
for ( var intExponent = 1 ; intExponent <= 100 ; intExponent ++ ) {

    intPower *= intRadix ;

}
console.log ( '2的100次幂等于' + intPower ) ;
```

在实际的开发工作中，for 语句最大的作用是根据索引对指定的数组进行遍历、读取或处理数组中的元素。例如，在下面的代码中，就定义了一个数组，其中包含几个元素，使用 for 语句可以方便地遍历该数组，依次输出该数组中大于 5 的元素值。

```
var arrData = [ 2 , 9 , 4 , 1 , 15 , 22 , 17 , 3 ] ;
for ( var intIndex = 0 ; intIndex < arrData.length ; intIndex ++ ) {

    if ( 5 < arrData [ intIndex ] ) {

        console.log ( 'arrData 数组中第' + ( intIndex + 1 ) + '个元素' +
                arrData [ intIndex ] + '大于数字5' ) ;

    }

}
```

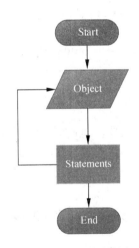

在上面的代码中，arrData 为自定义的一个包含若干数字的数组，通过将 for 语句中定义的变量 intIndex 作为 arrData 数组的索引，嵌套 if 判断语句，从而得到了数组中所有比数字 5 大的数字元素并将其输出到 Web 浏览器的控制台中。

for 语句在实际开发中的用途十分广泛。在处理各种数组和集合数据时，for 语句是必备的工具。

4．for…in 语句

for…in 语句是 for 语句的一个变种，其与 for 语句最大的区别在于，for 语句需要定义指定的计数器，通过计数器来决定迭代的次数，而 for…in 语句不需要计数器，其可以直接枚举对象，读取和操作对象的属性，如图 4-10 所示。

图 4-10　for…in 语句的执行流程

for…in 语句会严格地逐个枚举对象的每一个属性，直至所有属性均已被枚举后自动终止，其使用方法如下所示。

```
for ( Property in Object ) {

    Statements ;

}
```

在上面的伪代码中，Property 关键字表示一个替代的属性名称；Object 关键字表示被枚举的对象；Statements 关键字表示在枚举过程中执行的代码。

例如，在下面的代码中定义了一个名为 person 的对象，定义了该对象的几种属性，然后即可通过 for...in 语句枚举对象的所有属性。

```javascript
var person = {
            name : 'Sera Chain' ,
            age : '30' ,
            birthday : '1983-09-05'
} ;
for ( prop in person ) {

    console.log ( prop + ':' + person [ prop ] ) ;
}
```

在上面的代码中，使用了一个临时的变量 prop 作为对象的属性名，通过该属性名枚举了对象中所有的属性，并将属性名和属性值输出到 Web 浏览器的控制台中。

由于 Javascript 脚本语言是一种面向对象的编程语言，其将数组也视为对象，所以 for...in 语句也可以通过数组的索引遍历数组的所有元素。例如，遍历之前定义的 arrData 数组，就可以使用 for...in 语句实现，代码如下。

```javascript
var arrData = [ 2 , 9 , 4 , 1 , 15 , 22 , 17 , 3 ] ;
for ( index in arrData ) {

    if ( 5 < arrData [ index ] ) {

        console.log ( 'arrData 数组中第' + ( index + 1 ) + '个元素' +
                arrData [ index ] + '大于数字 5' ) ;
    }
}
```

需要注意的是，由于 for...in 语句不需要定义计数器，因此在遍历同一个数组时，其所消耗的资源要比 for 语句更低，执行效率更高。在此强烈推荐尽量使用 for...in 语句来遍历数组，以提高脚本的执行效率。

4.4.3　流程的跳转

Javascript 脚本语言不仅支持通过条件判断决定分支语句的执行和迭代，还允许开发者通过为语句添加标记对代码进行更加严格地控制，强制代码跳转到指定的流程。

1．语句的标记

Javascript 允许开发者为语句添加自定义的标记，将标记作为语句被引用时的凭据。当需要执行该语句时，可以直接通过标记来实现语句流程的跳转，其使用方法如下。

```
Label : Statements ;
```

在上面的伪代码中，Label 关键字表示为语句定义的标记；Statements 关键字表示语句的内容。例如，在下面的代码中，就为一个 Javascript 语句添加了名为 Test 的标记，如下所示。

```
laTest : intLoop ++ ;
```

为语句定义标记的意义在于，其可以为语句提供一个引用的接口，供 break 语句或 continue 语句等快速地调用，实现代码流程的跳转。标记的命名不可以是 Javascript 的关键字、保留字，也不能与当前程序或命名空间中的其他变量、对象和类重名。在此推荐采用类似变量的命名法则为其命名，即用小驼峰的方式命名，前缀为 la，以示与其他变量的区别。

2. 终止迭代语句

在之前介绍 switch…case 语句时已经使用过 break 语句，break 语句除了可应用于 switch…case 语句之外，也可以应用于迭代流程，其作用就是立即中断当前迭代或指定迭代的执行流程，跳出到语句块的外部，执行语句块之后的代码。

例如，下面的代码用于计算数字 2 的幂，如果限定结果取值范围只能在值 65536 以内，就可以通过一个逻辑判断中断迭代流程，代码如下。

```
var intRadix= 2 ;
var intPower = 1 ;
var intExponentLimit = 100
for ( var intExponent = 1 ; intExponent <= intExponentLimit ; intExponent ++ ) {

    intPower *= intRadix ;
    if ( 65536 <= intPower ) {

        console.log ( '数据溢出，请检查。' ) ;
        break ;

    }

}
```

break 语句除了可以中断当前迭代以外，也可以中断多层嵌套的迭代，此时就需要对被中断的迭代先进行标记，然后再使用 break 语句进行中断操作，如下所示。

```
break Label ;
```

在上面的伪代码中，Label 关键字表示要跳转到的语句的标记名称。例如，定义一个双层嵌套的迭代，将外层的迭代进行标记，然后即可使用 break 语句及时中断这一迭代，如下所示。

```
laLoop:for ( var intDoubleDigit = 0 ; intDoubleDigit < 10 ; intDoubleDigit ++ ) {
```

```
    for ( var intSingleDigit = 0 ; intSingleDigit < 10 ; intSingleDigit ++ )
{

        if ( 8 === intDoubleDigit && 0 === intSingleDigit ) {

            break laLoop;
        }
        console.log ( intDoubleDigit * 10 + intSingleDigit );
    }
}
```

在上面的代码中，本身为输出 0 到 100 之间的所有整数，但由于首先为外部的迭代定义了一个 laLoop 的标记，然后又通过 break 语句强制中断了该迭代的执行，因此输出到数字 79 后即终止了迭代。

3．终止当前迭代流程

除了直接终止整个迭代以外，Javascript 还允许开发者通过 continue 语句终止当前迭代，快速跳转到下一次迭代中。continue 语句与 break 语句的区别在于，break 语句将直接终止整个迭代流程，continue 语句则只终止这一次重复执行，并不会终止整个迭代流程。continue 语句的使用方法与 break 语句类似，如下所示。

```
continue [Label] ;
```

continue 语句的书写方式与 break 语句完全相同，在上面的代码中，Label 关键字表示 continue 语句终止的迭代标记，如果将其省略，则表示终止的为当前 continue 语句所属的迭代流程。

例如，在下面的代码中定义了一个迭代流程，依次输出 1 到 10 之间所有的整数。如果通过判断当计数器的值等于 5 时终止当次迭代，则可以在逻辑判断中使用 continue 语句，如下所示。

```
for ( var intCount = 1 ; intCount <=10 ; intCount ++ ) {

    if ( 5 === intCount ) {

        continue ;
    }
    console.log ( intCount ) ;
}
```

在上面的代码中，由于使用的终止迭代语句为 continue，因此当变量 intCount 值等于 5 时该迭代终止，再当变量 intCount 值叠加至 6 后恢复执行，因此该段代码将输出 1 到 10 之间除了 5 以外其他的所有整数。

continue 语句虽然能够局部地提升代码的开发便捷性和执行效率，但在实际的开发中，基于程序流程设计严密性和代码阅读的便捷性考虑，应尽量避免过多的流程跳转操作。事实上很多企业的代码开发规范中明文禁止使用流程跳转，以避免复杂代码的执行流程造成的维护问题。

4.5　函　　数

在数学中，函数用来描述传入参数和唯一返回值之间发生的对应关系。计算机程序开发领域引入了这一概念，用于封装在指定作用域中具有一个唯一名称的代码块，通过代码块内包含的一些代码语句对数据进行处理。

由于 Javascript 是一种弱类型的脚本语言，其本身并没有类、命名空间等面向对象编程的强类型语言的概念。在 Javascript 中，很多面向对象编程的语言特性都是通过函数来实现的。因此，函数的各种用法是 Javascript 中最重要的基础知识。

4.5.1　创建函数

在绝大多数编程语言中，一个完整的函数通常都包括四个组成部分，即函数名、参数、处理代码和返回值。其中，函数名是当前作用域中唯一的函数标识；参数是外部传入函数，被函数处理的数据；处理代码的作用是对传入的参数进行计算和处理；返回值则是处理代码对参数进行计算后返回的结果。因此，创建一个完整的函数，就是使用指定的语法将以上四个组成部分书写出来的过程。

1. 自定义函数

在 Javascript 脚本语言中，开发者可以通过多种方式来创建函数，其中最基本的方式如下所示。

```
function FunctionName ( [Arguments] ) {

    Statements ;
    [return ReturnValue] ;
}
```

在上面的代码中，FunctionName 关键字表示函数的名称；Arguments 关键字表示函数参数的集合，其可以是一个单独的参数，也可以是若干以逗号分隔的参数序列；Statements 关键字表示函数的语句；ReturnValue 表示函数的返回值。

例如，在下面的代码中，就定义了一个最简单的函数，其功能是输出 Hello World 字符串。

```
function HelloWorld ( ) {
    console.log ( 'Hello , World!' ) ;
}
```

在该函数所在的作用域中，开发者可以通过直接书写函数的名称和括号的方式调用该函数，代码如下。

```
HelloWorld ( ) ;
```

以上的函数实际上是直接进行了一项程序操作，并未处理数据，因此不需要定义参数和返回值。通常情况下，如果需要对某一个或一些数据进行处理，可以参数的方式将这些数据传入函数内部，进行处理后再通过返回值输出。例如，求两个数字的平均值，代码如下。

```
function Average ( num1 , num2 ) {

    var intAverage = NaN ;
    if ( 'number' === typeof num1 && 'number' === typeof num2 ) {

        var intAverage = ( num1 + num2 ) / 2 ;
    }
    return intAverage ;
}
```

在上面的代码中定义了两个参数分别为 num1 和 num2，在函数内部定义了一个 intAverage 的变量作为输出的平均值结果。在进行平均值计算之前首先判断 num1 和 num2 是否为数字，如是则进行平均计算，否则保留 intAverage 的原始值 NaN。调用该函数时，如果输入的参数为数字，则该函数将返回数字的平均值，否则将返回 NaN，如下所示。

```
console.log ( Average ( 1 , 5 ) ) ;      //输出数字 3
console.log ( Average ( 'a' , 1 ) ) ;    //输出 NaN
```

在编写函数时，对所有传入的数据（包括参数、调用的外部值等）进行类型和值的验证是一个良好的习惯，其可以有效地避免数据类型或值不符合预期而引发的各种逻辑错误。

2. 匿名函数

在创建函数时，也可以直接将一个匿名函数作为值赋予一个变量，实现函数的定义，方法如下。

```
var FunctionName = function ( [Arguments] ) {
    Statements ;
    [return ReturnValue ;]
};
```

在上面的伪代码中，FunctionName 关键字表示函数的名称；Arguments 关键字表示函数的单独参数或以逗号分隔的参数序列；Statements 关键字表示函数中的语句；ReturnValue 关键字表示函数的返回值。例如，之前求乘积的函数也可以这种赋值的方式书写，代码如下。

```
var GetMultiple = function ( num , multiple ) {
```

```
    if ( 'number' === typeof num && 'number' === typeof multiple ) {

        return num * multiple ;

    }
};
```

以匿名函数赋值的方式定义函数需要注意在完成定义的右大括号 "}" 右侧必须添加行末结束的分号 ";"，以正确地结束代码行。

2. 函数的返回

返回值是函数在处理数据后反馈给程序的结果。在很多编程语言中，都会根据函数是否具有返回值来将其分类。例如，在 VBScript 脚本语言中，有返回值的被视为函数，无返回值的被视为过程。

但是，在 Javascript 脚本语言中，所有的函数都具有返回值。如果开发者没有手工为函数定义返回值，那么 Javascript 会将函数的返回值视为 undefined。例如，在下面的代码中，就定义了一个不包含显式返回值的函数，如下所示。

```
function PrintText ( text ) {

    if ( 'string' === typeof text ) {

        console.log ( text ) ;
    }
    else {

        console.log ( 'Error:Argument type is not string!' ) ;
    }
}
```

在调用该函数时，如果强制将其输出，则 Javascript 会运算出一个 undefined 的结果，代码如下。

```
console.log( PrintText ('My Text.') ); //输出 My text.后再输出 undefined
```

如果以显式的方式通过 return 语句为函数定义一个返回值，则在调用函数时，可将函数以类似一个变量或对象的方式引用。例如，在下面的例子中，就编写了一个包含显式返回值的函数，通过参数求乘法运算的结果，代码如下所示。

```
function GetMultiple ( num , multiple ) {

    if ( 'number' === typeof num && 'number' === typeof multiple ) {

        return num * multiple ;
    }
}
```

在使用该函数时，可以直接为函数定义参数，然后再以变量或对象的方式引用函数运算的结果，如下所示。

```
var intNumber = 3 ;
var intMultiple = 5 ;
//输出"3 乘以 5 的结果为 15"
console.log ( '3 乘以 5 的结果为' + GetMultiple ( intNumber , intMultiple ) ) ;
```

需要注意的是，return 语句会直接结束函数的执行，在函数的代码流程中，所有 return 之后的语句都是无效语句，并不会被程序执行。

4.5.2　函数的参数

参数是外部代码传递到函数内部的数据，是函数与外部数据交互的接口。在之前的小节中，已经介绍了自定义函数和调用函数时使用参数的基本方法，在 Javascript 脚本语言中，还可以更进一步对参数进行设计，使程序能够满足更加灵活的开发需求。

1．参数的传递

参数的传递是指在调用函数时将指定的值传入到函数的参数中，对这些值进行处理的过程。在研究函数参数的传递时，可以将函数的参数分为形式参数和实际参数两大类。其中，形式参数是指在创建函数时定义的参数名称，其本身仅仅是建立了一个虚拟化的、形式上的参数，并预置了对参数处理的方式。实际参数是指在函数调用时，对参数进行具体化、值化之后的数据，其本身已经真正以实际数据的形式存在，因此被称作"实际"的参数。

例如，在下面的代码中，定义了一个求三数平均值的函数。

```
function GetAverage3 ( num1 , num2 , num3 ) {
    var intAverage = 0 ;
    if ( 'number' === typeof num1 &&
        'number' === typeof num2 &&
        'number' === typeof num3 ) {
        intAverage = ( num1 + num 2 + num3 ) 3 ;
        return intAverage ;
    }
    else {
        console.log ( '传入的参数有误，其可能非数字类型' ) ;
    }
}
```

在上面的代码中，分别为 GetAverage3()函数定义了三个参数 num1、num2 和 num3，在定义函数的这一环节，这三个参数并没有实际的值，其存在仅仅是形式上的。在 Javascript 中，并不会为这三个参数分配内存单元，也不会对这三个参数进行处理。

如果使用以上函数进行一次实际的平均数运算，例如，对 2、3、5 三个质数求平均值，则实际上就是将这三个参数转换为实际参数，如下所示。

```
console.log ( GetAverage3 ( 2 , 3, 5 ) ) ;
```

在上面的代码中，调用了 GetAverage3()函数对质数 2、3 和 5 进行了运算，在执行该函数的过程中，Javascript 会立即为三个参数分配内存单元，然后进行计算，直至执行完毕后才会将这三个参数所占用的内存单元回收。

在函数调用过程中，参数的传递只能是单向的，即只能将实际参数传递给形式参数，不能反其道而行之。

函数参数的传递还可以分为值传递和引用传递两种。其中，当参数传递的数据为三种原始数据类型（字符串、数字、布尔值）时，这种传递被称作值传递，在传递后，即便实际参数再次发生变化，形式参数往往不会随实际参数变化，也就是说，值传递仅传递一次，不会进行二次传递。

当参数传递的数据为引用数据类型（例如对象、数组、日期、正则表达式以及其他自定义的对象类型）时，这种传递被称作引用传递。引用传递过程中传递的是一个复杂的对象，在传递后，形式参数与实际参数保持同步更新。实际参数如果发生变化（例如对象的重载、成员的变更、数组元素的扩充和缩减、日期重新实例化或其他对象的变更），则传递的参数也会随之发生变化。在引用传递中，参数的传递是即时的。

2．arguments 参数集合

arguments 参数集合是 Javascript 为解决在函数内部隐式调用函数参数时提供的一种解决方案，其意义在于，将函数的所有参数看作是一个整合的整体集合，通过一个指定的集合名称 arguments 即可实现对函数所有参数的读取和调用。

arguments 参数集合以类似数组的形式存在，函数的每一个参数都被视为 arguments 数组的一个元素。通过 arguments 参数集合，开发者可以更加灵活地使用函数的参数，为函数定义不定数量的参数并以隐式的方式调用这些参数。例如，在之前的小节中已经编写过求指定数量（3 个）的数字的平均值。在引入 arguments 参数集合的概念后，可以进一步地编写求任意数量数字平均值的函数，实现更加强大的运算功能，如下所示。

```
function GetAverage ( ) {

    //初始化所有有效参数构成的数组集合
    var arrValidArguments = [ ] ;
    //初始化所有有效参数的和变量
    var intValidSum = 0 ;
    //初始化所有有效参数的平均值变量
    var intValidAverage = 0 ;
    //遍历参数集合
    for ( arg in arguments ) {
        //判断参数是否为数字类型
        if ( 'number' === typeof arguments [ arg ] ) {
            //将有效的参数追加到有效参数的集合中
```

```
                arrValidArguments.push ( arguments [ arg ] ) ;
        }
    }
    //遍历有效参数的集合，计算所有有效参数之和
    for ( arg in arrValidArguments ) {
        intValidSum += arrValidArguments [ arg ] ;
    }
    //计算所有有效参数的平均值
    intValidAverage = intValidSum / arrValidArguments.length ;
    //返回所有有效参数
    return intValidAverage ;
}
```

在上面的代码中，采用了两个 for...in 迭代，首先迭代判断载入的参数是否为数字类型数据，如是，判定为有效，将其追加到临时的数组中，如否，则将其忽略。第二次迭代的目的是遍历临时的数组集合，将所有有效的参数相加并求出平均值。

例如，调用以上函数来获得数字 3、5、9 和字符串'b'四个值的平均值，其中，前三个值是有效值，最后一个值无效将被忽略，代码如下。

```
console.log ( GetAverage ( 3 , 5 , 9 , 'b') ) ;
```

arguments 参数集合本身的结构与数组十分类似，因此所有数组的属性、方法以及使用的方式在 arguments 参数集合中都是有效的。例如，通过索引来读取 arguments 参数集合某个参数元素，可以用中括号的方式调用，如下所示。

```
console.log ( arguments [ 0 ] ) ;
```

同理，使用 arguments 参数集合的 length 属性可以求得该集合中元素的数量，如下所示。

```
console.log ( arguments.length ) ;
```

在使用 arguments 参数集合时需要注意，arguments 参数集合在函数定义时会被视为是只读的，也就是说无法对其进行排序、追加元素、删减元素等操作。参数的顺序也十分重要，在使用参数集合时，应尽量将同类的参数放在函数参数序列的最前或最后以防止其他人在调用函数时出错。具体的同类参数放置的位置应该以编码规约的形式固定下来。在此推荐将若干同类参数放在函数参数集合的最前面。

3．参数的默认值

参数的默认值是指在函数定义时强制对函数的参数初始化并定义一个指定的值，以防止在调用函数时因未传递该参数而导致实际参数缺失的错误。例如，在 C#等大型编程语言中，就允许在为函数分配参数时直接在参数后赋值定义默认值。

Javascript 与其他编程语言的区别在于，其不支持这种为函数添加参数时定义默认值的语法，因此只能通过变通的方式实现这一功能。其原理是在函数的代码块中首先判断参数

是否存在，如是，则对参数进行处理，如否，则直接强制为参数赋值。例如，在求两个数字之和的函数中定义参数的默认值为 0，代码如下。

```
function GetSum2 ( num1 , num2 ) {

    // 为第一个参数添加默认值
    num1 = num1 || 0 ;
    // 为第二个参数添加默认值
    num2 = num2 || 0 ;
    // 判断参数有效性并求和
    if ( 'number' === typeof num1 && 'number' === typeof num2 ) {
        return num1 + num2 ;
    }
}
```

在上面的代码中，就分别对 num1 和 num2 两个参数进行了存在性判断，判断当其不存在时强制为其定义默认值，以保障在缺乏任意一个参数时仍然能够完成计算。为函数的参数定义默认值是一种良好的开发习惯，其可以规避很多调用函数时出现的参数缺乏错误。

4.5.3　函数对象

由于 Javascript 脚本语言是一种面向对象编程的语言，因此其将所有实体都视为是一种对象。函数这一概念也不例外，实际上，所有的函数无论全局函数或自定义函数都属于 Function 类的一个实例，其可以调用 Function 类的所有属性和方法。这一特性为开发者提供了研究函数的实质，即函数也是 Javascript 中的一种引用类型。

1. 创建函数对象

在创建一个函数时，开发者既可以使用传统的 function 语句创建函数，也可以用类似创建对象实例的方式创建函数，其方法如下所示。

```
var FunctionName = new Function ( [Arguments] , 'Statements; [return
ReturnValue] ;' ) ;
```

在上面的伪代码中，FunctionName 关键字表示函数的名称；Arguments 关键字表示函数的单独参数或以逗号分隔的参数序列；Statements 关键字表示函数中的语句；ReturnValue 关键字表示函数的返回值。

在使用以上方法定义函数时，需要注意函数对象所属的引用类型为 Function，首字母必须大写，且函数的语句和返回值等内容必须连接为一个单独的字符串，作为构造函数的最后一个参数书写。例如，之前的 HelloWorld 程序也可以改写为如下形式。

```
var HelloWorld = new Function ( 'alert ( \'Hello , World!\' ) ; ' ) ;
```

如果需要为此类函数传递参数，可以将函数的参数书写在 Function 构造函数内，但需要注意的是函数的语句和返回值的字符串必须作为 Function 构造函数的最后一个参数。例如，之前编写的求乘积的函数，其也可以按如下的方式书写。

```
var GetMultiple = new Function ( num , multiple ,
    'if ( \'number\' === typeof num &&' '\'number\' === typeof multiple )' +
    '{' + 'return num * multiple ;' +'}'
) ;
```

需要注意的是，当把函数的代码写在同一行时，需要为创建函数的语句末尾添加分号"；"，但如果将其以正常函数语句块的方式书写，则行末尾的分号"；"可以被省略。

虽然以对象的方式创建函数在 Javascript 语法中是完全合法的，也符合面向对象编程的基本理念，但是以普通方式创建函数，函数内部的代码将被以原生代码的方式解析，而以对象的方式创建函数，绝大多数 Web 浏览器都需要将以构造函数参数方式存在的函数内部代码以字符串的方式先进行一次解析，再将其转换为原生代码，因此其效率较低，会消耗更多的系统资源。在实际开发中，仍然建议开发者尽量避免以对象的方式创建函数，而采用 function 语句或变量赋值的方式来创建函数。

2．函数的重载

基于函数是一种特殊引用类型数据的特性，可以很容易地将函数理解为一种已声明的引用类型数据。因此，与其他引用类型数据类似，在声明函数并创建函数内部的语句执行后，开发者仍然可以对函数的语句执行过程进行修改，使得函数本身可以满足更多功能性的需求。这种对函数进行二次修改的操作被称作函数的重载。

例如，在下面的代码中，就以函数对象的方式建立了一个函数，并进行了简单的重载，通过重载使函数增强函数的功能，如下所示。

```
var GetSum = new Function ( num1 , num2 , 'num1 = num1 || 0 ;' +
    'num2 = num2 || 0 ;' +
    'if ( \'number\' === typeof num1 && \'number\' === typeof num2){' +
    'return num1 + num2 ;' + '}' ) ;
var GetSum = new Function ( 'var intArgumentIndex = 0 ;' +
    'var intValidArgumentIndex = 0 ;' + 'var arrValidArguments = [ ] ;' +
    'var flSum = 0 ;' + 'if ( 0 < arguments.length ) {' +
    'for ( intArgumentIndex in arguments ) {' +
    'if ( \'number\' === typeof arguments [ intArgumentIndex ] ) {' +
    'arrValidArguments.push ( arguments [ intArgumentIndex ] );' + '}' +
    '}' + 'for ( intValidArgumentIndex in arrValidArguments ) {' +
    'flSum += arrValidArguments [ intValidArgumentIndex ];' + '}' +
    'return flSum;' + '}' + 'else {' + 'return 0;' + '}' ) ;
```

在上面的代码中，首先以函数对象的方式定义了一个包含两个参数的函数 GetSum，用于求指定两个数字之和。然后，再次通过函数对象的方式定义了一个同名的全新函数，用于求任意几个有效数字之和。第二个函数对第一个函数进行了重载，在不影响初始函数基本功能的情况下对其功能进行了扩充。

实际上，并非只有以函数对象方式定义的函数才能重载，任意的一种函数定义方式都可以用类似的方式重载。例如，将以上的重载过程修改为普通函数的方式，同样可以实现重载的效果，代码如下。

```
function GetSum ( num1 , num2 ) {

    num1 = num1 || 0 ;
    num2 = num2 || 0 ;
    if ( 'number' === typeof num1 && 'number' === typeof num2 ) {
        return num1 + num2 ;
    }
}


function GetSum ( ) {

    var intArgumentIndex = 0 ;
    var intValidArgumentIndex = 0 ;
    var arrValidArguments = [ ] ;
    var flSum = 0 ;
    if ( 0 < arguments.length ) {
        for ( intArgumentIndex in arguments ) {
            if ( 'number' === typeof arguments [ intArgumentIndex ] ) {
                arrValidArguments.push ( arguments [ intArgumentIndex ] ) ;
            }
        }
        for ( intValidArgumentIndex in arrValidArguments ) {
            flSum += arrValidArguments [ intValidArgumentIndex ] ;
        }
        return flSum ;
    }
    else {
        return 0 ;
    }
}
```

以上代码是对之前以对象方式创建的函数的改写，其第二个函数同样实现了函数的重载。函数的重载，实际上就是将一个函数抽象为实体，是这个实体指向不同对象的指针，在这种情况下，函数的名称只是指向函数对象的引用。理解了这种复杂关系，就可以在实际开发中更加灵活地使用函数。

3. 函数的属性和方法

由于在 Javascript 脚本语言中，函数被视为一种对象，所有这些函数都被视为是一个对象的抽象类，因此函数也具有属性和方法等函数类的成员。Javascript 脚本语言为所有自定义的函数提供了 length 属性，用于获取函数参数的个数。例如，在下面的代码中定义的函数，就可以通过 length 属性读取参数，代码如下。

```
function GetSum ( num1 , num2 ) {

    num1 = num1 || 0 ;
    num2 = num2 || 0 ;
    if ( 'number' === typeof num1 && 'number' === typeof num2 ) {
        return num1 + num2 ;
    }
}
Console.log ( GetSum.length ) ; //输出 2
```

需要注意的是，length 属性仅能读取定义某个函数时该函数显式定义的参数的个数。如果使用 arguments 参数集合等方式隐式定义函数的参数，则 length 属性将无法读取到真实调用的函数参数。例如，用 length 属性求任意个数字之和的函数的参数个数，就只能得到数字 0。

除了 length 属性外，Javascript 脚本语言的自定义函数还支持 toString()方法，用于输出函数的源代码，例如，定义一个输出信息的函数，然后即可为该函数使用 toString()方法读取源代码，代码如下。

```
function AlertMessage ( text ) {
    alert ( text ) ;
}
//输出 function AlertMessage ( text ) { alert ( text ) ; }
console.log ( AlertMessage.toString( ) ) ;
```

在上面的代码中，就通过函数的 toString()方法输出了定义该函数的所有源代码。需要注意的是，toString()方法仅支持自定义函数，如果对 Javascript 原生的函数执行此命令，则仅会输出函数定义时的名称，无法查看函数内部的代码内容。

4.6 小　　结

Javascript 脚本语言最初仅是作为 NetScape 浏览器的一个附属工具，供前端开发者完成一些简单的交互任务。随着 Web 浏览器技术的发展和计算机性能的提高，今天的 Javascript 已经正式成为前端开发的支柱性工具，其重要性越来越突出。现代 Web 设计中的绝大多数交互体验都由 Javascript 脚本语言实现。在标准化的前端开发中，Javascript 承担了越来越重要的作用。

本章详细介绍了 Javascript 脚本语言的书写、基本语法，以及使用 Javascript 脚本语言处理数据的详细方法。除此之外，为提高程序的执行效率和开发效率，还专门介绍了几种 Javascript 的代码流程控制方法，包括分支流程控制和迭代流程控制等。在本章的末尾，详细介绍了函数这一重要的实体的使用方法，帮助开发者了解函数的创建、参数的使用以及函数对象的基本概念。在之后的章节中，开发者可以重点阅读面向对象编程的相关知识，进一步理解面向对象的程序设计原理，开发出更加结构化、模块化，维护更便捷的程序。

第 5 章   面向对象的编程

在之前的章节中已经介绍了一些 Javascript 脚本语言的基本知识。作为一种典型的面向对象编程的脚本语言，Javascript 具有许多面向对象编程的开发语言特色，例如其将所有要处理的数据都视为对象（包括函数等），同时也允许开发者自定义对象，用面向对象的方式实现各种开发功能等。

面向对象本身是一种程序设计的思路，其特点是完全拟人化，用现实中人类了解事物的方式来研究程序数据的关系，是当代最流行的程序设计方式。使用面向对象的程序设计方式，可以有效地提高程序开发效率，降低维护成本，使程序开发工作更加适合团队协作。

本章就将以面向对象的方式介绍 Javascript 脚本语言的特性，同时还将详细介绍各种 Javascript 支持使用的对象类型和 Javascript 高级应用，为开发者学习 YUI 框架提供语言基础。

5.1   了解面向对象

面向对象的程序设计（Object-oriented Programming，OOP）是一种现代的程序设计模式，同时也是一种程序开发的方法以及研究程序处理的数据和整个程序结构的抽象方式。了解面向对象的程序设计原理，有助于开发者设计和开发出复用性更强，维护更为便捷的程序。

5.1.1   传统的面向过程理念

面向过程的程序设计（Procedure Oriented Programming，POP）是一种以程序的执行过程为中心进行程序设计的编程思想，由于其特点是基于程序执行步骤的记录，因此又被称为面向记录的程序设计。

面向过程的程序设计的特性是对程序的功能需求进行人工分析，将解决问题所需要的所有步骤拆分剥离出来，然后根据这些步骤编写若干函数来实现每一个步骤的功能。然后，再依次调用这些函数。由于这一特性，面向过程的程序设计又被称作函数式程序设计。

面向过程的程序设计理念适合开发一些依赖明显可拆分为若干步骤、不需要具备复用性的简单程序，例如常见的批处理程序等，通过直接的步骤对数据进行操作。在过去绝大多数脚本语言都是面向过程的，通过函数式的构件拼装成一个整体的程序，实现一些简单的功能。典型的面向过程的编程语言例如 C 语言、Basic 语言、Pascal 语言等。在 Web 开发中，VBScript 和 Javascript 脚本语言的早期版本也都是面向过程设计的。

面向过程设计的程序具有设计简单、开发迅速的特点，因此在一些小型项目或小型脚本中得到较多的应用。例如，编写一个网站登录的脚本程序，即可通过以下几个步骤实现，如图 5-1 所示。

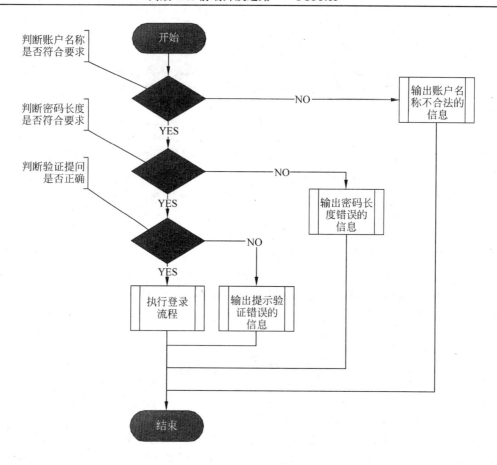

图 5-1　网站登录程序的基本过程

　　以上简单的程序执行流程是一个 Web 前端的登录验证脚本，其主要用于实现用户提交登录的账户名称、密码之前的基本判断，通过三个判断步骤预先排除部分用户的错误操作，降低服务器压力。

　　这三个判断步骤包括判断账户名称是否合法（例如是否只包含英文字母、数字和下划线且不以数字开头等）、密码长度是否合法（例如限制 8～16 个字符）、验证提问是否正确（例如 10 以内的加法等，用于人机识别）。当所有三个步骤均验证成功后，即可转入登录程序，如任意一个步骤验证失败，则输出错误信息并终止程序。

　　在传统的计算机程序开发中，面向过程的程序设计思想曾经主导过几乎绝大多数程序的开发，通过大量函数的连续执行实现程序的步进功能。但随着面向对象的程序设计的发展以及当代计算机编程语言的进步，当前绝大多数大型 Web 项目都已弃用了这一整体程序设计方式，仅在程序的某一些小功能模块中仍然使用。之前章节中编写的绝大多数代码都是基于面向过程的，之后，将重点介绍面向对象编程的设计方式。

5.1.2　面向对象方法的形成

　　面向对象的程序设计最初是由人类认识事物的逻辑方式发展而来，其通过对事物的分类以及抽象总结，来研究事物的特性以及功能。例如，人类在认识一个未知事物之前，会本能地对该事物与已知的事物相比较，分析该事物与已知事物的相似处和不同处，从而对事物进行分类研究，了解事物的特性。

1．面向对象的基本概念

面向对象的认知方式具备几种必要元素，即类、对象，以及类和对象的属性与方法。这些元素共同构成了面向对象的分析要素。

- 类（Class）

类是对一批具有共同的特性和功能的事物的抽象总结，其定义了一个或多个事物的抽象特征，包括事物的基本性质以及可实现的各种功能。

- 子类（Sub Class）

子类是类的成员，是类内部一部分具有另一些独特共性或独特功能的事物的抽象总结，即是对类内部某一部分元素的二次抽象。子类既具备类的抽象特征，又具备一些类不具备的独特的新特征。

- 属性（Property）

属性是类或者子类的各种组成元素的共同基本性质，其描述了类或者子类中的成员与其他事物有所区分的独特形状。属性是类或子类的成员之一。

- 方法（Method）

方法是类或者子类的各种组成元素的共同功能。在使用类或子类时，绝大多数情况下其实都是通过使用类或子类的方法来实现的。方法也是类或子类的成员之一。

- 对象（Object）

对象是类或子类的一个实例，是组成类或子类的具体元素，是类或子类的具象化产物。对象也是类或子类的成员之一。

例如，将所有的汽车视为一个类别，那么这个类别包含的各种事物具有一些共同的特性，如具备发动机、车轮、外壳等，同时还具备一定的功能，如载运和行驶等。汽车这一类别又可以衍生出若干子类别，例如卡车、轿车等，这些子类别也具有其独特的特性和功能。

以面向对象的方式来分析，汽车就是一个类，发动机、车轮、外壳等是汽车这个大类的属性，载运和行驶就是汽车这个大类的方法。

卡车、轿车都是汽车类的子类，其除了拥有汽车类的所有属性和方法，还具有一些专有的属性和方法。例如，卡车具有货斗这一专有属性，以及载运货物的专有方法；轿车具有后备箱这一专有属性，以及载运客人这一专有方法。这些元素之间的关系如图 5-2 所示。

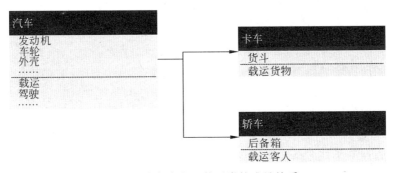

图 5-2　汽车类和及其子类的成员关系

　　图 5-2 中展示了汽车、卡车和轿车等三个相关的类之间的关系及其各自的成员构成，其中，每个类成员分隔线之上的为类的属性，分隔线之下为类的方法。

　　在卡车和轿车这两个子类之下，可以包含若干实例，例如轿车子类之下的桑塔纳 2000 轿车，可以被视为是轿车的一个实例，也就是一个具体的对象。该实例继承轿车的特性和功能，如后备箱属性和载运客人的方法，同时也继承汽车的所有特性和功能，如其也包含发动机、车轮和外壳等属性，以及载运和驾驶的方法。

2．面向对象的四种基本特性

　　面向对象的认知方法在划分事物和总结事物的特色时，会自然而然地对事物进行具体的描述。通常情况下，在进行具体描述时，会通过四种方式来对事物进行归纳总结，这四种方式就是面向对象的四种基本特性，即封装性、聚集性、继承性和多态性。

- 封装性（Encapsulation）

　　封装性是面向对象的又一重要特性，其特点在于强制将类或子类的方法封闭起来，并定义一些消息传递的接口。这样，当用户在使用这些方法时，不需要了解方法内部数据处理的机制，只需要通过消息传递机制将所需要进行的处理参数传递给方法，即可获取到处理的结果。

　　比如就汽车类而言，用户不需要了解汽车的各种部件如何相互作用而使汽车能够驾驶和载运，只需要了解汽车方向盘、各种操纵杆以及刹车等人机接口的使用方法，即可驾驶汽车和载运货物，实现汽车的各种功能。

　　在一些功能强大的面向对象编程的开发语言中，往往会提供一些关键字来限定一些指定的成员可以访问某些方法，利用方法的接口实现消息的传递。例如，限定方法为公用方法、私有方法或受保护的方法等。Javascript 不支持这一特性，但是可以通过编码规约的方式强制开发者遵守某些特定的守则。封装的作用十分重要，其决定了代码的安全性以及实现功能的便捷性。

- 聚集性（Aggregation）

　　聚集性是指在面向对象的分析过程中，会将各种事物聚集归纳为若干类，这些类之间可以存在嵌套和组合，一个事物可以是另一个事物的组成部分，若干事物也可以共同组成一个新的事物。

　　聚集性体现了面向对象的各种事物之间相互嵌套和结合的特性，是面向对象方法在对事物的各种特性进行归纳总结时必然要体现的特点。

- 继承性（Inheritance）

　　继承性是面向对象的基本特性，其定义了子元素与父元素之间的关系（例如子类对应父类、对象实例对应类等）。具体表现为在面向对象的认知体系中，任何一种成员都将完整继承其父元素的所有特性。

　　例如在之前的例子中，轿车和卡车等两个子类完整继承汽车的所有属性和方法，桑塔纳 2000 这一轿车的实例继承轿车以及汽车两个类的所有属性和方法。同时，由于桑塔纳 2000 不是卡车的实例，因此不继承卡车独有的属性和方法。

　　当一个类或对象从其多个父类继承属性和方法时，这种继承模式被称作多重继承。多重继承可能较为难以理解和使用，但是在实际开发工作中具有十分重要的作用。

- 多态性（Polymorphism）

多态性指通过继承关系定义的多个不同子类之间可以具有不同甚至完全相反的特性，相对于其父类，这些子类之间的关系就属于多态关系。多态性决定了一个大类之下的各种子类在保持父类的特性之余，可以具备一些父类不具备的特性，从而对父类进行延伸和发展，进一步拓展父类的功能。

例如在之前的例子中，轿车和卡车两个子类都属于汽车这一大类的成员，除了完整继承汽车的所有属性和方法外，其自身都具备另外一个子类不具备的特性，例如轿车不具备车斗属性，也不具备载运货物的功能；卡车不具备后备箱的属性，也不具备载运客人的功能等。

3．原型链的概念

以面向对象的方式认识事物，还需要了解一个重要概念，即原型链。原型链是由面向对象的继承性和多态性衍生而来，是指从类、子类到具体实例之间构成的一个关系链条。例如，从汽车这一个类到具体的桑塔纳 2000 轿车的实例，之间就具有如下一个原型链。

```
汽车==>轿车==>桑塔纳 2000
```

原型链体现了事物的分类以及继承关系，例如卡车就不是桑塔纳 2000 原型链中的元素，因此桑塔纳 2000 不会继承卡车的属性和方法，不具备货斗这一属性，也基本不具备载运货物的功能。

4．面向对象的作用

使用面向对象的方式，其优势在于可以快速而便捷地总结事物的具体特色，然后根据这些特色快速将归纳和整理事物，分类来进行处理。同时，随着分类整理的事物越来越多，建立的分类也越来越完整，在认识一个新的事物时，可以根据其局部特性快速地分析和测试这一事物自身的功能和特性。

在程序开发过程中，面向对象的方式同样非常重要。尤其在一些大型的开发项目中，通过对项目各种功能以及所需处理的数据类型和特性，可以将程序的功能拆分成若干模块，同时将数据视为模型，对这些模块和模型进行抽象化处理，建立类，并通过类的成员关系来划分各种特性和功能，以便快速解决开发中遇到的问题，有效地提高程序代码的复用性和整体项目的开发效率。

5.2　面向对象的 Javascript

从严格意义上讲，Javascript 并不像一些传统、大型的面向对象编程语言一样，具有类、命名空间、标识符等语言元素和特性，而且在 Javascript 的标准 ECMA-262 中也不存在这些概念。但是，Javascript 仍然属于面向对象编程的语言，这与其通过一个基础的对象引用数据类型，从逻辑上等价于其他编程语言中的类，来完整地体现面向对象的继承性、封装性、聚集性和多态性的特点有极大地关系。

除此之外，Javascript 还支持通过工厂函数、构造函数、混合方式等多种方法来定义类，完整地实现面向对象的功能。

5.2.1 Javascript 原型对象

Javascript 提供了一个原生的引用数据类型 Object，该类型用于创建一个原型对象的实例，并初始化为自定义对象提供内存占用。原型对象是所有 Javascript 引用数据类型的基类，其直接从属于浏览器的窗口对象，是 Javascript 面向对象编程技术的基础元素，因此被称作 Javascript 原型对象。

1. 构建 Object 原型对象

在需要自定义一个 Javascript 对象时，可以通过 new 运算符对 Object 数据类型实例化，如下所示。

```
var ObjectName = new Object ( [Value] ) ;
```

在上面的伪代码中，ObjectName 关键字表示自定义对象的名称。Value 关键字为可选项，表示该原型对象的初始值，其必须为原始数据类型的一个值，可以是数字、字符串、布尔值或 null 和 undefined。需要注意的是，对象的引用数据类型 Object 首字母必须大写。例如，定义一个名为 objTest 的自定义对象，并设置其初始值为 null，代码如下所示。

```
var objTest = new Object ( null ) ;
```

当对象没有任何初始值或者初始值为 null 时，也可以保持 Object 原型对象的括号内为空，如下所示。

```
var objTest = new Object ( ) ;
```

除了通过实例化 Object 原型对象外，开发者也可以使用大括号赋值的方式直接创建对象，其方法如下所示。

```
var ObjectName = { [Property 1 : Value1 , Property 2 : Value2 , …] } ;
```

在上面的伪代码中，ObjectName 关键字表示对象的名称；Property 1 关键字表示对象第一个属性名；Value1 关键字表示对象第一个属性值；Property 2 关键字表示对象的第二个属性名；Value2 关键字表示对象的第二个属性值，以此类推。

如果需要在创建对象时不需要定义对象的属性，则可以保持对象大括号的内容为空，直接建立空对象。例如，建立之前的 objTest 对象，也可以使用空大括号的方式赋值，代码如下。

```
var objTest = { } ;
```

如果在建立对象时需要定义对象的属性，则可以将属性和属性值写入到大括号中，属性和属性值之间需要以逗号","隔开。例如，建立一个 objUser 的对象，代码如下所示。

```
var objUser = { name : 'Sera Chain' , birthday : '1977-08-15' , gender :
'male' } ;
```

Object 原型对象的存在意义在于，为用户自定义对象提供一个引用泛型，并作为其他所有引用数据类型的基类，帮助开发者理解和使用各种其他类型 Javascript 原生对象。作为一种基本的类，Object 原型对象构建了基本的 Javascript 类成员支持，其分为属性和方法两种。

2．Object 原型对象的属性

Object 原型对象提供了两种基本的属性，用于实现自定义对象的各种基本功能，即 constructor 属性和 prototype 属性。

- constructor 属性

constructor 属性是一个引用属性，其作用类似其他语言中的指针，用于指向基于 Object 创建的各种自定义对象的构造函数。

- prototype 属性

prototype 属性也是一个引用属性，其用于对该对象的原型引用。对于所有基于 Object 创建的对象而言，该属性默认返回对象的一个实例。该属性最大的作用就是用于为自定义类添加实例属性，以便在建立其他类和对象时直接为对象初始化属性值。

需要注意的是，prototype 属性不能直接被 Object 原型对象使用，只能用于以 Object 原型对象为基类的其他自定义对象中。

3．Object 原型对象的方法

Object 原型对象提供的方法主要用于对各种以其为基类衍生而来的 Javascript 类或对象进行判断。或读取这些类或对象的初始值，如下所示。

- hasOwnProperty 方法

该方法的作用是判断对象是否具有某个特定的属性，其方法的参数即为被判断属性的字符串名称。其使用方法如下所示。

```
ObjectName.hasOwnProperty ( Property ) ;
```

在上面的伪代码中，ObjectName 关键字表示对象的引用名称，Property 表示要判断的属性名称。该方法将对类或对象的所有属性进行枚举，判断 Property 相同的属性是否存在，如存在，返回逻辑真，否则返回逻辑假。

- isPrototypeOf 方法

该方法的作用是判断对象是否为另一个对象的原型，其由基类或基础的对象调用，方法的参数即被判断的子对象的引用名称，其使用方法如下所示。

```
ParentObjectName.isPrototypeOf ( ChildObjectName ) ;
```

在上面的伪代码中，ParentObjectName 为原型链中父类或更基础的对象的引用名称，ChildObjectName 为子类或子对象的引用名称。例如，在下面的代码中，定义了一个原型对

象 objTest，然后即通过 Object 原型对象的 isPrototypeOf 方法验证并输出了结果，代码如下。

```
var objTest = new Object ( ) ;
console.log ( Object.isPrototypeOf ( objTest ) ) ; //输出 true
```

- propertyIsEnumerable 方法

该方法的作用是判断对象的某一个属性是否可以被枚举，其方法的参数为被判断的对象属性的引用名称，其使用方法如下所示。

```
ObjectName.propertyIsEnumerable ( Property ) ;
```

在上面的伪代码中，ObjectName 关键字表示对象的引用名称，Property 关键字表示需要判断的属性。当 Property 属性属于 ObjectName 对象的成员，且可以被 for...in 语句枚举时，该方法将返回逻辑真，否则，返回逻辑假。

在使用 propertyIsEnumerable()方法时需要注意该方法仅判断当前对象自身的成员，不会判断该对象由父类继承而来的成员。通常情况下，预定义的属性是不可枚举的，而开发者定义的属性始终是可枚举的。

- toString 方法

该方法的作用是以字符串的方式返回对象的值，即对象构造函数的返回值或对象的类型名称等。在之前介绍数据类型转换的章节中已介绍过使用该方法来将任意类型的数据转换为字符串，在 Javascript 脚本语言中，任意类型的数据或者对象都支持此方法，包括以原型对象衍生而来的引用类型数据或者自定义对象。

- valueOf 方法

该方法的作用与 toString()方法类似，其作用是返回对象的初始值，其区别在于，toString()方法返回的是一个字符串类型的初始值，而 valueOf()方法返回的则是对象自身的实例。也就是说，当且仅当对象的类型为字符串时，toString()方法和 valueOf()方法返回的值是相同的，否则 valueOf()方法返回的值的类型更加丰富。下面列举了不同类型的数据使用 valueOf()方法返回的结果，如表 5-1 所示。

表 5-1　valueOf()方法的返回值

对象类型	返回值
字符串	字符串
布尔值	布尔值
数字	数字
Object 原型对象	对象本身
数组	数组实例
日期	从标准时 1970 年 1 月 1 日午夜 0 时开始至日期储存的时间之间的毫秒间隔数字
函数	函数本身
正则表达式	正则表达式对象本身

5.2.2　工厂函数

工厂函数顾名思义，是以类似工厂批量生产的方式创建类或对象的一种函数。工厂函数最大的特点就是批量化封装类或对象的实例创建过程,因此这一环节又被称作工厂封装。使用工厂函数,可以快速地建立类和对象,并统一类和对象所拥有的属性和方法。

1. 基本工厂函数封装

基本的工厂函数封装,可以建立一个临时的原型对象,然后定义原型对象的自定义属性和方法,最终将临时原型对象作为工厂函数的返回值输出,供实例化的语句引用。典型的工厂封装方式如下所示。

```
function Factory () {
    var TempObject = new Object () ;
    TempObject.Property = Value ;
    TempObject.Method = function () {
        Statements ;
    };
    return TempObject ;
}
```

在上面的伪代码中,Factory 关键字表示工厂函数的名称;TempObject 关键字表示工厂函数封装的临时对象;Property 关键字表示该临时对象的属性;Value 关键字表示该临时对象的初始属性值;Method 关键字表示该临时对象的方法;Statements 关键字表示该临时对象方法的语句。使用工厂封装方式创建实例的方法如下。

```
var Instance = Factory ( ) ;
```

在上面的伪代码中,Instance 关键字表示实例的名称,Factory 关键字表示对应工厂函数的名称。由以上两段伪代码可以看出,所谓工厂函数封装的方式,实际上就是编写一个函数,然后在函数中预置创建原型对象的代码,并定义原型对象的属性和方法,最后将原型对象作为函数的返回值输出。在调用工厂函数时,实际上就是直接执行工厂函数内创建原型对象的代码,生成一个新的原型对象。使用工厂函数封装创建一个新闻条目的实例代码如下。

```
function CreateNews ( ) {
    var objTempNews = new Object ( ) ;
    objTempNews.title = 'Hello World!' ;
    objTempNews.content = 'Hello , This is Sera's first Instance.' ;
    objTempNews.showTitle = function ( ) {
        alert ( this.title ) ;
    } ;
    objTempNews.showContent = function ( ) {
        alert ( this.content ) ;
    } ;
    return objTempNews ;
}
var objNews = CreateNews ( ) ;
```

```
objNews.showTitle ( ) ; //弹出"Hello World!"消息
objNews.showContent ( ) ; //弹出"Hello , This is Sera's first Instance."
消息
```

原始的工厂封装适合快速建立大批量一模一样的实例。但是其往往无法创建多样性的实例，因此在实际开发中应用有限。

2．动态创建工厂实例

在实际开发中，开发者可以通过工厂函数的参数，为创建的实例定义完全不同的实例属性，从而实现创建实例的多样性，实现动态地创建工厂实例。在下面的代码中，就对以上创建新闻的工厂函数进行了修改，使开发者在调用工厂函数时能够自定义新闻的标题和内容，增强工厂函数的适应性，代码如下。

```
function CreateNews ( title , content ) {
    var objTempNews = new Object ( ) ;
    objTempNews.title = title ;
    objTempNews.content = content ;
        objTempNews.showTitle = function ( ) {
        alert ( this.title ) ;
    } ;
    objTempNews.showContent = function ( ) {
        alert ( this.content ) ;
    } ;
    return objTempNews ;
}
var objNews1 = CreateNews ( 'Hello World!' , 'Hello , This is Sera's first
Instance.' ) ;
var objNews2 = CreateNews ( 'Hello World2!' , 'Hello , This is Sera's second
Instance.' ) ;
```

在上面的代码中，就通过工厂函数的参数为定义的临时原型对象添加属性，然后，在调用工厂函数时即可通过参数快速将属性的值传递给临时对象，并获得多样化的实例。

5.2.3 构造函数

构造函数也是一种特殊的函数，其作为类的主体存在，用于实现类的功能。在绝大多数编程语言中，构造函数都是类不可缺少的组成部分。在 Javascript 中，通过使用构造函数，可以快速地构建对象，并获取对象的实例。

1．创建构造函数

Javascript 脚本语言可以通过以类或对象的名称作为函数名称的方式创建构造函数，然后再通过一些变通的方式来实现类或对象的自定义。使用构造函数创建类或者对象的方式如下。

```
function Constructor ( [Arguments] ) {
}
```

在上面的伪代码中，Constructor 关键字是构造函数的名称，通常情况下与类或对象同名；Arguments 关键字表示构造函数的参数，根据实际类或对象的需要，其可以为空，或为一个变量和对象，也可以是若干变量或对象组成的集合，以逗号 "," 分隔。

构造函数通常没有返回值，实质上也不需要返回任何数据。通常情况下构造函数的作用就是初始化一个对象，并初始化类或对象的各种成员（如属性、方法等）。在下面的代码中，就定义了一个用于描述用户数据的构造函数，构建了用户的类，如下所示。

```
function User ( strUserName , strGender ) {
}
```

在上面的代码中，定义了一个基本的用户类构造函数，并为其添加了两个参数，即 strUserName 和 strGender，用于描述用户的姓名和性别。如果需要为用户定义属性和方法，例如分别定义两个属性——姓名和性别，再定义两个方法包括分别输出这两个属性的值，则可以使用 this 关键字在构造函数内部引用构造函数自身，实现属性的定义，代码如下。

```
function User ( strUserName , strGender ) {
    this.name = strUserName ;
    this.gender = strGender ;
    this.showUserName = function ( ) {
        console.log ( this.name ) ;
    }
    this.showUserGender = function ( ) {
        console.log ( this.gender ) ;
    }
}
```

然后，即可通过 new 运算符调用这一构造函数，创建用户的实例。例如，在下面的代码中就创建了名为 Sera Chain 的实例。

```
var objUserSeraChain = new User ( 'Sera Chain' , 'male' ) ;
```

objUserSeraChain 对象实例由 User 类产生，因此基于面向对象的继承性原则，该对象将会完全继承 User 类的属性和方法。例如，输出用户 Sera Chain 的性别，即可调用 User 类的 showUserGender 方法，如下所示。

```
objUserSeraChain.showUserGender ( ) ; //输出 male
```

以上就是通过创建构造函数，并在构造函数中定义属性和方法来建立对象实例的具体方式。这种方式实际上是存在一些问题的，以下就详细阐述这种方法在实际开发中的弊端。

构造函数的特性就是每建立一个实例都必须完整地执行其内部所有的代码。由于每一次将构造函数内部的函数定义为方法时，都必须在内存中为该方法划分空间，并完整地执行一次该方法的代码，因此，调用这种构造函数的次数越多，在内存中占用的空间也越大，由于 Javascript 并没有一个良好的垃圾回收机制，因此这种方式会消耗较多的资源。

在定义一些简单的类时也许不会明显地表现出来，但是在一些大型的 Web 项目中，如果每一个构造函数都以这种方式定义，那么消耗的内存就十分可观，会严重影响客户端 Web 浏览器的执行效率。解决这个问题的方法就是使用原型定义属性和方法的方式。

2．使用原型定义属性和方法

在 5.2.1 中已经介绍过原型对象（Object）的一个特殊属性 prototype，其作用是为对象提供原型的引用。使用这一属性，开发者可以方便地在构造函数外部定义其原型属性和原型方法，从而避免包含代码过多的构造函数创建实例时造成的内存占用问题。例如，在下面的代码中，就通过这一方法定义了一个用户的类，以及该用户类的各种基本原型属性。

```
function User ( ) {
}
User.prototype.name = 'Sera Chain' ;
User.prototype.birthday = '1977-08-15' ;
User.prototype.gender = 'male' ;
User.prototype.showUserName = function ( ) {
    console.log ( this.name ) ;
};
User.prototype.showUserBirthday = function ( ) {
    console.log ( this.birthday ) ;
}
User.prototype.showUserGender = function ( ) {
    console.log ( this.birthday ) ;
}
var objUser1 = new User ( ) ;
var objUser2 = new User ( );
```

在上面的代码中，就定义了空的构造函数 User，其中并未包含任何代码，接下来，通过 prototype 属性为 User 类定义了三个原型属性和三个原型方法。在实例化 objUser1 和 objUser2 后，这两个新的实例将自动继承这些原型属性和原型方法。

这种空构造函数原型属性和原型方法的定义可以避免构造函数内代码多次被执行而造成的效率低下问题，但是其同样也产生了一个新的问题：由于构造函数保护的问题，这种空构造函数是不能给其原型属性和原型方法传递参数的，和基本工厂函数封装类似，这样定义出来的实例都是完全一样的。

因此，这种原型定义属性方法的空构造函数方式也并不能完美地解决效率和功能之间的平衡问题。最终，无论单纯的工厂函数还是构造函数，都回到了同一个起点。当然，无论工厂函数还是构造函数，小范围的应用都是完全可以满足一些简单定义类的需求的。但是最终实现完美地定义类，还需要用更加合理的方法来解决以上这些问题。

3．混合构造函数/原型方式

混合的构造函数/原型方式，其本质就是在构造函数内部定义类和对象的属性，然后再以原型的方式定义类和对象的方法。这种方式既能够通过构造函数来获取参数，实现属性的多样化，又可以避免大量方法在构造函数内部多次执行造成的资源浪费，是一种较为便捷地解决工厂函数与构造函数适用性的方式。

例如，之前定义用户类的构造函数，实际上可以用以下的方式书写，代码如下。

```
function User ( strUserName , strGender ) {
    this.name = strUserName ;
    this.gender = strGender ;
}
User.prototype.showUserName = function ( ) {
    console.log ( this.name ) ;
}
User.prototype.showUserGender = function ( ) {
    console.log ( this.gender ) ;
}
var objUser1 = new User ( 'Sera Chain' , 'male' ) ;
var objUser2 = new User ( 'Kazaff Feng' , 'female' ) ;
objUser1.showUserName ( ) ; //输出 Sera Chain ;
objUser2.showUserGender ( ) ; //输出 female ;
```

在上面的代码中，由于 showUserName() 和 showUserGender() 两个方法都仅仅创建了一次，因此不存在内存上的浪费，同时，由于 User 类的属性均在构造函数内部定义，因此也可以近乎完美地通过构造函数的参数来传递实际的属性值，使该构造函数能够符合多态性的需求。

混合构造函数/原型方式是 ECMAScript 中最主要的定义构造函数的方式，也是绝大多数开发者推荐使用的方式。

5.2.4　类和对象的成员

在之前小节中已经介绍过通过工厂函数和构造函数等方法来创建一个类，并简单地定义类的属性和方法。属性和方法都属于类的自有成员，如之前介绍的一样，属性描述类的性质，方法定义类的功能。在实际的使用中，Javascript 和绝大多数编程语言一样，又将这两种成员分为两大类，即应用于类自身的静态成员，以及用于实例的实例成员。

1. 静态成员和实例成员

静态成员是指用于描述类或对象自身性状的成员，其包括静态属性和静态方法两种。静态成员仅能用于类和对象自身，无法被类和对象的实例继承。

实例成员顾名思义就是用于描述类和对象具体的某一个实例的成员，其包括实例属性和实例方法两种。这两种成员无法用于类和对象自身，只能在实例化类和对象之后，为具体实例使用。

举个简单的例子，例如，在生物学领域的猫科动物作为一个类，那么会具有一系列的静态属性和实例属性，如图 5-3 所示。

在图 5-3 中，虚线以上的属性即猫科动物类的静态属性，很显然，这些属性仅用于描述整个猫科动物类的性状，而并不适合描述猫科动物中的某一个具体实例。例如，出现时间这一属性是整个猫科动物的特性，而某个具体实例例如邻居家的土猫咪咪，其出生在一年以前，显然不会与出现时间的三千万年前相符。同理，猫科动物的分布区域十分广泛，涵盖目前几乎所有人类涉及的区域，但是邻居家的土猫咪咪，则只活动在邻居家附近的几平方公里范围内。

猫科动物	
界：动物界	
拉丁文名称：Felidae	
中文名称：猫科	
出现时间：三千万年前的渐新世	
分布区域：亚洲、欧洲、非洲、南北美洲	
身体	
眼睛	
鼻子	
胡须或触须	
牙齿	
舌头	
颌部	
生殖器官	
腿和脚	

图 5-3　猫科动物的属性

虚线以下的属性则是猫科动物类的实例属性，这些属性被应用到所有猫科动物下属的任意子类、实例中，也就是说，邻居家的土猫咪咪，就都具有这些实例属性的特点。同时，实例属性也通常无法描述整个类的性状，例如，邻居家的土猫咪咪的毛是土黄色，而猫科动物的毛则各种色彩都有。

以上这个例子就很清楚地展示了静态成员和实例成员之间的区别。静态方法与实例方法的区分方式和静态属性与实例属性的关系较为类似，在此不再赘述。

2．使用静态属性

在 Javascript 脚本语言中，定义静态属性和实例属性需要使用不同的方法。在定义静态属性时，可直接使用类或对象的名称加属性名的方法，快速进行静态属性的创建，如下所示。

```
Class.Attribute = Value ;
```

在上面的伪代码中，Class 关键字表示类或对象的名称；Attribute 关键字表示静态属性的名称；Value 关键字表示静态属性的值。

例如，定义一个名为 Phablet 的类，用于描述时下流行的平板手机，那么就可以通过定义其最大屏幕尺寸和最小屏幕尺寸两种静态属性来描述整个类的特性，如下所示。

```
function Phablet ( ) {
}
Phablet.maxScreenSize = 7 ;
Phablet.minScreenSize = 5.5 ;
```

3．使用实例属性

在定义实例属性时，通常需要在类的构造函数或工厂函数内部以 this 关键字定义其实例的具体属性，或在构造函数和工厂函数之外由原型对象的 prototype 属性来继承产生，其方法如下所示。

```
function Class ( ) {
    this.Attribute1 = Value1 ;
```

```
}
Class.prototype.Attribute2 = Value2 ;
```

在上面的伪代码中，就采用了两种方式来为类定义实例属性。其中，Class 关键字表示类的名称；Attribute1 关键字表示在构造函数内部定义的实例属性名称；Value1 关键字表示在构造函数内部定义的实例属性值；Attribute2 关键字表示在构造函数外部定义的实例属性名称；Value2 关键字表示在构造函数外部定义的实例属性值。

以上两种定义实例属性的方式，其定义的属性在本质上没有区别。但是在实际应用中，在构造函数内部定义属性，可以便捷地通过构造函数的参数实现属性值数据的传递，增强实例的多样性。

例如，在下面的代码中，就定义了一个图书的类，并为图书定义了几个实例属性。

```
function Books ( strTitle , strAuthor , intISBN ){
    this.title = strTitle ;
    this.author = strAuthor ;
    this.isbn = intISBN ;
}
Books.prototype.press = '清华大学出版社' ;
```

在上面的代码中，就分别为 Books 类定义了四个实例属性，其中前三个属性依赖于构造函数的参数传递，因此采用了 this 关键字来定义，第四个属性是默认的统一实例属性，因此就采用了外部定义以减少构造实例时的资源消耗。使用这一构造函数创建实例时，即可应用这四种实例属性，代码如下。

```
var book1 = new Book ( 'AutoCAD 2013 中文版标准教程' , '张东平、温玲娟' ,
9787302322412 ) ;
```

在创建该实例后，即可使用"实例名+属性名"的方式对这些属性进行读取或编辑，操作类的实例属性。

4. 验证静态属性和实例属性

静态属性和实例属性的使用有很大的区别，完全不能混淆。例如，静态属性只能通过类名来读写，实例属性只能通过实例名来读写。例如，在下面的代码中，就同时为一个 User 类定义了静态属性和实例属性。

```
function User ( strUserName , strGender ) {
    this.name = strUserName ;
    this.gender = strGender ;
}
User.type = 'System User' ;
User.corp = 'Tsinghua University Press' ;
```

在上面的代码中，在 User()构造函数内部通过 this 关键字定义的两个属性是 User 类的实例属性，而在构造函数之外定义的 type、corp 两个属性则是 User 类的静态属性。通过几段简单的测试代码即可验证实例属性和静态属性的区别，如下所示。

```
var objUser1 = new User ( 'Sera Chain' , 'male' ) ;
var objUser2 = new User ( 'Kazaff Feng' , 'female' ) ;
console.log ( objUser1.name ) ; //输出 Sera Chain
console.log ( objUser2.gender ) ; //输出 female
console.log ( objUser1.type ) ; //输出 undefined
console.log ( objUser2.corp ) ; //输出 undefined
console.log ( User.name ) ; //输出 undefined
console.log ( User.gender ) ; //输出 undefined
console.log ( User.type ) ; //输出 System User
console.log ( User.corp ) ; //输出 Tsinghua University Press
```

在上面的代码中，由于 name、gender 两个属性为实例属性，因此在将 User 类实例化为 objUser1 和 objUser2 之后，可以通过这两个实例来读取到其属性值；但由于 type 和 corp 两个属性为静态属性，因此在通过 objUser1 和 objUser2 两个实例读取 type 和 corp 值时，获取的值为 undefined。

同理，由于 name 和 gender 两个实例属性只能为 User 类的实例使用，因此当直接以 User 类读取这两个属性时，获取的值只能是 undefined；type 和 corp 两个属性是静态属性，因此通过 User 类读取这两个属性，就可以返回正确的属性值。

在实际的开发中，静态属性和实例属性各自具有其必要的作用，因此具体定义一种属性为静态属性还是实例属性，需要根据实际情况具体分析。

通常情况下，如果某一种特性主要用于描述整个类的统一性状，为保障该特性不会被轻易地变动和修改，可将其定义为静态属性；而如果某一种特性用于描述一个类下每个具体实例的不同性状，为保障每个实例的多样性，应将其定义为实例属性。

5. 使用静态方法

静态方法和实例方法的关系与静态属性和实例属性的关系类似，其定义的方式也十分类似。为类定义静态方法，其方式就是通过类名加方法名的方式先建立静态方法，然后再将一个匿名函数作为值赋予该方法，代码如下。

```
Class.Method = function () {
    Statements ;
}
```

在上面的伪代码中，Class 关键字表示类的名称；Method 关键字表示方法的名称；Statements 关键字表示方法中的语句。

例如，为之前定义的平板手机类添加读取其最大屏幕尺寸和最小屏幕尺寸的方法，代码如下。

```
function Phablet () {
}
Phablet.maxScreenSize = 7 ;
Phablet.minScreenSize = 5.5 ;
Phablet.getMaxScreenSize = function () {
```

```
    return this.maxScreenSize ;
}
Phablet.getMinScreenSize = function () {
    return this.minScreenSize ;
}
```

需要注意的是，在静态方法中引用 this 关键字，其意义与在实例属性中的 this 关键字是完全不同的。在定义实例属性时，this 关键字指代的是实例自身，而在静态方法中使用的 this 关键字则指代整个类本体。

使用以下两行代码，即可方便地调用 Phablet 类的静态方法，输出其屏幕最小值和最大值，代码如下。

```
console.log ( Phablet.getMaxScreenSize ( ) ) ; //输出数字 7
console.log ( Phablet.getMinScreenSize ( ) ) ; //输出数字 5.5
```

6. 使用实例方法

实例方法的使用方式与实例属性类似，都可以通过构造函数或工厂函数内部的 this 关键字来定义，也可以在外部以类的 prototype 属性来定义，如下所示。

```
function Class ( ) {
    this.Method1 = function ( ) {
        Statements1 ;
    }
}
Class.prototype.Method2 = function ( ) {
    Statements2 ;
}
```

在上面的伪代码中，Class 关键字表示类的名称；Method1 关键字表示构造函数内部的实例方法名；Statements1 关键字表示构造函数内部的实例方法语句；Method2 关键字表示构造函数外部的实例方法名；Statements2 关键字表示构造函数外部的实例方法语句。

在之前介绍混合构造函数/原型方式定义类时，已经介绍过实例方法的定义和使用，在此不再赘述。

5.2.5　对象的作用域

对象的作用域是一种特殊的面向对象编程的概念，其意义在于将实体（例如类、对象、函数、属性、方法、变量）进行分类，对外部代码访问这些实体做一些限定。

1. 作用域的意义

在一些小型开发项目中，开发者只需要定义少量的实体（例如类、对象、函数、属性和方法），在这种情况下，开发者往往无须考虑这些实体之间命名冲突以及相互嵌套导致的各种错误。

但是，在大型的开发项目中，如果将这些实体全部都放置在全局作用域中，则开发团队的开发者们很难协调大量实体的命名，尤其在统一了实体的命名法则后，不同的实体很容易会被几个开发者命名为相同的名称，导致命名重复和错误的重新实例化和函数方法重构。

基于以上理由，绝大多数的面向对象的编程语言都引入了一个特殊的概念，即对象的作用域。在计算机软件开发领域，作用域这一概念类似数学中的函数定义域，其意义在于，为各种类、对象、函数、属性、方法、变量等实体定义了一个适用的范围，防止开发者混乱地引用这些实体，尤其在对这些元素进行修改操作时不适时地重构或重定义这些元素，从而影响其他代码的执行。

通常情况下，在一些大型的面向对象开发语言中，作用域都是通过关键字来划分的，例如将各种实体定义为公共作用域、私有作用域两种类型。通过 public 关键字将实体的作用域定义为公共，允许其被任意位置的代码访问；通过 private 关键字将实体的作用域定义为私有，限制其只能在其所属的类或对象内部被代码访问等。

2. Javascript 中的作用域

由于 Javascript 是 ECMAScript 脚本语言的一个标准子集，因此其继承了 ECMAScript 脚本语言的完全公共作用域的特点，与其他面向对象的编程语言有较大的区别。

Javascript 不提供 public、private 等关键字以限定实体的作用域，并且强制开放实体的作用域为公有，也就是说，开发者定义的任何实体，其作用域都是公共的。在这种状况下，开发者在代码中直接编写的函数、声明的变量，其作用域都会被视为全局范围，即可被任意位置的代码调用。

例如，在以下的代码中声明了一个变量，创建了一个对象以及建立了一个函数，代码如下。

```
var intTest = 0 ;
var objTest = null ;
function Test ( ) {
    return null ;
}
```

在上面的代码中，三个实体的作用域都是全局的，因此在任意位置的代码都可以对其进行调用。同理，在定义类和对象时，为类和对象建立的任何属性、方法、子类、实例等都会被强制定义为公共作用域，在全局任意位置均可被调用。例如，创建一个名为 Book 的类，为其定义属性和方法，代码如下所示。

```
function Book ( strTitle , strAuthor ) {
    this.title = strTitle ;
    this.author = strAuthor ;
}
Book.publisher = 'Tsinghua Univercity Press' ;
Book.prototype.getTitle = function ( ) {
    return this.title ;
```

```
}
Book.prototype.getAuthor = function ( ) {
    return this.author ;
}
Book.getPublisher = function ( ) {
    return this.publisher ;
}
```

在上面的代码中，定义了 Book 类的两个实例属性、两个实例方法以及一个静态属性和一个静态方法。开发者们可以发现，由于 Javascript 不支持以 public 或 private 等关键字来限定作用域，因此，以上代码中 Book 类的几个属性和方法可以被任意位置的代码调用。同理，如果重新定义 Book 类的某一个方法，那么 Javascript 很容易会重构这一方法，导致原有的方法无法继续使用。

Javascript 的这种特性使得其语法和使用方式比任何一种面向对象编程的语言都更加灵活，但由于其所有实体都被开放到公共作用域，开发者一不小心就会在定义实体时与已有的实体名称重复，极其容易在不知情的情况下重构这些实体，导致团队协作时出现代码不同步的问题和调用错误等。

3. 私有规约

解决 Javascript 脚本语言中的公共作用域问题，最简单而直接的办法就是通过私有规约的方式进行规避。

私有规约是一种变通方式，其意义在于通过开发团队内部强制规范编码规约的方式，强迫开发者按照一些特定的命名规则来命名一些类或对象的成员，将这些成员标记为类似其他编程语言中的私有成员，从规约上禁止其他开发团队的人员在公共作用域内调用这些代码，从而在语义上实现私有作用域的效果。

例如，很多开发团队都会对一些需要定义为私有成员的实体进行特殊的命名法则，例如在实体名称中添加下划线等。在下面的代码中，就定义了一个类，并定义了类的两个私有成员和两个公有成员，代码如下。

```
function User ( strUserName , strPassword ) {
    this.userName = strUserName ;
    this._password = strPassword ;
}
User.prototype.getUserName = function ( ) {
    return this.userName ;
}
User.prototype._getPassword = function ( ) {
    return this._password ;
}
```

在上面的代码中，就分别定义了两个实例属性和两个实例方法，其中，userName 属性和 getUserName()方法属于普通的公共作用域成员，而_password 属性和_getPassword()方法则属于语义上的私有作用域成员，在成员名称前添加了下划线作为标识。

需要注意的是，私有规约只是一种推荐用法，而非 Javascript 语言自身支持的功能，因此如果开发者强制在公共作用域调用_password 属性和_getPassword()，仍然是可以实现调用的。因此，在使用私有规约时更注重的是团队的协作性和规范的执行。

5.3 Javascript 原生对象

在之前的章节中已经介绍过 Javascript 的原始数据类型和引用数据类型，其中原始数据类型往往被视为简单的变量来处理（字符串除外），而引用数据类型的数据通常被视为是官方原生的类，每一条引用数据类型的数据都被视为原生类的对象实例，继承原生类的属性和方法。以下就将介绍这些原生类及其实例的使用方式。

5.3.1 字符串对象

字符串对象 String 是对字符串类型的原始数据的归纳和总结，其将所有字符串数据抽象为类，并扩充出各种属性和方法的结果。通常情况下，字符串对象主要用来处理各种复杂的文本内容。

需要注意的是，在绝大多数情况下，创建一个字符串对象都应以直接对其赋值的方法来实现，而不应通过 new 运算符调用字符串对象的构造函数。另外，Javascript 的字符串通常被视为一种常量，因此所有字符串对象的方法都无法修改字符串内容本身。

作为一种较为基础的对象类型，字符串对象提供了大量的属性和方法，使用这些方法，开发者可以方便地对字符串数据的各种信息进行读取操作。

1. 获取字符串长度

字符串对象 String 提供了一个实例属性 length，用于检测某一个字符串变量中包含的字符数量，其使用方式如下。

```
Instance.lenth ;
```

在上面的伪代码中，Instance 关键字表示字符串类型的实例，其可以是一个字符串类型变量或对象的名称，也可以是一个直接的字符串常量等。在下面的代码中，就使用 length 属性来获取两个字符串变量的长度，如下所示。

```
var strTest = 'Hello,World!' ;
console.log ( 'Javascript'.length ) ; //输出 10
console.log ( strTest.length ) ; //输出 12
```

2. 获取指定索引位置的字符

字符串对象通常是由若干字符按照指定的排列顺序组成的。Javascript 为方便开发者存取，为字符串中的所有字符进行了编号处理，并为每一个字符定义了一个基于整数的索引

（亦称下标）。其中，第一个字符索引号为 0，第二个字符索引号为 1，以此类推。

除了非负整数索引外，Javascript 还允许开发者以倒序的方式通过负整数索引来调取字符串中的字符。其中，–1 表示倒数第一个字符的索引，–2 表示倒数第二个字符的索引，以此类推。

使用字符串的字符索引，开发者可以方便地获取字符串中指定索引位置的字符，以及字符在编码字符集中对应的代码。其中，字符串对象的 charAt()实例方法可使用字符索引在字符串中检索该位置的字符，其使用方式如下所示。

```
Character = Instance.charAt ( Index ) ;
```

在上面的伪代码中，Character 关键字表示需要获取的字符；Instance 关键字表示字符串对象实例；Index 关键字表示索引号，其可以是正序的非负整数索引，也可以是倒序的负整数索引。需要注意的是，Index 关键字的取值范围不得超过字符串的实际长度，否则将无法正确地获取字符。

例如，定义一个字符串对象的内容为"Javascript"，然后即可通过索引读取其第 5 个字符的内容，代码如下。

```
var strTest = 'Javascript' ;
console.log ( strTest.charAt ( 4 ) ) ; //输出 s
```

除了读取指定索引位置的字符外，Javascript 还允许开发者读取该指定位置字符在编码字符集中对应的代码，其需要使用到字符串对象的 charCodeAt()实例方法，该方法可以在获取字符内容的同时将其转换为对应的编码字符集代码。例如，Web 项目的编码为 utf-8，则可以将字符转换为 utf-8 编码，其使用方法与 charAt()实例方法类似，如下所示。

```
CharacterCode = Instance.charCodeAt ( Index ) ;
```

在上面的伪代码中，CharacterCode 关键字表示需要获取的对应字符集编码；Instance 关键字表示字符串对象实例；Index 关键字表示索引号，其使用方式与 charAt()实例方法相同。

例如，对之前的实例稍微修改，即可获得字母 s 在 utf-8 字符集中的编码，代码如下。

```
var strTest = 'Javascript' ;
console.log ( strTest.charCodeAt ( 4 ) ) ; //输出 115
```

3. 检索字符串

Javascript 为字符串对象定义了两种实例方法 indexOf()和 lastIndexOf()，分别用于将一个关键词从字符串的正向和反向进行匹配，获取匹配的字符串位置。

其中，indexOf()实例方法的作用是从正向检索关键词，获取在字符串中第一个匹配的内容位置，其使用方法如下所示。

```
Index = Instance.indexOf ( Keyword , FromIndex ) ;
```

在上面的伪代码中，Index 关键字表示检索字符串的结果的索引位置；Instance 关键字表示字符串对象实例；Keyword 关键字表示检索的关键词；FromIndex 关键字为可选参数，表示起始检索的索引位置，其值应为非负整数，必须小于字符串的实际字符数。

需要注意的是，如果 Javascript 在目标字符串中检索到了关键词的索引位置，则 indexOf()实例方法将返回该关键词第一个字母在目标字符串中的索引位置；如果检索失败（例如关键词不存在，或不属于检索的范围），则 indexOf()实例方法将返回-1。

例如，在一个包含"Tsinghua University Press"的字符串中检索关键词"Press"，获取该关键词在整个字符串中的索引位置，代码如下。

```
var strPublisherName = 'Tsinghua University Press' ;
console.log ( strPublisherName.indexOf ( 'Press' ) ) ; //输出 20
```

如果设置 indexOf()实例方法的第二个参数起始检索索引为 21，则 indexOf()实例方法将无法检索出结果，只能返回-1，如下所示。

```
var strPublisherName = 'Tsinghua University Press' ;
console.log ( strPublisherName.indexOf ( 'Press' , 21 ) ) ; //输出 -1
```

另外需要注意的是，无论检索的关键词在目标字符串中出现过多少次，indexOf()实例方法只会返回指定范围的目标字符串中第一个匹配的结果的索引位置。

lastIndexOf()实例方法与 indexOf()实例方法相反，其作用是从反向检索关键词，获取在字符串中最后一个匹配的内容位置，其使用方法如下。

```
Index = Instance.lastIndexOf ( Keyword , FromIndex ) ;
```

在上面的伪代码中，Index 关键字表示检索字符串的结果索引位置；Instance 关键字表示字符串对象实例；Keyword 关键字表示检索的关键词；FromIndex 关键字为可选参数，表示起始检索的索引位置，其值必须为非负整数，小于目标字符串的字符数量。

需要注意的是，lastIndexOf()实例方法返回的关键词所在索引值仍然是该关键词第一个字符在目标字符串中的索引，而非最后一个字符的索引。例如，检索之前字符串中最后一个出现的字母"i"，即可通过以下代码实现，如下所示。

```
var strPublisherName = 'Tsinghua University Press' ;
console.log ( strPublisherName.lastIndexOf ( 'i' ) ) ; //输出 16
```

4．连接字符串

Javascript 为字符串对象提供了 contact()实例方法，帮助开发者将若干字符串合并为一个新的字符串。需要注意的是，contact()实例方法并不会改变任何已有的字符串对象实例的内容，只会返回一个新的字符串，其使用方式如下所示。

```
Instance1.concat ( Instance2 , Instance3 , … InstanceN ) ;
```

在上面的伪代码中，Instance1、Instance2、Instance3、……InstanceN 等关键字表示按照顺序排列的字符串对象实例。例如，分别将 Tsinghua、University 以及 Press 三个字符串对象实例合并为一个新的字符串对象实例，代码如下。

```
var strPublisherName = 'Tsinghua'.concat ( 'University' , 'Press' ) ;
console.log ( strPublisherName ) ; //输出 TsinghuaUniversityPress
```

concat()实例方法不限制参数的数量，因此其可以将任意数量的字符串对象实例按照顺序合并为一个新的字符串对象实例。

5．提取字符串片段

Javascript 为字符串对象提供了多种实例方法，帮助开发者从某一个字符串中提取片段，返回一个新的字符串，其包括 substring()实例方法、slice()实例方法以及 substr()实例方法等。

如果开发者需要依照字符串的索引范围提取某个字符串对象实例的片段，可以使用字符串对象的 substring()实例方法。该方法将会按照开发者指定的索引号范围，将对应的字符截取出来，返回为一个新的字符串对象实例，其使用方式如下。

```
Result = Instance.substring ( StartIndex , EndIndex ) ;
```

在上面的伪代码中，Result 关键字表示提取的字符串片段结果，其将为一个新的字符串对象实例；Instance 关键字表示被提取的目标字符串对象实例；StartIndex 关键字表示提取的起始字符索引，其必须为非负整数；EndIndex 关键字为可选参数，表示提取的结束字符索引，如其被省略，则表示提取的范围直至目标字符串的末尾。

例如，提取字符串"Javascript"中的"va"两个字符，组成一个新的字符串，代码如下。

```
var strLanguage = 'Javascript' ;
var strTest = strLanguage.substring ( 2 , 4 ) ;
console.log ( strTest ) ; //输出 va
```

开发者也可以使用 slice()实例方法来提取字符串片段，其使用方法大体与 substring()方法类似，如下所示。

```
Result = Instance.slice ( StartIndex , EndIndex ) ;
```

slice()实例方法与 substring()实例方法的区别在于，其 StartIndex 关键字可为负数，表示字符在字符串中倒序的索引；EndIndex 关键字也可为负数，表示字符在字符串中倒序的索引。例如，提取字符串"Tsinghua University Press"中的 University 字符串，代码如下。

```
var strPublisherName = 'Tsinghua University Press' ;
var strTest = strPublisherName.slice ( 9 , 19 ) ;
console.log ( strTest ) ; //输出 University
```

需要注意的是，slice()方法和 substring()方法中的两个参数指定的字符串索引范围必须至少包含一个字符串，如果其不含有效的字符串索引范围（例如，起始字符索引为 3，结束字符索引为 2 等），则这两个方法将返回一个 undefined。

除了 substring()实例方法和 slice()方法外，开发者也可以使用字符串对象的 substr()方法来提取字符串片段。该方法更适合提取指定长度的字符串片段，其使用方法如下所示。

```
Result = Instance.substr ( StartIndex , Length ) ;
```

在上面的伪代码中，Result 关键字表示提取的字符串片段结果；Instance 关键字表示字符串对象实例；StartIndex 关键字表示提取目标字符串时的起始字符索引，与 slice()实例方法类似，该关键字也可以为负数，表示倒序的索引；Length 关键字为可选参数，其必须为一个非负整数，表示截取的字符片段长度，如该关键字被省略，表示截取的范围直至目标字符串结尾。

需要注意的是，虽然几乎所有的 Web 浏览器都支持字符串对象的 substr()方法，但是该方法并非 ECMAScript 规范的标准方法，且 ECMA 国际也并未有计划将其规范为未来的标准，因此为防止未来某些 Web 浏览器移除此方法，在截取字符串片段时，推荐使用功能强大且符合 ECMAScript 标准的 slice()方法进行操作。

6. 分割字符串数组

数组是 Javascript 一种特殊的数据存储格式，其作用是将若干变量或对象按照指定的顺序以元素的方式存储到一个对象中，然后提供若干属性和方法，帮助开发者对这些变量和对象进行处理。Javascript 为字符串对象提供了 split()实例方法，帮助开发者以指定的分隔符将一个字符串拆分为多个以字符或字符串组成的数组。

字符串对象的 split()实例方法与数组对象的 join()方法操作完全相反，其使用方式如下所示。

```
Array = Instance.split ( Seperator , Count ) ;
```

在上面的伪代码中，Array 关键字表示分割的结果数组对象实例；Instance 关键字表示字符串对象实例；Seperator 关键字表示分割字符串的分隔符标记；Count 关键字为可选参数，表示分割的结果数组对象实例的最大元素数，如省略该参数，则表示将整个字符串对象实例以最大限度分割。

split()实例方法的第一个参数是必选参数。如果不需要设置分隔符，开发者可以定义一个空字符串将其作为分隔符，此时 split()实例方法将把字符串实例的每个字符分割为数组元素。

分隔符必须为一个字符串对象，其可以是任意字符串值，包括逗号、空格等。例如，将包含三个单词且以空格分隔的字符串 "Tsinghua University Press" 拆分为三个数组元素，并放置在一个独立数组中，代码如下。

```
var arrWords = [] ;
var strPublisherName = 'Tsinghua University Press' ;
arrWords = strPublisherName.split ( ' ' ) ;
```

如果只需要获取该字符串前两个单词，则可以用 split()实例方法添加第二个参数，设置其为 2，代码如下。

```
var arrWords = [] ;
var strPublisherName = 'Tsinghua University Press' ;
arrWords = strPublisherName.split ( ' ' , 2 ) ;
```

5.3.2 日期对象

日期对象 Date 的作用是提供一个类，为开发者提供若干方法以处理日期和时间类型的数据和信息。日期对象是 Javascript 原型对象衍生而来的特殊集合，其存储了八种类型的数据，分别为年份、月份、日期、小时、分钟、秒、毫秒以及星期。这八种类型的数据结合在一起，就可以构成一个完成的时间节点。

1. 创建日期实例

日期对象是一种典型的引用变量，因此其可以很方便地被实例化为一个描述日期时间信息的对象实例。在使用 new 运算符调用日期对象的构造函数对日期对象进行实例化的过程中，Javascript 会自动从其构造函数的参数中读取，或从当前系统时间中记录实例化的时间信息，将其存储到日期对象实例中。完整的日期对象构造函数使用方法如下所示。

```
var Instance = new Date ( Year , Month , Date , Hour , Minute , Second ,
Millisecond ) ;
```

在上面的伪代码中，Instance 关键字表示实例的名称；Year 关键字实例的年份；Month 关键字表示实例的月份；Date 关键字表示实例的日期；Hour 关键字表示实例的小时；Minute 关键字表示实例的分钟；Second 关键字表示实例的秒；Millisecond 关键字表示实例的毫秒。

日期对象的构造函数参数是可以省略的。当日期对象的构造函数没有参数时，默认将读取系统当前时间，存入生成的实例中；如果日期对象的构造函数参数为三个数字时，则 Javascript 会依次按照参数的书写顺序将其识别为年份、月份和日期；如果日期对象的构造函数参数为 6 个数字时，Javascript 会依次按照参数的书写顺序将其识别为年份、月份、日期、小时、分钟和秒。缺少的参数将被设置为默认值，各参数的默认值如表 5-2 所示。

表 5-2 日期对象构造函数各参数默认值

参数名	作用	默认值	取值范围	参数名	作用	默认值	取值范围
Year	年份	-	-271820~275760	Month	月份	0	0~11
Date	日期	1	1~31	Hour	小时	0	0~23
Minute	分钟	0	0~59	Second	秒	0	0~59
Millisecond	毫秒	0	0~999				

在此需要注意的是在设置年份时，年份的取值范围与客户端的操作系统紧密相关。通常情况下，版本越新的操作系统支持的年份范围就越大，早期的操作系统往往只支持 1970~2069 之间的年份取值。现今的新版本 Windows 操作系统（如 Windows 8.1）已经支持-271820~275760 之间的 54 万余年的时间取值范围。

另外，在定义年份的参数时，如果年份的数字为两位数时，Javascript 会自动将其设置为 19 开头的 20 世纪年份。如设置年份数字为 1 时，Javascript 会将其识别为 1901 年；如设置年份数字为 54 时，Javascript 会将其识别为 1954 年。

在定义月份的参数时还需要注意，当月份的参数中数字为 0 时，表示 1 月，数字为 1 时表示为 2 月，以此类推。例如，定义一个完整的日期 1983 年 9 月 5 日 16 时 27 分 22 秒

370 毫秒，代码如下。

```
var dtBirthday = new Date ( 1983 , 8 , 5 , 16 , 27 , 22 , 370 ) ;
```

如果仅需要定义一个简单的日期信息，不需要设置时间信息，则可以只使用日期对象构造函数的前三个参数，按照顺序进行构造，代码如下。

```
var dtBirthday = new Date ( 1983 , 8 , 5 ) ;
```

如果期望获取当前系统的日期时间，将其存储到日期对象中，则可以保持构造函数参数为空，代码如下。

```
var dtNow = new Date ( ) ;
```

2. 输出日期时间信息

日期对象是一种典型的引用类型数据，因此无法通过各种输出信息的方式（如window.alert()方法、document.write()方法以及 console.log()方法等）直接输出日期信息的具体值。如果开发者希望输出日期对象存储的具体时间值，则可以通过日期对象由原型对象继承而来的 toString()方法来实现，代码如下。

```
var dtBirthday = new Date ( 1983 , 8 , 5 , 16 , 27 , 22 , 370 ) ;
//输出 Mon Sep 05 1983 16:27:22 GMT+0800 (中国标准时间)
console.log ( dtBirthday.toString ( ) ) ;
```

需要注意的是，toString()方法输出的是默认格式的日期时间信息，因此，其格式和书写习惯完全是欧美式的，同时也无法实现输出信息的订制。如果需要输出一些特殊格式或要求的日期时间信息，则可以使用日期对象提供的其他几种方法对输出的时间信息进行订制，如表 5-3 所示。

表 5-3　日期对象的几种输出日期时间信息的方法

方法名	作用	示例
toTimeString()	输出时间信息（时分秒）	17:36:32 GMT+0800 (中国标准时间)
toDateString()	输出日期信息（年月日）	Wed Apr 30 2014
toUTCString()	输出标准时信息（格林威治）	Wed, 30 Apr 2014 10:09:03 GMT
toLocaleString()	输出本地格式日期时间信息	2014年4月30日 18:09:34
toLocaleTimeString()	输出本地格式时间信息（时分秒）	18:09:34
toLocaleDateString()	输出本地格式日期信息（年月日）	2014年4月30日

上表中的后三种方法会根据客户端操作系统的区域设置来返回指定格式的日期时间信息，如果本地操作系统的区域设置为中国，则返回中文的日期时间信息，以此类推。

3. 时间节点的比较

在一些特殊的应用需求下，开发者可能需要对日期对象的实例进行比较，判断两个日期对象的实例哪一个更早一些或哪一个更晚一些。由于日期对象并非一个简单的原始类型数值，因此通常情况下无法直接对其以关系运算符来进行比较。

基于此种需求，日期对象提供了一个特殊的 getTime()实例方法，该方法可以获取从标准时（1970 年 1 月 1 日 0 时 0 分 0 秒 0 毫秒）至日期对象存储的时间节点为止经历的毫秒数，根据这一毫秒数进行判断，开发者即可便捷地获得两个时间的比较结果。

例如，编写一段比较 1983 年 9 月 5 日 16 时 27 分 22 秒 370 毫秒和 2004 年 7 月 1 日 11 时 21 分 39 秒 119 毫秒两个时间节点哪一个更早一些，即可通过 getTime()方法首先读取标准时到这两个时间节点跨过的毫秒数，然后再对两个毫秒数进行比较，毫秒数较少的时间节点即较早的时间节点，代码如下。

```
var dtMyBirthday = new Date ( 1983 , 8 , 5 , 16 , 27 , 22 , 370 ) ;
var dtGraduationDay = new Date ( 2004 , 7 , 1 , 11 , 21 , 39 , 370 ) ;
var intMyBirthdayMilliseconds = dtMyBirthday.getTime ( ) ;
var intGraduationDayMilliseconds = dtGraduationDay .getTime ( ) ;
if ( intMyBirthdayMilliseconds < intNowMilliseconds ) {
    console.log ( 'My Birthday is earlier.' ) ;
} else {
    console.log ( 'My Graduation Day is earlier.' ) ;
}
```

除了使用 getTime()实例方法外，开发者也可以使用日期对象的静态方法 UTC()，通过具体的时间参数获取格林威治时间版本下从标准时（1970 年 1 月 1 日 0 时 0 分 0 秒 0 毫秒）至日期对象存储的时间节点为止经历的毫秒数，其方法如下所示。

```
Date.UTC ( Year , Month , Date , Hour , Minute , Second , Millisecond ) ;
```

在上面的伪代码中，第一个 Date 为日期对象的类名；Year 关键字为时间节点的年份；Month 关键字为时间节点的月份；第二个 Date 关键字为时间节点的日期；Hour 关键字为时间节点的小时；Minute 关键字为时间节点的分钟；Second 关键字为时间节点的秒数；Millisecond 关键字为时间节点的毫秒数。

需要区别的是，getTime()实例方法获取的毫秒数是以本地时区来计算的，而 UTC()静态方法是以格林威治时区来计算的。因此当且仅当本地时区与格林威治时区一致时，这两种方法返回的结果才一致。

4．获取日期时间数据

除了直接输出日期对象存储的时间信息为字符串外，开发者也可以通过日期对象提供的一系列实例方法获取日期时间节点内的各种数据，包括该节点在本地时间的年份、月份、日期、星期、小时、分钟、秒、毫秒，以及换算为格林威治时间后的这些时间数据。

关于获取日期时间数据，日期对象一共提供了 16 种实例方法，其返回值均为整数类型的数据，且处于一定的范围中，如表 5-4 所示。

表 5-4　日期对象获取时间数据的实例方法

方法名	作用	最小返回值	最大返回值
getFullYear()	获取本地时间的年份	-271820	275760
getMonth()	获取本地时间的月份	0	11

续表

方法名	作用	最小返回值	最大返回值
getDate()	获取本地时间的日期	1	31
getDay()	获取本地时间的星期	0	6
getHours()	获取本地时间的小时	0	23
getMinutes()	获取本地时间的分钟	0	59
getSeconds()	获取本地时间的秒数	0	59
getMilliseconds()	获取本地时间的毫秒数	0	999
getUTCFullYear()	获取格林威治时间的年份	-271820	275760
getUTCMonth()	获取格林威治时间的月份	0	11
getUTCDate()	获取格林威治时间的日期	0	31
getUTCDay()	获取格林威治时间的星期	0	6
getUTCHours()	获取格林威治时间的小时	0	23
getUTCMinutes()	获取格林威治时间的分钟	0	59
getUTCSeconds()	获取格林威治时间的秒数	0	59
getUTCMilliseconds()	获取格林威治时间的毫秒数	0	999

例如，读取 1983 年 9 月 5 日 16 时 27 分 22 秒 370 毫秒这一时间节点的日期时间信息数据，可以通过如下代码实现。

```
var dtMyBirthday = new Date ( 1983 , 8 , 5 , 16 , 27 , 22 , 370 ) ;
console.log('我出生在' + dtMyBirthday.getFullYear() + '年' +
    dtMyBirthday.getMonth() + '月' + dtMyBirthday.getDate() +
    '日' + dtMyBirthday.getHours() + '点' +
    dtMyBirthday.getMinutes() + '分' + dtMyBirthday.getSeconds()
    + '秒' ); //输出"我出生在 1983 年 8 月 5 日 16 点 27 分 22 秒"
```

5. 设置日期时间数据

除了获取日期时间数据外，Javascript 还为日期对象的实例提供了设置日期时间数据的一系列实例方法。与获取日期时间数据类似，其可定义该实例所包含的时间节点在本地时间的年份、月份、日期、小时、分钟、秒、毫秒，以及换算为格林威治时间后的这些时间数据。日期对象设置时间数据的实例方法包含 14 种，如表 5-5 所示。

表 5-5　日期对象设置时间数据的实例方法

方法名	作用	最小值	最大值
setFullYear()	设置本地时间的年份	-271820	275760
setMonth()	设置本地时间的月份	0	11
setDate()	设置本地时间的日期	1	31
setHours()	设置本地时间的小时	0	23
setMinutes()	设置本地时间的分钟	0	59
setSeconds()	设置本地时间的秒数	0	59
setMilliseconds()	设置本地时间的毫秒数	0	999
setUTCFullYear()	设置格林威治时间的年份	-271820	275760
setUTCMonth()	设置格林威治时间的月份	0	11

方法名	作用	最小值	最大值
setUTCDate()	设置格林威治时间的日期	0	31
setUTCHours()	设置格林威治时间的小时	0	23
setUTCMinutes()	设置格林威治时间的分钟	0	59
setUTCSeconds()	设置格林威治时间的秒数	0	59
setUTCMilliseconds()	设置格林威治时间的毫秒数	0	999

例如，初始化一个当前时间节点的日期对象实例，然后将其设置为 1983 年 9 月 5 日 16 时 27 分 22 秒 370 毫秒，代码如下。

```
var dtNow = new Date ( ) ;
dtNow.setFullYear ( 1983 ) ;
dtNow.setMonth ( 8 ) ;
dtNow.setDate ( 5 ) ;
dtNow.setHours ( 16 ) ;
dtNow.setMinutes ( 27 ) ;
dtNow.setSeconds ( 22 ) ;
dtNow.setMilliseconds ( 370 ) ;
```

5.3.3　数组对象

数组对象 Array 是 Javascript 中十分重要的一种对象，其作用是提供一种临时性的多维数据解决方案，允许开发者将一个或多个数据组成一个集合来存储、管理和维护，并提供一些属性和方法来对这些数据进行处理。每一个数组都是数组对象的一个实例，数组中包含的每一条数据都是数组的元素。数组就像一个小型的数据库，在程序开发过程中，应用数组对管理批量数据具有重要的作用。

1. 构建一个数组实例

Javascript 提供了两种构建数组实例的方法，其一是通过数组对象的构造函数和参数构建数组对象实例，另一种则是依靠直接书写数组的源代码方式构建数组对象实例。

数组对象的构造函数 Array()可以直接构造数组对象实例，并根据参数决定数组的内容，其基本用法如下所示。

```
var Instance = new Array ( ) ;
```

在上面的伪代码中，Instance 关键字表示数组对象实例的名称，在使用这种方式构建数组时，将直接产生一个空的数组对象实例。例如，定义一个名为 arrTest 的空数组对象实例，代码如下。

```
var arrTest = new Array ( ) ;
```

数组对象的构造函数是支持参数的。当其具有一个非负整数参数时，将直接构建一个具有与参数值相等数量空元素的数组，方法如下。

```
var Instance = new Array ( Nonnegint ) ;
```

在上面的伪代码中，Instance 关键字表示数组对象实例的名称；Nonnegint 关键字表示数组实例预置的空元素数量。例如，定义一个包含 10 个空元素的数组，代码如下。

```
var arrTest = new Array ( 10 ) ;
```

Javascript 中的数组是一种动态数组，其和 C#、Java 等大型编程语言中的数组最大的区别在于，C#、Java 等大型编程语言中的数组元素数量是只读的，也就是说定义一个数组的元素数量后就无法对其进行修改。Javascript 的数组元素数量是可写的，开发者可以随时增加或减少其元素的数量，不受任何限制。因此，在构建 Javascript 的数组实例时，通常不需要显式地定义数组元素的数量。

如果需要为构建的数组对象实例预先置入一个以上的非空元素，则可以直接将一个以上的数组元素以逗号 "," 分隔的方式作为参数添加到构造函数中，方法如下。

```
var Instance = new Array ( Element0 , Element1 , … , ElementN ) ;
```

在上面的伪代码中，Instance 关键字表示数组对象实例的名称；Element0、Element1、ElementN 等关键字表示初始化添加的数组元素。例如，将自然数 1、字符串 array、null、当前时间 dtNow 四个对象作为元素添加到 arrTest 数组中，代码如下。

```
var dtNow = new Date ( ) ;
var arrTest = new Array ( 1 , 'array' , null , dtNow ) ;
```

需要注意的是，以上这种方法只能建立元素数量为两个或两个以上的数组实例，这些元素将按照构造函数参数的顺序来决定其在数组内部存储的顺序。数组可以存储任意类型的数据，包括但不仅包括数字、布尔值、字符串、null、undefined、内置对象、自定义的对象乃至其他数组。但是需要注意的是数组不能存储其自身。

除了使用构造函数构建数组实例外，开发者也可以直接通过书写源代码的方式建立数组，其需要使用中括号 "[]" 运算符来替代数组，如下所示。

```
var arrTest = [ ] ;
```

在上面的代码中，通过中括号 "[]" 运算符构建了一个空数组，将其赋予 arrTest 数组对象。如果需要建立非空数组，则可以将数组的元素按照顺序以逗号 "," 分隔的方式书写在中括号中。例如，同样建立之前包括自然数 1、字符串 array、null、当前时间 dtNow 等四个对象的数组实例，代码如下。

```
var dtNow = new Date ( ) ;
var arrTest = [ 1 , 'array' , null , dtNow ] ;
```

需要注意的是，数组的元素是有顺序的，即便两个数组包含的元素完全一样，但顺序不同，也不能判定这两个数组相等。

2. 输出数组所有元素

Javascript 脚本语言提供了两种方式输出数组示例中的所有元素，一种是直接以实例名称的方式输出数组实例，代码如下。

```
var arrTest = [ 1 , 2 , 3 , 4 , 5 ] ;
console.log ( arrTest ) ; //输出 1 , 2 , 3 , 4 , 5
```

除此之外，开发者也可以使用数组对象由 Javascript 原型对象继承而来的 toString()实例方法来将数组元素输出出来，代码如下。

```
var arrTest = [ 1 , 2 , 3 , 4 , 5 ] ;
console.log ( arrTest.toString ( ) ) ; //输出 1 , 2 , 3 , 4 , 5
```

以上这两种方式输出数组元素中的实例，效果是完全一样的。在输出数组实例的所有元素时需要注意，如果数组中某些元素并非可以直接输出值的元素（例如其他数组、对象等），Javascript 会自动对这些元素调用 toString()方法进行强制转换，将其转换为字符串后再依次输出。

3. 读取数组元素数量

Javascript 为数组对象提供了一个实例属性 length，该属性会返回数组对象实例的元素数量，如下所示。

```
Instance.length ;
```

在上面的伪代码中，Instance 关键字表示数组对象实例的名称。例如，定义一个名为 arrTest 的数组，并为其添加几个元素，然后即可通过其 length 实例属性读取元素的数量，如下所示。

```
var arrTest = [ 1 , 2 , 3 , 4 , 5 ] ;
console.log ( arrTest.length ) ; //输出数字 5
```

4. 读写数组元素

在数组实例中，其各种元素通常会按照构建的顺序进行排列，这种排列被称作数组元素的索引（或下标）。数组元素的索引顺序是一组整数，其可以是 0 和正整数，也可以是负整数。

在默认情况下，数组元素的索引以数字 0 开始排列，例如，一个包含 5 个元素的数组，其元素的索引就依次为 0、1、2、3、4。负整数也可以作为数组元素的索引，当一个数组元素的索引为-1 时，表示其为数组中最后一个元素，如其索引为-2，则其为数组中倒数第二个元素，以此类推。

数组元素的索引是该元素最重要的特性，通过该特性，开发者可以方便地引用这些元素，像操作普通变量一样进行读取或写入操作，其方法如下。

```
Instance [ Index ] ;
```

在上面的伪代码中，Instance 关键字表示数组实例的实例名称；Index 关键字表示数组元素的索引号。例如，读取一个数组中第一个元素，可以将 Index 关键字设置为 0。在下面的代码中，就通过数组元素的索引，分别将数组中的每一个元素值减去 1，代码如下。

```
var arrTest = [ 1 , 2 , 3 , 4 , 5 ] ;
arrTest [ 0 ] = arrTest [ 0 ] - 1 ;
arrTest [ 1 ] = arrTest [ 1 ] - 1 ;
arrTest [ 2 ] = arrTest [ 2 ] - 1 ;
arrTest [ 3 ] = arrTest [ 3 ] - 1 ;
arrTest [ 4 ] = arrTest [ 4 ] - 1 ;
console.log ( arrTest ) ; //输出 0 , 1 , 2 , 3 , 4
```

如果需要批量地读取数组中的几个连续的元素，则可以通过数组对象提供的 slice()实例方法来实现。slice()方法可以按照指定的起始索引和结束索引，获取若干连续的数组元素，将其存储到一个新的数组中，其使用方式如下所示。

```
Instance.slice ( StartIndex , EndIndex ) ;
```

在上面的伪代码中，Instance 关键字表示数组实例的名称；StartIndex 关键字为必选参数，表示起始的数组元素索引；EndIndex 关键字为可选参数，表示结束的数组元素索引，如被省略，表示截取从 StartIndex 的索引开始直至数组末尾所有的元素。

例如，操作一个包含数字 1、2、3、4、5 的数组，截取其第 2 个元素开始直至结束的所有元素，代码如下。

```
var arrTest = [ 1 , 2 , 3 , 4 , 5 ] ;
console.log ( arrTest.slice ( 1 ) ) ; //输出 2 , 3 , 4 , 5
```

如果需要截取该数组中第 2 个元素开始直至倒数第二个元素之间的所有元素，则可将 slice()实例方法的第二个参数设置为-2，代码如下。

```
var arrTest = [ 1 , 2 , 3 , 4 , 5 ] ;
console.log ( arrTest.slice ( 1 ,-2) ) ; //输出 2 , 3
```

5．添加数组元素

Javascript 提供了三种为数组对象实例添加数组元素的方式，其分别需要使用三个不同的数组实例方法，包括 unshift()方法、push()方法以及 splice()方法。

其中，unshift()方法的作用是从数组元素的起始位置添加新的元素，并返回一个新的数组长度值。unshift()方法会直接修改原数组，而并非返回一个新的数组，因此在使用该方法时需要格外小心，其使用方式如下。

```
Instance.unshift ( Element1 , Element2 , … , ElementN ) ;
```

在上面的伪代码中，Instance 关键字表示数组对象的实例；Element1、Element2、ElementN 等关键字表示为数组起始位置添加的元素。unshift()方法本身并不限制参数的数量，也就是说开发者可以为数组添加任意数量的元素。例如，为一个包含 2、3、4、5 四个元素的数组起始位置添加 0 和 1 两个元素，方法如下。

```
var arrTest = [ 2 , 3 , 4 , 5 ] ;
console.log ( arrTest.unshift ( 0 , 1 ) ) ; //输出 6
```

```
console.log ( arrTest ) ; //输出 0 , 1 , 2 , 3 , 4 , 5
```

　　如果需要为数组的末尾追加新的元素，则可以使用数组的 push()实例方法，该方法的使用方式基本上与 unshift()方法一致，如下所示。

```
Instance.push ( Element1 , Element2 , … , ElementN ) ;
```

　　在上面的伪代码中，Instance 关键字表示数组对象的实例；Element1、Element2、ElementN 等关键字表示为数组末尾位置添加的元素。push()方法本身也不限制参数的数量，例如，为一个包含 a、b、c 三个元素的数组末尾添加 d、e、f 三个元素，方法如下。

```
var arrTest = [ 'a' , 'b' , 'c' ] ;
console.log ( arrTest.push ( 'd' , 'e' , 'f' ) ) ; //输出 6
console.log ( arrTest ) ; //输出 a , b , c , d , e , f
```

　　之前两种方法只能在数组的起始位置和末尾位置添加元素，如果需要再指定的其他位置添加元素，则需要使用到数组的 splice()实例方法。splice()方法是一种功能强大的方法，其不仅可以为数组指定位置添加元素，还可以删除指定位置若干连续的元素，其使用方法如下。

```
Instance.splice ( Index , Count , [Element1 , Element2 , … , ElementN] ) ;
```

　　在上面的伪代码中，Instance 关键字表示数组对象的实例；Index 关键字为必选参数，表示要添加或移除的数组元素起始位置；Count 关键字也为必选参数，表示要移除的数组元素数量，必须为非负整数，为 0 时表示不移除任何元素；Element1、Element2、ElementN 等关键字表示添加的数组元素。例如，在操作一个包含中文字符串"壹"、"贰"、"伍"、"陆"、"柒"五个元素的数组时，在数组第二个元素之后、第三个元素之前添加两个元素"叁"、"肆"，代码如下。

```
var arrTest = [ '壹' , '贰' , '伍' , '陆' , '柒' ] ;
arrTest.splice( 2 , 0 , '叁' , '肆' ) ;
console.log ( arrTest ) ; //输出 壹 , 贰 , 叁 , 肆 , 伍 , 陆 , 柒
```

　　在此需要说明的是，splice()方法的第一个参数如果为非负整数，则其表示的是正序的数组元素索引，如果其参数为负整数，则其表示倒序的数组元素索引。例如，当其值为–1 时，表示数组中倒数第一个元素，以此类推。例如，在数组的元素数未知的情况下在其末尾追加元素，也可以设置 splice()方法的第一个参数为–1，如下所示。

```
var arrTest = [ '壹' , '贰' , '伍' , '陆' , '柒' ] ;
arrTest.splice( -1 , 0 , '叁' , '肆' ) ;
console.log ( arrTest ) ; //输出 壹 , 贰 , 伍 , 陆 , 叁 , 肆 , 柒
```

　　splice()方法除了可以为数组添加元素外，也可以删除数组中指定索引位置的若干连续的元素，并由开发者自行选择是否在删除元素的同时添加一部分元素。例如，删除一个包含 1、2、3、4、5 五个元素中的 3、4 两个元素，代码如下。

```
var arrTest = [ 1 , 2 , 3 , 4 , 5 ] ;
arrTest.splice ( 2 , 2 ) ;
console.log ( arrTest ) ; //输出 1 , 2 , 5
```

如果需要在删除 3、4 两个元素的同时在相同的位置添加 6、7 两个元素，则可以将 6、7 两个元素作为 splice()方法的第三个和第四个参数书写，代码如下。

```
var arrTest = [ 1 , 2 , 3 , 4 , 5 ] ;
arrTest.splice ( 2 , 2 , 6 , 7 ) ;
console.log ( arrTest ) ; //输出 1 , 2 , 6 , 7 ,5
```

6．移除数组元素

除了之前介绍的 splice()方法外，Javascript 还为数组对象提供了其他两种实例方法以移除数组中的元素，这两种实例方法就是 shift()实例方法和 pop()实例方法。

shift()方法的作用是删除数组中的第一个元素，即索引为 0 的数组元素，并返回该元素的值，其使用方式如下所示。

```
Instance.shift ( ) ;
```

在上面的伪代码中，Instance 关键字表示数组对象实例。shift()实例方法会对数组对象实例进行直接的元素移除操作，但是其不像 unshift()实例方法一样可以同时操作多个元素，其仅能对数组中第一个元素进行移除操作，例如，将一个包含 0、1、2、3、4、5 六个元素的数组中第一个元素移除，代码如下。

```
var arrTest = [ 0 , 1 , 2 , 3 , 4 , 5 ] ;
console.log ( arrTest.shift ( ) ) ; //输出 0
console.log ( arrTest ) ; //输出 1 , 2 , 3 , 4 , 5
```

shift()实例方法仅有在数组元素数量大于 0 时有效，如果数组为空，则 shift()实例方法将不会对数组进行任何操作，并返回一个 undefined。

pop()实例方法的作用与 shift()方法完全相反，其作用是直接移除数组中的最后一个元素，即索引为–1 的元素，并返回该元素的值，其使用方式如下所示。

```
Instance.pop ( ) ;
```

在上面的伪代码中，Instance 关键字表示数组对象实例。pop()实例方法也会对数组对象实例进行直接的元素移除操作，且仅能对数组中最后一个元素进行移除操作。例如，将一个包含 4、3、2、1、0 五个元素的数组中最后一个元素移除，代码如下。

```
var arrTest = [ 4 , 3 , 2 , 1 , 0 ] ;
console.log ( arrTest.pop ( ) ) ; //输出 0
console.log ( arrTest ) ; //输出 4 , 3 , 2 , 1
```

与 shift()实例方法相同，pop()实例方法也仅有在数组元素数量大于 0 时有效，如果数组为空，则 pop()实例方法将不会对数组进行任何操作，并返回一个 undefined。

7. 遍历数组元素

遍历是计算机软件开发中的一个术语，其含义为通过指定的统一方式对数组中所有的元素进行指定类型的操作，包括读取元素的值、对元素的值进行一定方式的计算和写入等。遍历数组通常是一种效率较低的数组操作方式，但是在一些必须对数组进行批量操作的场合，遍历是一种极为有效的手段。

在 Javascript 脚本语言中，遍历数组元素通常依赖 for 语句和 for...in 语句两种迭代语句来实现。相比逐条操作数组的每个元素，遍历数组元素可以有效地节约代码行数，并及时对遍历的结果进行处理。

例如，在下面的代码中，就以逐条的方式执行了一个依次对数组中每个元素进行减法运算的脚本。

```
var arrTest = [ 1 , 2 , 3 , 4 , 5 ] ;
arrTest [ 0 ] = arrTest [ 0 ] - 1 ;
arrTest [ 1 ] = arrTest [ 1 ] - 1 ;
arrTest [ 2 ] = arrTest [ 2 ] - 1 ;
arrTest [ 3 ] = arrTest [ 3 ] - 1 ;
arrTest [ 4 ] = arrTest [ 4 ] - 1 ;
```

在上面的代码中，通过五行操作语句对数组的元素进行操作。这种方式虽然执行效率较高，但是书写十分繁冗，如果数组元素的数量较多，直接逐条操作会得不偿失，此时就需要引入遍历的机制。在下面的代码中，就通过 for 语句的方式对数组元素进行遍历，如下所示。

```
var arrTest = [ 1 , 2 , 3 , 4 , 5 ] ;
for ( var intLoop = 0 ; intLoop < arrTest.length ; intLoop ++ ) {
    arrTest [ intLoop ] -= 1 ;
}
```

当然，开发者也可以通过 for...in 语句的方式来对数组元素进行遍历，只需对上面的代码略作修改即可，如下所示。

```
var arrTest = [ 1 , 2 , 3 , 4 , 5 ] ;
for ( var intIndex in arrTest ) {
    arrTest [ intIndex ] -= 1 ;
}
```

8. 数组元素的排序

在默认状态下，Javascript 的数组中每个元素都将按照其设置或添加的顺序来排列。当数组的元素均为字符串，或具有类似字符串的真值（例如数组元素是数字、布尔值等原始类型数据，或为其使用 toString() 方法可以转换为有效的字符串值）时，可以通过数组对象的 sort() 实例方法对其按照字符编码的顺序进行排序，其使用方法如下所示。

```
Instance.sort ( [Method] ) ;
```

在上面的伪代码中，Instance 关键字表示被排序的数组；Method 关键字为可选参数，表示排序的实际方法。当 Method 关键字被省略时，Javascript 默认会按照数组元素的字符编码来对数据进行排序，如下所示。

```
var arrTest = [ 3 , 1 , 322 , 6 , 5667 , 4 ] ;
arrTest.sort () ;
console.log ( arrTest ) ; //输出 1 , 3 , 322 , 4 , 5667 , 6
```

由以上代码可以看出，sort()方法在默认情况下完全是对数组的元素按照逐字符的方式排列，数组元素的字符编码顺序越靠前，则其排序越优先。

如果需要对数组的元素按照自定义的方式排序，则应针对排序的具体实现方式，编写排序的方法函数，通过函数的方式来处理数组元素的顺序。这种排序函数的格式如下所示。

```
function Method ( Argument1 , Argument2 ) {
    Statements ;
    return Order ;
}
```

在上面的伪代码中，Method 关键字表示排序方法的函数名称；Argument1 和 Argument2 两个关键字表示模拟排序的元素；Statements 关键字表示排序方法的函数代码；Order 关键字表示返回的排序值，可以是任意数字。当 Order 关键字的值大于 0 时，表示 Argument1 元素排列在 Argument2 元素之后；当 Order 关键字的值为 0 时表示不改变这两个元素的当前顺序；当 Order 关键字的值小于 0 时，表示 Argument1 元素排列在 Argument2 元素之前。

例如，对之前的数组元素按照数字的值的大小以升序的方式进行排列，就需要在排序方法的函数中判断两个参数的大小，判断当第一个参数大于第二个参数时输出正值，当第一个参数小于第二个参数时输出负值，代码如下。

```
function SortForASC ( intElement1 , intElement2 ) {
    return intElement1 - intElement2 ;
}
var arrTest = [ 3 , 1 , 322 , 6 , 5667 , 4 ] ;
arrTest.sort ( SortForASC ) ;
console.log ( arrTest ) ; //输出 1 , 3 , 4 , 6 , 322 , 5667
```

除了设定条件进行排序外，Javascript 也支持直接对数组的所有元素顺序进行倒置，其需要使用到数组的 reverse()实例方法，代码如下。

```
Instance.reverse ( ) ;
```

在上面的伪代码中，Instance 关键字表示数组对象实例的名称。通过该方法，可以直接对数组实例进行操作，例如，将一个包含1、2、3、4、5 五个元素的数组进行倒置，代码如下。

```
var arrTest = [ 1 , 2 , 3 , 4 , 5 ] ;
```

```
arrTest.reverse ( ) ;
console.log ( arrTest ) ; //输出 5 , 4 , 3 , 2 , 1
```

9. 检索数组元素

Javascript 脚本语言为数组对象提供了两种简单的数组元素检索方法,用于对数组的元素进行完全匹配,并返回第一个匹配的结果。这两种方法即数组对象的 indexOf()实例方法和 lastIndexOf()实例方法。

indexOf()实例方法的作用是读取一个变量或对象,然后从指定的索引位置开始从前到后依次对数组中每一个元素进行匹配,直至找出一个与该变量或对象完全匹配的元素(匹配的项目包括元素的值和数据类型),然后返回该元素在数组中的索引,其使用方式如下所示。

```
Instance.indexOf ( KeyWord , FromIndex ) ;
```

在上面的伪代码中,Instance 关键字表示数组对象的实例;KeyWord 关键字为必选参数,表示需要匹配的变量和对象;FromIndex 关键字为可选参数,表示开始匹配的索引号。

indexOf()实例方法在匹配数组元素时会出现三种异常状况:一种是数组元素数量为 0,即数组为空;另一种是无法和数组中任意一个元素匹配成功;再一种则是开始匹配的索引号大于数组的长度。匹配时如遇到这三种异常状况,indexOf()实例方法的返回值都会是−1。

例如,在一个包含 1、2、3、4、5 五个数字的数组中检索数字 3,将返回结果 2;如果将起始检索的索引设置为 3,则返回数字−1;如果检索数字 6,同样会返回数字−1;如果在检索数字 3 时设置检索的起始索引为 9,仍然会返回数字−1,代码如下。

```
var arrTest = [ 1 , 2 , 3 , 4 , 5 ] ;
console.log ( arrTest.indexOf ( 3 ) ) ; //输出 2
console.log ( arrTest.indexOf ( 3 , 3 ) ) ; //输出 −1
console.log ( arrTest.indexOf ( 6 ) ) ; //输出 −1
console.log ( arrTest.indexOf ( 3 , 9 ) ) ; //输出 −1
```

indexOf()实例方法是从数组的起始元素开始进行匹配,lastIndexOf()实例方法则与 indexOf()实例方法完全相反,其作用是倒着对数组的元素进行匹配,然后返回数组中最后一个与该变量或对象匹配的元素的索引。其使用方式大体与 indexOf()实例方法类似,在此不再赘述。

10. 合并数组

Javascript 为数组元素提供了 concat()实例方法,用于将若干数组的所有元素按照指定的顺序合并,返回一个全新的数组对象实例,实现数组的连接,其使用方法如下所示。

```
Instance1.concat ( Instance2 , Instance3 , … InstanceN ) ;
```

在上面的伪代码中,Instance1、Instance2、Instance3、InstanceN 等关键字表示按照顺序排列的数组对象实例。concat()实例方法不会改变原有数组的内容,只会返回一个新的数组实例。例如,分别将一个包含数字 1、2、3 的数组,包含数字 4、5 的数组以及包含数字

6 的三个数组合并，代码如下。

```
var arrTest1 = [ 1 , 2 , 3 ] ;
var arrTest2 = [ 4 , 5 ] ;
var arrTest3 = [ 6 ] ;
//输出 1 , 2 , 3 , 4 , 5 , 6
console.log ( arrTest1.concat ( arrTest2 , arrTest3 ) ) ;
```

concat()实例方法不限制参数的数量，因此其可以将任意数量的数组按照顺序合并为一个新的数组。

11. 拼接数组

之前小节中已介绍过将字符串对象实例拆分为数组的 split()实例方法，Javascript 还提供了一个与之完全相反的 join()实例方法，其从属于数组对象，用于将数组的所有元素转换为字符串，然后通过指定的分隔符将这些字符串合并为一个新的字符串，其使用方法如下所示。

```
String = Instance.join ( Seperator ) ;
```

在上面的伪代码中，String 关键字表示拼接数组的结果字符串实例；Instance 关键字表示目标数组对象实例；Seperator 关键字为可选参数，表示拼接后每个数组元素的字符串结果之间的分隔符，如将其省略，则默认以英文逗号","作为分隔符。

例如，将一个包含"Tsinghua"、"University"和"Press"三个字符串的数组拼接为一个字符串，代码如下。

```
var strPublisherName = '' ;
var arrTest = [ 'Tsinghua' , 'University' , 'Press' ] ;
strPublisherName = arrTest.join ( ) ;
console.log ( strPublisherName ) ; //输出"Tsinghua,University,Press"
```

如果需要将拼接结果中的逗号","修改为空格，则可以将一个空格字符串作为 join()实例方法的参数，对代码进行修改，如下所示。

```
var strPublisherName = '' ;
var arrTest = [ 'Tsinghua' , 'University' , 'Press' ] ;
strPublisherName = arrTest.join ( ' ' ) ;
console.log ( strPublisherName ) ; //输出"Tsinghua University Press"
```

join()实例方法在拼接数组元素时，会先一步强制将数组中的所有元素转换为字符串，然后再进行拼接工作。

5.3.4 正则表达式对象

正则表达式是计算机软件开发领域的一种重要工具，其本身是一种特殊的句法规则组成的字符串，通过这一字符串，开发者可以对普通的文本数据进行匹配和验证，确认文本数据内容的书写格式。Javascript 与绝大多数编程语言一样支持正则表达式工具，并将所有正则表达式视为一种特殊的对象——RegExp。使用正则表达式对象，开发者可以验证字符串对象的内容类型，实现书写格式验证。

1. 创建正则表达式实例

在 Javascript 中，开发者可以通过两种方式创建正则表达式实例，一种是以类似原始数据类型的方式建立正则表达式，将正则表达式作为值赋予对象，方式如下。

```
var Instance = /Pattern/Tag ;
```

在上面的伪代码中，Instance 关键字表示正则表达式实例的名称；Pattern 关键字表示正则表达式的规则字符串；Tag 关键字表示正则表达式匹配的标志。Tag 关键字支持 g、i 和 m 三种值，分别指定全局匹配、区分大小写匹配以及多行匹配，其中 g 和 i 两种标志目前被 ECMAScript 标准支持。

例如，定义一个用于验证小写字母的正则表达式，可以编写匹配小写字母的验证规则，再使用 i 属性定义匹配方式，代码如下。

```
var reSingleLowerCase = /^[a-z]$/i ;
```

除了使用直接赋值的方式创建正则表达式实例外，开发者还可以通过调用正则表达式类构造函数的方式创建正则表达式，方式如下。

```
var Instance = new RegExp ( Pattern , Tag) ;
```

在上面的伪代码中，Instance 关键字表示正则表达式实例的名称；Pattern 关键字表示正则表达式的规则字符串；Tag 关键字表示正则表达式的匹配标志。例如，用这一方式来创建验证小写字母的正则表达式，代码如下。

```
var reSingleLowerCase = new RegExp ( '^[a-z]$' , 'i' ) ;
```

需要注意的是，Javascript 是一种区分大小写的编程语言，因此 RegExp()构造函数不能被书写为 Regexp()。

2. 普通字符规则

在正则表达式中，开发者可以通过字母、数字、汉字、下划线以及各种没有特殊意义的标点符号等普通字符直接与字符串中的内容进行匹配，获取匹配结果。例如，匹配字母 a，可以通过以下的正则表达式实现，代码如下。

```
var reCharacterA = /a/ ;
```

与上面的方式类似，汉字、数字等普通字符也可以直接通过正则表达式进行匹配，代码如下。

```
var reNumberNine = /9/ ;
var reChineseCharacterHan = /汉/ ;
```

3．字符范围规则

如果需要对一个指定的范围编写正则表达式规则，则开发者可以指定一个范围将其列入正则表达式的规则中，然后 Javascript 将自动使用指定的范围进行匹配。Javascript 提供了两种匹配字符范围的规则，一种是通过元字符替代字符范围，另一种则是通过中括号运算符整合所有匹配的字符。

元字符是正则表达式为匹配一些常用字符范围而设定的具有特定含义的字符，目前 Javascript 支持 18 种基础的元字符，如表 5-6 所示。

表 5-6　正则表达式的元字符

元字符	匹配范围	元字符	匹配范围
.	除换行符和行结束符以外所有单个字符	\w	拉丁字母字符
\W	非拉丁字母字符	\d	数字
\D	非数字	\s	空白字符
\S	非空白字符	\b	单词边界
\B	非单词边界	\0	NUL 字符
\n	换行符	\f	分页符
\r	回车符	\t	制表符
\v	垂直制表符	\xxx	八进制数字对应的编码字符（ASCII）
\xdd	十六进制数字对应的编码字符（ASCII）	\uxxxx	十六进制数字对应的编码字符（Unicode）

元字符匹配的通常是一大类的字符，例如拉丁字母、数字或一些特殊作用的字符，如换行符和制表符等。例如，创建一个匹配数字字符的正则表达式，代码如下。

```
var reNumber = /\d/ ;
```

元字符只能匹配少数限定的字符类型，因此如果需要匹配特定的字符，可以使用中括号运算符将特定字符整合起来。正则表达式允许通过以下几种方式建立范围匹配，如表 5-7 所示。

表 5-7　正则表达式范围匹配的方法

格式	作用	示例
[abc]	匹配中括号之间的任意字符	[壹贰叁肆伍陆柒捌玖拾]
[^abc]	匹配非中括号之间的任意字符	[^一二三四五六七八九十]
[0-9]	匹配数字字符	-
[a-z]	匹配小写拉丁字母	-
[A-Z]	匹配大写拉丁字母	-
[A-z]	匹配大写或小写拉丁字母	-
[uxxxx-uxxxx]	匹配指定字符编码范围之间的任意字符	[\u0001-\u0090]

使用范围匹配可以匹配更多个性化的内容，包括指定的几个字符，或是在字符集编码（例如 UTF-8 编码等）中带有一定序列顺序的连续字符等。例如，匹配中文字符，即可通过中文字符在 Unicode 编码字符集中的编码范围实现，如下所示。

```
var reZhCNChar = /[\u4e00-\u9fa5]/ ;
```

对范围匹配和元字符的灵活使用，可以方便开发者实现更加广泛的匹配性能。例如，一些 Web 站点要求注册账户必须是拉丁字母（区分大小写）和下划线的形式，在下面的代码中，就实现了这种匹配。

```
var reValidChar = /[A-z_]/ ;
```

4．定义匹配次数

正则表达式允许开发者对某一个字符规则或一个字符范围规则进行匹配次数的定义，通过制定的量词规则来定义这些字符允许出现的次数。在 Javascript 中，支持六种量词规则，如表 5-8 所示。

表 5-8　正则表达式的量词规则

量词规则	作用	示例	示例作用
r+	匹配字符规则至少一次，相当于{1,}	[0|1]+	任意二进制数字
r*	匹配字符规则为 0 次或更多，相当于{0,}	[1-9]\d*	任意自然数
r?	匹配字符规则为 0 次或 1 次，相当于{0,1}	[-]?[1-9]\d*	任意自然数和负整数
r{X}	匹配字符规则为指定的 X 次	\d{6}	邮政编码
r{X,Y}	匹配字符规则至少 X 次，至多 Y 次	[0-9]{3,4}	长途电话区号
r{X,}	匹配字符规则至少 X 次，至多无限次	[\u4E00-\u9FA5]{2,}	中文姓名

量词规则的应用可以通过匹配次数的限制，缩短正则表达式规则的长度，有效地提高正则表达式书写的效率，同时其也在各种复杂的规则验证中使正则表达式的规则更加灵活，提高了正则表达式的易用性。

5．匹配限制

正则表达式提供了两个限制符号用于对匹配规则的起始和结束标记进行限制，即起始限制符号"^"和结束限制符号"$"。

起始限制符号"^"的作用是强制限定正则表达式从被匹配的文本内容起始位置开始匹配，其使用方式如下。

```
/^Pattern/
```

在上面的伪代码中，Pattern 关键字表示匹配的规则代码。起始限制符号"^"必须被书写在正则表达式规则的起始位置才有效。例如，在匹配手机号码时，由于国内所有手机号码都是以 13、15、18 开头的，因此在匹配这一特殊格式的数据时，必须通过起始限制符号强制规定文本内容只有以这三种数字字符为起始字符时才有效，如下所示。

```
var reCellPhoneNumber = /^1[3|5|8]\d{9}/ ;
```

在上面的代码中，就通过起始限制符号"^"强制对文本内容的起始位置的 11 个字符进行匹配，验证这段文本起始的内容是否符合手机号码的格式。

结束限制符号"$"的作用是强制限定正则表达式的匹配范围直至被匹配的文本内容末尾，其使用方式与起始限制符号"^"的使用方式类似，如下所示。

```
/Pattern$/
```

在上面的伪代码中，**Pattern** 关键字表示匹配的规则代码。结束限制符号 "**$**" 必须被书写在正则表达式规则的末尾位置才有效。例如，之前的匹配手机号码的正则表达式规则只能验证文本起始的 11 个字符是否为手机号码格式，在为其添加了结束限制符号 "**$**" 之后，就可以对文本内容进行完整地匹配，当且仅当整个文本内容只包括 11 位数字，且以 13、15、18 三种数字开头才有效，代码如下。

```
var reCellPhoneNumber = /^1[3|5|8]\d{9}$/ ;
```

6. 匹配验证

在 Javascript 脚本语言中，开发者可以通过两种方式验证正则表达式对象实例与字符串对象实例是否匹配。一种是通过字符串对象的 match()实例方法，另一种则是使用正则表达式对象的 test()实例方法。

字符串对象的 match()实例方法的作用是，根据开发者定义的字符串或正则表达式在目标字符串中进行匹配，返回由匹配的内容组成的数组或 null。其使用方式如下。

```
Result = StringInstance.match ( Keyword|RegExpInstance ) ;
```

在上面的伪代码中，**Result** 关键字表示获取的匹配内容组成的数组对象；**StringInstance** 关键字表示被匹配的字符串对象实例；**Keyword** 关键字和 **RegExpInstance** 关键字必须二选一，其表示匹配的字符串内容；**RegExpInstance** 关键字表示匹配的正则表达式对象。

例如，对一个由五位字母和数字组成的软件序列号字符串进行处理，可以将其中的五位字符串片段提取到数组中，代码如下。

```
var strSN = 'QX8TY-Q3B26-7KNB3-DFAR9-MP9E3' ;
var reSerial = /[A-Z0-9]{5}/g ;
var arrSerials = strSN.match ( reSerial ) ;
console.log ( arrSerials ) ; //输出 QX8TY,Q3B26,7KNB3,DFAR9,MP9E3
console.log ( arrSerials.length ) ; //输出 5
```

字符串对象的 match()实例方法适用于将字符串中符合正则表达式的数据内容提取出来进行处理。在判断某个字符串是否与一个正则表达式匹配时，可以通过判断输出的结果是否为 null 来实现。例如，对以上代码中的正则表达式规则进行修改，验证其是否符合五位字母和数字组成的软件序列号格式，如下所示。

```
var strSN5 = 'QX8TY-Q3B26-7KNB3-DFAR9-MP9E3' ; //五位序列号
var strSN6 = 'QX8TY1-Q3B262-7KNB33-DFAR94-MP9E35' ; //六位序列号
var reSerial5 = /^([A-Z0-9]{5}-){4}[A-Z0-9]{5}$/g ; //五位序列号的格式规则
var arrSerials5 = strSN5.match ( reSerial5 ) ;
var arrSerials6 = strSN6.match ( reSerial5 ) ;
if ( null !== arrSerials5 ) {
    console.log ( strSN5 + '是五位序列号' ) ;
} else {
    console.log ( strSN5 + '不是五位序列号' ) ;
```

```
}
if ( null !== arrSerials6 ) {
    console.log ( strSN6 + '是五位序列号' ) ;
} else {
    console.log ( strSN6 + '不是五位序列号' ) ;
}
```

执行以上代码，Javascript 会输出第一个变量是五位序列号，第二个变量不是五位序列号的结果。在此需要注意的是，由于 null 是一种特殊的值，其与很多特殊值的直接比较存在有空比较陷阱，因此除非某个值确实是 null，否则应尽量避免这种比较，或使用全等"==="和全不等"!=="的方式进行比较（尽管这种方式不够优雅）。

解决以上问题，最好的方式就是通过正则表达式对象的 test() 实例方法来测试字符串是否匹配。test() 方法是一种完全的判断方法，其返回的值为逻辑真或逻辑假，使用方式如下。

```
Result = Instance.test ( StringInstance ) ;
```

在上面的伪代码中，Result 关键字表示验证匹配的结果；Instance 关键字表示用于匹配测试的正则表达式对象实例；String 关键字表示测试的目标字符串。例如，验证某个字符串是否为中国汉族人的习惯姓名（两到四个中文字符组成的字符串），可以通过以下代码实现，如下所示。

```
var strChineseName = '阎应元' ;
var strEnglishName = 'Bill Gates' ;
function CheckName ( strName ) {
    var reChineseName = /^[\u4E00-\u9FA5]{2,4}$/ ;
    if ( reChineseName.test ( strName ) ) {
        console.log ( strName + '是中国汉族人习惯姓名。' ) ;
    } else {
        console.log ( strName + '不是中国汉族人习惯姓名。' ) ;
    }
}
CheckName ( strChineseName ) ; //输出 阎应元是中国汉族人习惯姓名。
CheckName ( strEnglishName ) ; //输出 Bill Gates 不是中国汉族人习惯姓名。
```

7. 匹配检索

正则表达式的另一项重要功能是为字符串的检索提供规则依据，帮助开发者在字符串对象实例的内容中获取指定格式或内容的字符串片段，并返回该字符串片段在整个字符串对象实例中第一个符合正则表达式规则的字符串片段的索引位置。

在使用正则表达式进行匹配检索时，需要使用到字符串对象的 search() 实例方法，其使用方式如下所示。

```
ResultIndex = StringInstance.search ( RegExpInstance ) ;
```

在上面的伪代码中，ResultIndex 关键字表示在目标字符串对象实例中第一个匹配的字符串片段的首字符索引位置；StringInstance 关键字表示目标字符串对象实例；RegExpInstance 关键字表示匹配的正则表达式实例。

需要注意的是，字符串对象的 search()实例方法只能从字符串的起始位置向末尾位置以正向检索匹配，且只能返回第一个匹配成功的字符串片段的首字符索引，如果匹配失败（如正则表达式规则无效，或未检索到结果），则该方法会返回–1。

利用字符串对象的 search()实例方法，开发者可以方便地判断某个字符串对象实例的文本内容中是否包含指定格式或指定内容的字符串片段。例如，判断"Javascript"字符串中是否包含"script"字符串片段，代码如下。

```
var strTest = 'Javascript' ;
var reTest = /script/ ;
if ( -1 !== strTest.search ( reTest ) ) {
    console.log ( '检索成功' ) ;
} else {
    console.log ( '检索失败' ) ;
} //输出检索成功
```

字符串对象的 search()实例方法不会执行全局匹配，因此其对应的匹配规则正则表达式实例如果包含 g 标志，则该标志将会被忽视。

8．匹配替换

很多文本编辑软件都提供文本内容替换工具，Javascript 实际上也可以实现类似的功能，这就是正则表达式对象的另一种重要作用——匹配替换。匹配替换可为字符串实例提供规则匹配并替换符合该规则的内容，其需要依赖字符串对象的 replace()实例方法来实现。

字符串对象的 replace()方法需要引入两种参数，一种是匹配的正则表达式对象实例，另一种则是将要替换的新字符串片段，其使用方式如下。

```
ResultString = StringInstance.replace ( RegExpInstance/Tag , Text ) ;
```

在上面的伪代码中，ResultString 关键字表示匹配替换之后的结果字符串片段；StringInstance 关键字表示被匹配替换的目标字符串对象实例；RegExpInstance 关键字表示匹配的正则表达式规则；Tag 关键字表示对应正则表达式的匹配标志；Text 关键字表示需要替换的新字符串片段。

需要注意的是，replace()实例方法与所有字符串对象的方法一样，都是只读方法，其不会直接改变目标字符串对象实例的内容，只会返回一个新的字符串对象实例。

例如，对一个包含"VBScript"的字符串进行匹配替换操作，将"VB"替换为"Java"，代码如下。

```
var reVisualBasic = /VB/ ;
var strScript = 'VBScript' ;
```

```
var strNewScript = strScript.replace ( reVisualBasic , 'Java' ) ;
console.log ( strNewScript ) ; //输出 Javascript
```

5.4　小　　结

　　Javascript 是一种典型的面向对象的脚本语言，因此了解面向对象的程序设计，用面向对象的思维方式来设计 Javascript 程序是十分重要的。如何用面向对象的思维方式来设计 Javascript 程序呢？首先需要了解面向对象的基础知识，同时还需要了解 Javascript 各种面向对象开发的具体方式。因此，本章首先简单介绍了面向过程的理念，然后通过对比的方式介绍了面向对象的程序设计需要如何处理各种实体。紧接着，由理论联系实际，介绍了具体的 Javascript 面向对象开发的各种要素，如原型对象、工厂函数、构造函数、类和对象的成员，以及对象的作用域等，为帮助开发者进一步了解 Javascript 面向对象的程序编写打下基础。之后，本章还介绍了 Javascript 的四种原生对象。了解了本章的内容之后，开发者就可以利用 Javascript 提供的最基本的资源，编写一些简单的脚本程序。

第 6 章　Web 对象和交互

　　Javascript 是一种基于 Web 浏览器和 Web 页的脚本语言，其主要的作用就是操作各种 Web 页内的资源，实现与用户的交互。因此，在学习和使用 Javascript 脚本语言时，开发者除了需要了解 Javascript 本身以外，还需要了解 Web 浏览器提供的各种对象以及 XHTML 和 HTML 提供的 DOM 对象，然后才能对这些对象进行处理。

　　另外，绝大多数 Javascript 脚本的交互都是基于事件式的行为，因此在使用 Javascript 开发程序时，开发者还需要了解 Javascript 事件处理的原理以及方式。

　　本章就将立足于之前章节介绍的 Javascript 基础知识和 Javascript 面向对象的开发知识，详细介绍 Web 浏览器对象、XHTML 或 HTML 文档对象模型，以及 Javascript 事件的处理等知识，完善地解决 Javascript 实际开发中的问题。

6.1　Web 浏览器对象

　　Javascript 将所有可操控的元素都视为对象，其除了包括 Javascript 各种内置的对象外，还包括 Web 浏览器自身。各种 Web 浏览器都为 Javascript 提供了共同的接口，允许开发者通过 Javascript 控制 Web 浏览器执行命令继而实现交互。目前，绝大多数 Web 浏览器都支持的 Web 浏览器对象主要包括五种，即窗口对象 window、浏览器对象 navigator、屏幕对象 screen、历史记录对象 history 和定位对象 location。

6.1.1　窗口对象

　　window 窗口对象是 Javascript 层级中的顶层对象，也是所有 Javascript 中的对象的基类。所有 Javascript 中的全局对象、全局变量和全局函数都会被挂载到该对象上。虽然并没有一个国际化的组织对窗口对象定义一个通用的统一标准，但是所有 Web 浏览器都支持该对象，并允许开发者调用该对象的成员。通过 window 对象的各种属性和方法，开发者可以实现以下功能。

1. 获取窗口位置

　　window 窗口对象提供了四个静态属性，用于帮助开发者获取窗口在操作系统屏幕上的相对水平位置和垂直位置，如表 6-1 所示。

表 6-1　窗口对象的位置属性

属性名	作用	适用浏览器
screenLeft	定义窗口的左上角位置距离屏幕左侧的水平距离，单位为像素	IE、Safari 和 Opera
screenTop	定义窗口的左上角位置距离屏幕顶端的垂直距离，单位为像素	

属性名	作用	适用浏览器
screenX	定义窗口的左上角位置距离屏幕左侧的水平距离，单位为像素	Firefox 和 Safari
screenY	定义窗口的左上角位置距离屏幕顶端的垂直距离，单位为像素	

表 6-1 中的这四种属性都是静态只读属性，也就是说，开发者只能对这四种属性的值进行读取操作，无法进行写入操作。其中，screenLeft 属性和 screenX 属性的作用是完全相同的，screenTop 属性和 screenY 属性的作用也是完全相同的，其区别在于，除 Safari 浏览器之外，所有 Web 浏览器都只支持这四种属性中的两种：IE 和 Opera 浏览器支持 screenLeft 和 screenTop 两种属性，Firefox 浏览器支持 screenX 和 screenY 两种属性。

2．输出提示信息

window 窗口对象提供了三种静态方法用于输出提示信息，包括 alert()方法、confirm()方法以及 prompt()方法。这三种方法用于输出警告框、确认框以及获取用户信息的输入框三种提示信息窗体。

alert()静态方法用于输出最简单的弹出信息窗体，允许开发者对弹出的信息进行自定义，其使用方法如下所示。

```
window.alert ( Text ) ;
```

在上面的伪代码中，Text 关键字表示弹出的文本信息，其为一个字符串类型的变量，或可以字符串的方式输出的变量和对象（Javascript 会自动调用 toString()方法对这些变量或对象进行强制转换）。例如，编写一个最简单的 Hello World 程序，代码如下。

```
window.alert ( 'Hello , World !' ) ;
```

在绝大多数环境下，开发者们往往省略 alert()静态方法的 window 对象，以全局函数的方式调用 alert()静态方法，这种方式也是正确的。

confirm()静态方法与 alert()静态方法类似，其都可以输出一段文本信息，区别在于其弹出的对话框窗体会提供一个【确认】按钮和一个【取消】按钮。当用户单击【确认】按钮时，confirm()静态方法会返回逻辑真，而当用户单击【取消】按钮或关闭对话框窗体时，confirm()静态方法会返回逻辑假。使用 confirm()静态方法可以强制用户对某些信息做出选择，并获取用户选择的结果。confirm()静态方法的使用方式与 alert()方法基本类似，例如，弹出一个询问用户是否注册的对话框，并根据用户不同的操作来回复用户，代码如下。

```
var blFeedback = window.confirm ( '您确认需要在本站注册码？' ) ;
if ( blFeedback ) {
    window.alert ( '请进一步填写注册信息。' ) ;
}
else {
    window.alert ( '感谢访问本站，再见。' ) ;
}
```

在上面的代码中，声明了一个名为 blFeedback 的变量，用于接收 confirm()静态方法的返回值，然后根据该值进行了一个简单的判断，输出了两个不同的弹出信息。

prompt()静态方法比之前两种方法更加复杂一些，其将弹出一个包含文本域的对话框，允许用户在该对话框中输入一些信息，在用户单击【确认】按钮后返回这些信息，其使用方式如下所示。

```
window.prompt ( HintText , DefaultText ) ;
```

在上面的伪代码中，HintText 关键字表示对话框中的提示文本信息；DefaultText 关键字表示对话框中文本域的默认显示文本信息。例如，弹出一个对话框，邀请用户输入自己的姓名，并将用户输入的姓名以弹出信息的方式输出，代码如下。

```
var strUserName = window.prompt ( '请输入您的姓名' , '请在此输入' ) ;
if ( null !== strUserName && '' !== strUserName ) {
    window.alert ( '您的姓名是“' + strUserName + '”。' ) ;
} else {
    window.alert ( '很遗憾，您没有输入您的姓名。' ) ;
}
```

3. 打开浏览器窗口

window 窗口对象提供了 open()静态方法，用于打开一个新的浏览器窗口。open()静态方法的作用是在当前 Web 浏览器中打开一个新窗口，除此之外，该静态方法还支持对新窗口的各种特性进行定义，弹出个性化的窗口。open()方法的使用方式如下所示。

```
window.open ( URL , Name , Features , Replace ) ;
```

在上面的伪代码中，URL 关键字表示弹出窗口的目标 URL 地址；Name 关键字为一个可选的字符串，其用于定义窗口的目标性质；Features 关键字表示窗口的特征；replace 关键字为可选的布尔值，其决定是否要替换浏览器的历史记录中的当前条目。open()方法会返回一个新的 window 对象实例，该对象实例指向的就是打开的新窗口。通过这一返回值，可以帮助开发者对新的窗口进行脚本操作。

弹出新窗口的目标性质值与 XHTML 的超链接标记 A 的 target 属性相关，其支持五种属性值组成的以逗号“,”分隔的序列，分别包括“_blank”、“_parent”、“_self”、“_top”以及某个具体窗口的 name 属性值。

Javascript 允许开发者为弹出的窗口定义 14 种窗口特征，通过特征名和特征值的等式组合为以逗号“,”分隔的序列，实现窗口的特征个性化。这 14 种特征如表 6-2 所示。

表 6-2　弹出窗口的特征

特征名	作用	取值范围	默认值
channelmode	定义是否以剧院模式显示窗口	yes、no、1、0	no
directories	定义是否添加目录按钮	yes、no、1、0	yes
fullscreen	定义是否全屏模式显示窗口，如设置其值为 yes 或 1，请同时设置 channelmode 为 yes 或 1，否则不起作用	yes、no、1、0	no
height	窗口文档显示区的高度	正整数	-
left	窗口左上角的水平坐标	正整数	-

续表

特征名	作用	取值范围	默认值
location	是否显示地址栏	yes、no、1、0	yes
menubar	是否显示菜单栏	yes、no、1、0	yes
resizable	是否允许调节窗口尺寸	yes、no、1、0	yes
scrollbars	是否显示滚动条	yes、no、1、0	yes
status	是否显示状态栏	yes、no、1、0	yes
titlebar	是否显示标题栏	yes、no、1、0	yes
toolbar	是否显示浏览器工具栏	yes、no、1、0	yes
top	窗口左上角的垂直坐标	正整数	-
width	窗口文档显示区的宽度	正整数	-

例如，弹出一个清华大学出版社的窗口，定义窗口的名称为“欢迎访问清华大学出版社官方网站”，代码如下。

```
window.open ( 'http://www.tup.tsinghua.edu.cn' , '欢迎访问清华大学出版社官方
网站。' ) ;
```

需要注意的是，由于 XHTML 和 HTML 的 DOM 中的 document 对象也具有一个 open()方法，该方法与 window 窗口对象的 open()静态方法同名，但作用并不相同，因此在调用 open()静态方法时不能省略调用的 window 对象。

4. 关闭浏览器窗口

window 对象提供了 close()方法，用于关闭指定的窗体实例。需要注意的是，close()方法与之前的各种属性方法不同，其特殊性在于，其既可以作为静态方法使用，也可以作为实例方法来使用。也就是说，开发者可以直接通过 window 对象来调用该方法，也可以通过某一个 window 窗口实例对其进行调用，将该窗口实例对应的窗口关闭。close()方法的使用方式如下。

```
window.close ( ) ;
Instance.close ( ) ;
```

在上面的伪代码中，Instance 关键字表示窗口的实例名称。如果开发者需要关闭的是当前的窗口，可以直接以 window 对象的方式调用 close()方法。如果开发者需要关闭的是通过 Javascript 以 window.open()静态方法打开的窗口，则可以在打开该窗口之前通过 window 对象的 open()方法获取该窗口的 window 实例，通过该实例调用 close()方法，代码如下。

```
var objNewWindow = window.open ( 'http://www.tup.tsinghua.edu.cn' , '欢迎
访问清华大学出版社官方网站。' ) ;
objNewWindow.close ( ) ;
```

5. 移动窗口位置

window 对象提供了两种方法来移动某个窗口对象实例，即 moveBy( )方法和 moveTo( )

方法。这两种方法与 close()方法类似，都既可以作为静态方法使用，也可以作为实例方法使用。

其中，moveBy()实例方法的作用是根据窗口对象实例当前的坐标，将其移动指定的像素数，其使用方式如下。

```
Instance.moveBy ( HorizontalDistance , VerticalDistance ) ;
```

在上面的伪代码中，Instance 关键字表示窗口对象的实例名称；HorizontalDistance 关键字表示移动的水平距离，单位为像素；VerticalDistance 关键字表示移动的垂直距离，单位同样是像素。

例如，将某个弹出的窗体对象向右移动 50 像素，向下移动 20 像素，代码如下。

```
var objNewWindow = window.open ( 'http://www.tup.tsinghua.edu.cn' , '欢迎
访问清华大学出版社官方网站。' ) ;
objNewWindow.moveBy ( 50 , 20 ) ;
```

moveTo()实例方法的作用是将窗口对象移动到指定的水平坐标和垂直坐标位置，其使用方式与 moveBy()类似，代码如下。

```
Instance.moveTo ( HorizontalDistance , VerticalDistance ) ;
```

在上面的伪代码中，Instance 关键字表示窗口对象的实例名称；HorizontalDistance 关键字表示移动目标的水平坐标，单位为像素；VerticalDistance 关键字表示移动目标的垂直坐标，单位同样是像素。例如，将某个弹出的窗体对象移动到当前显示器水平坐标 80 像素、垂直坐标 120 像素的位置，代码如下。

```
var objNewWindow = window.open ( 'http://www.tup.tsinghua.edu.cn' , '欢迎
访问清华大学出版社官方网站。' ) ;
objNewWindow.moveTo ( 80 , 120 ) ;
```

需要注意的是，Javascript 会限制 moveTo()实例方法的移动坐标，防止目标移出当前显示器的显示范围。当设定的坐标超出显示器尺寸时，该方法将不会再对窗体进行移动操作。

6. 设置窗口尺寸

与移动窗口位置类似，window 窗口对象还提供了 resizeBy()方法和 resizeTo()方法，用于对窗口的尺寸进行修改。其中，resizeBy()方法的作用是根据当前窗口的尺寸扩张或收缩指定的像素数，其使用方法如下所示。

```
Instance.resizeBy ( HorizontalSize , VerticalSize ) ;
```

在上面的伪代码中，Instance 关键字表示窗口对象的实例，如为 window 则表示修改的是当前的窗口；HorizontalSize 关键字表示水平方向向右扩张或收缩的像素数，当其大于 0 时表示扩张，当其小于 0 时表示收缩，为 0 时表示不变；VerticalSize 关键字表示垂直方向向下扩张或收缩的像素数，与水平方向类似，当其大于 0 时表示扩张，当其小于 0 时表示收缩，为 0 时表示不变。

例如，将当前窗口的水平尺寸增加 100 像素，垂直尺寸减少 50 像素，代码如下。

```
window.resizeBy ( 100 , -50 ) ;
```

resizeTo()方法的作用是直接定义窗口对象实例的具体像素尺寸，其使用方法如下所示。

```
Instance.resizeTo ( HorizontalSize , VerticalSize ) ;
```

在上面的伪代码中，Instance 关键字表示窗口对象的实例，如为 window 则表示修改的是当前窗口；HorizontalSize 关键字表示窗口的水平尺寸像素数；VerticalSize 关键字表示窗口的垂直尺寸像素数。这两个数字都必须大于 0。

例如，定义当前窗口的水平尺寸为 1366 像素，垂直尺寸为 768 像素，代码如下。

```
window.resizeTo ( 1366 , 768 ) ;
```

7．周期运算

周期运算是指在指定的时间间隔周期调用和执行一个函数或表达式的一种运算方式，是 Javascript 提供的一种重要功能。Javascript 为 window 对象定义了两个静态方法 setInterval()和 clearInterval()，用于在指定的间隔周期执行函数或表达式，以及清除正在周期执行函数和表达式的命令。这两种静态方法为 Javascript 制作动画以及各种动态的应用程序提供了最重要的支持，使得 Javascript 成为一种功能强大的前端交互工具。

setInterval()方法的作用是根据指定的时间周期执行函数或表达式等命令，并返回一个在当前全局中唯一的标识，根据该标识，开发者可以通过其他方式来控制这一周期性命令。

setInterval()方法与循环语句的区别在于，循环语句的执行是连续的，可以视为在无限短的周期里执行，且无法修改执行的周期；setInterval()方法则允许开发者定义指定的周期长度，例如 10 秒、一分钟甚至数年等。setInterval()的使用方法如下。

```
var Identifier = window.setInterval ( Function , Period ) ;
```

在上面的伪代码中，Identifier 关键字表示周期命令在全局中唯一的标识，其通常为一个整数，由 setInterval()静态方法自动返回，无需用户定义；Function 关键字为周期执行的具体代码，其可以是一个函数名，也可以是一个表达式或命令的字符串；Period 关键字表示执行的周期，其为整数，单位为毫秒。

例如，编写一个每隔一秒钟输出递增自然数的小程序，即可先定义一个执行该自然数递增并输出的函数，然后再通过 setInterval()静态方法对其进行周期执行，代码如下。

```
var intCount = 1 ;
function TraceCount ( ){
    console.log ( intCount ) ;
    intCount ++ ;
}
var intInterval = window.setInterval ( TraceCount , 1000 ) ;
```

在上面的代码中，定义了一个自然数变量 intCount，通过名为 TraceCount()的函数来对该变量进行输出和叠加。然后，又定义了一个标识符 intInterval，通过指定的间隔执行 TraceCount 函数，在浏览器的命令窗口中定时输出递增的自然数。

需要注意的是，如果需要为定时执行的函数传递参数，则开发者需要将函数调用的代码以字符串的方式作为 setInterval()方法的第一个参数来书写。例如，将以上代码修改为参数传递方式，如下所示。

```
var intCount = 1 ;
function TraceCount ( intNumber ) {
    console.log ( intNumber ) ;
    intCount ++ ;
}
var intInterval = window.setInterval ( 'TraceCount ( intCount ) ' , 1000 ) ;
```

setInterval()方法不仅能够周期性地执行一个函数，也可以执行一段代码，此时同样需要将这些代码以字符串的方式书写，如下所示。

```
var intCount = 1 ;
var intInterval = window.setInterval ( 'console.log ( intCount ) ; intCount
++ ; ' , 1000 ) ;
```

以上三段代码的作用是完全一致的，其区别就是写法有所不同，这三种写法也体现了 setInterval()静态方法的三种多样性使用方式。

setInterval()静态方法虽然可以周期性地执行一段代码，但需要注意的是，这种周期性执行需要消耗极大的浏览器资源，如果滥用这种方法，很可能会导致浏览器运行缓慢乃至假死。基于以上理由，在此特别建议开发者在任何情况下使用 setInterval()方法来进行周期运算时，都应该根据具体的情况通过 clearInterval()方法及时终止周期运算。clearInterval()方法的使用方式如下。

```
window.clearInterval ( Identifier ) ;
```

在上面的代码中，Identifier 关键字表示要终止的周期运算的标识，通过该标识，开发者可以精确地指向某一个周期运算命令。例如，在下面的代码中，就在周期运算的函数中添加了一个条件判断，指定当输出的数字值等于 60 时终止周期运算，代码如下。

```
var intCount = 1 ;
function TraceCount ( ) {
    if ( 60 === intCount ) {
        window.clearInterval ( intInterval ) ;
    }
    else {
        console.log ( intCount ) ;
        intCount ++ ;
    }
}
var intInterval = window.setInterval ( TraceCount , 1000 ) ;
```

执行以上代码，即可发现当输出的数字到 59 之后，程序就自动终止了。在使用任何周期性或循环执行的命令时，都应该通过条件为其指定周期或循环结束的对应语句，以保障浏览器能够及时回收资源。

8．定时运算

定时运算也是 Javascript 内置的一种重要功能，其与周期运算的区别在于，周期运算会在指定的间隔多次执行某段代码或某个函数，而定时运算则是在指定的间隔后只执行一次某段代码或某个函数。Javascript 为 window 窗口对象提供了 setTimeout()静态方法和 clearTimeout()静态方法，分别用于开始定时运算和终止定时运算两种功能。

setTimeout()静态方法的作用是在指定的时间间隔之后执行一次某段代码或某个函数。其使用方式与 setInterval()静态方法类似，都可以返回一个在当前页面中唯一的标识，供其他脚本控制，如下所示。

```
var Identifier = window.setTimeout ( Function , Period ) ;
```

在上面的伪代码中，Identifier 关键字表示当前定时运算在全局中唯一的标识，其通常为一个整数，由 setTimeout()静态方法自动返回，无需用户定义；Function 关键字为定时执行的具体代码，其可以是一个函数名，也可以是一个表达式或命令的字符串；Period 关键字表示执行的等待时间，其为整数，单位为毫秒。

例如，定义在 10 秒后执行一个程序，在 Web 浏览器的控制台输出一段文本内容，代码如下。

```
function TraceMessage ( ) {
    console.log ( '这段内容是 10 秒后输出的' ) ;
}
var intTimeout = window.setTimeout ( TraceMessage , 10000 ) ;
```

在上面的代码中，通过 setTimeout()方法直接将名为 TraceMessage 的函数作为参数，然后通过指定的 10000 毫秒的时间来确定定时执行。与 setInterval()静态方法类似，setTimeout()静态方法的第一个参数可以是以字符串形式书写的函数和参数，也可以是一段 Javascript 代码。

如果开发者需要临时终止定时运算，则可以使用 window 窗口对象提供的另一静态方法 clearTimeout()。该方法的用法与 clearInterval()静态方法类似，如下所示。

```
window.clearTimeout ( Identifier ) ;
```

在上面的伪代码中，Identifier 关键字表示定时运算的标识。例如，在下面的代码中，就强制使用 clearTimeout()静态方法将一个定时执行的代码终止，如下所示。

```
function TraceMessage ( ) {
    console.log ( '这段内容永远不可能输出。' ) ;
}
var intTimeout = window.setTimeout ( TraceMessage , 10000 ) ;
window.clearTimeout ( intTimeout ) ;
```

在上面的代码中，通过 setTimeout()静态方法定义 10 秒后执行 TraceMessage()函数，但由于在 setTimeout()静态方法之后的 clearTimeout()静态方法对定时命令进行了及时清除，因此 Javascript 将不会再执行 TraceMessage()函数。

6.1.2　浏览器对象

浏览器对象 navigator 是一个由窗口对象 window 派生而来的对象，其主要将当前 Web 页所处的 Web 浏览器作为实例，通过属性和方法来获取该 Web 浏览器以及相关操作系统的各种信息。

navigator 对象的属性较多，但是只有少部分属性被绝大多数 Web 浏览器支持，通常情况下，开发者使用 navigator 对象实现以下几种功能。

1．检测浏览器类型

每一种 Web 浏览器在解析和显示 Web 页时都会向 Web 服务器发送一段客户端代理信息字符串，表明自身的各种状态。这一字符串包含了大量关于客户端浏览器以及客户端操作系统的情况。

通过浏览器对象的 userAgent 静态属性，开发者可以读取这段字符串信息，从而判断客户端浏览器的类型。常见的 Mozilla Firefox、Opera、Safari 以及各版本 Internet Explorer 浏览器在其默认操作系统下的客户端代理字符串如表 6-3 所示。

表 6-3　常见 Web 浏览器的客户端代理信息

浏览器	操作系统	代理信息
Internet Explorer 4	Windows 98 SE	Mozilla/4.0 (compatible; MSIE 4.01; Windows 98)
Internet Explorer 5	Windows 2000	UserAgent: Mozilla/4.0 (compatible; MSIE 5.01; Windows NT 5.0)
Internet Explorer 5.5	Windows Me	UserAgent: Mozilla/4.0 (compatible; MSIE 5.5; Windows 98; Win 9x 4.90)
Internet Explorer 6	Windows XP	UserAgent: Mozilla/4.0 (compatible; MSIE 6.0; Windows NT 5.1; SV1)
Internet Explorer 7	Windows Vista	UserAgent: Mozilla/4.0 (compatible; MSIE 7.0; Windows NT 6.0; SLCC1; .NET CLR 2.0.50727; .NET CLR 3.0.30729; .NET4.0C; .NET4.0E; .NET CLR 3.5.30729)
Internet Explorer 8	Windows 7	UserAgent: Mozilla/4.0 (compatible; MSIE 8.0; Windows NT 6.1; Trident/4.0; SLCC2; .NET CLR 2.0.50727; .NET CLR 3.5.30729; .NET CLR 3.0.30729; Media Center PC 6.0)
Internet Explorer 9	Windows 7	UserAgent: Mozilla/5.0 (compatible; MSIE 9.0; Windows NT 6.1; Trident/5.0; SLCC2; .NET CLR 2.0.50727; .NET CLR 3.5.30729; .NET CLR 3.0.30729; Media Center PC 6.0)
Internet Explorer 10	Windows 8	UserAgent: Mozilla/5.0 (compatible; MSIE 10.0; Windows NT 6.2; WOW64; Trident/6.0; Touch; .NET4.0E; .NET4.0C; Tablet PC 2.0; InfoPath.3)
Internet Explorer 10（Modern UI）	Windows 8	UserAgent: Mozilla/5.0 (compatible; MSIE 10.0; Windows NT 6.2; Win64; x64; Trident/6.0; Touch; .NET4.0E; .NET4.0C; Tablet PC 2.0; InfoPath.3)

续表

浏览器	操作系统	代理信息
Internet Explorer 11	Windows 8.1	UserAgent: Mozilla/5.0 (Windows NT 6.3; WOW64; Trident/7.0; .NET4.0E; .NET4.0C; InfoPath.3; .NET CLR 3.5.30729; .NET CLR 2.0.50727; .NET CLR 3.0.30729; Media Center PC 6.0; rv:11.0) like Gecko
Internet Explorer 11 （Modern UI）	Windows 8.1	UserAgent: Mozilla/5.0 (Windows NT 6.3; Win64; x64; Trident/7.0; .NET4.0E; .NET4.0C; InfoPath.3; .NET CLR 3.5.30729; .NET CLR 2.0.50727; .NET CLR 3.0.30729; Media Center PC 6.0; rv:11.0) like Gecko
Mozilla Firefox 26.0	Windows 8.1	UserAgent: Mozilla/5.0 (Windows NT 6.3; WOW64; rv:26.0) Gecko/20100101 Firefox/26.0
Opera	Windows 8.1	UserAgent: Mozilla/5.0 (Windows NT 6.3; WOW64) AppleWebKit/537.36 (KHTML, like Gecko) Chrome/31.0.1650.63 Safari/537.36 OPR/18.0.1284.68
Apple Safari	Windows 8.1	UserAgent: Mozilla/5.0 (Windows NT 6.2; WOW64) AppleWebKit/534.57.2 (KHTML, like Gecko) Version/5.1.7 Safari/534.57.2

除了 userAgent 属性外，Javascript 还为浏览器对象提供了其他一些方法用于获取 Web 浏览器的各种信息，但是这些属性往往针对早期的 Web 浏览器设计，已经无法反映今天 Web 浏览器的情况，因此在实际开发中，推荐开发者通过对用户代理字符串的解析来判断用户使用的是哪一种 Web 浏览器。

2．检测是否启用 Cookie

Cookie 是一种特殊的 Web 技术，其原理是由服务器端生成数据，发送给 Web 浏览器等客户端，然后由 Web 浏览器等客户端将数据以键值对的方式存入到本地计算机中指定目录的文本文件内。在下一次请求同一网站时，Web 浏览器可以将这些数据发回给服务器。

Cookie 是一种重要的记录用户行为或实现服务器端在客户计算机上存储简易数据的方式，因此在开发一些需要应用 Cookie 的 Web 应用时，判断用户的 Web 浏览器是否启用了 Cookie 就十分重要。

Javascript 为浏览器对象提供了 cookieEnabled 属性用于判断用户的 Web 浏览器的 Cookie 功能。该属性将返回一个逻辑型数据，通过对该属性的判断，可以方便地输出用户 Web 浏览器的 Cookie 状况。在下面的代码中，就通过该值输出了用户 Web 浏览器的 Cookie 功能状况。

```
if ( window.navigator.cookieEnabled ) {
    console.log ( '您的 Web 浏览器支持 Cookie 功能。' ) ;
} else {
    console.log ( '您的 Web 浏览器不支持 Cookie 功能或关闭了 Cookie 功能。' ) ;
}
```

6.1.3　屏幕对象

计算机的显示器是计算机向用户传递信息的重要输出设备，也是为用户显示信息最主要的平台。在开发 Web 程序时，开发者需要获取用户计算机的屏幕显示信息，以决定在用户全屏显示 Web 页时向用户传递多少数据，以及传递信息的类型。

屏幕对象 screen 就是 Javascript window 对象的一个子对象，其主要用于显示用户显示器信息。通过该对象，开发者可以方便地确认用户计算机屏幕的像素大小。在绝大多数 Web 浏览器中，屏幕对象支持五种只读属性，其作用如表 6-4 所示。

表 6-4　屏幕对象的常用属性

属性	作用
availHeight	获取除任务栏以外的显示屏幕高度（单位为像素）
availWidth	获取除任务栏以外的显示屏幕宽度（单位为像素）
colorDepth	获取显示器的色彩深度位数（整数）
height	获取显示屏幕的高度（单位为像素）
width	获取显示屏幕的宽度（单位为像素）

例如，通过屏幕对象的各种属性获取 Windows 8.1 操作系统中，一个尺寸为 23 寸、分辨率为 1920×1080 的显示器的屏幕信息，代码如下所示。

```
var objScreen = window.screen ;
console.log ( '用户的有效显示区域高度为' + objScreen.availHeight + '像素' ) ;
console.log ( '用户的有效显示区域宽度为' + objScreen.availWidth + '像素' ) ;
console.log ( '用户的显示器色彩为' + objScreen.colorDepth + '位' ) ;
console.log ( '用户的显示区域高度为' + objScreen.height + '像素' ) ;
console.log ( '用户的显示区域宽度为' + objScreen.width + '像素' ) ;
```

执行以上代码，即可输出该显示器的各种信息参数，如下所示。

用户的有效显示区域高度为 1050 像素
用户的有效显示区域宽度为 1920 像素
用户的显示器色彩为 24 位
用户的显示区域高度为 1080 像素
用户的显示区域宽度为 1920 像素

6.1.4　历史记录与定位

除了之前介绍的三种对象外，窗口对象 window 还支持两个子对象，就是历史记录对象 history 和定位对象 location。这两个对象分别承载了不同的功能，历史记录对象 history 用于记录和控制用户 Web 浏览器的访问记录信息，定位对象 location 则主要对站点的 URL 进行分析和操作。

1. 历史记录对象

历史记录对象 history 的作用是操作 Web 浏览器访问站点的记录，并提供一些方法来操作 Web 浏览器在这些访问站点之间跳转。早期的历史记录对象功能较强，支持很多访问操作，但是随着人们对隐私安全的重视，今天的历史记录对象仅保留了有限的功能，只能对用户浏览器的浏览历史进行操作，无法再读取一些用户浏览的信息。

历史记录对象支持 length 属性，用于获取当前窗口记录了多少已经访问过的 URL 地址。例如，通过弹出消息框来获取当前窗口的历史记录数量，方法如下所示。

```
alert ( window.history.length ) ;
```

除此之外，历史记录对象还提供了三个方法，用于用户本地浏览器的历史记录跳转，如表 6-5 所示。

表 6-5　历史记录对象的常用方法

方法名	作用
back()	控制 Web 浏览器跳转至当前窗口的上一个历史记录页面
forward()	控制 Web 浏览器跳转至当前窗口的下一个历史记录页面
go()	控制 Web 浏览器跳转至当前窗口指定的历史记录页面

其中，开发者可以直接使用 back()方法和 forward()方法对上一个或下一个历史记录页面进行跳转操作。如果需要跳转到精确的某一条历史记录的页面，则可以使用 go()方法通过参数进行调节，其使用方式如下。

```
window.history.go ( Count ) ;
```

在上面的代码中，Count 关键字表示要跳转到的历史记录的序列，其可以是正整数或负整数。如其为正整数，则表示向之后的历史记录跳转；如其为负整数，则表示向之前的历史记录跳转。

跳转到上一个历史记录的页面，开发者既可以通过 back()方法实现，也可以通过 go()方法实现，以下两行代码的效果就是完全相同的。

```
window.history.go ( -1 ) ;
window.history.back ( ) ;
```

同理，跳转到上一个历史记录的页面，开发者也可以通过以下的两种方式实现。

```
window.history.go ( 1 ) ;
window.history.forward ( ) ;
```

2．定位对象

定位对象 location 的作用是为开发者提供访问当前 Web 文档 URL 地址的方法，并提供若干属性帮助开发者对该 URL 地址进行解析。通常情况下，一个完整的 URL 地址可能由若干元素组成，如下所示。

```
Protocol://Host:Port/Path?Key=Value[&Key=Value]#Anchor
```

在上面的伪代码中，共包含七个关键字，表示了 URL 地址中的六种组成元素，其含义如表 6-6 所示。

表 6-6　URL 地址的六种组成元素

名称	作用
Protocol	传输协议，决定了 URL 地址的用途以及数据传输模式
Host	主机的地址，其可以是域名，也可以是 IP

名称	作用
Port	端口号，其为 0 到 65535 之间的数字
Path	文档在主机中存放的路径
Key=Value	用于数据检索的键值对。如为多个键值对，则可以用"&"符号将其隔开
Anchor	锚记

定位对象 location 提供了八种属性，用于对当前 Web 页的 URL 地址进行分析，获取以上几种 URL 地址的元素，如表 6-7 所示。

表 6-7　定位对象的属性

属性	作用
hash	设置或返回 URL 地址中的锚记
host	设置或返回主机地址和端口号
hostname	设置或返回主机的地址
href	设置或返回整个 URL 地址
pathname	设置或返回 URL 中的文档存放路径
port	设置或返回 URL 中的端口号
protocol	设置或返回 URL 中的通信协议
search	设置或返回用于数据检索的键值对

以上八种属性既可以对当前文档的 URL 进行分析，获取其中的内容，也可以对当前文档的 URL 进行修改，跳转至新的 Web 页面。例如，在当前的 Web 页中需要跳转至清华大学出版社的官方网站首页，即可通过以下方式实现。

```
window.location.href = 'http://tup.tsinghua.edu.cn' ;
```

定位对象的方法包括三种，如表 6-8 所示。

表 6-8　定位对象的方法

方法	作用
assign()	根据指定的 URL 地址加载新的 Web 文档
reload()	重新加载当前的 Web 文档
replace()	根据指定的 URL 加载新的 Web 文档，替换当前文档

上面的三种方法都是静态方法，其中，reload()方法可以直接由 window.location 对象调用，而 assign()和 replace()两种方法在使用时都必须以加载的新 Web 文档 URL 作为参数来使用。assign()方法和 replace()方法的区别在于，使用 assign()方法来加载新的 Web 文档，Web 浏览器将自动建立一个新的历史记录，而使用 replace()方法来加载 Web 文档，新的 Web 文档历史记录将覆盖当前的历史记录。

6.2　HTML 文档对象模型

Web 前端开发的本质就是通过 Javascript 对各种 XHTML、HTML 进行操作，动态地改变 XHTML 和 HTML 的代码结构，以将更新、更富有交互性的内容呈现给终端用户。文档对象模型提供了一种完全面向对象的文档操作方式，使 Javascript 能够便捷地实现对文档内容的读取和写入。

当 Javascript 脚本语言对这些文档内容进行操作时，必须依赖 XHTML 和 HTML 的文档对象模型，将 XHTML 或 HTML 中的节点转换为 DOM 对象，通过 DOM 对象的属性和方法实现对 Web 内容的控制。

6.2.1　HTML DOM 简介

HTML DOM（Document Object Model，文档对象模型）是一种对 XHTML 或 HTML 进行抽象化处理，将所有 XHTML 和 HTML 标记视为对象，然后为其统一定义属性和方法的特殊模型。

1．DOM 树形结构

文档对象模型将 Web 文档视为一个树形结构，将每个 XHTML 或 HTML 的标记都视为这个树形结构的一个节点。通过该树形结构，开发者可以方便地使用 Javascript 访问和操作各级节点中的数据，如图 6-1 所示。

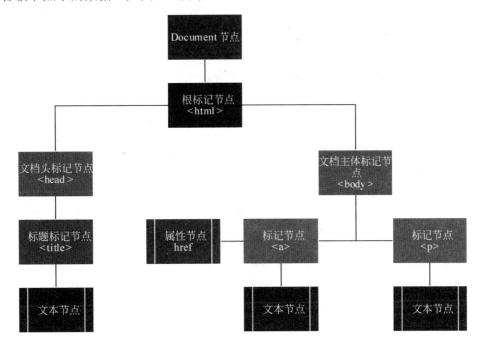

图 6-1　文档对象模型的文档树结构

图 6-1 展示了绝大多数 Web 文档的节点结构。在图 6-1 中，一共展示了 4 种类型的节点，即 Document 整体节点、Element 标记节点、Attribute 属性节点和 Text 文本节点。XHTML 和 HTML 都是衍生自 XML 的结构标记语言，因此其所有的节点与 XML 十分类似，都包含多种类型。除了以上 4 种类型外，XHTML 和 HTML 的节点还包括其他 8 种类型，如表 6-9 所示。

表 6-9　XHTML 和 HTML DOM 的节点类型

节点名称	类型值	说明	支持的子元素
Element	1	普通标记元素	Text、Comment、Pressesing_Instruction、CDATASection、Entity_Reference、Element
Attribute	2	标记元素的属性	Text、Entity_Reference
Text	3	标记元素内的文本	无
CDATA_Section	4	CDATA 区段	无
Entity_Reference	5	实体引用	Pressesing_Instruction、Comment、Text、CDATASection、Entity_Reference
Entity	6	实体	Pressesing_Instruction、Comment、Text、CDATASection、Entity_Reference
Processing_Instruction	7	处理指令	无
Comment	8	注释	无
Document	9	文档	Element、Pressesing_Instruction、Comment
Document_Type	10	文档类型声明	无
Document_Fragment	11	文档局部实体	无
Notation	12	文档类型声明符号	无

具体到 XHTML 和 HTML 文档，Document、Document_Type、Notation 三种节点组成了文档类型声明；根元素标记 HTML、文档头标记 HEAD、文档主体标记 BODY 以及各种普通标记均被归纳为 Element 类型节点；所有标记的属性均被归纳为 Attribute 类型节点；标记中的文本内容被归纳为 Text 类型的节点；Web 文档中的注释被归纳为 Comment 类型节点。

2. 树形结构的层级关系

DOM 的文档树结构将整个文档的所有标记进行了分层，并通过几个特殊的术语来描述两个相邻的 XHTML 或 HTML 标记之间的关系，即父级（parent）、子级（child）、同级（sibling）、前代（ancestor）和后代（descendant）。

- 父级（parent）

父级是指某个 XHTML 或 HTML 标记外层的第一级标记。除了根元素标记 HTML 之外，所有的 XHTML 或 HTML 节点都有父级元素。例如，在绝大多数 Web 文档中，根元素标记 HTML 都是文档头标记 HEAD 和文档主体标记 BODY 的父级节点。

- 子级（child）

子级是指某个 XHTML 或 HTML 标记内部的第一级标记，一个节点可以拥有任意数量的子级元素。子级元素不仅包括 Element 类型的节点，还包括 Attribute 节点和 Text 节点。例如，在下面的代码中，包含一个定义列表标记 DL，如下所示。

```
<dl id="detailList">
    <dt>XHTML</dt>
    <dd>Extensible HyperText Markup Language</dd>
</dl>
```

在上面的代码中，定义列表标记包含了四个子级节点：一个 Attribute 节点，即其 id属性；一个 Text 节点，包含若干空字符；两个 Element 节点，即词条标记 DT 和描述标记 DL。

同理，词条标记 DT 包含一个 Text 节点，其内容为 XHTML；描述标记 DL 也包含一个 Text 节点，其内容为 Extensible HyperText Markup Language。

- 同级（sibling）

同级是指拥有相同父级元素的若干标记之间的关系。例如，文档头元素 HEAD 和文档主体元素 BODY 就属于同级关系。在下面的代码中，定义了三个标记，其包括一个无序列表标记 UL 和两个列表项目标记 LI，如下所示。

```
<ul>
    <li id="element1" title="element1">element1</li>
    <li id="element2" title="element2">element2</li>
</ul>
```

在上面的代码中，两个列表项目标记 LI 之间就互为同级关系，每个列表项目标记 LI 的 id 属性和 title 属性之间也互为同级关系。

- 前代（ancestor）

前代是父级的延伸和发展，是节点的父级节点、父级节点的父级节点……直至根节点之间所有父级关系的节点的集合。例如，在下面的代码中，定义了一个简单的 Web 页，如下所示。

```
<html xmlns="http://www.w3.org/1999/xhtml">
    <head><!-- …… --></head>
    </head>
    <body>
        <p><a href="http://www.baidu.com" title="百度">百度</a>一下，你就知道。
</p>
    </body>
</html>
```

在上面的代码中，超链接标记 A 的父级节点是段落标记 P，其前代节点就是包含段落标记 P、主体标记 BODY、根元素标记 HTML 的集合。

- 后代（descendant）

后代是与前代完全相反的一个概念，是子级的延伸和发展，是某个节点包含的所有节点的集合，包括该节点的子级节点、子级节点的子级节点……例如，仍然是上一段代码，根元素标记 HTML 的后代就是除根元素标记 HTML 自身以外其他所有的节点。

6.2.2　Document 对象

document 对象是文档对象模型的根对象，是所有文档对象模型的父集，也是 Document 类 DOM 节点的具体实例。在 Javascript 脚本语言中，document 对象被视为 window 对象下的一个子集，因此开发者既可以直接调用 document 对象来使用该对象，也可以通过 window.document 的方式来调用该对象。几乎所有对 Web 文档中节点的操作都是依托 document 对象来实现的。

1．访问元素集合

作为整个文档中所有 XHTML 或 HTML 元素的根，document 对象提供了五种集合，帮助开发者对相关类型的文档节点进行快速访问。这种访问方式是 DOM 独有的，如表 6-10 所示。

表 6-10　document 对象的元素集合

集合名	作用
all[]	提供对文档中所有 XHTML 或 HTML 元素的访问
anchors[]	提供对文档中所有锚记的访问
forms[]	提供对文档中所有表单的访问
images[]	提供对文档中所有图像的访问
links[]	提供对文档中所有超链接和热区的访问

以上五种集合所返回的数据均为由若干 XHTML 或 HTML 对象组成的数组。使用这些集合，开发者可以方便地对集合中所有的元素进行操作。例如，在下面的代码中，就通过 images[]集合统计了某个 Web 页中图像的数量，如下所示。

```
console.log ( window.document.images.length ) ;
```

2．读写 cookie

cookie 属性为开发者提供对 Cookie 数据的操作，在用户浏览器支持 Cookie 的情况下对 Cookie 进行读写。需要注意的是，基于用户隐私保护和安全的考虑，cookie 属性只能读写本页面的 Cookie 数据。在下面的代码中，就通过 cookie 属性实现了 cookie 数据的读取。

```
console.log ( window.document.cookie ) ;
```

同理，如果需要对 Cookie 数据进行写入操作，也可以直接将需要写入的值直接作为属性值，赋予 cookie 属性，则 Web 浏览器将会自动把该值追加到 Cookie 数据里，如下所示。

```
var strUsername = 'Li Lei' ;
window.document.cookie = 'username=Li Lei' ;
```

3．获取当前文档的其他信息

除了读写 Cookie 数据外，document 对象还支持通过其他几个属性来获取文档的各种基本信息，如表 6-11 所示。

表 6-11　document 对象的其他属性

属性	作用
domain	获取当前文档存放的服务器域名或 IP
lastModified	获取当前文档最后被修改时的日期和时间
referrer	如当前文档是通过超链接载入，则获取该超链接所在的文档 URL，否则返回 null
title	获取当前文档的标题信息
URL	获取当前文档的 URL

需要注意的是，以上五种属性都是只读属性，只能帮助开发者获取信息，无法对这些信息进行修改。在下面的代码中，就将通过代码一次输出以上五种信息，如下所示。

```
console.log ( '本页面所在的主机地址是' + document.domain ) ;
console.log ( '本页面最后编辑时间为' + document.lastModified ) ;
if ( null !== document.referrer ) {
    console.log ( '本页面由' + document.referrer + '跳转而来。' ) ;
}
if ( ''!== document.title) {
console.log ( '本页面的标题为' + document.title ) ;
}
console.log ( '本页面的 URL 为' + document.URL ) ;
```

4．向文档写入代码

document 对象提供了两个实例方法用于向当前文档或指定的文档流写入文本内容，即 write()方法和 writeIn()方法。这两个方法的使用方式大体相同，例如 write()方法的使用方式如下。

```
Target.write ( Text ) ;
```

在上面的伪代码中，Target 关键字表示被写入的目标文档，其可以是一个文档实例的名称，也可以是 document 对象自身，表示当前的文档；Text 关键字表示写入到该文档的文本内容，其应为一个字符串，且不限制大小。例如，将当前文档转为 Helloworld，方法如下。

```
document.write ( 'Hello , World!' ) ;
```

需要注意的是，write()方法并不能精确地定义写入文本的位置，只能将这些文本依次追加到文档流中。writeIn()方法的使用方式与 write()方法基本相同，其区别在于，write()方法会直接将新的内容追加到文档流中，而 writeIn()方法则会在追加内容之后在每一次写入的内容后添加一个换行符。关于 writeIn()方法的具体用法，在此不再赘述。

5．打开和关闭 Web 文档流

document 对象提供了 open()和 close()两种方法以帮助开发者对输出文本内容的 Web 文档流进行打开和关闭操作，创建新的 Web 页并对 Web 页的内容进行订制。在此需要注意的是，document 对象的 open()方法和 close()方法与 window 对象的两个同名方法有很大差别，不能混用。

document 对象的 open()方法更多地被用于创建一个新的文档流，其使用方法如下所示。

```
document.open ( MIMEtype , Replace ) ;
```

在上面的伪代码中，MIMEtype 关键字和 Replace 关键字均为可选参数，MIMEtype 关键字表示创建文档流的 MIME 类型，默认为"text/html"；Replace 关键字的值仅能是 replace，当该参数被设置时，将定义新文档从父文档继承历史记录条目。在下面的代码中，就通过

document 对象的 open()方法创建了一个文档流，如下所示。

```
var objNewDoc = document.open ( 'text/html' ) ;
```

在定义了该文档流后，开发者可以通过 document 对象的 write()方法或 writeIn()方法，向该文档流写入文本内容，如下所示。

```
objNewDoc.write ( 'Hello , World !' ) ;
```

最后，再通过 document 对象的 close()方法封闭和保存该对象，代码如下。

```
objNewDoc.close ( ) ;
```

在封闭和保存该对象后，Javascript 会自动将该对象作为一个已存在的 Web 文档打开，覆盖当前的 Web 页文档。需要注意，当且仅当某个 Web 文档流对象被执行 close()方法之后，该文档才能被打开，否则该文档将一直存在于内存中。

6. 操作指定的 HTML 或 XHTML 对象

除了访问元素集合外，document 对象还提供了四种方法用于精确地访问某一个或某一类指定的 XHTML 或 HTML 节点，其分别为 getElementById()方法、getElementsByName()方法、getElementByTagNage()方法和 getElementByClassName()方法。

• getElementById()方法

getElementById()方法的作用是以其唯一参数值与整个 Web 文档中所有 XHTML 和 HTML 节点的 id 属性进行匹配，将匹配的节点以 Javascript 对象的方式返回，如果匹配失败，则该方法将返回一个 null。该方法的使用方式如下所示。

```
document.getElementById ( ID ) ;
```

在上面的伪代码中，ID 关键字表示需要匹配的 id 属性，其不可为空且必须为一个独立的字符串。例如，当 Web 文档中存在一个名为"TestButton"的按钮，其代码如下所示。

```
<button type="button" id="TestButton">测试</button>
```

在下面的代码中，就将使用 document 对象的 getElementById()方法获取该按钮的对象实例，如下所示。

```
var objTestButton = window.document.getElementById ( 'TestButton' ) ;
```

由于在一个 Web 文档中，XHTML 或 HTML 标记的 id 属性是不能重复的，因此，getElementById()方法将返回一个符合要求的唯一节点。

• getElementsByName()方法

getElementsByName()方法与 getElementsById()方法类似，其作用是以其唯一参数值与整个 Web 文档中所有 XHTML 和 HTML 节点的 name 属性进行匹配，将匹配的节点以一个集合的方式返回，该集合中将包含所有符合的节点的对象化实例。如果匹配失败，则该方法将返回一个空的集合。该方法的使用方式如下所示。

```
document.getElementsByName ( Name ) ;
```

　　在上面的伪代码中，Name 关键字表示需要匹配的 name 属性，其不可为空且必须为一个独立的字符串。

　　例如，当 Web 文档中存在两个表单，每个表单中都包含一个 name 属性为 UserName 的文本框，其代码如下所示。

```
<form id="signup" action="signup.php">
    <p>
        <label>账户名称</label>
        <input type="text" name="userName" value="" />
    </p>
    <!--………-->
</form>
<form id="signin" action="signin.php">
    <p>
        <label>账户名称</label>
        <input type="text" name="userName" value="" />
    </p>
    <!--………-->
</form>
```

　　使用 getElementsByName()方法，可以方便地获取这两个文本框的对象实例，对其进行统计或其他操作，如下所示。

```
var arrInputBoxes = window.document.getElementsByName ( 'userName' ) ;
console.log ( arrInputBoxes.length ) ; //输出 2
```

　　需要注意的是，开发者可以像用数组一样使用这种获取的节点对象集合，但是这种集合通常情况下是只读的，只有引用该集合后才能对其修改。

　　● getElementsByTagName()方法

　　getElementsByTagName()方法的作用是根据其唯一参数值与整个 Web 文档中所有 XHTML 和 HTML 节点的标记名称进行匹配，将匹配的节点以一个集合的方式返回，该集合中将包含所有符合的节点的对象化实例，如果匹配失败，则该方法将返回一个空的集合。该方法的使用方式如下所示。

```
document.getElementsByTagName ( TagName ) ;
```

　　在上面的伪代码中，TagName 关键字表示需要匹配的标签名，其必须是 XHTML 和 HTML 标准中的合法标签名。例如，在一个 Web 文档中包含三个超链接标记，其分别指向清华大学、清华大学出版社以及百度，代码如下。

```
<a href="http://www.tsinghua.edu.cn" title="清华大学">清华大学</a>
<a href="http://tup.tsinghua.edu.cn" title="清华大学出版社">清华大学出版社
</a>
<a href="http://www.baidu.com" title="百度">百度</a>
```

使用 getElementsByTagName()方法，可以方便地将这三个超链接的对象化实例组合到一个集合中，并进行统计和操作，如下所示。

```
var arrHyperLinks = window.document.getElementsByTagName ( 'a' ) ;
console.log ( arrHyperLinks.length ) ;
```

- getElementByClassName()方法

getElementByClassName()方法顾名思义，就是将某个字符串与 Web 文档中所有 XHTML 或 HTML 节点的 class 属性值来进行匹配，并将符合匹配的所有节点以集合的方式返回，该集合将包含所有符合的节点的对象化实例，如果匹配失败，则该方法将返回一个空的集合。该方法的使用方式如下所示。

```
document.getElementByClassName ( ClassName ) ;
```

在上面的伪代码中，ClassName 关键字表示要匹配的 class 属性值，其必须是一个字符串，且在 Web 文档中与某一个或某一些标记的 class 属性相符。例如，在 Web 文档中存在以下三个标记，其中，两个标记的 class 属性为 "test1"，一个标记的 class 属性为 "test2"，如下所示。

```
<p class="test1">
    <a href="http://about:blank" title="test1" class="test1">test1</a>test1
</p>
<ul class="test2">
    <li>test2</li>
</ul>
```

使用 getElementByClassName()方法，开发者可以方便地通过 class 属性值将这三个标记筛选出来，如下所示。

```
var arrTest1 = document.getElementByClassName ( 'test1' ) ;
var arrTest2 = document.getElementByClassName ( 'test2' ) ;
console.log ( arrTest1.length ) ; //输出 2
console.log ( arrTest2.length ) ; //输出 1
```

需要注意的是，getElementByClassName()方法是在近年最新版 DOM3 和 HTML5 中被支持的，而早期的 Web 浏览器并不支持使用该方法，这些浏览器包括 IE 8 及之前更低版本的 IE 浏览器和早期的 Firefox 浏览器等。所以，在使用该方法时应考虑浏览器的兼容性问题。

6.2.3　Element 对象

按照文档对象模型的结构而言，element 对象属于 document 对象下的一个成员，其是所有对象化的 XHTML 和 HTML 节点（根元素节点除外）的基类，也是 Element 类节点的实例。

开发者通过 document 对象的 getElementById()方法获取的 Javascript 对象都可以使用

Element 对象的属性和方法。

element 对象包含的属性和方法极多，通过这些属性和方法，开发者可以获取 XHTML 和 HTML 节点的各种信息，并对其进行编辑操作。以下将介绍 Element 对象常用的各种属性和方法。

1．获取节点信息

在通过 document 对象的 getElementById()方法获取了 XHTML 和 HTML 节点对象的实例后，开发者可以使用 element 对象的一些实例属性来获取该对象实例在 XHTML 或 HTML 中的标记名称和其他各种信息。

● 获取节点标记名称

其中，element 对象提供了 tagName 属性用于获取节点对象的标记名称，需要注意的是，tagName 返回的标记字符串中所有的字母都是大写。例如，在 Web 文档中存在一个 id 属性为 test 的定义列表，代码如下。

```
<dl id="test"></dl>
```

在使用 document 对象的 getElementById()方法将其转换为对象实例后，即可获得其标记的名称，代码如下。

```
var objDetailList = document.getElementById ( 'test' ) ;
console.log ( objDetailList.tagName ) ; //输出 DL
```

除了 tagName 属性外，element 对象还提供了 nodeName 属性，其同样可以获得 XHTML 和 HTML 节点对象的标记名称。nodeName 属性的使用方式和 tagName 类似，都返回标记名称的大写形式，例如，在读取之前 id 属性为 test 的定义列表的标记名，代码如下。

```
console.log ( objDetailList.nodeName ) ; //输出 DL
```

tagName 属性和 nodeName 属性的功能十分类似，其区别在于，tagName 属性仅针对 XHTML 和 HTML 标记的 Document 类型或 Element 类型节点有效，而 nodeName 属性的涵盖范围更加广泛一些，其不仅支持 Document 类型或 Element 类型节点，还支持各种 Attribute 类型节点和 Text 类型节点。在处理这些节点时，nodeName 属性和 tagName 属性返回的值类型如表 6-12 所示。

表 6-12　不同类型节点的 nodeName 属性和 tagName 属性

节点类型	类型值	nodeName 属性值	tagName 属性值
Element	1	大写的节点标记名称	大写的节点标记名称
Attribute	2	属性名称	null
Text	3	#text	null
CDATA_Section	4	#cdata-section	null
Entity_Reference	5	实体参考	null
Entity	6	实体名称	null
Processing_Instruction	7	命令操作的目标	null
Comment	8	#comment	null

续表

节点类型	类型值	nodeName 属性值	tagName 属性值
Document	9	#document	null
Document_Type	10	文档类型名称	null
Document_Fragment	11	#document-fragment	null
Notation	12	符号名称	null

由表 6-12 可看出， nodeName 属性的功能涵盖了 tagName 的功能。在实际开发中，应尽量使用 nodeName 属性。

- 获取节点类型

除了获取节点名称外，element 对象还提供了 nodeType 属性，用于获取某个节点的实际类型。该属性将返回一个数字，表示节点类型的类型值。关于节点类型的知识，请参考本节之前的相关小节，在此不再赘述。

- 获取节点值

element 对象支持 nodeValue 属性，用于帮助开发者获取节点的 value 属性值，当某个节点具备 value 属性（例如文本框等组件）时，开发者即可使用该属性获取节点的值。该方法的使用方式与 nodeType 类似，都可以直接读取节点包括的文本值，其使用方式在此不再赘述。

2. 读取关联节点信息

element 对象提供了一系列实例属性，帮助开发者快速地获取某个节点周围相关节点的信息，从而对这些相关节点进行操作。

需要注意的是，在实际开发中，element 对象在读取节点时并不会仅读取 Element 类节点，也会读取 Text 或 Comment 类型的节点。例如，在下面的代码中，定义了一个 id 为 "OS" 的无序列表 UL 标记，其包含了三种子节点标记，代码如下。

```
<ul id="OS">
    <li id="6.1">Microsoft Windows 7</li>
    <li id="6.2">Microsoft Windows 8</li>
    <li id="6.3">Microsoft Windows 8.1</li>
</ul>
```

在实际的运行环境中，Web 浏览器会将无序列表标记 UL 的三个列表项目标记 LI 及其之间的空隙都视为无序列表标记 UL 的子节点，即该标记包含三个 Element 类的子节点和四个 Text 类的子节点，如表 6-13 所示。

表 6-13　上一段代码中 UL 标记的子节点

子节点	位置顺序	子节点类型	nodeType	nodeValue	nodeName
空节点	1	Text	3	空	#text
第一个列表项目	2	Element	1	Microsoft Windows 7	LI
空节点	3	Text	3	空	#text
第二个列表项目	4	Element	1	Microsoft Windows 8	LI
空节点	5	Text	3	空	#text

续表

子节点	位置顺序	子节点类型	nodeType	nodeValue	nodeName
第三个列表项目	6	Element	1	Microsoft Windows 8.1	LI
空节点	7	Text	3	空	#text

因此，进行读取相关节点的操作时，一定要注意到 element 对象的这一特性，在进行子节点筛选时必须考虑到子节点中的非 Element 类型节点。以下为 Element 对象操作节点的具体方式。

- 获取父节点

element 对象提供了 parentNode 属性，用于获取节点对象的父节点的 DOM 对象。例如，在下面的代码中，就定义了一个段落标记 P 和一个超链接标记 A，代码如下。

```
<p>如对本书有任何疑问请访问<a id="tup" href="http://tup.tsinghua.edu.cn" title="清华大学出版社">清华大学出版社</a>官方网站。</p>
```

在上面的代码中，包含了两个 XHTML 标记。其中，段落标记 P 为超链接标记 A 的父节点，在实例化超链接标记后，即可通过 parentNode 属性读取其父节点段落，代码如下。

```
var objHyperLink = document.getElementById ( 'tup' ) ;
var objHyperLinkParent = objHyperLink.parentNode ;
console.log ( objHyperLinkParent.nodeName ) ; //输出 P
```

需要注意的是，该属性只返回一级父节点的 DOM 对象，并非其所有父节点 DOM 对象的集合。也就是说，只能返回节点上一级的父节点，不能返回更深层次的父节点。

- 获取子节点集合

element 对象的 childNodes 属性可以读取对象包含的下一级子节点，返回一个基于 XML NodeList 格式的对象，以类似集合的方式按照指定的顺序存储 Element 对象的所有子节点（包括文本节点），并提供了 length 属性可以帮助开发者查询该对象包含的子节点数量，以及 item()方法来调用子节点的集合。

其中，length 属性的使用方式和数组对象的 length 属性类似，在此不再赘述。item() 方法的使用方式如下所示。

```
NodeList.item ( Index ) ;
```

在上面的伪代码中，NodeList 关键字表示 element 对象的 childNodes 属性返回的 NodeList 对象；Index 关键字表示子节点对象在 NodeList 对象中的索引号。例如，在下面的代码中定义了一个 id 属性为“Office”的无序列表 UL 标记。

```
<ul id="Office">
    <li id="word">Microsoft Word</li>
    <li id="excel">Microsoft Excel</li>
    <li id="powerpoint">Microsoft Powerpoint</li>
</ul>
```

在上面的代码中，无序列表标记 UL 包含了三个 Element 类型子节点和四个 Text 类型子节点。在将该无序列表实例化为 DOM 对象后，即可通过 element 对象的 childNodes 实例属性获取其子节点的集合对象，然后再通过 item()方法将这些子节点的名称输出，代码如下。

```
var objULOffice = document.getElementById ( 'Office' ) ;
var objULOfficeNodes = objULOffice.childNodes ;
for ( var intLoop = 0 ; intLoop < objULOfficeNodes.length ; intLoop ++ )
{
    console.log ( objULOfficeNodes.item( intLoop ).nodeName  );
}
```

- 获取首尾子节点

如果仅需要获取某个节点的首尾两个子节点,则可以使用 element 对象提供的 firstChild 属性和 lastChild 属性，这两个属性可以分别返回 Element 类型节点的第一个子节点和最后一个子节点。

需要注意的是，Web 浏览器在筛选目标节点的子节点时，并不会局限于 Element 类型的节点，Text 或 Comment 等类型的节点也会被视为合法的子节点予以识别。因此，在使用 firstChild 和 lastChild 两种属性来获取绝大多数 Element 类型的节点时，其获得的结果很可能是空的文本节点（除非该节点只包含文本节点）。

- 获取相邻节点

element 对象还提供了 previousSibling 属性和 nextSibling 属性两种属性来获取某个节点对象之前和之后相邻的节点。与其他操作关联节点的属性相同，这两个属性在筛选目标节点的相邻节点时，也会包括 Text 或 Comment 等类型的节点。其使用方式与之前介绍的几种属性大体类似，在此不再赘述。

- 获取指定标记子节点

如果开发者需要获取指定标记类型的子节点，可以使用 element 对象提供的 getElementByTagName()方法，该方法的使用方式与 document 对象的同名方法类似，如下所示。

```
Element.getElementByTagName ( TagName ) ;
```

在上面的伪代码中,Element 关键字表示需要检索后代节点的 DOM 节点对象；TagName 关键字表示需要检索的后代节点标记名称。

element 对象的 getElementByTagName()方法与 document 对象的同名方法区别在于，document 对象的同名方法用于获取整个 Web 文档中所有的 Element 节点，而 element 对象的该方法则只检索某一个 Element 节点的后代节点。这两个方法都会返回一个符合要求的节点集合，其使用方法大体类似，在此不再赘述。

3. 操作节点对象属性

绝大多数 XHTML 或 HTML 标记都支持各种各样的属性，Element 对象作为所有 XHTML 和 HTML 对象实例的类，支持多种方式对这些对象实例的属性进行读写操作。

● 获取属性集合

element 对象提供了 attributes 属性,用于获取 XHTML 或 HTML 对象实例的所有属性,将其放置到一个 NamedNodeMap 类的只读集合中, 帮助开发者对其进行调用。例如, 在 Web 文档中存在一个超链接标记 A,代码如下。

```
<a href="http://tup.tsinghua.edu.cn" title=" 清 华 大 学 出 版 社 " id= z
"TestHyperLink"> 清华大学出版社</a>
```

该超链接存在三个属性和对应的属性值,因此开发者可以通过 element 对象的 attributes 属性读取这三个属性组成的集合,并进行统计,代码如下。

```
var objHyperLink = window.document.getElementById ( 'TestHyperLink' ) ;
var arrHyperLinkAttributes = objHyperLink.attributes ;
console.log ( arrHyperLinkAttributes.length ) ; //输出 3
```

需要注意的是 NamedNodeMap 类集合是一个 XML 格式的对象,而并非一个简单的数组, 开发者可以使用 item()方法和 getNamedItem()方法来读取其节点数据,在此不再赘述。

● 操作核心属性

绝大多数 XHTML 或 HTML 标记都支持 class、id、style 和 title 四种核心属性。element 对象也对应这四种核心属性, 提供了四种实例属性供开发者对其进行读写操作,如表 6-14 所示。

表 6-14　element 对象操作核心属性的属性

属性	作用
className	读取或编辑 XHTML 或 HTML 节点的 class 属性,修改节点所属的类
id	读取或编辑 XHTML 或 HTML 节点的 id 属性
style	读取或编辑 XHTML 或 HTML 节点的 style 属性, 即该标记的内联样式表
title	读取或编辑 XHTML 或 HTML 节点的 title 属性, 即该标记的工具提示(图像除外)

例如, 之前的超链接标记 A, 将其工具提示设置为中文的"清华大学出版社", 如下所示。

```
<a href="http://tup.tsinghua.edu.cn" title=" 清 华 大 学 出 版 社 " id=
"TestHyperLink">清华大学出版社</a>
```

如需将其工具提示修改为英文的"Tsinghua University Press", 即可通过 element 对象的实例属性 title 进行修改, 如下所示。

```
var objHyperLink = window.document.getElementById ( 'TestHyperLink' ) ;
objHyperLink.title = 'Tsinghua University Press' ;
```

需要注意的是, 由于 Javascript 本身是客户端脚本语言,因此其并不能直接修改 HTML 文件本身,而仅能修改处于内存中的 Web 页对象,如果需要将修改的数据持久化,需要与后台程序相关联,通过后台程序实现。

● 判断属性是否存在

element 对象提供了两种方式来判断一个 XHTML 或 HTML 节点对象实例的属性是否

存在。如果需要判断节点是否存在某个指定的属性，可以使用 element 对象提供的 hasAttribute()方法，该方法的使用方式如下。

```
Element.hasAttribute ( Attribute ) ;
```

在上面的伪代码中，Element 关键字表示目标的节点对象实例；Attribute 关键字表示具体属性的名称。hasAttribute()方法在判断节点对象实例的属性后，如该属性存在，将返回逻辑真，否则返回逻辑假。

例如，在 Web 文档中包含一个段落标记 P，其包含一个 id 属性，如下所示。

```
<p id="TestParaph">Test.</p>
```

使用 hasAttribute()方法判断其是否包含 id 属性和 class 属性，则该方法将直接输出判断的结果，代码如下。

```
var objParaph = window.document.getElementById ( 'TestParaph' ) ;
console.log ( objParaph.hasAttribute ( 'id' ) ) ; //输出 true
console.log ( objParaph.hasAttribute ( 'class' ) ) ; //输出 false
```

除了判断某个具体属性之外，element 对象还允许开发者判断某个 XHTML 或 HTML 节点对象实例是否存在任何属性，其需要使用到该对象的 hasAttributes()方法，其使用方法如下所示。

```
Element.hasAttributes ( ) ;
```

在上面的伪代码中，Element 关键字表示目标的节点对象实例。该方法在判断节点对象实例的属性后，如果该节点对象实例存在任意属性，将返回逻辑真，否则返回逻辑假。例如，判断 Web 文档的主体标记 BODY 是否存在属性，即可使用该方法，如下所示。

```
var objBody = window.document.getElementsByTagName ( 'body' )[0] ;
console.log ( objBody.hasAttributes ( ) ) ;
```

- 读取一般属性

element 对象提供了 getAttribute()方法，用于读取 XHTML 或 HTML 节点对象实例的某个具体属性值，其使用方法如下所示。

```
Element.getAttribute ( Attribute ) ;
```

在上面的伪代码中，Element 关键字表示目标的节点对象实例；Attribute 关键字表示需要读取的属性名称。在读取属性时，如果属性存在，则该方法将会返回属性的具体值，否则该方法将返回一个 null。

例如，在 Web 文档中存在一个文本框标记，用于为用户提供输入用户账户名称的位置，代码如下。

```
<input type="text" value="" id="userName" name="userName" />
```

如果开发者需要获取用户输入的账户名称，即可通过 getAttribute()方法获取该属性的值，代码如下。

```
var objInput = window.document.getElementById ( 'userName' ) ;
console.log ( objInput.getAttribute ( 'value' ) ) ;
```

- 编辑一般属性

Javascript 允许开发者通过 element 对象的 setAttribute()方法来即时修改 XHTML 或 HTML 节点对象实例的某个特定属性值，将其应用到当前 Web 页中。其使用方法与 getAttribute()方法类似，如下所示。

```
Element.setAttribute ( Attribute , Value ) ;
```

在上面的伪代码中，Element 关键字表示目标的节点对象实例；Attribute 关键字表示需要修改的属性名称；Value 关键字表示要赋予的属性值，其可以为空，表示值为空。在修改属性时，如果属性存在，则该方法将会直接修改属性值，否则，该方法将会为标记创建该属性并为其赋值。

例如，在 Web 文档中存在一个输入控件，其为按钮类型，包含三种属性，如下所示。

```
<input type="button" id="click" value="click" />
```

通过 element 对象的 setAttribute()方法，开发者可以方便地改变其中任意一个属性的值，或为其建立新的属性。例如，为其添加 class 属性，设置属性值为"UserName"，并将其修改为文本框，如下所示。

```
var objClickButton = window.document.getElementById ( 'click' ) ;
objClickButton.setAttribute ( 'type' , 'text' ) ;
objClickButton.setAttribute ( 'class' , 'Username' ) ;
```

- 移除一般属性

除了对一般属性进行读取和编辑外，element 对象还提供了 removeAttribute()方法，帮助开发者移除 XHTML 或 HTML 对象的某个特定属性及其关联的属性值。removeAttribute() 方法的使用方式如下所示。

```
Element.removeAttribute ( Attribute ) ;
```

在上面的伪代码中，Element 关键字表示移除属性的目标，Attribute 关键字表示被移除的属性名称。例如，在 Web 文档中存在一个 id 为 test 的复选框组件，代码如下。

```
<input type="checkbox" value="1" checked="checked" id="test" />
```

在上面的代码中，复选框组件包含了 checked 组件，因此其默认为被选中的状态。使用 removeAttribute()方法，开发者可以方便地删除 checked 属性，从而取消该组件的选择状态，代码如下。

```
var objCheckBox = window.document.getElementById ( 'test' ) ;
objCheckBox.removeAttribute ( 'checked' ) ;
```

在此需要注意的是，一些 XHTML 或 HTML 标记的属性属于必需属性，因此移除这些属性后可能造成 Web 文档的错误。另外，一些非必需的 XHTML 或 HTML 属性往往会存在默认值，移除这些属性后，Web 浏览器也可能会将其以默认值的方式识别和使用。

4．操作节点对象内容

绝大多数 XHTML 或 HTML 的节点对象都允许在其中插入文本内容，并将文本内容显示到 Web 页中。element 对象提供了两种属性用于读写节点对象的内容，其分别为 innerHTML 和 textContent。

* 操作节点内的普通文本

element 对象的 innerHTML 属性可以帮助开发者读取或修改 XHTML 或 HTML 节点对象实例中的文本内容。innerHTML 属性属于可读写属性，如直接引用该属性，则该属性将返回一个字符串，如需要对该属性进行编辑写入，可直接将一个字符串作为属性值书写。

例如，在 Web 文档中存在一个 id 为 test 的文本区域组件，其中默认写有"测试文本"的字样，代码如下。

```
<textarea id="test">测试文本</textarea>
```

使用 innerHTML 属性，开发者可以方便地读取该文本区域组件内的文本内容，如下所示。

```
var objTextArea = window.document.getElementById ( 'test' ) ;
console.log ( objTextArea.innerHTML ) ; //输出 测试文本
```

如需要修改该文本区域组件中的文本内容，也可以直接通过属性赋值的方式来实现，代码如下。

```
objTextArea.innerHTML = 'Test Text' ;
console.log ( objTextArea.innerHTML ) ; //输出 Test Text
```

* 操作节点及其后代节点的文本

innerHTML 属性的作用是直接输出某个 XHTML 或 HTML 节点对象内部的内容文本。在使用该属性时需要注意，这种输出仅支持当前选择的节点对象，而不支持节点对象的子集对象。如果需要在输出时包含节点子集对象的内容文本，则可以使用 element 对象的 textContent 属性，其使用方式大体与 innerHTML 类似，在此不再赘述。

5．操作子节点

element 对象允许开发者为某个 DOM 节点对象添加子节点，并提供了两种添加的方式，即向 DOM 节点对象的指定位置添加子节点，或向 DOM 节点对象的所有子节点之后追加子节点。同时，该对象也支持开发者对 DOM 节点对象的子节点进行移除操作。

* 向指定位置添加子节点

element 对象提供了 insertBefore()方法，帮助开发者为节点对象的指定子节点之前添加一个新的子节点，其使用方式如下所示。

```
Element.insertBefore ( NewNode , ExistingChildNode ) ;
```

在上面的伪代码中，Element 关键字表示目标的 DOM 节点对象；NewNode 关键字表示要添加的 DOM 子节点对象；ExistingChildNode 关键字表示已存在的子节点对象，该命令的结果就是在 ExistingChildNode 子节点对象之前添加 NewNode 子节点。

例如，在下面的代码中，建立了一个无序列表，并为其定义了若干子节点，代码如下。

```
<ul id="Sites">
    <li id="tup">
        <a href="http://tup.tsinghua.edu.cn/" title="清华大学出版社">清华大学
出版社</a>
    </li>
    <li id="tlib">
        <a href="http://lib.tsinghua.edu.cn/dra/" title="清华大学图书馆">清华
大学图书馆</li>
</ul>
```

如果需要按照指定的格式为该列表的“清华大学出版社”之后、“清华大学图书馆”之前添加一个新的节点，则可以通过以下代码实现。

```
var objSites = document.getElementById ( 'Sites' ) ;
var objExistChild = document.getElementById ( 'tlib' ) ;
var objTNews = document.createElement ( 'li' ) ;
var strTNewsLink = '<a href="http://news.tsinghua.edu.cn/" title="清华大学
新闻网">清华大学新闻网</a>' ;
objTNews.id = 'tnews' ;
objTNews.innerHTML = strTNewsLink ;
objSites.insertBefore ( objTNews , objExistChild ) ;
```

在上面的代码中，首先实例化了无序列表、无序列表中第二个 Element 节点，并创建了一个列表项目的节点对象，定义了该节点对象的属性和内容，最后，通过 insertBefore() 方法将创建的节点对象插入到无序列表中。

- 向后追加子节点

如果仅需要在节点对象子节点的末尾追加一个新的节点，则可以使用 Element 对象提供的 appendChild() 方法，该方法相比 insertBefore() 方法更加简单，可以直接对 DOM 对象的子节点进行操作，无需指定特定的位置，其使用方法如下所示。

```
Element.appendChild ( NewNode ) ;
```

在上面的伪代码中，Element 关键字表示目标的 DOM 节点对象，NewNode 关键字表示要添加的 DOM 子节点对象。例如，同样对上一个实例进行操作，将清华大学官方网站添加到该无序列表的末尾，代码如下。

```
var objSites = document.getElementById ( 'Sites' ) ;
var objTWeb = document.createElement ( 'li' ) ;
var strTWebLink = '<a href="http://www.tsinghua.edu.cn/" title="清华大学">
清华大学</a>' ;
objTWeb.id = 'tWeb' ;
objTWeb.innerHTML = strTWebLink ;
```

```
objSites.appendChild( objTWeb ) ;
```

- 移除子节点

element 对象提供了 removeChild()方法，帮助开发者移除指定节点的某个子节点，其使用方式与 appendChild()类似，如下所示。

```
Element.removeChild ( Node ) ;
```

在上面的伪代码中，Element 关键字表示目标的 DOM 节点对象，Node 关键字表示要删除的 DOM 子节点对象。在执行该语句后，如果删除成功，则 Javascript 将返回被删除的节点，否则将返回一个 null。

例如，在下面的 XHTML 代码中就包含了一个 Web 开发技术的列表，其包含了三种语言，代码如下。

```
<ul id="Web">
    <li id="js">Javascript</li>
    <li id="css">CSS</li>
    <li id="html">HTML</li>
</ul>
```

在上面的代码中，为无序列表定义了三个子节点，如果需要删除其中第二个节点，则可以首先将列表和要删除的子节点转换为 DOM 节点对象，然后调用 removeChild()方法，代码如下所示。

```
var objWebList = document.getElementById ( 'Web' ) ;
var objCSSNode = document.getElementById ( 'css' ) ;
objWebList.removeChild ( objCSSNode ) ;
```

6. 判断节点

在实际开发中，开发者可能经常需要对各种 DOM 节点进行判断，根据判断的结果来进行操作。element 对象提供了三种方法，帮助开发者对这些即时的信息进行判断，并返回判断结果。

- 判断是否包含子节点

element 对象提供了 hasChildNodes()方法，帮助开发者判断某一个 Element 类型的 DOM 节点是否包含子节点。如果 DOM 节点包含任意子节点，则该方法返回逻辑真（true），否则返回逻辑假（false）。

例如，在下面的代码中定义了三个文本段落，其中，第一个文本段落不包含任何内容，第二个文本段落包含一个半角空格，第三个文本段落包含一段文本和一个超链接标记 A，代码如下。

```
<p id="NoChild"></p>
<p id="SpaceChild"> </p>
<p id="HasChild">欢迎访问<a href="http://tup.tsinghua.edu.cn" title="清华大
学出版社">清华大学出版社</a></p>
```

通过 hasChildNodes()方法，可以方便地判断以上三种类型的 DOM 节点对象的子节点状况，代码如下。

```
var objNoChild = document.getElementById ( 'NoChild' ) ;
var objSpaceChild = document.getElementById ( 'SpaceChild' ) ;
var objHasChild = document.getElementById ( 'HasChild' ) ;
console.log ( objNoChild.hasChildNodes ( ) ) ; //输出 false
console.log ( objSpaceChild.hasChildNodes ( ) ) ; //输出 true
console.log ( objHasChild.hasChildNodes ( ) ) ; //输出 true
```

hasChildNodes()方法可以判断 DOM 节点对象下的任意类型子节点，包括 Element、Text、Attribute 等，因此，当 HTML 或 XHTML 的节点标记包含一个空格字符时，hasChildNodes()方法会将空格字符识别为 Text 类型子节点。

- 判断两节点是否相等

element 对象提供了 isEqualNode()方法，可以帮助开发者判断两个节点的内容是否完全相同，该方法可以对两个节点的内容、子节点进行全匹配，然后输出匹配的结果，其使用方式如下所示。

```
Node1.isEqualNode ( Node2 ) ;
```

在上面的伪代码中，Node1 关键字表示要匹配的第一个节点，Node2 关键字表示要匹配的第二个节点。如果两个节点相等，将返回逻辑真（true），否则返回逻辑假（false）。例如，在下面的代码中，包含一个无序列表标记 UL，该标记包含三个 Element 类型的子节点，代码如下。

```
<ul id="test">
    <li>test1</li>
    <li>test2</li>
    <li>test1</li>
</ul>
```

在上面的代码中，定义了三个列表项目标记 LI，通过 element 对象的 isEqualNode()方法，可以方便地判断第一个列表项目标记 LI 与之后两个列表项目标记是否相等，代码如下。

```
var objList = document.getElementById ( 'test' ) ;
var objElement1 = objList.getElementsByTagName ( 'li' ) [ 0 ] ;
var objElement2 = objList.getElementsByTagName ( 'li' ) [ 1 ] ;
var objElement3 = objList.getElementsByTagName ( 'li' ) [ 2 ] ;
console.log ( objElement1.isEqualNode ( objElement2 ) ) ; //输出 false
console.log ( objElement1.isEqualNode ( objElement3 ) ) ; //输出 true
```

由以上代码可以得知，该无序列表中，第一个列表项目与第二个列表项目内容不一致，但与第三个列表项目的内容完全一致。

- 判断两节点对象是否指向同一节点

在实际的开发中，开发者有可能需要判断两个 DOM 节点对象的实例是否指向一个相同的 XHTML 或 HTML 节点标记，此时，就需要使用 element 对象的 isSameNode()方法来对这两个节点对象的实例进行判断，其使用方式如下所示。

```
Node1.isSameNode ( Node2 ) ;
```

在上面的伪代码中，Node1 关键字表示一个节点对象的实例，Node2 关键字表示需要判断是否与 Node1 节点对象实例指向相同 XHTML 或 HTML 节点标记的节点对象实例。如果判断这两个节点对象实例指向相同的 XHTML 或 HTML 节点标记，该方法将返回逻辑真（true），否则将返回逻辑假（false）。

例如，在下面的代码中，定义了一个定义列表 DL，并为定义列表定义了定义词条 DT 和定义解释 DD，书写了内容并定义了 id 属性，代码如下。

```
<dl id="DefinitionList">
    <dt>XHTML</dt>
    <dd>Extensible HyperText Markup Language</dd>
    <dt>CSS</dt>
    <dd>Cascading Style Sheets</dd>
</dl>
```

在上面的代码中，包含了三个 Element 类型的节点对象，在下面的代码中，将依次把这三个节点对象实例化并进行比较，代码如下。

```
var objDL = document.getElementById ( 'DefinitionList' ) ;
var objDT1 = objDL.firstChild.nextSibling ;
var objDT2 = document.getElementsByTagName ( 'dt' ) [ 0 ] ;
var objDT3 = document.getElementsByTagName ( 'dt' ) [ 1 ] ;
console.log ( objDT1.isSameNode ( objDT2 ) ) ; //输出 true
console.log ( objDT1.isSameNode ( objDT3 ) ) ; //输出 false
```

在上面的代码中，首先两次通过不同的方式来获得定义列表中的第一个定义词条标记，然后又获得第二个定义词条，并进行比较，最后输出比较的结果。

6.3　处理交互事件

事件是面向对象编程的又一特性，其作用是记录用户端的交互行为，根据这一交互行为触发指定的脚本操作。在前端开发领域，开发者可以通过 HTML 和 Javascript 的结合，调用丰富的脚本资源来对前端用户的操作及时做出反馈。

6.3.1　事件的原理

早期的计算机软件往往为命令行模式，并没有所谓可视化界面。当时的软件程序往往是面向过程且为单任务模式，也就是说一个程序在被执行后将一直持续执行，直至任务结束。此时的软件中处理的各种数据往往已经被开发者或用户预先输入完毕，因此在软件的执行过程中，不存在于用户进行数据交互的概念，也不需要对各种突发的情况进行处理。

随着多任务程序的出现以及可视化的用户界面的产生，原本由程序与数据之间的交互逐渐被转变为程序与用户之间的交互，随时获取用户的操作数据并及时进行反馈对计算机软件而言就愈发重要。基于这一需求，软件开发者们设计了一个经典的抽象模型，即事件模型，通过这一抽象模型来解决计算机软件的用户交互问题。

事件是一种解决用户交互的经典模型，其可分为三个步骤，即触发→捕获→处理。这三个步骤构成了一个完整的交互过程，步骤之间的关系以及用途如图 6-2 所示。

- 事件的触发

事件的触发过程是指用户在程序的交互界面中对各种可视元素进行交互操作（包括鼠标操作和键盘操作），或计算机软件进行某些指定运算的过程，是整个事件流程的起始阶段。具体到 Web 前端开发领域，就是用户对 Web 页面中的各种显示元素进行鼠标、键盘操作，或浏览器加载页面、转移焦点的过程。这一过程主要由用户操作 HTML或 XHTML 的显示元素来完成。

- 事件的捕获

事件的捕获过程是指事件触发后，计算机软件通过即时的监听机制获取事件触发后产生的各种信息的过程。在这一过程中，计算机软件捕获的信息主要包括三种，即事件的目标（触发事件的交互元素）、事件的类型（例如鼠标事件、键盘事件等）以及事件传递的其他信息（例如提交的文本数据、事件交互元素自身带有的各种参数信息等）。

具体到 Web 前端开发中，这一过程通常由 Web 浏览器来实现，现代的 Web 浏览器往往会即时提供捕获事件的事件引擎，快速截获触发事件后的各种信息。

- 事件的处理

在捕获事件后，计算机软件还需要通过指定的脚本对事件传递来的信息数据进行处理和运算，并根据预设的脚本功能决定是否反馈处理和运算的结果。具体到 Web 前端开发中，这一过程由前端开发的脚本语言（即 Javascript）来实现。通过 Javascript 处理浏览器传递而来的数据，最终决定提交到服务器或做出反馈，反馈的操作也只能由 Javascript 实现。

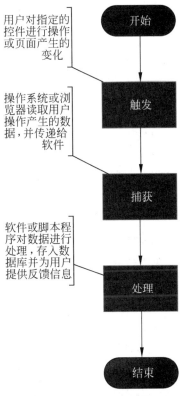

图 6-2　事件模型的构成及关系

6.3.2　Javascript 事件类型

Javascript 具有和 Web 交互紧密结合的事件体系，同时，几乎所有的 Javascript 脚本代码均通过事件被绑定到 XHTML 和 HTML 的显示元素和用户对 Web 文档的各种操作上。因此从另一个角度来讲，Javascript 是一种基于事件响应而执行代码的脚本语言。

根据事件交互来源，可以将所有 Javascript 事件分为四种类型，即鼠标事件、键盘事件、表单事件和浏览器事件。这些事件通过 XHTML 和 HTML 的句柄属性与 Javascript 进行绑定，从而调用 Javascript 的代码。

1．鼠标事件

鼠标事件顾名思义，是由用户使用鼠标对 Web 元素进行操作而触发的事件，在 XHTML 和 HTML 标记语言中，为鼠标事件提供了以下句柄属性，如表 6-15 所示。

表 6-15　XHTML 和 HTML 中的鼠标句柄属性

句柄属性	触发方式	句柄属性	触发方式
onclick	鼠标按键单击	ondblclick	鼠标按键双击
onmousedown	鼠标按键被按下	onmousemove	鼠标光标移动
onmouseout	鼠标光标从某元素移开	onmouseover	鼠标光标被移动至某显示元素上
onmouseup	鼠标按键被弹起		

需要注意的是，以上这些句柄属性都是 XHTML 和 HTML 的属性，因此其不应被添加到 Javascript 事件中，而是应被添加到 XHTML 和 HTML 的标记中。例如，为一个 XHTML 按钮添加鼠标事件的句柄属性，并定义执行一个名为 ShowData() 的 Javascript 函数，代码如下。

```
<button id="show_data" type="button" onclick="javascript:ShowData();">显示数据</button>
```

在上面的代码中，就为 id 为 show_data 的 BUTTON 标记添加了 onclick 句柄属性，并为句柄属性定义了脚本属性值。

在此需要注意的是，onclick 和 onmousedown 两种鼠标事件是有区别的，onclick 事件由鼠标单击后立刻弹起时触发，而 onmousedown 鼠标事件则只能在鼠标长按且不弹起的时候触发。

2．键盘事件

键盘事件是由用户使用键盘按键时触发的事件，其同样需要由 XHTML 和 HTML 标记的句柄属性驱动。目前 XHTML 或 HTML 支持三种类型的键盘事件，其分别为 onkeydown、onkeypress 和 onkeyup。

其中，onkeydown 句柄属性由用户操作键盘长按某个按键时触发；onkeypress 句柄属性由用户操作键盘按下某个按键并弹起后触发；onkeyup 句柄属性由用户操作键盘在按住某个按键后弹起该按键时触发。

在 Web 前端开发中，键盘事件通常有两种用途：一种是通过监听用户对键盘的操作，执行对应的脚本代码；另一种则是通过事件的 keyCode 属性（仅 IE 浏览器支持）获取按键的 Unicode 字符码，从而确定用户操作的是键盘中的哪一个按键，进一步执行相关的脚本。

3．表单事件

表单是 Web 浏览器最基本的用户交互控件，在之前的章节中已经介绍过 XHTML 的表单标记以及对应的表单控件作用。这些控件支持以下几种事件句柄属性，如表 6-16 所示。

表 6-16　XHTML 和 HTML 中的表单句柄属性

句柄属性	触发方式	句柄属性	触发方式
onchange	表单的内容被更改	onreset	表单的重置按钮被单击
onselect	表单内的文本被选中	onsubmit	表单的提交按钮被单击

需要注意的是，以上这些句柄属性仅对表单类的 XHTML 标记有效，而并非像其他事件句柄属性一样被绝大多数 XHTML 标记支持。例如，onchange 句柄属性仅被输入组件 INPUT、选择组件 SELECT 以及文本域组件 TEXTAREA 支持，onselect 句柄属性仅被内含文本的输入组件 INPUT 和文本域组件 TEXTAREA 支持，而其他两种句柄属性则仅被表单标记 FORM 支持。

4．浏览器事件

浏览器事件是指由 Web 浏览器触发，或对 Web 浏览器进行一些指定的操作而触发的事件。虽然不同类型的 Web 浏览器可能对浏览器事件的支持有一些微小的区别，但是在通常情况下，XHTML 和 HTML 的这些事件句柄属性都能被绝大多数 Web 浏览器支持。目前，XHTML 和 HTML 的浏览器事件句柄属性主要包括以下几种，如表 6-17 所示。

表 6-17　XHTML 和 HTML 中的事件句柄属性

句柄属性	触发方式	句柄属性	触发方式
onabort	图像加载被中断	onblur	Web 元素失去焦点
onerror	外部文档或图像加载错误	onfocus	Web 元素获得焦点
onload	文档或图像加载完成	onresize	Web 浏览器尺寸被调整
onunload	退出和关闭当前页面		

浏览器事件更多地是通过捕获用户操作或内容加载状态，为脚本提供一个判断的依据，因此其使用往往受到标记类型的限制。其中，onabort 属性仅被图像标记 IMG 支持；onerror 属性仅被图像标记 IMG、对象标记 OBJECT 以及样式标记 STYLE 支持；onload 属性仅被主体标记 BODY、框架标记 FRAME、框架集标记 FRAMESET、嵌入框架标记 IFRAME、图像标记 IMG、超链接标记 LINK 和脚本标记 SCRIPT 支持；onunload 属性仅被主体标记 BODY、框架标记 FRAME 支持。

焦点是 Web 浏览器中一个特殊的位置标记。通常情况下，焦点会激活超链接、图像、多媒体内容以及表单控件，允许用户通过键盘对这些元素进行操作，例如打开超链接、显示图像的源文件、播放多媒体内容或对表单控件进行操作等。一个 Web 浏览器窗口只能存在一个焦点，焦点仅在 Web 浏览器窗口处于激活状态时可用。onblue 句柄属性和 onfocus 句柄属性可以监视 Web 元素，在 Web 元素获取或失去焦点时执行对应的脚本。

onresize 句柄属性的使用相比之前六种句柄属性更加自由一些，其可以被绑定在绝大多数 Web 元素中，并在 Web 浏览器的窗口尺寸被改变时触发。

除了以上四种类型的事件外，在 IE 浏览器下还支持一些其他特殊事件，例如 onpropertychange、onfilterchange、oninput 等，这些事件为 IE 浏览器专属的事件，并不被其他 Web 浏览器所支持，在此不再赘述。

6.3.3 Javascript 事件对象

作为一种主要用于 Web 前端开发的面向对象编程的脚本语言，Javascript 将当前触发的事件状态视为一个对象，即 Event 对象，并为该对象提供了属性和方法，用于对事件的状态进行处理。Event 对象代表了时间的状态和其中产生的各种数据，其通常与函数结合使用，通过函数来执行。

Event 对象的意义在于，可以将传统的 XHTML 或 HTML 标记绑定事件转换为完全通过 Javascript 脚本代码来实现绑定的模式，从而降低 XHTML 或 HTML 与 Javascript 脚本代码的耦合性，更进一步地实现松耦合式的开发。

1．Event 对象的属性

Event 对象与其他 Javascript 对象相似，都包含了大量的属性，为开发者提供事件执行时产生的各种数据信息，其主要包括标准属性、键盘属性和鼠标属性。

- 标准属性

Event 对象的标准属性包括四种，主要用于处理事件本身的各种信息，例如处理冒泡时间、获取事件源的各种信息等，如表 6-18 所示。

表 6-18　Event 对象的标准属性

属性	作用
cancelBubble	IE 专属属性，当其值为 true 时，将禁止事件传递到事件源内嵌的对象
returnValue	定义或获取从事件中返回的值
srcElement/target	获取触发事件的 Web 元素本身
type	获取触发的事件类型

在默认状态下，Web 浏览器允许父元素将事件传递给子元素，但当设置事件的 cancelBubble 属性值为 true 时，此种事件传递方式会被屏蔽。需要注意的是，这一属性为 IE 专属，其他 Web 浏览器均不支持此属性。

同理，在默认状态下，Web 浏览器会自动根据用户的交互操作执行一些行为，例如单击超链接标记时会跳转到该超链接标记的 href 属性值所指向的 URL 地址，如果在触发该事件时定义其 returnValue 属性为 false，则该行为就会被取消。

srcElement/target 属性是只读属性，其作用是获取事件源的 XHTML 或 HTML 对象。这两个属性的区别在于，早期的 IE 浏览器不支持 target 属性，只支持 srcElement 属性，而其他的 Web 浏览器则只支持 target 属性，不支持 srcElement 属性。但是随着 IE 浏览器的发展，在 IE 10.0 及之后更高版本的 IE 浏览器已经完全与其他浏览器保持一致，支持 target 属性了。因此在开发 Javascript 脚本时，除非需要兼容旧版本 IE 浏览器，否则推荐使用 target 属性。

type 属性同样是一个只读属性，其作用是获取事件句柄属性，其输出的将是一个字符串类型数据。需要注意的是，type 属性输出的值是没有"on"前缀的，例如，当事件的句柄属性为 onclick 时，其 type 属性值将为 click，而当事件的句柄属性为 onmouseover 时，其 type 属性值将为 mouseover。

- 键盘属性

键盘属性是针对用户进行键盘操作时触发事件所获取的信息，其可以获得用户按下的键盘按键名称或类型，从而帮助脚本判断和执行某些特殊功能。常用的 Event 对象的键盘属性主要包括四种，如表 6-19 所示。

表 6-19　常用的 Event 对象的键盘属性

属性	作用
altKey	获取事件触发时用户键盘上 Alt 键的状态
ctrlKey	获取事件触发时用户键盘上 Ctrl 键的状态
keyCode	获取事件触发的键盘按键对应字符的 Unicode 编码
shiftKey	获取事件触发时用户键盘上 Shift 键的状态

altKey 属性、ctrlKey 属性以及 shiftKey 属性都会返回一个逻辑型数据，当其值为逻辑真时，表示在事件触发时，对应的功能键处于按下状态，而当其值为逻辑假时，则表示在事件触发时，对应的功能键处于弹起状态。利用这三种属性，开发者可以用逻辑值 true、false 或数字 1 和 0 与其进行比较，判断当事件触发时是否按住了这三个功能键。

keyCode 属性最初仅为 IE 浏览器的专有属性，然后其他的 Web 浏览器也逐渐加入支持，目前多数主流 Web 浏览器均已经可以使用该属性。需要注意的是，该属性返回的并非键盘按键本身，而是将其转换为 Unicode 编码之后的数字代码。通过该属性，开发者可以方便地获得用户在事件中按下的具体按键信息。关于键盘键位上的字符及其对应的 Unicode 编码，请自行参考相关资料，在此不再赘述。

- 鼠标属性

鼠标属性是鼠标事件触发时事件对象获取的各种信息，多用于判断鼠标按键、鼠标位置以及鼠标操作的相关 DOM 对象等。常用的 Event 对象的鼠标属性主要包括 11 种，如表 6-20 所示。

表 6-20　常用的 Event 对象鼠标属性

属性	属性值	作用
button	0	默认值，未按下任何鼠标键
	1	按下鼠标左键
	2	按下鼠标右键
	3	同时按下鼠标左键和右键
	4	按下鼠标中键
	5	按下鼠标左键和中键
	6	按下鼠标右键和中键
	7	按下所有鼠标按键（包括左键、右键和中键）
clientX	数字	获取事件触发时鼠标指针相对于 Web 浏览器页面的水平坐标
clientY	数字	获取事件触发时鼠标指针相对于 Web 浏览器页面的垂直坐标
fromElement	HTML 对象	当事件句柄属性为 onmouseover 或 onmouseout 时获取鼠标移出的元素
offsetX	数字	获取事件触发时鼠标指针相对于事件源对象的水平坐标
offsetY	数字	获取事件触发时鼠标指针相对于事件源对象的垂直坐标
screenX	数字	只读属性，获取事件触发时鼠标指针的水平位置

续表

属性	属性值	作用
screenY	数字	只读属性，获取事件触发时鼠标指针的垂直位置
toElement	HTML 对象	当事件句柄属性为 onmouseover 或 onmouseout 时获取鼠标移入的元素
x	数字	获取鼠标相对于 CSS 属性中具有 position 属性的父 Web 元素的水平坐标，如没有 CSS 属性中具有 position 属性的父 Web 元素，则默认以 BODY 标记为参考对象
y	数字	获取鼠标相对于 CSS 属性中具有 position 属性的父 Web 元素的垂直坐标，如没有 CSS 属性中具有 position 属性的父 Web 元素，则默认以 BODY 标记为参考对象

事件对象的 button 属性目前仅支持三键鼠标，可以获取三键鼠标任意组合的鼠标键按下信息，但无法获取一些带有自定义功能键的鼠标的操作信息。同时，该属性是只读的，开发者不能修改该属性的值以实现鼠标键按下的效果。

fromElement 和 toElement 两个属性仅当事件句柄属性为 onmouseover 或 onmouseout 时可用，用于获取鼠标在滑入和滑出时通过的 HTML 对象。

clientX、clientY、offsetX、offsetY、screenX、screenY 以及 x、y 八种属性均用于获取鼠标指针的位置，但其参照物由所区别：clientX 和 clientY 属性获取的是鼠标指针相对于浏览器窗口显示区域的坐标，其显示区域不包括浏览器窗口自身的控件和滚动条；offsetX 和 offsetY 属性获取的是鼠标指针相对于触发事件的 Web 元素的坐标；screenX 和 screenY 属性获取的是鼠标指针相对于用户显示器屏幕的坐标；x 和 y 属性获取的是其相对于文档左上角的坐标。在实际进行开发时，使用这四组属性时应注意其参照物的区别。

2. Event 对象的方法

早期版本的各种 Web 浏览器在事件处理方式上与 W3C 的标准有很大的区别，所以很多 W3C 的 Event 标准属性并未得到多数 Web 浏览器的支持。因此，使用 Javascript 事件时往往需要开发者将事件句柄属性添加到 XHTML 或 HTML 的标记上，通过标记来绑定事件。例如，为一个按钮绑定一个事件，输出按钮的名称，需要首先定义该按钮的句柄属性，如下所示。

```
<p>
    <button  type="button"  name="test"  id="test"  onclick="javascript:
showName();"></button>
</p>
```

然后，再通过 Javascript 编写 showName()的函数代码，实现应用逻辑，如下所示。

```
function showName ( ) {
    alert ( event.target.name ) ;
}
```

以上这种方式的优势在于其代码十分简洁，也十分容易理解，短短的几行代码就可以完全实现程序功能。对于一些简单并且仅具备少数交互的小型 Web 站点而言，使用这种方式可以最大限度节约开发周期和成本。

但是这种方式的问题在于，其通过句柄属性绑定的事件是永久的，不能解绑。另外，这种绑定机制将 Javascript 事件代码与 XHTML、HTML 代码混淆在一起，缺乏有效的隔离，因此如果在大型项目或交互极其复杂的项目中，这种方式会给代码的维护造成极大的困难。

现代的 Javascript 项目开发通常会追求系统的模块化，需要各模块之间进行合理地分层，将一个事件拆分为两个相互隔离的层，即用户行为层和业务逻辑层，然后通过 Event 对象的方法来将这两个层相互绑定，建立关联，以保障代码复用性，同时提高代码的维护性能。

基于此原因，W3C 为 Event 对象延伸而来的 EventTarget 对象制订了四个标准化的方法，将其归纳入 ECMAScript 和 DOM2 的标准中。早期的 Web 浏览器对这四个标准化方法的支持度并不高，但随着 W3C 标准的发展和普及，现代的主流 Web 浏览器已经逐渐增强了对 W3C 标准的支持，允许通过 EventTarget 对象的方法来为 Web 元素绑定和移除事件函数，其方法如表 6-21 所示。

表 6-21　EventTarget 对象的方法

方法	作用
attachEvent()	早期 IE 浏览器专属方法（IE 8.0），用于将事件句柄绑定到指定的函数上
detachEvent()	早期 IE 浏览器专属方法（IE 8.0），用于将事件句柄从指定的函数上解除绑定
addEventListener()	W3c 通用方法，用于将事件句柄绑定到指定的函数上
removeEventListener()	W3c 通用方法，用于将事件句柄从指定的函数上解除绑定

在表 6-21 中，addEventListener()方法和 removeEventListener()方法需要基于 W3C 的 DOM2.0 版本，因此需要更高版本的 Web 浏览器才能支持。下表中列出了支持 DOM2.0 的最低版本 Web 浏览器，如表 6-22 所示。

表 6-22　支持 DOM2.0 的最低版本浏览器

Web 浏览器	最低版本	Web 浏览器	最低版本
Internet Explorer	9	Firefox	4
Opera	9	Safari	4

其中，addEventListener()方法需要调用三个参数来实现事件的绑定，其使用方法如下所示。

```
Target.addEventListener ( EventType , Listener , UseCapture ) ;
```

在上面的伪代码中，Target 关键字表示添加事件的目标对象；EventType 关键字表示事件的类型（需要注意该类型应为一个字符串，且不带"on"前缀）；Listener 关键字表示事件监听的接口或执行函数；UseCapture 关键字可省略，其为一个逻辑性数据，默认值为 false，表示是否使用事件捕捉机制来捕捉事件。

例如，为一个 Web 元素添加名为 showButtonName()的处理方法，首先应在 XHTML 或 HTML 代码中定义该 Web 元素，代码如下。

```
<p>
    <button type="button" name="test" id="test"></button>
</p>
```

　　然后，在文档末尾添加脚本标记 SCRIPT，编写绑定事件的代码，如下所示。

```
//定义全局对象
var TestButtonApplication = {
    //定义事件的目标 Web 元素
    eventTarget : document.getElementById ( 'test' ) ,
    //定义用户行为，与应用逻辑建立关联
    handleClick : function ( event ) {
        TestButtonApplication.showName ( event.target.name ) ;
    } ,
    //定义业务逻辑函数
    showName : function ( etname ) {
        alert ( etname ) ;
    }
} ;
//建立事件绑定关系
TestButtonApplication.eventTarget.addEventListener    (    'click'    ,
TestButtonApplication.handleClick , false ) ;
```

　　在上面的代码中，首先定义了一个单全局变量 TestButtonApplication，并将事件的目标 eventTarget、事件的用户行为层 handleClick()以及业务逻辑层 showName()绑定在该全局变量上，最后，调用事件的目标建立事件绑定。以上的方式就是完全将用户行为和业务逻辑隔离，实现模块化的事件处理。

　　removeEventListener()方法的使用方式与 addEventListener()类似，都需要通过三个参数结合使用才能移除已经绑定的事件，其使用方法如下所示。

```
Target.removeEventListener ( EventType , Listener , UseCapture ) ;
```

　　在上面的伪代码中，Target 关键字表示移除绑定事件的目标对象；EventType 关键字表示要移除绑定的事件类型（需要注意该类型应为一个字符串，且不带 "on" 前缀）；Listener 关键字表示已经被事件监听的接口或执行函数；UseCapture 关键字可省略，其为一个逻辑性数据，默认值为 false，表示是否使用事件捕捉机制来捕捉事件。

　　例如，对之前的绑定事件的代码进行改造，定义该事件只被触发一次，可以将移除绑定的代码添加到业务逻辑函数中，如下所示。

```
//定义全局对象
var TestButtonApplication = {
    //定义事件的目标 Web 元素
    eventTarget : document.getElementById ( 'test' ) ,
    //定义用户行为，与应用逻辑建立关联
    handleClick : function ( event ) {
        TestButtonApplication.showName ( event.target.name ) ;
    } ,
    //定义业务逻辑函数
    showName : function ( etname ) {
```

```
        alert ( etname ) ;
        TestButtonApplication.eventTarget.removeEventListener ( 'click' ,
TestButtonApplication.handleClick , false ) ;
    }
} ;
//建立事件绑定关系
TestButtonApplication.eventTarget.addEventListener ( 'click' , TestButton
Application.handleClick , false ) ;
```

由于 attachEvent()方法和 detachEvent()方法仅被 IE 8.0 支持,因此在实际开发中不推荐使用,在此不再赘述。

6.4　小　　结

在之前的章节中,已经介绍了 Javascript 脚本语言的具体语法以及各种实体的用法,但是如果需要使用 Javascript 脚本语言来开发基于 Web 的应用或站点,就必须通过 Javascript 脚本语言来与 Web 浏览器结合,与 Web 浏览器的接口进行通信,并处理 Web 文档。只有实现了脚本语言与浏览器、Web 文档的结合,Javascript 才有实际意义。

基于这一理由和实际开发的需要,本章着重介绍了 Web 浏览器为开发者提供的各种对象和 HTML 的 DOM 技术,帮助开发者了解如何使用 Javascript 实现 Web 应用和站点的控制功能。

除此之外,本章还介绍了 Javascript 的事件机制以及处理事件的方法,列举了 Javascript 各种类型的事件及一些面向对象的处理事件的方式,帮助开发者开发出更加模块化的事件处理脚本。

在了解了本章内容之后,开发者就可以着手学习 YUI 框架的知识,真正进入 Javascript 高级开发领域。

第3篇 框架篇

  随着 Web 开发技术的发展，越来越多的开发者摒弃了原生的 Javascript 开发模式，采用各种前端开发框架来替代原生 Javascript 和 HTML DOM 复杂的文档操作和事件处理，用成熟的开发框架来解决实际开发中遇到的各种问题。使用开发框架，开发者们可以极大地简化原生 Javascript 和 HTML DOM 的开发，提高开发效率和维护效率。

  在之前的篇章中，本书着力详细介绍了 XHTML、CSS 以及原生的 Javascript 脚本语言，为开发者学习和使用 YUI 框架打好基础。在之后的章节中，本书就将真正地介绍 YUI 框架的使用方式和技巧，引导开发者使用 YUI 来处理和解决实际开发中的各种问题。

第 7 章　使用 YUI

每一款 Javascript 框架都是根据特定的需求来设计，用于解决一些实际开发中的特殊问题，YUI 框架也不例外，它是一种集成了 DOM 操作、事件处理、异步数据交互以及大量可视化控件和兼容性解决方案的"重量级"开发框架。YUI 框架主要提供了三种功能，即代码维护管理、简化的数据处理以及丰富的控件支持。这些功能的叠加，使得 YUI 框架成为目前功能最为完备的 Javascript 开发框架之一。

开发者在学习了原生 Javascript 和 HTML DOM 之后，即可投入到 YUI 框架本身的功能、结构以及各种调用 YUI 代码的使用方法的学习中。本章就将首先介绍 YUI 的基本知识，以及在 Web 文档中加载、使用 YUI 框架的基本方法和技巧，为开发者使用 YUI 框架提供基本的解决方案。

7.1　认识 YUI 框架

原生的 Javascript 和 HTML DOM 本身往往存在这样那样的问题，因此在大型项目开发中，选择一个好的第三方框架十分重要。YUI 框架是一个由雅虎开发的基于 Javascript 脚本语言的综合性前端开发框架，其提供了样式管理、代码测试、文档、压缩器等一系列工具，是目前综合功能最强大的开源框架之一，也是管理大型项目代码的最优越的前端框架之一。

7.1.1　YUI 框架的开发背景

早期的 Web 项目往往采用原生的 Javascript 脚本语言结合 HTML DOM 技术来开发，这类项目的功能十分简单，交互流程也并不复杂，一些简单的 Javascript 技巧就可以使网站效果增色不少。然而随着 Web 项目的逐渐复杂，传统的原生 Javascript 和 HTML DOM 已经无法满足现代 Web 开发者的需要。

1. 原生 Javascript 脚本语言的问题

原生的 Javascript 脚本语言虽然能够满足开发者开发 Web 项目的各种基本需求，但是其并非最优化的解决方案，主要存在以下几方面问题。

- 数据处理模糊

Javascript 本身属于弱类型的编程语言，并不会如强类型编程语言一样严格地限制和判定数据的类型，在处理数据的方式上过于模糊，这一问题极容易造成代码的可读性低、维护困难等问题。

- 简化的面向对象设计

原生的 Javascript 脚本语言也不支持包和命名空间等实体概念，开发者定义的变量、对象、函数等在默认状态下往往被直接挂载到顶级对象 window 上，在大型项目或多人协作项目中，这种处理方式很容易导致命名空间的污染，产生各种各样的 bug。

- 缺乏现代开发技术支持

原生的 Javascript 本身不支持模版、MVC 等现代开发技术，在维护上与一些成熟的开发语言有着较大的差距。尤其在实体的相互耦合性方面，Javascript 具有很大的劣势。

- 不支持代码编译和压缩

Javascript 本身是一种逐行解析的语言，相比各种高级编程语言，其采用了效率较低的解析方式，不支持代码编译，也不支持代码压缩，而是直接运行开发者编写的语句，这种方式直接影响了 Web 浏览器的代码解析效率，导致执行效率低下。

以上几个方面的问题直接影响到了项目代码的开发、执行和维护，使得 Javascript 的学习难度更高，开发效率更低，也间接使 Javascript 成为"最难以理解的语言"。

2. HTML DOM 的问题

HTML DOM 技术本身也存在一些问题，由于其设计年代较为久远，在标准和接口的设计上都比较陈旧落后，在开发和使用上远远称不上便捷成熟。新的 DOM 标准也许解决了一些问题，但是为了兼容旧标准，同时迁就旧版本的 Web 浏览器，在调用的便捷性方面改进并不大，使用也完全谈不上直观，仍然缺失很多重要的方法。

以上这些问题多年来一直困扰着很多 Web 开发者，他们往往需要编写冗长的 Hack 代码和各种自行定义的函数来解决这些问题。正是由于这一事实的存在，Javascript 脚本语言才被称为最难以理解的语言，HTML DOM 的维护性也一直被广为诟病。

3. Javascript 框架

一般而言，绝大多数中小型的 Javascript 框架往往被设计用来解决 Javascript 和 HTML DOM 复杂的文档操作方法、事件处理以及异步交互，这些框架往往将 HTML DOM 的各种复杂方法封装为简单的几行代码，从而提高开发者的开发效率。典型的此类框架例如 jQuery 等。

大型的 Javascript 框架的设计目的是解决大型 Web 项目的用户交互、复杂的 Web 浏览器兼容性问题，以及管理项目中复杂的业务逻辑等，参考现代编程语言的各种处理方式来解决复杂 Web 项目的代码管理问题，提高代码的维护性。

4. YUI 框架需要解决的问题

YUI 框架的特点是博众家之长，通过极高的模块化和定制性来满足不同类型开发者的实际需求。对于一些只需要开发中小型项目的开发者，YUI 提供了 Simple YUI 版本，一个轻量化的 YUI 核心库，实现类似 jQuery 功能的简单解决方案。

对于一些需要开发和维护大型 Web 项目的开发者，YUI 提供了丰富的官方库和第三方插件，帮助这些开发者实现复杂的交互功能。除此之外，YUI 也提供了统一的开发规范，帮助开发者按照这些规范来开发和管理代码，便于进行代码的维护。

可以如此理解，YUI 本身并不是一个简单的库，其属于一个高度定制的工具箱，将各种功能强大具有极强扩展性的 Web 交互控件设计为具有统一 API 的模块，为开发者提供简明直接的调用方法和模块化的操作。其次，YUI 部分引入了现代面向对象开发的各种技术，例如 MVC 技术等，通过规范化的开发标准，帮助开发者管理大量的代码，降低代码维护的复杂性。

YUI 解决了前端开发三个方面的问题，即简化的脚本语法（包括原生 Javascript、HTML DOM）、脚本代码的模块化和结构化以及丰富的控件插件扩展。

- 简化的脚本语法

YUI 对原生 Javascript 脚本语言的事件处理、Ajax 数据交互、HTML DOM 属性和方法等复杂的语法、用法进行了封装处理，为开发者提供了一种极其便捷高效的全新语法和调用方式，帮助开发者用最简洁的代码来实现丰富的程序功能。

同时，YUI 还简化了开发者操作 CSS 样式表的方式，提供一些便捷的接口来帮助开发者修改 Web 元素的样式，快速实现样式的动画功能。

- 脚本代码的模块化和结构化

YUI 通过对原生的 Javascript 脚本语言的改进，通过沙箱机制和一系列自定义的方法，对 Javascript 进行深度地改写，增加了定义类、命名空间、包等实体的便捷方式，同时，YUI 支持以模块化的方式加载各种功能插件，具备极强的扩展性。

在结构化方面，YUI 对代码的结构和接口进行了严格规范，强制开发者以规范的方法编写代码，从而实现多开发者协作以及便捷地维护等性能。

- 丰富的控件插件扩展

YUI 的官方编写了大量实用的控件，并对这些控件提供了统一而简洁的调用方式，降低开发者的开发成本，提高开发效率。同时，还提供 Y.extend()等方法来帮助开发者快速创建扩展插件，让开发者编写出符合自身需求的强大扩展。

5. YUI 的支持环境

YUI 框架是一种基于 Web 浏览器的脚本开发框架，其本身依赖 Web 浏览器的文档排版引擎和脚本解析引擎运行。目前最新版本的 YUI 框架支持性较强，可以在以下平台运行，如表 7-1 所示。

表 7-1 YUI 框架的支持平台

平台	版本
Internet Explorer	6.0、7.0、8.0、9.0、10.0、11.0
Chrome	最新版本
Firefox	最新版本
Safari	IOS 5.x、IOS 6.x、IOS 7.x、5.x(Windows)、6.x(OSX 10.8)、7.x(OSX 10.9)、
Android	2.3x、3.x、4.x
Windows APP	Windows 8、Windows 8.1

目前，YUI 框架支持以上所有的平台，也就是说，在这些环境下，开发者可以放心地

使用 YUI 框架来解决开发中的问题。

7.1.2　YUI 框架整体剖析

　　YUI 框架是一种模块化的前端脚本开发框架，其完整框架包含诸多模块，这些模块都可以通过指定的 YUI 全局对象来加载和调用。YUI 框架可以分为基础、核心、组件框架和组件四大类，如图 7-1 所示。

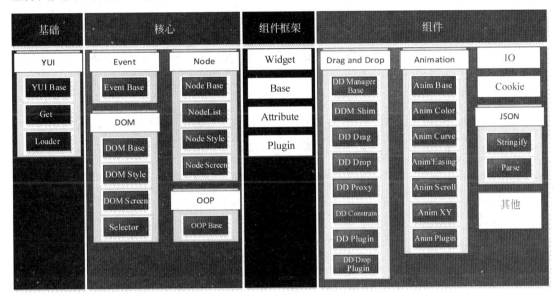

图 7-1　YUI 框架的分类、包和模块

1.　基础分类

　　基础分类是 YUI 框架中最重要的分类，也是整个 YUI 框架代码执行的基础，又被称作 YUI 的种源。该分类决定了 YUI 框架如何来管理整个项目的代码、加载其他模块以及引导其他模块代码的执行。YUI 框架中最常用的 use() 方法就属于该分类下的 YUI 包。

　　基础分类下只包含 YUI 的顶层包，其主要包含三个模块，即 YUI Base、Get 以及 Loader 等，其作用如下所示。

* YUI Base 模块

　　早期的 YUI 3 框架支持一个简化的 YUI 副本，名为 SimpleYUI。该副本提供了 YUI 框架最基本的方法。最新的 YUI 框架已经移除了这一副本，以 YUI Base 子模块取而代之。

　　YUI Base 模块提供最小化的 YUI 框架全局对象和核心方法，为 YUI 框架提供通用的依赖项目支持。

* Get 模块

　　Get 模块提供动态加载 Javascript 和 CSS 资源的一般通用机制，为 Web 文档加载普通的 Web 资源。

- Loader 模块

Loader 模块提供加载 YUI 其他组件的机制，即动态地在页面中插入 YUI 内部的各种组件，在避免组件重复加载的前提下快速地提高组件加载效率。

2．核心分类

核心分类是基于语言级别的模块，其作用是为 YUI 的所有下游组件提供一个通用的依赖层，辅助 YUI Loader 来加载和运算实际的核心依赖。核心分类将对 Web 前端脚本开发中所面对的各种对象进行封装，其包含四个包，如下所示。

- Event 包

提供 DOM 事件和自定义事件的标准处理方法，通过事件的"触发→接收→处理→反馈"这一完整流程，以 YUI 框架的规范来管理事件。

- DOM 包

顾名思义，该包以 YUI 框架封装后的对象、方法和属性来管理和操作 DOM 元素。其又包含四个模块，即 DOM Base（提供标准化的 DOM 方法和辅助方法）、DOM Style（提供底层的样式管理方法）、DOM Screen（提供底层的定位和区块管理方法）、Selector（在底层以标准化的方式选择和筛选 DOM 元素）。

- Node 包

该包以 YUI 框架封装后的对象、方法和属性来管理和操作 DOM 节点，其同样包括四个模块，即 Node Base（为创建操作 DOM 节点提供抽象方法，并通过插件对 DOM 节点进行扩展）、NodeList（处理若干 DOM 节点的集合，简化 HTML DOM 的 NodeList 节点对象，扩展批量处理这些节点集合的属性和方法）、Node Style（为操作 DOM 节点和 DOM 节点集合的样式提供扩展接口）以及 Node Screen（为 DOM 节点提供定位和区块管理方法）。

- OOP 包

以 YUI 框架来封装和处理 Javascript 对象，对 Javascript 对象进行扩展以及底层操作支持。其内建 OOP Base 模块来实现这些功能。

3．组件框架

组件框架的作用是为开发者在创建底层元件和高级 UI 控件时提供一个一致性和可重用的结构，辅助开发者开发出基于 YUI 框架的各种插件，其包含以下四个模块，如下所示。

- Base 模块

为所有 YUI 组件提供基本的属性管理和事件机制的基类，所有 YUI 框架的组件和自定义组件、第三方组件都依赖于此基类。

- Attribute 模块

提供属性管理系统，其可以扩展任何类，包括提供 get/set 接口和内部的 change 事件等。

- Widget 模块

为高级 UI 组件提供基础的支持，包括生命周期管理等。Widget 模块依赖于 Base 和 Attribute 模块。

- Plugin 模块

插件命名空间，其提供了一个插件模板，让插件直接并入 YUI 的命名空间下，与 YUI

框架更加紧密地结合，同时使插件能直接在节点上操作。

4．组件

组件是 YUI 框架扩展和增强功能的部分。YUI 3 是一种高度模块化的框架，其提供了一种类似点菜的机制，可以最大限度为开发者提供性能最优化的自带组件和各种复杂的交互功能扩展。YUI 提供了多种包和模块来实现包括拖放、动画、Ajax 交互、Cookie 管理、JSON 数据处理、图形处理等功能，在此不再赘述。

7.2　加载 YUI 框架

在了解 YUI 框架的开发背景和整体结构后，开发者可以着手通过各种方式获取 YUI 框架的源代码，并通过基础的 YUI 框架加载 YUI 的增强扩展模块，真正地调用和使用 YUI 框架。

7.2.1　获取 YUI 框架

YUI 框架是一款免费使用的开源框架，任何开发者都可以通过 YUI 框架的官方网站获取最新版本的 YUI 框架，通过在线的方式为 Web 文档嵌入 YUI 框架的代码。如果开发者需要在无互联网的环境下使用 YUI 框架，也可以通过 github 的 YUI 项目页将 YUI 框架的完整代码、示例、说明文档和 API 文档下载到本地计算机中，根据实际情况调用。

1．从 CDN 服务器加载 YUI 框架

通常情况下，中小型 Web 服务器会被架设在某一个地域的通信运营商的机房中，接入地区性运营商的网络，这种接入方式导致仅有在同一运营商网络中的终端用户访问该服务器才能有较好的速度和体验。由于运营商以及地域之间往往存在网间壁垒，因此如果终端用户来自不同的地域，或不同的运营商服务网络，则访问 Web 服务器时往往效率较低。

CDN 技术的原理就是在广泛的地域和运营商网络内建立大量同步服务器，以自动分发的方式同步 Web 服务器中的数据，然后再通过对终端用户来源的判定，决定由哪一台服务器就近为终端用户提供服务。这一方式可以极大地提升用户访问数据的效率和体验。

通常情况下，大型企业的网站或 Web 服务都会采用这一技术，以提高用户访问的体验。作为跨国性的网络服务商，雅虎也使用了 CDN 服务器技术，并为 YUI 框架官方网站建立了全球的 CDN 网络。

因此，如果开发者建立的是基于互联网的 Web 站点或服务，则在此强烈推荐通过雅虎官方的 CDN 服务器来远端加载 YUI 框架代码，以降低自身服务器的负载，同时提高终端用户加载页面的效率。以目前最新版本的 YUI 3.15.0 框架为例，其从 CDN 服务器调用的方式如下。

```
<script type="text/javascript" src="http://yui.yahooapis.com/3.15.0/build/zyui/yui-min.js"></script>
```

将以上代码放置在 Web 文档的文档主体元素 BODY 末尾，即可将该版本的 YUI 框架加载到当前 Web 页中。

与其他开源软件类似，YUI 框架也分为很多版本，例如 3.5.0、3.6.0 等。如果开发者需要使用这些较旧版本的 YUI 框架代码，也可以将脚本标记 SCRIPT 的 src 属性中的版本号修改为这些较旧的版本，即可调用旧版本的 YUI 框架。例如，调用 YUI 3.5.0 版本的框架，代码如下。

```
<script type="text/javascript" src="http://yui.yahooapis.com/3.5.0/build/
yui/yui-min.js"></script>
```

将此段代码添加到 Web 文档的文档主体元素 BODY 末尾，即可将该版本的 YUI 加载到当前的页面中。

2. 调用本地 YUI 框架

除了从 CDN 服务器加载以外，开发者也可将 YUI 框架的完整代码、官方帮助、API 说明以及测试样例等下载到本地计算机，再上传到 Web 服务器，使用本地的副本。以目前最新版本的 YUI 3.15.0 框架为例，开发者可以通过 YUI 框架项目的 GitHub 站点（https://github.com/yui/yui3/releases）获取完整的 YUI 框架内容，如图 7-2 所示。

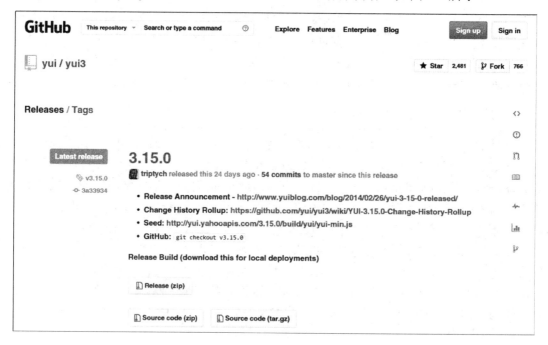

图 7-2　YUI 框架项目的 GitHub 站点

在该 GitHub 站点中，默认以从上到下和版本从高到低的方式显示 YUI 框架的各版本的发布状况。以目前最新版本 YUI 3.15.0 为例，其提供了三种版本。

其中，【Release(zip)】按钮链接的是以 ZIP 格式打包的 YUI 发行版代码，其除了包含完整的 YUI 框架代码外，还包含了说明、手册、接口说明书等内容，适合开发者下载到本地学习和研究使用。

　　【Source code(zip)】按钮链接的是以 ZIP 格式打包的 YUI 源代码，其仅仅包含 YUI 的基本源代码和开发 YUI 的原始数据，适合熟练开发者使用，直接加载到 Web 项目或 Web 应用中。

　　【Source code(tar.gz)】按钮链接的是以 TAR 格式打包的 YUI 源代码，其内容与 Source code(zip)按钮链接的内容相同，区别是打包格式不一样。

　　为了学习和研究 YUI 框架，本书在此推荐开发者下载完整的 YUI 发行版，其包含五个文件夹和两个 Mark Down 标记文件，其作用如表 7-2 所示。

表 7-2　YUI 框架的目录结构

类型	名称	作用
目录	api	HTML 格式的 YUI 框架 API 接口说明书
目录	build	YUI 框架的源代码，其包含核心 YUI 以及各种插件的原版和压缩编译版以及 DEBUG 版等
目录	docs	HTML 格式的 YUI 框架说明文档
目录	releasenotes	Mark Down 标记文件格式的更新日志
目录	tests	HTML 格式的测试样例
文件	LICENSE.md	YUI 框架的许可协议
文件	README.md	YUI 框架的说明文档

　　以上的目录中，api 目录、docs 目录以及 tests 目录都是用来为用户提供 YUI 框架的学习资料和相关文档，YUI 框架的代码都放置在 build 目录下，按照代码项目或插件的名称分为若干子目录。

　　在实际开发中，开发者可以从 build 目录下根据需要选择所有子目录，将其上传至 Web 服务器的脚本目录中进行加载，再通过相对路径调用，代码如下。

```
<script type="text/javascript" src="/Scripts/yui/yui-min.js"></script>
```

　　如果开发者的 Web 站点是基于局域网，或站点的用户访问互联网有所限制，则开发者有必要使用本地 YUI 框架副本来为用户提供服务，通过本地 YUI 框架副本提升用户访问体验。

7.2.2　加载包和模块

　　传统的 Javascript 脚本语言通常以 HTML 的脚本标记 SCRIPT 来加载各种脚本文件，这种方式的缺点在于管理混乱，极度依赖开发者自身来管理加载的脚本和资源。在 YUI 框架中，提供了多种 Javascript 加载包和模块的方式，通过 YUI 框架自身的加载机制来处理这些问题。

　　YUI 框架提供了一个基于 YUI 单全局变量的 use()方法，帮助开发者快速加载 YUI 框架的包和模块，其使用方式如下所示。

```
YUI ( Config ).use ( 'Entity1' ,
    'Entity2' ,
```

```
······ ,
function ( Y ) {
    Sentences ;
} ) ;
```

在上面的伪代码中，YUI 关键字为 YUI 框架预置的全局单变量，不可修改；Config 关键字表示一个 config 类的对象实例，该对象实例用于修改 YUI 框架的全局配置，允许开发者自行对 YUI 框架进行订制，如果不需要修改 YUI 全局配置，可以留空；Entity1、Entity2 等关键字表示实体，其可以是 YUI 的包或模块的名称；Y 表示开发者请求的 YUI API，理论上开发者可以将其更改为其他名称，但一些特定的 YUI 模块可能只允许使用这一名称，通常情况下建议不要修改；Sentences 关键字表示加载 YUI 框架之后执行的语句。

在 YUI 框架下，当开发者第一次调用 YUI()单全局变量时，就是创建了一个新的 YUI 实例，该实例是一个用来组装整个项目的宿主。YUI 框架与其他框架（如 jQuery 之类）的区别在于，YUI 实例是一个空的架子，其本身并不提供类似 jQuery 之类框架的属性和方法，也不能用来直接进行 DOM 操作或 Ajax 操作。

开发者必须通过 use()方法来实时加载 YUI 框架的其他各种包和模块，以及开发者自行编写的 YUI 第三方插件和控件，通过调用的包、模块、插件和控件来解决各种实际的问题。这种机制的优势在于开发者可以更加灵活地解决问题，而无需在未进行任何操作时就加载大量的脚本，从一定程度上降低了系统资源的消耗。

简单地说，use()方法将以下方式来运作。

（1）根据开发者定义的包、模块、插件和控件决定需要获取哪些资源，建立一个依赖资源的列表，并将已经加载的包、模块、插件和控件从列表中筛选掉。

（2）在解决了依赖资源的列表问题后，use()方法将构造一个合并加载的地址，此时，YUI 的 Loader 模块会通过 HTTP 请求从 CDN 服务器或本地服务器获取所有缺失的模块。需要注意的是，此操作为异步操作，其本身不会阻塞 Web 浏览器的 UI 线程。

（3）当 use()方法加载完成模块后，其会将开发者请求的整个 API 应用到 YUI 的实例对象上。

（4）最后，use()方法将执行回调函数，并把 YUI 实例作为 Y 参数。在回调函数里，Y 参数是一个私有的指向回调函数内部代码的 YUI 库的实例。

也就是说，在开发者获取 YUI 框架后，YUI 的实例本身仅仅包含一个 yui-min.js 文件中的代码，随着开发者不断使用 use()方法来加载各种包、模块、插件和控件，逐渐根据需求来扩展。

use()方法的回调函数通常被称作"YUI 沙箱"，其会将开发者编写的所有代码添加到一个私有的作用域，保护这些代码不被 Web 文档中其他的脚本破坏或重构，避免命名空间污染。这点在实际开发中十分重要，很多项目协作中出现的这样那样的问题实际上都是由这一原因导致的。

在实际开发中，开发者可以在一个 Web 文档中调用多个应用程序，甚至创建多个独立的沙箱，一旦某一个沙箱加载了一个 YUI 的包、模块、插件和控件，则其他沙箱不需要再次进行加载就可以直接调用。

YUI 框架的沙箱机制也存在一个问题，就是代码重用度的降低，由于沙箱内部的代码是无法被外部访问的，因此无法被其他代码重用。开发者如果需要编写可重用的代码部分，只能通过 YUI 顶层对象提供的 add()方法来实现。当然，在避免命名空间污染这一大优势下，这点劣势基本微不足道。

在下面的代码中，就将使用 use()方法加载节点操作包 Node，然后通过 Node 包下的 one 方法获取 XHTML 节点，然后再使用 setHTML 方法设置节点的内容。

```
<p id="test"></p>
<script type="text/javascript" src="/Scripts/yui/yui-min.js"></script>
<script type="text/javascript">
YUI ( ).use ( 'node' ,
    function ( Y ) {
        Y.one ( '#test' ).setHTML ( '测试文本' ) ;
} ) ;
</script>
```

执行以上代码后，YUI 框架就会为 id 属性值为 test 的段落标记 P 添加“测试文本”的字符内容。

7.3　自定义 YUI 模块

YUI 框架具有很强的扩展性，除了由官方开发的各种组件和控件外，开发者也可以使用第三方开发的组件和控件自行编写 YUI 模块，以符合 YUI 标准的规范来拓展 YUI 的功能。这些代码将是真正可以重用的模块，也就是说，如果开发者希望开发出可以重用的代码，则必须通过这种方式来实现。

7.3.1　创建自定义 YUI 模块

在创建自定义 YUI 模块时，需要使用到 YUI 框架顶层的 add()方法，其使用方式如下所示。

```
YUI ( Config1 ).add ( Name ,
    function ( Y ) {
        Sentences ;
    } ,
    Version ,
    Config2 ) ;
```

在上面的伪代码中，YUI 关键字为 YUI 框架预置的全局单变量，不可修改；Config1 关键字表示一个 config 类的对象实例，该对象允许开发者自行对 YUI 框架进行订制，如果不需要修改 YUI 全局配置，可以留空；Name 关键字表示自定义 YUI 模块的名称，其必须为全小写字母，若干单词间应以连字符“-”连接；Y 表示开发者请求的 YUI API，理论上开发者可以将其更改为其他名称，但一些特定的 YUI 模块可能只允许使用这一名称，通常情况下建议不要修改；Sentences 关键字表示加载 YUI 框架之后执行的语句；Version 关键字表示自定义 YUI 模块的版本号，其可以被省略；Config2 关键字同样为一个 config 类的对象实例，其定义了自定义 YUI 模块的依赖、配置以及自动加载等信息，其同样可以被省略。

一旦执行了 add()方法，则开发者可以像调用其他官方 YUI 模块一样使用自定义模块中的代码，通过 use()方法来加载，并通过回调函数来调用。

例如，通过 YUI 框架创建一个 Hello World 程序，输出 Hello World 信息，即可首先创建一个名为"hello-world"的模块，然后再通过 use 方法调用，代码如下。

```html
<script type="text/javascript" src="/Scripts/yui/yui-min.js"></script>
<script type="text/javascript">
YUI ( ).add ( 'hello-world' ,
    function ( Y ) {
        Y.namespace ( 'HW' ) ;
        Y.HW.sayHello = function ( ) {
            alert ( 'Hello , World!' ) ;
        };
    },
    '0.1' );
YUI ( ).use ( 'hello-world' , function ( Y ) {
    Y.HW.sayHello ( ) ;
});
</script>
```

在上面的代码中，自定义了一个名为"hello-world"的模块，并在该模块的回调函数内定义了一个名为"HW"的命名空间，以防止命名空间的污染。最后，设置模块的版本号为 0.1，并通过 use()方法来调用了这一方法，输出了"Hello World"的信息。

YUI 框架的特点就是将模块的定义和执行完全剥离，add()方法使用 YUI 全局对象来注册模块，而 use()方法则把模块附加到 Y 实例上，通过指定的命名空间调用。

7.3.2　自定义模块的依赖

除了一些特殊的自定义 YUI 模块以外，多数自定义 YUI 模块都很可能需要依赖其他的 YUI 模块，调用其他模块的代码等，此时，就需要在定义这些模块时使用 add()方法的第四个参数，定义一个特殊的 config 实例，以建立这种依赖关系。该 config 实例实际上是一个对象，其可以包含三个属性，如表 7-3 所示。

表 7-3　add()方法的 config 实例参数结构

属性	值类型	作用
requires	Array	一个数组，其包含了若干自定义 YUI 模块依赖的其他模块
optional	Array	一个数组，定义了自定义 YUI 模块的配置信息，其依赖于全局配置
use	Array	旧版本 YUI 所使用的物理上的包的集合，不推荐使用

例如，在之前的 Hello World 程序中，是通过 javascript 的 window 对象来输出的"Hello World"信息；如果需要将其输出到某个具体的 DOM 元素内部，则该自定义模块就必须依赖 YUI 框架的 Node 包，此时就需要开发者配置依赖关系，代码如下。

```
<p id="test"></p>
<script type="text/javascript" src="/Scripts/yui/yui-min.js"></script>
<script type="text/javascript">
YUI ( ).add ( 'hello-world' ,
    function ( Y ) {
        function setNodeText ( node , html ) {
            node = Y.one ( node ) ;
            if ( node ) {
                node.setHTML ( html ) ;
            }
        }
        Y.namespace ( 'HW' ) ;
        Y.HW.sayHello = function ( node ) {
            setNodeText ( node , 'Hello , World!' ) ;
        };
    },
    '0.1',
    { requires : [ 'node-base' ] } );
YUI ( ).use ( 'hello-world' , function ( Y ) {
    Y.HW.sayHello ( Y.one ( '#test' ) ) ;
});
</script>
```

在上面的代码中，在 add()方法内部的回调函数中首先定义了一个名为 setNodeText()的方法，执行具体的业务逻辑，然后再定义名为"HW"的命名空间，调用该业务逻辑输出信息，由于 setNodeText()方法调用了 Node 包中的 Node Base 模块，因此需要通过 config 类的 requires 属性建立依赖关系。最后，通过 use()方法直接调用"HW"命名空间的 sayHello()方法，实现输出信息。

在建立模块之间的依赖关系时尤其需要注意的是一定不能建立循环依赖，否则 YUI 框架的代码将无法正确地执行。

7.3.3 加载外部自定义 YUI 模块

在实际的 YUI 框架开发中，很少有开发者将代码都编写在一个 HTML 文档中，尤其当一个项目需要大量 HTML 文档时。可重用的自定义模块通常必须放置在指定的 Javascript 脚本文件中。

因此，像之前小节实例中建立的自定义 YUI 模块实际上并不能真正地具备可重用性。如果开发者需要这部分代码重用，必须将其编写在独立的 Javascript 脚本文件中，再通过 YUI 配置文件来将其加载，这样，才能真正做到代码可重用化。

　　传统的 Javascript 解决以上问题的方式就是将自定义 YUI 模块的方式存储到外部的 Javascript 脚本文件中，然后再通过 HTML 的脚本标记 SCRIPT 将其载入到 Web 文档中。

　　例如，对之前的带有依赖的 Hello World 程序进行修改，将 add()方法所执行的业务逻辑作为模型层的内容，代码放置在一个名为 hello-world.js 的文件中，代码如下。

```
YUI ( ).add ( 'hello-world' ,
    function ( Y ) {
        function setNodeText ( node , html ) {
            node = Y.one ( node ) ;
            if ( node ) {
                node.setHTML ( html ) ;
            }
        }
        Y.namespace ( 'HW' ) ;
        Y.HW.sayHello = function ( node ) {
            setNodeText ( node , 'Hello , World!' ) ;
        };
    },
    '0.1',
    { requires : [ 'node-base' ] } );
```

　　以上代码为自定义的 hello-world 模块，将其存放到/Scripts/modules/目录下的 hello-world.js 中之后，即可通过传统的方式将其加载到 Web 文档中，修改结果如下。

```
<p id="test"></p>
<script type="text/javascript" src="/Scripts/yui/yui-min.js"></script>
<script                                          type="text/javascript"
src="/Scripts/modules/hello-world.js"></script>
<script type="text/javascript">
YUI ( ).use ( 'hello-world' , function ( Y ) {
    Y.HW.sayHello ( Y.one ( '#test' ) ) ;
});
</script>
```

　　这种方式虽然比较简单，但是其缺点是必须为每一个 Web 文档编写一大堆脚本标记 SCRIPT，如果需要，删除或新增某一个脚本文件，则需要开发者对每一个 Web 文档进行修改，费时费力，效力比较低。

　　YUI 针对此种情况，允许开发者通过 config 类的实例来定义加载外部脚本的元数据，将这些元数据以 YUI 配置的方式添加到 YUI 实例中，这样，开发者就可以通过控制器层来控制各种具体的行为，以现代的 MVC 架构来处理 Web 文档,然后更加灵活地在 Javascript 脚本中进行脚本内容的嵌套和叠加，避免对 Web 文档的大量修改。

　　例如，对上面的 Web 文档进行修改，将 use()方法的脚本作为控制器层抽调出来，存放到/Script/controllers/目录下的 hello-world.js 文件中，然后通过 config 类的对象实例来加载模型层代码，如下所示。

```
YUI ( {
   modules : {
      'hello-world' : {
         fullpath : '/Script/modules/hello-world.js' ,
         requires : [ 'node-base' ]
      }
   }
} ).use ( 'hello-world' , function ( Y ) {
   Y.HW.sayHello ( Y.one ( '#test' ) ) ;
});
```

最后，Web 文档的内容将被修改，仅需要加载 YUI 框架本身以及控制器层的内容，即可为视图层实现显示信息的功能，如下所示。

```
<p id="test"></p>
<script type="text/javascript" src="/Scripts/yui/yui-min.js"></script>
<script type="text/javascript" src="/Scripts/controller/hello-world.js">
</script>
```

以上的方法的意义就是用 MVC 的模式来对 Javascript 进行分层，最终将业务逻辑、操作控制与显示视图完全分离，使脚本开发更加模块化，也将会极大地降低程序维护的成本。

7.3.4　自定义模块组

在实际开发中，随着程序功能的逐渐增多以及整体业务逻辑的逐渐复杂化，一些相关的模块往往需要被划分在一个模块组中，同理，很多模块也需要归类管理，以使系统内部模块的划分更加规范。

YUI 框架支持开发者以模块组的方式将自定义模块归类管理，批量加载，其需要对 YUI()单全局变量的配置信息进行个性化定义，然后再进行处理，其使用方式如下。

```
YUI ( {
   groups : {
      GroupName :{
         base : BaseURL ,
         modules : {
            Module1 : {
               path : Module1URL ,
               requires : Module1Requires
            } ,
            Module2 : {
               path : Module2URL ,
               requires : Module2Requires
            } ,
            …… ,
         }
```

```
        }
      }
  } ).use ( Requires , function ( Y ) {
      Sentences ;
  } ) ;
```

在上面的伪代码中，GroupName 关键字表示自定义模块组的名称；BaseURL 关键字表示模块组的基本 URL 地址，如无则可以被忽视；Module1、Module2 等关键字表示模块组内每个模块的名称；Module1URL、Module2URL 等关键字表示模块组内每个模块的具体 URL；Module1Requires、Module2Requires 等关键字表示模块组内每个模块的依赖模块；Requires 关键字表示 use()方法所依赖的具体某些模块；Y 表示开发者请求的 YUI API，理论上开发者可以将其更改为其他名称，但一些特定的 YUI 模块可能只允许使用这一名称，通常情况下建议不要修改；Sentences 关键字表示需要执行的语句。

例如，以开发一个用户管理的功能为例，其需要定义一个用户的模块，并实现以下子模块，如图 7-3 所示。

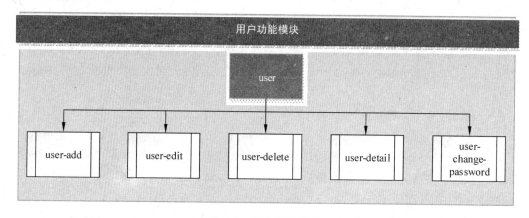

图 7-3　用户类的结构

根据用户类的结构，需要为用户类定义一个父模块以及五个子模块，用于处理整体用户的各种信息，如表 7-4 所示。

表 7-4　用户类的模块及功能

模块类型	模块名称	作用
父模块	user	用户类，用于初始化用户的各种信息
子模块	user-add	新增用户
子模块	user-edit	编辑用户
子模块	user-delete	删除用户
子模块	user-detail	显示用户明细信息
子模块	user-change-password	修改用户密码

以上这些模块的划分，需要开发者分别为每个模块编写代码，并将其整体划入一个模块组中进行管理。如果某个用户一览页面需要依次调用这些功能，就需要同时以模块组的方式加载这些模块。

　　因此，开发者可以将这些模块分别存放到不同的脚本文件中，放置在一个统一的目录下，例如放置到/Scripts/modules/user/目录下，依次保存为 user.js、user-add.js、user-edit.js、user-delete.js、user-detail.js 和 user-change-password.js。

　　在使用以上代码时，开发者可以将 config 类的 groups、base 等属性一并加载到 YUI 框架中，实现编组功能，代码如下。

```
YUI ( {
    groups: {
        'user' : {
            base : '/Scripts/modules/user/' ,
            modules : {
                'user' : {
                    path : 'user.js'
                } ,
                'user-add' : {
                    path : 'user-add' ,
                    requires : [ 'user' ]
                } ,
                //……
            }
        }
    }
}.use ( 'user' , function ( Y ) {
    //……
} ) ;
```

7.3.5　自定义包

　　包是 YUI 框架中的重要实体，是若干模块、模块组的整理和组合。例如之前使用的 YUI 包、Node 包等，都囊括了一大批模块。包可通过整合模块的功能，帮助开发者快速地整体调用。

　　实际上开发者也可以针对若干官方模块或自定义模块，划分出自定义的包，此时，需要使用到 config 类的 use 属性。Use 属性的属性值为一个包含若干模块名称的数组，使用方式如下。

```
YUI( {
    modules : {
        StackName : {
            use : [ Modules1 , Modules2 , …… ]
        }
    }
} ).use ( StackName , function ( Y ) {
    ……
} ) ;
```

在上面的伪代码中，StackName 关键字即自定义包的名称，其为一个字符串；Modules1、Modules2 等关键字表示包所囊括的模块名称，同样为字符串。通过以上方式，开发者可以方便地组合自定义包。

例如，将 Node Base 和 DOM Base 两个模块合并为一个包一起加载，将其命名为 nd，代码如下所示。

```
YUI ( {
    modules : {
        'nd' : {
            use : [ 'node-base' , 'dom-base' ]
        }
    }
} ).use ( 'nd' , function ( Y ) {
    //……
} ) ;
```

自定义包的优势在于，其可以根据开发者自身的需要和习惯将一些指定的模块灵活地组合在一起，快速加载以便调用，可以极大地提高开发的效率。同时，对一些功能相关的自定义模块来说，创建自定义包也有助于对这些自定义模块进行更有效的管理。

7.4　自定义 YUI 配置

YUI 框架在默认状态下会加载一个官方定义的配置，该配置将会加载原版的 YUI 框架并简单地配置 YUI 框架的各种属性信息。如果开发者需要对 YUI 项目进行自定义，则需要建立一个基于自身需求的 YUI 配置文件。

YUI 框架的默认配置通常都会分散存放在 YUI 自身源代码中，官方的 YUI 框架并不存在一个整体的配置文件（这点有别于很多 Javascript 插件或第三方控件）。但是这并不影响开发者通过自定义的 config 实例来加载自定义的配置，YUI 框架允许用户定义一个指定名称为 YUI_config 的配置对象，然后框架自身会隐式地加载该配置对象。

这种隐式加载需要注意的是，如果整个 Web 文档以及其加载的 Javascript 脚本文件中不存在命名为 YUI_config 的配置对象，则 YUI 框架会采用默认配置；而如果开发者定义了这一配置对象，则 YUI 框架会优先采用开发者自定义的配置对象。

YUI_config 配置对象本身属于 YUI 框架的 config 类，是该类下的一个实例，因此在定义该对象时，开发者完全可以使用该类下的各种属性，通过这些属性来实现个性化的 YUI 配置。之前小节中介绍的加载自定义模块、自定义模块组以及自定义包等都可以通过 YUI_config 这一全局变量来实现。

实际上，加载自定义配置，就是将 YUI 单全局变量括号内的对象抽取出来，将其赋值给 YUI_config 配置对象。例如，之前加载用户模块组的代码，就可以通过 YUI_config 配置对象应用于全局，如下所示。

```
var YUI_config = {
    groups: {
        'user' : {
            base : '/Scripts/modules/user/' ,
            modules : {
                'user' : {
                    path : 'user.js'
                } ,
                'user-add' : {
                    path : 'user-add' ,
                    requires : [ 'user' ]
                } ,
                //······
            }
        }
    }
};
```

除了加载自定义模块组、自定义包以外，开发者还可以通过这一方式来修改全局的 YUI 配置。例如将整个项目的语言改为简体中文，可以使用 config 类的 lang 属性，代码如下。

```
var YUI_config = {
    lang : 'zh-Hans-CN'
};
```

7.5　辅　助　工　具

YUI 框架与原生 Javascript 相比其最大的优势在于追加了很多原生 Javascript 并不包含的功能，并对很多散乱的属性和方法进行了整理，将其纳入到更加合理的分类中。本节就将对这些常用辅助工具进行简单介绍。

7.5.1　数据类型测试

原生的 Javascript 支持五种原始数据类型，即字符串、数字、逻辑值、Null 和 Undefined，除此之外，还支持一些扩展的数据类型，包括对象、日期、函数、正则表达式和数组等。在实际开发中，经常需要判断一个数据的实际数据类型，然后根据数据的类型来决定如何对这些数据进行处理。

在之前的章节中，已经介绍过一些简单的判断数据类型的方法，但是原生的 Javascript 并没有一个完整的可以支持所有数据类型的判断方式。对于原始数据类型，开发者可以通过 typeof 运算符进行简单判断，但是对于引用数据类型，使用 instance of 运算符去一个个测试明显不是什么好的办法。

基于以上需求，YUI 框架提供了 Lang 包，对 Javascript 原生的各种数据判断工具进行整理，并自行编写了一些相关的方法，实现数据类型测试的功能。

1. 判断数据类型

Lang 包下提供了一个名为 type()的方法，用于替代 Javascript 原生的数据判断方法。这一方法支持以下 11 种类型的数据判断，如表 7-5 所示。

表 7-5　type()静态方法支持判断的数据

数据类型	输出结果	数据类型	输出结果
数组对象	array	逻辑值	boolean
日期时间对象	date	异常对象	error
函数对象	function	Null	null
数字值	number	对象	object
正则表达式	regexp	字符串值	string
Undefined	undefined		

使用 type()方法，开发者可以方便地判断以上 11 种类型的数据。对于不符合以上类型的数据，则该方法将直接把数据识别为对象，输出"object"。

type()方法本身属于 lang 类之下的静态方法，因此使用该方法不需要将 lang 类实例化，直接调用即可，其使用方式如下所示。

```
Y.Lang.type ( Data ) ;
```

在上面的伪代码中，通过 YUI 框架的自身引用 Y 来调用 Lang 包，然后再通过 Lang 类来调用 type 静态方法。其中，Data 关键字表示需要获取数据类型的数据。

在下面的代码中，就将在 YUI 框架的沙箱中创建数据，然后再通过 type()方法来判断这些数据的具体类型，如下所示。

```
YUI ( ).use ( function ( Y ) {
    var arrTestData = [ [] ,
        false ,
        new Date ( ) ,
        new Error ( ) ,
        function ( ) { } ,
        null ,
        3.14 ,
        { } ,
        /regexp/ ,
        'string' ,
        undefined ] ;
    for ( var intLoop = 0 ; intLoop < arrTestData.length ; intLoop ++ ) {
        console.log ( Y.Lang.type (arrTestData [ intLoop ] ) ) ;
    }
} ) ;
```

执行以上代码，即可遍历 arrTestData 自定义数组，依次测试和输出 arrTestData 数组中的所有元素的类型。

2．判断数据类型

除了输出数据的类型外，YUI 框架的 Lang 包还提供了一系列静态方法，用于判断某个数据是否属于某一个类型。

这些方法中有一些方法是对 Javascript 自带方法的封装，另一些则是 YUI 官方另行编写的方法。YUI 框架对这些方法的整理，极大地简化了数据类型判断的工作，帮助开发者遵循更严格的数据判断标准，如表 7-6 所示。

表 7-6　判断数据类型的方法

方法名	作用	方法名	作用
isArray()	判断数据是否为数组	isBoolean()	判断数据是否为逻辑型数据
isDate()	判断数据是否为日期时间对象	isFunction()	判断数据是否为函数对象
isNull()	判断数据是否为 Null	isNumber()	判断数据是否为数字
isObject()	判断数据是否为对象	isRegExp()	判断数据是否为正则表达式
isString()	判断数据是否为字符串	isUndefined()	判断数据是否为 Undefined

以上这 10 种方法的使用方式基本相同，都是将要判断的数据作为参数添加到方法中，然后通过返回值来获取判断结果。当数据符合方法的判断，这些方法将返回逻辑真，否则返回逻辑假。

例如，创建几个对象，然后判断这些对象是否属于对应的数据类型和对象，代码如下所示。

```
YUI ( ).use ( function ( Y ) {
    var arrTest = [ ] ;
    var dtTest = new Date ( ) ;
    console.log ( Y.Lang.isArray ( arrTest ) ) ; //输出 true
    console.log ( Y.Lang.isObject ( arrTest ) ) ; //输出 true
    console.log ( Y.Lang.isDate ( dtTest ) ) ; //输出 true
    console.log ( Y.Lang.isObject ( dtTest ) ) ; //输出 true
} ) ;
```

7.5.2　处理简单变量

在实际的前端开发中，开发者经常需要对一些简单的原始数据类型进行处理，获得符合需求的结果。YUI 框架本身集成了许多此类的功能，可以帮助开发者提高开发的效率。

1．去除字符串两侧空格

由于 XHTML 和 HTML 的文本区域标记 TEXTAREA 在提交表单时往往将源代码中的空格识别为内容一并提交给服务器数据库，一些输入类 HTML 组件也经常会把用户误输入的空格传递给 Javascript 脚本。因此在实际开发中，开发者经常需要清除 Javascript 脚本获取的字符串两侧的空格。

　　YUI 框架的 Lang 包提供了三种静态方法,包括 trim()方法、trimLeft()方法和 trimRight()方法,用于对任意字符串型变量进行处理,去除其两侧的多余空格。具体如下。

- trim()方法

trim()方法的作用是直接将字符串两侧的空格去除,返回清除了两侧空格之后的字符串副本。其使用方法如下所示。

```
Y.Lang.trim ( String ) ;
```

在上面的伪代码中,String 关键字表示需要处理的字符串。例如,创建一个前后各包含 4 个空格的字符串"   Test   ",即可通过 trim()方法将其两侧空格去掉,如下所示。

```
YUI ( ).use ( function ( Y ) {
    var strTest = '    Test    ';
    console.log ( Y.Lang.trim ( strTest ) ) ; //输出 Test
} ) ;
```

需要注意的是,trim()方法仅能处理字符串两侧的字符,如果需要去除字符串中间的字符,请使用之后小节介绍的 sub()方法。

- trimLeft()方法

trimLeft()方法是由 trim()方法衍生而来的方法,其作用顾名思义就是去掉字符串左侧的空格,使用方式与 trim()方法类似。例如,同样处理之前的字符串"   Test   ",代码如下。

```
YUI ( ).use ( function ( Y ) {
    var strTest = '    Test    ';
    console.log ( Y.Lang.trimLeft ( strTest ) ) ; //输出"Test    "
} ) ;
```

- trimRight()方法

trimRight()方法也是由 trim()方法衍生而来的方法,其作用与 trimLeft()方法恰恰相反,是去除字符串右侧的空白字符。例如,处理之前的字符串,将字符串右侧的空格去除,代码如下。

```
YUI ( ).use ( function ( Y ) {
    var strTest = '    Test    ';
    console.log ( Y.Lang.trimRight ( strTest ) ) ; //输出"    Test"
} ) ;
```

2. 简单匹配替换

　　在原生的 Javascript 脚本语言中,开发者如果希望根据内容替换某个字符串中的内容,其往往需要创建一个正则表达式对象,然后依赖正则表达式对象的 replace()方法来实现替换。正则表达式虽然是一个强大的匹配工具,但是其本身语法艰深,同时其匹配替换的方法也十分复杂。

　　YUI 框架为了解决一些简单的内容匹配替换,为 Lang 包提供了一个名为 sub()的方法,允许开发者通过一个简单的字符串和一个结构简化的配置对象来实现这种简单的替换，其使用方式如下。

```
Y.Lang.sub ( String , Object ) ;
```

在上面的伪代码中，String 关键字表示需要被替换的字符串；Object 关键字表示存储匹配替换关系的对象。sub()方法需要用户建立一种占位符的机制，使用英文大括号"{}"将需要替换的内容括起来，然后通过对象来匹配替换。同时，用来存储匹配替换关系的对象也需要建立占位符与替换结果之间的键值关系。

例如，在下面的代码中，就通过占位符和替换对象的方式，对一段文本内容进行了匹配替换操作，代码如下。

```
YUI ( ).use ( function ( Y ) {
    var strTitle = 'YUI {version}—高效 Web 前端开发之路' ;
    var strNewTitle = Y.Lang.sub( strTitle , { version : '3.15' } ) ;
    console.log ( strNewTitle ) ; //输出 YUI 3.15—高效 Web 前端开发之路
} ) ;
```

7.6 小 结

YUI 框架相比其他轻量级的前端框架，其学习曲线较高，很多初学者在接触到这一框架后往往有无从下手的感觉。究其原因，是由于其架构非常复杂，整个框架由 300 余个包和模块组成，初学者往往需要花费很多时间和精力才能理清这些包和模块之间的关系。

但是这种设计理念有其独到之处，就是更突出模块化的概念，将 Javascript 的特性"一切皆对象"延伸出来，YUI 框架的特点就是"一切皆模块"。这种全面模块化的设计方式的好处就在于其对大型项目的代码管理能力更强，更便于多个开发者之间的协作，可以有效地避免项目协作中的命名空间污染问题。

本章首先介绍了 YUI 框架设计的理念、其解决的问题，并剖析了 YUI 框架的整体结构，帮助开发者更好地理解 YUI 框架开发的思维方式。然后，以丰富的实例详细介绍了加载 YUI 框架、包和模块，以及自定义 YUI 模块的方法啊。最后，简单介绍了自定义 YUI 配置的方法和一些处理数据的简单工具，帮助开发者更好地使用 YUI 框架。

第 8 章 操作 DOM 元素和节点

Web 开发的本质实际上是解决三方面的问题，就是操作 DOM 元素和节点、处理事件交互以及前后端的异步数据传输。其中，原生的 Javascript 在操作 DOM 元素和节点时往往依赖 HTML 的 DOM 技术，通过 DOM 的属性和方法来解决 DOM 元素和节点的新增、编辑和删除问题。

HTML DOM 技术本身由于历史原因，并没有为开发者提供一个友好的开发接口，因此各种 Javascript 开发框架最首要的任务就是解决 Javascript 操作 DOM 元素和节点的问题，通过封装和改写，自行开发一套操作 DOM 元素和节点的体系。

YUI 框架也并不例外，其本身也对 HTML DOM 的对象、节点、属性和方法进行了二次封装，定义了 Node 类和 NodeList 类两个类，通过这两个类的属性和方法来操作节点以及节点集合。本章就将介绍 YUI 框架的 Node 包及该包下的各种属性和方法，帮助开发者了解 YUI 框架操作 DOM 元素的方法。

8.1 筛选 DOM 元素

YUI 框架的 DOM 筛选机制支持三种筛选 DOM 元素的方式，一种是基本的筛选方式，其采用 CSS 2.1 标准的选择器来筛选 DOM 元素，另一种是增强筛选方式，其以 CSS 3.0 标准的选择器来筛选 DOM 元素。除此之外，开发者还可以通过 YUI 框架的 Node 类下的一些方法来筛选 DOM 元素。

这几种方式筛选的结果包含两类，一种是筛选出唯一的符合要求的 DOM 节点，其通常将以 YUI 框架下 Node 类实例的方式存在，而另一种，则可能筛选出若干符合要求的 DOM 节点集合，其通常以 YUI 框架的 NodeList 类实例的方式存在。

8.1.1 基本筛选方式

之前的章节中已经介绍过 CSS 2.1 版本的三种基本选择器、两种伪选择器以及两种选择方法，其中，伪类选择器主要用于标识 Web 元素的选择状态，并非用于筛选 Web 元素，因此其并不能用于 YUI 框架的基本筛选。

真正能够用于 YUI 框架的基本筛选方式实际上就是 CSS 2.1 中的选择器、伪对象以及选择方法等，其用法如表 8-1 所示。

表 8-1　可用于 YUI 基本筛选的选择方式

选择方式	伪代码	作用
标记选择器	TagName	筛选所有与 TagName 名称一致的标记
类选择器	.ClassName	筛选所有 class 属性值与 ClassName 一致的标记
ID 选择器	#ID	筛选唯一 id 属性值与 ID 值一致的标记
首子元素	Selector:first-child	筛选符合 Selector 标记的某个元素的第一个子元素
前位元素	Selector:before	筛选符合 Selector 标记的某个元素之前相邻的元素
后位元素	Selector:after	筛选符合 Selector 标记的某个元素之后相邻的元素
语言元素	Selector:lang(Language)	筛选符合 Selector 标记且具有 lang 属性并且属性值与 Language 相符的元素
分组选择	Selector1,Selector2,……	筛选符合 Selector1、Selector2 等基本选择的所有标记集合
派生选择	Selector1 Selector2	筛选符合 Selector1 基本选择的标记内嵌的符合 Selector2 基本选择的标记或标记集合
全局匹配	*	筛选指定 XHTML 结构下所有的标记或标记集合
交叉派生选择	Selector1 > Selector2	筛选整个文档中所有符合 Selector1 标记下包含的符合 Selector2 的标记或标记集合
交叉相邻选择	Selector1 + Selector2	筛选整个文档中所有符合 Selector1 标记之后相邻的符合 Selector2 的标记或标记集合
属性选择	[Attribute]	筛选整个文档中所有包含 Attribute 属性的标记或标记集合
属性值选择	[Attribute=Value]	筛选整个文档中所有包含 Attribute 属性，且属性值为 Value 的标记或标记集合
属性值单词检索	[Attribute~=Value]	筛选整个文档中所有包含 Attribute 属性，且属性值包含连接符 "-" +Value+连接符 "-" 的标记或标记集合
属性值单词起始筛选	[Attribute|=Value]	筛选整个文档中所有包含 Attribute 属性,且属性值以 Value 起始,之后跟随连接符 "-" 和其他字符的标记或标记集合

开发者可以适时地根据实际的需求，灵活地决定使用以上选择方式，将其应用到 YUI 框架的内置方法中，获取基于 Node 实例的节点，或获取一个基于 NodeList 实例的节点集合。

1. 获取单个 Node 实例

YUI 框架提供 one()方法，获取一个单独的 Node 实例，指向一个节点对象。one()方法是 YUI 框架的全局方法，其作用就是根据开发者使用的 CSS 选择器字符串或 HTML Element 类型节点对象，返回一个 YUI 框架的 Node 对象实例，其使用方法如下所示。

```
YUI( ).one ( CSS2Selector | HTML Element ) ;
```

在上面的伪代码中，CSS2Selector 关键字表示 CSS2 的选择器字符串；HTML Element 关键字表示一个 HTML DOM 的 Element 节点对象。开发者可以从这两种之间选择任意一种，将其作为参数添加到 one()方法中。

相比原生的 HTML DOM 内置的方法，one()方法具有较大的优势。原生的 HTML DOM 仅提供了 getElementById()方法来实现 one()方法的类似功能，仅能针对 Web 元素的 id 属性进行筛选，而 one()方法则可以使用标记选择器、类选择器、ID 选择器以及分组选择和派生选择，适应性更好。另外 one()方法也较简洁，节省了代码行数和书写效率。

在此需要注意的是，one()方法在进行筛选后，仅能返回一个筛选的结果，其又分为三种情况：第一种情况，筛选失败，参数无效或无法找到符合筛选需求的节点对象，此时 one()方法将返回一个 null 值；第二种情况，筛选成功得到一个符合筛选需求的节点对象，此时 one()方法将直接将该节点对象转换为 YUI 框架的 Node 对象实例，并返回转换后的对象；第三种情况，如果在 Web 文档中具有多个符合筛选条件的对象（例如开发者采用了标记选择器、类选择器等方式来进行筛选），则 one()方法将把符合筛选要求的第一个 DOM 节点对象转换为 YUI 框架的 Node 对象实例，并返回转换后的对象。

one()方法的使用依赖于 YUI 框架的 Node Core 模块，因此在使用这一方法时，必须确保已经加载了该模块。

例如，在 Web 文档中存在一个 id 属性为"signin"，class 属性值为"submit-btn"的按钮，代码如下。

```
<button type="button" id="signin" class="submit-btn">登录</button>
```

如果开发者需要获取这一按钮，以提交整个表单，则可以通过 YUI 框架首先加载 node-core 模块或 node 包，然后再使用 one()方法，通过 css 选择该节点对象，代码如下。

```
YUI ( ).use ( 'node-core' , function ( Y ) {
    var objSignInBtn = Y.one ( '#signin' ) ;
});
```

Node 包本身包含了 Node Core、NodeList、Node Style 以及 Node Screen 等多个模块。在实际开发中，开发者应该根据实际的需求决定是加载整个 Node 包还是仅加载某一两个模块即可满足使用的需求，总而言之，加载的模块越少，则效率越高，速度也越快。

在以上的代码中，就仅加载了核心的 node-core 模块以提高效率。另外，由于以上代码中使用了 ID 选择器，因此 one()方法只会返回符合该 id 属性的标记。

如果 Web 文档存在两个 class 属性值为"submit-btn"的按钮，其中一个为注册，另一个为登录，代码如下。

```
<button type="button" id="signin" class="submit-btn">登录</button>
<button type="button" id="signup" class="submit-btn">注册</button>
```

在上面的代码中，两个按钮的 class 属性值相同，此时，开发者仍然可以通过 one()方法以 class 属性值为参数进行筛选，代码如下。

```
YUI ( ).use ( 'node-core' , function ( Y ) {
    var objSignInBtn = Y.one ( '.submit-btn' ) ;
});
```

由于符合 class 属性值为"submit-btn"的 DOM 节点有两个，因此 one 方法将只返回其中第一个元素。

同理，Web 文档中如果只有这两个按钮标记 BUTTON，则开发者也可以通过标记选择器来筛选，其返回的结果将和用类选择器返回的结果相同，都只返回第一个符合筛选要求的结果，代码如下。

```
YUI ( ).use ( 'node-core' , function ( Y ) {
```

```
var yNodeSignInBtn = Y.one ( 'button' ) ;
});
```

除了使用以上三种基本的选择器来进行筛选外，开发者也可以使用分组选择或派生选择的方式来进行筛选，其使用方式与以上三种大体类似，在此不再赘述。

2．获取 Node 实例集合

原生的 HTML DOM 提供了两个方法来获取一个 Web 元素的集合，即 getElementByTagName()方法和 getElementByName()方法，分别用于根据 Web 元素的标记名称或 name 属性来筛选，并返回一个基于 XML Node List 架构的对象集合。

但是这两种方法本身存在一定的问题。首先，XML Node List 架构的对象集合在 Web 浏览器中的支持并不好，缺乏很多必要的功能如遍历、精确索引等；其次，其不支持复杂的 CSS 选择器，仅支持标记名称或 name 属性，在现代 Web 标准下，name 属性属于半淘汰状态，仅在传统的表单提交中应用，具有很大的局限性。

因此，YUI 框架封装了一个全新的 Node List 类，并提供了 all()方法来获取该类的实例，其使用方法与 one()方法略有区别，代码如下。

```
YUI ( ).all ( CSS2Selector ) ;
```

在上面的伪代码中，CSS2Selector 关键字表示 CSS2 的选择器字符串，需要注意的是，all()方法本身并不支持使用 DOM 的 Element 实例作为参数，只支持 CSS2 的选择器。例如，在 Web 文档中存在一个无序列表标记 UL，该标记下存放了几个列表项目标记 LI，代码如下。

```
<ul id="os-list" class="summary">
    <li class="os-name" id="v6.0">Windows Vista</li>
    <li class="os-name" id="v6.1">Windows 7</li>
    <li class="os-name" id="v6.2">Windows 8</li>
    <li class="os-name" id="v6.3">Windows 8.1</li>
</ul>
```

使用 YUI 框架的 all()方法，开发者可以方便地通过各种方式来获取以上无序列表的子元素集合。all()方法同样需要依赖 YUI 框架的 Node Core 模块，因此在使用该方法时需要确保该模块已被加载。

在这里需要注意的是，由于 all()方法在任何情况下都会返回一个 NodeList 的集合，因此使用 ID 选择器来筛选集合明显没有任何意义。在此更推荐开发者使用标记选择器、类选择器、派生选择、分组选择或全局匹配等，如下所示。

- 使用标记选择器

在此使用标记选择器的优点在于其选择器较简洁，可以降低书写的字符数量；缺点在于，如果 Web 文档内含有其他的列表项目标记，则 YUI 框架的 all()方法将会把这些标记一并插入，其书写方式如下所示。

```
YUI ( ).use ( 'node-core' , function ( Y ) {
    var yNodeListOSName= Y.all ( 'li' ) ;
```

```
});
```

- 使用类选择器

在此开发者也可以使用类选择器，类选择器的缺点是需要开发者输入更多的字符，但是其优点也十分突出，其可以通过 HTML 标记的 class 属性对列表项目进行二次筛选，使用上更加灵活。其书写方式如下所示。

```
YUI ( ).use ( 'node-core' , function ( Y ) {
    var yNodeListOSName= Y.all ( '.os-name' ) ;
});
```

- 使用派生选择

派生选择的优点在于开发者既可以通过 id 属性筛选部分列表项目，灵活地选择筛选的覆盖范围。例如，选择列表中的后三个项目，其代码如下所示。

```
YUI ( ).use ( 'node-core' , function ( Y ) {
    var yNodeListOSName= Y.all ( '#v6.1 , #v6.2 , #v6.3' ) ;
});
```

同理，其也可以通过混合的方式将列表项目自身及其子元素一起筛选出来，合并到一个 YUI 框架的 Node List 实例中，代码如下。

```
YUI ( ).use ( 'node-core' , function ( Y ) {
    var yNodeListOSName= Y.all ( '#os-list , .os-name' ) ;
});
```

- 使用分组选择

分组选择具备强大的筛选功能，也是在实际开发中应用较多的方式，其可以将筛选的范围从整个 Web 文档强制限定到指定的父元素以内，如下所示。

```
YUI ( ).use ( 'node-core' , function ( Y ) {
    var yNodeListOSName= Y.all ( '#os-list li' ) ;
});
```

当然，开发者也可以在分组选择中使用 class 属性来对列表项目进行再次筛选，代码如下。

```
YUI ( ).use ( 'node-core' , function ( Y ) {
    var yNodeListOSName= Y.all ( '#os-list .os-name' ) ;
});
```

- 使用全局匹配

全局匹配功能通常和派生选择结合使用，以获取 Web 文档中某个父元素下的所有后代元素，如下所示。

```
YUI ( ).use ( 'node-core' , function ( Y ) {
    var yNodeListOSName= Y.all ( '#os-list *' ) ;
});
```

关于 CSS 2.1 的选择器使用有很多技巧，开发者可以多参考本书之前章节的相关内容，在此不再赘述。

8.1.2　增强筛选方式

YUI 框架的 one()方法和 all()方法除了支持 CSS 2.1 标准的选择器外，也可以支持 CSS 3.0 的选择器，为开发者使用 CSS 3.0 方式的选择器提供支持。需要注意的是，这种支持是在 YUI 框架内部进行封装实现的，因此，在一些不支持 CSS 3.0 的 Web 浏览器（例如老旧版本的 IE 6.0、IE.0 7 和 IE.0 8 等）中也仍然能够使用。

1. CSS 3.0 选择方法

CSS 2.1 的选择方法本身已经基本能够满足开发者的筛选需求，在 CSS 3.0 标准中，新增了追溯选择方法，允许开发者使用追溯的方式对标记进行筛选，其使用方法如下所示。

```
Selector1 ~ Selector2
```

在上面的伪代码中，Selector1 关键字表示位于某个父元素下的前位元素；Selectora2 关键字表示位于同一父元素下的后位元素，追溯选择方法的作用就是在同一个父元素下，当 Selector2 元素之前包含 Selector1 元素，即判断该筛选有效。

2. CSS 3.0 伪对象

在 CSS 2.1 中，支持 4 种常用的伪对象，即首子元素（:first-child）、前位元素（:before）、后位元素（:after）以及语言元素（:lang(language)）等。在 CSS 3.0 标准中，对伪对象这一功能进行了大量扩充，新增了 17 种伪对象，这些新增的伪对象极大地拓展了 CSS 选择的功能。在这 17 种伪对象中，有 16 种伪对象可以被应用到 YUI3 框架的筛选节点功能中，如表 8-2 所示。

表 8-2　可用于筛选的 CSS 3.0 伪对象

伪对象	示例	作用
:first-of-type	p:first-of-type	选择属于其父元素的首个 \<p> 元素的每个 \<p> 元素
:last-of-type	p:last-of-type	选择属于其父元素的最后 \<p> 元素的每个 \<p> 元素
:only-of-type	p:only-of-type	选择属于其父元素唯一的 \<p> 元素的每个 \<p> 元素
:only-child	p:only-child	选择属于其父元素的唯一子元素的每个 \<p> 元素
:nth-child(n)	p:nth-child(2)	选择属于其父元素的第二个子元素的每个 \<p> 元素
:nth-last-child(n)	p:nth-last-child(2)	同上，从最后一个子元素开始计数
:nth-of-type(n)	p:nth-of-type(2)	选择属于其父元素第二个 \<p> 元素的每个 \<p> 元素
:nth-last-of-type(n)	p:nth-last-of-type(2)	同上，但是从最后一个子元素开始计数
:last-child	p:last-child	选择属于其父元素最后一个子元素每个 \<p> 元素
:root	:root	选择文档的根元素
:empty	p:empty	选择没有子元素的每个 \<p> 元素（包括文本节点）
:target	#news:target	选择当前活动的 #news 元素
:enabled	input:enabled	选择每个启用的 \<input> 元素
:disabled	input:disabled	选择每个禁用的 \<input> 元素
:checked	input:checked	选择每个被选中的 \<input> 元素
:not(selector)	:not(p)	选择非 \<p> 元素的每个元素

使用 CSS 3.0 的伪对象，开发者可以方便地在 CSS 中就对 DOM 元素进行指定的筛选工作，简化 YUI 框架自身的压力，也可以有效地减少开发所需的代码行数。

3. CSS 3.0 属性选择

在 CSS 2.1 的标准中，提供了 4 种属性选择，依次为属性选择（[Attribute]）、属性值选择（[Attribute=Value]）、属性值单词检索（[Attribute~=Value]）以及属性值单词起始筛选（[Attribute|=Value]）。

其中，后两种选择方式并不能以简单的模式匹配，仅能匹配连接符"-"分隔的单词。例如，某个元素的 class 属性为"testelement"，如果用属性值单词检索"[class=element]"或"[class=test]"来进行匹配，是不能匹配成功的。当且仅当该元素的 class 属性为"test-element"时，属性值单词检索（[Attribute~=Value]）以及属性值单词起始筛选（[Attribute|=Value]）才能够使用。

CSS 2.1 的属性选择的局限性直接导致了其应用十分繁冗，开发者根本无法真正地对 DOM 节点的属性进行有效的快速筛选匹配。

CSS 3.0 的新标准中新增了 3 种属性选择，完全摒弃了 CSS 2.1 中基于连接符"-"的单词匹配，使得开发者在进行属性匹配时更加便捷，如表 8-3 所示。

表 8-3　CSS 3.0 属性选择

属性选择	伪代码	作用
属性值起始选择	[Attribute^=Value]	筛选包含 Attribute 属性且属性值以 Value 为起始的标记
属性值末尾选择	[Attribute$=Value]	筛选包含 Attribute 属性且属性值以 Value 为末尾的标记
属性值检索	[Attribute*=Value]	筛选包含 Attribute 属性且属性值包含 Value 的标记

相比 CSS 2.1 的属性选择，CSS 3.0 的属性选择在使用上更加简单和便捷，因此在此强烈推荐开发者对属性值进行匹配筛选时，使用 CSS 3.0 的属性选择。

4. 应用 CSS 3.0 选择器获取实例

在了解了 CSS 3.0 新增的选择方法、伪对象以及属性选择等选择方式后，开发者即可使用 YUI 框架提供的 one()方法和 all()方法来对 DOM 元素进行筛选。在此需要注意的是，原生的 YUI 框架本身并不会默认支持使用 CSS 3.0 的选择器，需要开发者在使用时额外加载一个名为 selector-css3 的模块。

例如，在 Web 文档中存在一个包含若干图书名称列表项目 LI 的无序列表 UL，代码如下。

```
<ul class="summary" id="book-list">
    <li id="excel" class="book-name">Excel 2010 办公应用从新手到高手</li>
    <li id="powerpoint" class="book-name">PowerPoint 2010 办公应用从新手到高
手</li>
    <li id="visio" class="book-name">Visio 2010 图形设计从新手到高手</li>
</ul>
```

使用 CSS3 的增强筛选方式，开发者可以更加自由地选择以上无序列表 UL 中的列表项目 LI，例如，筛选其中第一个列表元素，可以使用 CSS 3.0 中的:first-of-type 伪对象，代码如下。

```
YUI ( ).use ( 'node-core' , 'selector-css3' , function ( Y ) {
    var yNodeExcel = Y.one ( '#book-list li:first-of-type' ) ;
});
```

如需筛选其中第二个列表项目，则可以使用 CSS3 中的:nth-child(n)伪对象，设置 n 的值为 2，代码如下。

```
YUI ( ).use ( 'node-core' , 'selector-css3' , function ( Y ) {
    var yNodeExcel = Y.one ( '#book-list li:nth-child(2)' ) ;
});
```

如需筛选其中第二个和第三个列表项目的集合，则可以使用 CSS 3.0 中的属性检索选择，将字符 "o" 作为 id 属性值检索的条件，代码如下。

```
YUI ( ).use ( 'node-core' , 'selector-css3' , function ( Y ) {
    var yNodeExcel = Y.all ( '#book-list li[id*="o"]' ) ;
});
```

8.1.3　高级筛选

在之前的小节中已经介绍了使用 YUI 框架的 one()方法和 all()方法，通过 CSS 2.1 和 CSS 3.0 的选择器来筛选 DOM 元素。然而，通过 CSS 的选择器来筛选元素其往往具有一些局限性，需要开发者对整个 Web 文档的结构和每个 Web 元素的标记名称、class 属性、id 属性及其他属性具有相当程度的了解。同时，CSS 的各种复杂的属性选择和选择方法本身也谈不上使用友好。

YUI 框架参照了 HTML DOM 以及 XML DOM 的 Node 对象，编写了一系列的增强方法，帮助开发者通过简化的 Node 类方法来筛选 DOM 元素的相关节点。

1. 筛选相邻节点

相邻节点是指与 DOM 节点位于同一父元素下，且位于该节点之前和之后紧邻的节点。例如，在下面的代码中，定义了一个无序列表 UL，并为其添加了几个列表项目 LI，代码如下。

```
<ul id="web-image-formats" class="summary">
    <li id="gif" class="web-image">Graphics Interchange Format</li>
    <li id="jpeg" class="web-image">Joint Photographic Experts Group</li>
    <li id="png" class="web-image">Portable Network Graphic Format</li>
    <li id="bmp" class="web-image">Bitmap</li>
</ul>
```

在上面的代码中，四个列表项目标记 LI 处于同一父元素下，其中第一个列表项目标记

LI 与第二个列表项目标记 LI 属于相邻关系，第二个列表项目标记 LI 与第一个列表项目标记 LI、第三个列表项目标记 LI 属于相邻关系，依此类推。

YUI 框架的 Node 类提供了 next()方法和 previous()方法，用于对某个节点的相邻关系进行筛选。其中，next()方法的作用是获取当前节点实例之后相邻的节点，其使用方法如下所示。

```
CurrentNode.next ( Selector ) ;
```

在上面的伪代码中，CurrentNode 关键字表示当前已获取的 YUI Node 对象实例；Selector 关键字表示可能需要的 CSS 选择器。在使用 next()方法时，如果当前节点之后存在相邻的节点，则 next()方法将返回该 DOM 节点的 YUI Node 实例，否则 next()方法将返回一个 null。

Selector 关键字参数的意义在于，其在 next()方法获取之后相邻节点的 YUI Node 实例后再进行一次判断，定义仅当该相邻节点符合该 CSS 选择器的需求时才会返回该节点，否则仍然返回一个 null。

例如，处理上一段 XHTML 代码中的节点，获取 id 属性值为 jpeg 的节点之后相邻的节点，即可使用 next()方法直接进行获取，如下所示。

```
YUI ( ).use ( 'node' , function ( Y ) {
   var yNodeJPEG = Y.one ( '#jpeg' ) ;
   var yNodeJPEGNext = yNodeJPEG.next ( ) ;
   if ( Y.Lang.isNull ( yNodeJPEGNext ) ) {
      console.log ( 'Error , can not find the next node !' ) ;
   } else {
      console.log ( yNodeJPEGNext.getHTML ( ) ) ;
   }
} ) ;//输出 Portable Network Graphic Format
```

如果开发者定义了 next()方法的参数，例如设置其参数为"#png"，由于该节点之后相邻节点可以与该 CSS 选择器匹配，其输出的结果将完全相同。而如果开发者设置其参数为"#gif"，由于其最终匹配会失败，则输出的将为错误提示信息"'Error , can not find the next node !'，代码如下。

```
YUI ( ).use ( 'node' , function ( Y ) {
   var yNodeJPEG = Y.one ( '#gif' ) ;
   var yNodeJPEGNext = yNodeJPEG.next ( ) ;
   if ( Y.Lang.isNull ( yNodeJPEGNext ) ) {
      console.log ( 'Error , can not find the next node !' ) ;
   } else {
      console.log ( yNodeJPEGNext.getHTML ( ) ) ;
   }
} ) ;//输出 Error , can not find the next node !
```

previous()方法的作用是获取当前节点实例之前相邻的节点，其使用方法与 next()方法大体相似，作用则完全相反，在此不再赘述。

2. 筛选同级节点

同级节点是指与当前节点位于同一父元素下的同一个结构级别的所有其他节点。YUI
框架为 NodeList 类提供了 siblings()方法，帮助开发者获取当前 YUI Node 节点的所有同级
节点，其使用方法如下所示。

```
CurrentNode.siblings ( Selector ) ;
```

在上面的伪代码中，CurrentNode 关键字表示当前节点的 YUI Node 类实例；Selector
关键字表示筛选同级节点的 CSS 选择器。在此需要注意的是，siblings()方法在筛选同级节
点后，其返回的 YUI NodeList 集合是不包含当前节点的。以下面的无序列表为例，其包含
了三个列表项目，如下所示。

```
<ul id="markup-languages" class="summary">
    <li id="html" class="markup-language">HyperText Markup Language</li>
    <li id="xml" class="markup-language">eXtenceble Markup Language</li>
    <li  id="xhtml"  class="markup-language">eXtenceble  HyperText  Markup
Language</li>
</ul>
```

如果选择了 id 属性值为 xml 的列表项目作为当前节点，则在 YUI 框架中，其同级节
点将包含 id 属性值为 html 和 xhtml 的两个节点集合，并非如原生 HTML DOM 中的所有 id
属性为 "markup-language" 的无序列表的子节点。这点也是 YUI 框架和原生 HTML DOM
最大的区别。

siblings()方法与 next()方法、previous()方法的最大区别在于，next()方法和 previous()
方法如果匹配失败，将返回一个 null，而 siblings()方法如果匹配失败，则将返回一个空的
YUI NodeList 集合。

与 next()方法、previous()方法类似，siblings()方法的 CSS 选择器参数作用也是对筛选
出来的节点进行二次匹配，定义 siblings()方法返回仅符合指定 CSS 选择器的同级节点。

例如，获取之前示例中 id 属性值为 "xml" 的节点的同级节点（除去其自身以外）集
合，其代码如下所示。

```
YUI ( ).use ( 'node' , function ( Y ) {
    var yNodeXML = Y.one ( '#xml' ) ;
    var yNodeXMLSiblings = yNodeXML.siblings ( ) ;
    console.log ( yNodeListJPEGSiblings.size() ) ; //输出 2
} ) ;
```

3. 筛选父节点和祖辈节点

YUI 框架提供了 ancestor()方法和 ancestors()方法，分别用于筛选某个 YUI Node 节点
的父节点以及所有祖辈节点的集合。

- 筛选父节点

YUI Node 对象的 ancestor()方法用于筛选某个 YUI Node 节点的父节点，其使用方法与 next()方法、previous()方法类似，都可以通过 CSS 的选择器来对父节点进行二次判断，如下所示。

```
CurrentNode.ancestor ( Selector ) ;
```

在上面的伪代码中，CurrentNode 关键字表示当前的 YUI Node 节点；Selector 关键字表示二次匹配的 CSS 选择器。例如，在 Web 文档中存在以下结构，其包含一个段落，同时段落中还包含超链接，如下所示。

```
<html>
    <head><!-- …… --></head>
    <body>
        <p  id="paraph"><a  href="http://www.baidu.com"  title=" 百 度 "
id="baidu">百度</a>一下，你就知道。</p>
    </body>
</html>
```

如果将上面代码中的超链接视为当前节点，则可以通过 ancestor()方法来获取其父节点，即 id 属性值为 paraph 的段落，代码如下。

```
YUI ( ).use ( 'node' , function ( Y ) {
    var yNodeBaidu = Y.one ( '#baidu' );
    var yNodeParaph = yNodeBaidu.ancestor ( );
    console.log ( yNodeParaph.getHTML ( ) ); //输出 <a title="百度" id="baidu"
href="http://www.baidu.com">百度</a> 一下，你就知道。
} );
```

同理，如果将该段代码中的文本段落视为当前节点，则获取的父节点将为文档主体标记 BODY。

通常情况下，除了根元素标记 HTML 以外，所有的文档节点都必然存在一个有效的父节点。因此一般情况下 ancestor()方法都会返回一个 Node 类节点实例。除非开发者为 ancestor()方法设置了 CSS 选择器，此时，如果该 CSS 选择器与当前节点的父节点不匹配时，ancestor()方法将返回一个 null。

- 筛选所有祖辈节点集合

YUI 框架的 Node 类还提供了 ancestors()方法，用于获取某个 Node 类实例节点的所有祖辈节点集合，其使用方式与 ancestor()方法大体类似，唯一区别在于 ancestors()方法将返回一个 NodeList 对象，该对象包含所有符合其 CSS 选择器参数的祖辈节点，直至根元素标记 HTML。

8.2　处理 DOM 节点

YUI 框架除了支持筛选和获取 Web 文档中已存在的 DOM 节点外，还允许开发者调用

Node 类的各种属性和方法，对 DOM 节点进行创建、编辑、移除等操作，通过简化和二次
封装的 YUI 框架提高开发的效率。

8.2.1　创建 DOM 节点

原生的 HTML DOM 本身并不支持通过 DOM Document 对象显式地创建一个 DOM 节
点，仅支持通过 getElementById()等方法获取 Web 文档中已有的节点来进行操作。万幸绝
大多数 Web 浏览器的 DOM 解析程序都内建了 XML DOM 的支持，因此在实际开发中，开
发者如果需要创建一个 DOM 节点，通常会调用 XML DOM 中 Document 对象的
createElement()方法，通过 XML DOM 来解决问题。

YUI 框架对 HTML DOM 进行了有效的二次封装，相比原生 HTML DOM，YUI 框架
的 Node 类功能更加完善，其提供了 create()方法，帮助开发者以更便捷的方式创建 DOM
节点。

create()方法的作用就是通过指定的 HTML 代码字符串，创建一个 YUI Node 节点实例，
其使用方法如下所示。

```
Y.Node.create ( HTMLString ) ;
```

在上面的伪代码中，HTMLString 关键字表示一个由 XHTML 或 HTML 源代码构成的
字符串对象。例如，在下面的代码中，就将编写一段 XHTML 语言的源代码，然后将其创
建为一个 YUI Node 实例，代码如下。

```
YUI ( ).use ( 'node' , function ( Y ) {
    var strHTML = '<a href="http://www.tup.com.cn" title="清华大学出版社">' ;
    strHTML += '清华大学出版社' ;
    strHTML += '</a>' ;
    var yNodeTUPLink = Y.Node.create ( strHTML ) ;
    console.log ( yNodeTUPLink.getHTML ( ) ) ;
} ) ; //输出 清华大学出版社
```

需要注意的是，create()方法虽然可以直接返回一个 YUI Node 类的节点实例，但是该
实例本身仅仅会被放置到内存中，并不会直接被显示到 Web 文档中。开发者必须将其赋予
一个具体的对象中，然后才能通过其他一些方法将其插入到 Web 文档中，才能真正让该节
点显示出来。

8.2.2　编辑 DOM 节点

YUI 框架的 Node 类提供了大量的方法，帮助开发者对 DOM 节点进行编辑操作，例
如获取和写入 DOM 节点内联文本、子元素、class 属性、一般属性等。

1. 获取 DOM 节点 ID

id 属性是 HTML 或 XHTML 标记中最重要的属性，其值在整个 Web 文档中是唯一的，

不可重复。id 属性也是标识某个 HTML 或 XHTML 标记的重要识别方式。

YUI 框架提供了一个专有的实例方法 generateID()，帮助开发者快速获取某个 DOM 节点的 id 属性。需要注意的是，该方法是一个只读方法，仅能读取不能写入。对于包含 id 属性的 DOM 节点，该方法可以直接返回该 DOM 节点的 id 属性值，而对于没有显式定义 id 属性的 DOM 节点，则 generateID()方法将输出 Web 浏览器内部强制为 DOM 节点定义的随机 id 属性值。

例如，在下面的代码中创建了一个 id 属性为 header 的文档节标记 DIV，和一个没有显式定义 id 属性的文档节标记 DIV，如下所示。

```
<div id="header"></div>
<div></div>
```

通过 YUI 框架提供的基本筛选方式和高级筛选，开发者可以方便地获取者两个标记的 YUI Node 实例，并通过 generateID()方法来获取这两个实例的 id 属性值，代码如下所示。

```
YUI ( ).use ( 'node' , function ( Y ) {
    var yNodeDiv1 = Y.one ( '#header' );
    var yNodeDiv2 = yNodeDiv1.next ( );
    console.log ( yNodeDiv1.generateID( ) ) ; //输出  header
    console.log ( yNodeDiv2.generateID( ) ) ; //输出  随机值 "ms__id127"
} );
```

需要注意的是，第二个文档节标记 DIV 的 id 属性值是一个随机值，在不同的 Web 浏览器下其格式不尽相同，且之后的数值也会随每次页面刷新随机变化。

2. 获取和写入内容

除了一些特殊的非闭合结构 HTML 标记外，绝大多数 HTML 标记都可以存储内容，包括纯文本内容或其他的 HTML 标记（这些标记将被作为该标记的子节点）。

原生的 HTML DOM 通过 innerHTML 属性来获取和写入 DOM 节点的内容。但是这一方式在一些特殊的 Web 浏览器下往往具有一定的局限性，当用户为一个标记写入不符合规范的内容（例如直接向表格标记 TABLE 写入文本内容等），有些 Web 浏览器会报错并使得写入失败。

YUI 框架对 innerHTML 进行了封装，提供了 getHTML()实例方法和 setHTML()实例方法，通过浏览器功能判断来决定如何对 DOM 节点的内容进行读写操作。

- getHTML()实例方法

getHTML()实例方法的作用是获取 YUI Node 节点的内容，将其作为一个字符串返回。在下面的代码中，就将创建一个 YUI Node 节点，并直接获取节点的内容，代码如下。

```
YUI ( ).use ( 'node' , function ( Y ) {
    var strHTML = '<a href="http://www.tup.com.cn" title="清华大学出版社">';
    strHTML += '清华大学出版社';
    strHTML += '</a>';
    var yNodeTUPLink = Y.Node.create ( strHTML );
```

```
      console.log ( yNodeTUPLink.getHTML ( ) );
} );
```

在上面的代码中，首先通过 Node 类的 create()方法创建了一个名为 yNodeTUPLink 的 Node 节点实例，然后通过 getHTML()实例方法输出了该节点实例的内容。

- setHTML()实例方法

setHTML()实例方法的作用是将指定的内容输入到 YUI Node 节点实例中，其使用方式如下所示。

```
CurrentNode.setHTML ( Content ) ;
```

在上面的伪代码中，CurrentNode 关键字表示要被写入的 Node 类实例；Content 关键字表示要写入的内容。在此需要注意的是，setHTML()实例方法本身支持多种类型的参数，Content 关键字既可以是普通的字符串类型 HTML 源代码、文本内容，也可以是一个 YUI NodeList 类节点结合，还可以是普通的 HTML DOM 节点对象或 HTML Collection 节点对象集合。

setHTML()实例方法将无视 Node 类节点实例当前的内容，直接将其参数内的新内容替换掉这些内容。如果 setHTML()的参数为一个空字符串，则 setHTML()实例方法将直接把节点内容清空。

在下面的代码中，将创建一个空的定义列表 DL，并设置其 id 属性和 class 属性以便 YUI 框架筛选到该节点。

```
<dl id="markup-language" class="definition-list">
</dl>
```

开发者可以手动创建一个包含 HTML 代码的字符串，将该字符串作为 setHTML()实例方法的参数执行，然后，该字符串就将被作为内容插入到定义列表 DL 中，如下所示。

```
YUI ( ).use ( 'node' , function ( Y ) {
    var strNodeXHTML = '';
    strNodeXHTML += '<dt id="xhtml-title" class="definition-list-title">
XHTML</dt>';
    strNodeXHTML += '<dd id="xhtml-detail" class="definition-list-detail">
eXtenceble HyperText MarkupLanguage</dd>';
    var yNodeDefinitionList = Y.one ( '#markup-language' );
    yNodeDefinitionList.setHTML ( strNodeXHTML ) ;
} );
```

当然，开发者也可以将该字符串创建为 YUI 框架的 Node 节点实例，然后将该实例插入到定义列表 DL 中，其结果与以上代码完全相同，在此将不再赘述。

3．操作 class 属性

class 属性也是 HTML 和 XHTML 标记的重要属性，是 Javascript 筛选和识别节点的重要标识。由于在 HTML 和 XHTML 语法中，class 属性的属性值在整个 Web 文档中允许重复使用，因此 YUI 框架封装了几种方法，来对 class 属性的值进行操作，帮助开发者快速将编写好的针对 class 属性的 CSS 样式表应用或取消应用到节点中。

- 添加 class 属性值

YUI 框架为 Node 类提供了 addClass()方法，帮助开发者将 class 属性值添加到 YUI Node 节点，将 class 属性值关联的 CSS 样式应用到该 YUI Node 节点上，其使用方式如下所示。

```
CurrentNode.addClass ( ClassName ) ;
```

在上面的伪代码中，CurrentNode 关键字表示当前需要操作的 Node 节点；ClassName 关键字表示要添加的 class 属性值。

例如，在 CSS 样式表中存在一个名为 ".font-color-red" 的类选择器，其定义了文本的颜色为红色，代码如下。

```
.font-color-red {
    color : red ;
}
```

在 XHTML 代码中，存在一个 id 属性为 "test-paraph" 的段落标记 P，其中存储了一段文本内容，在默认状态下，这些文本内容将依照 Web 文档默认的文本颜色显示，代码如下。

```
<p id="test-paraph">Test Text。</p>
```

使用 Node 类的 addClass()实例方法，开发者可以方便地将 "font-color-red" 作为 class 属性的值添加到 Node 节点实例中，代码如下。

```
YUI ( ).use ( 'node' , function ( Y ) {
    var yNodeTestParaph = Y.one( '#test-paraph' ) ;
    yNodeTestParaph.addClass ( 'font-color-red' ) ;
} );
```

在执行了以上代码之后，YUI 框架会自动将字符串 "font-color-red" 作为 class 属性的值添加到文本段落中。

需要注意的是，addClass()实例方法并不会修改 Node 节点实例原有的 CSS 属性值，如果该 Node 节点实例本身已经包含了 class 属性并定义了值，则 addClass()方法将会自动将新的属性值追加到 class 属性中。

例如，在以上 Web 文档中新增一段 CSS 样式表，设置其 CSS 属性为设置文本字体尺寸为 12px，代码如下。

```
.font-size-12px {
    font-size : 12px ;
}
```

然后，开发者只需要在 Javascript 中第一个 addClass()方法下添加一行新的代码，即可将这一 CSS 样式应用到 Node 节点实例中，如下所示。

```
yNodeTestParaph.addClass ( 'font-size-12px' );
```

新增的这一 class 属性值并不会替换原有的 class 属性值，因此之前的文本段落除了前景色显示为红色以外，字体尺寸也会被显示为 12px。

- 替换 class 属性值

在之前的内容中已经介绍过，Node 类的 addClass()方法并不会替换 Node 对象实例原有的 class 属性值，如果开发者真正需要替换 Node 节点的 class 属性值，则需要使用 Node 类的 replaceClass 方法，该方法可以完全地将旧的某一段 class 属性值更改为新的属性值，其使用方法如下。

```
CurrentNode.replaceClass ( OldClassName , NewClassName ) ;
```

在上面的伪代码中，CurrentNode 关键字表示当前要操作的 Node 节点实例；OldClassName 关键字表示要替换的旧 class 属性值；newClassName 关键字表示新的 class 属性值。

例如，在 CSS 中编写一段全新的将文本前景色设置为绿色的 CSS 样式表，设置其选择器为 ".font-color-green"，代码如下。

```
.font-color-green {
    color : green ;
}
```

然后，开发者即可通过 replaceClass()实例方法，将这一段样式应用到原文本段落中，替换原有的红色前景色样式，代码如下。

```
yNodeTestParaph.replaceClass ( 'font-color-red' , 'font-color-green' ) ;
```

执行以上代码后，原红色前景色的 class 属性将被删除，最终文本段落的前景色将被显示为绿色。

- 移除 class 属性值

除了对 class 属性进行新增和替换外，YUI 框架的 Node 类也提供了移除某一条 class 属性值的方法，其需要使用到 Node 类的 removeClass()实例方法，其使用方式如下。

```
CurrentNode.removeClass ( ClassName ) ;
```

在上面的伪代码中，CurrentNode 关键字表示当前要操作的 Node 节点实例；Classname 关键字表示要移除的某一条 class 属性值。

例如，移除之前示例中替换的 "font-color-green" class 属性值，即可直接通过 removeClass()方法来进行，代码如下所示。

```
yNodeTestParaph.removeClass ( 'font-color-green' ) ;
```

4．操作一般属性

在之前内容中已经介绍过了使用 YUI 框架来操作 Node 节点实例的 id 属性和 class 属性。除了这两种属性外，YUI 框架还支持处理 Node 节点实例在 Web 文档中的其他多种属性，例如图像标记 IMG 的 src 属性、超链接标记 A 的 href 属性等。YUI 提供了三种 Node 类的实例方法，用于对一般属性进行读取、修改和移除操作。

- 获取一般属性值

YUI 框架的 Node 类提供了 getAttribute()方法，用于获取某个 Node 节点实例的某个属性的值，其使用方式如下所示。

```
CurrentNode.getAttribute ( AttributeName ) ;
```

在上面的伪代码中，CurrentNode 关键字表示要处理的 Node 节点实例；AttributeName 关键字表示要获取的属性名称。YUI Node 类的 getAttribute()方法与 HTML DOM 提供的 getAttribute()同名方法具有一定的区别。如果使用 HTML DOM 提供的同名方法来获取某一个 DOM 节点并不存在的属性，则该方法将返回一个 null；而如果使用 YUI Node 类的 getAttribute()方法来进行相同的操作，则其将返回一个空字符串。相比之下，YUI Node 类的 getAttribute()方法更符合 W3C 的规范。

例如，在 Web 文档中存在一个超链接，其指向百度搜索引擎的 URL，并显示"百度"的名称，代码如下所示。

```
<a href="http://www.baidu.com" title="百度" id="TestLink">百度</a>
```

使用 YUI 框架的 getAttribute()实例方法，开发者可以方便地获取到该超链接节点的 href 属性、title 属性等，代码如下。

```
YUI ().use ( 'node' , function ( Y ) {
    var yNodeHyperLink = Y.one ( '#TestLink' );
    //输出 http://www.baidu.com
    console.log ( yNodeHyperLink.getAttribute ( 'href' ) );
    console.log ( yNodeHyperLink.getAttribute ( 'title' ) ); //输出 百度
} );
```

除了使用 getAttribute()实例方法外，开发者也可以使用 YUI 框架为 Node 节点实例定义的 get()方法来获取节点的 HTML 属性。相比 getAttribute()实例方法，get()实例方法的功能更强，其除了可以获取普通的 HTML 属性外，还可以获取更多 YUI 自定义的属性，其使用方式与 getAttribute()实例方法大体类似。

get()实例方法可以通过 YUI 自定义的 children 属性获取 Node 节点实例的子节点集合，也可以通过 text 属性获取节点内的文本内容（不包含子节点）等。例如，在 Web 文档中存在一个文本段落，其中包含两个按钮标记，如下所示。

```
<p id="form-button">
    <button  type="submit"  id="submit-button"  class="form-button"> 提 交
</button>
    <button  type="reset"  id="reset-button"  class="form-button"> 重 置
</button>
</p>
```

在下面的代码中，就将通过 get()方法获取该文本段落中第二个按钮的名称，如下所示。

```
YUI ().use ( 'node' , function ( Y ) {
    var yNodeParaph = Y.one ( '#form-button' );
    var yNodeListButtons = yNodeParaph.get ( 'children' );
    //输出 重置
    console.log ( yNodeListButtons.item ( 1 ).getHTML () );
} );
```

当然，开发者也可以通过 get()方法来获取节点的内容，但是使用 get()方法获取的内容中将不会包含子节点，因此这一方法在返回值上与 getHTML()方法有所区别，在此不再赘述。

- 写入一般属性值

如果开发者需要对 Node 节点实例的一般属性进行写入操作，则可以使用 YUI Node 类提供的 setAttribute()实例方法，该方法可以针对性地写入某一种属性，其使用方法如下。

```
CurrentNode.setAttribute ( Attribute , Value ) ;
```

在上面的伪代码中，CurrentNode 关键字表示需要操作的 Node 节点实例；Attribute 关键字表示要写入的属性；Value 关键字则表示要写入的属性值。例如，对之前百度搜索的超链接进行修改，使用 setAttribute()实例方法修改其 href 属性和 title 属性，并通过 setHTML()方法修改其内容，将其修改为必应搜索的超链接，代码如下。

```
YUI ().use ( 'node' , function ( Y ) {
    var yNodeHyperLink = Y.one ( '#TestLink' );
    yNodeHyperLink.setAttribute ( 'href' ,
            'http://cn.bing.com' );
    yNodeHyperLink.setAttribute ( 'title' ,
            '必应搜索' );
    yNodeHyperLink.setHTML ( '必应搜索' );
} );
```

setAttribute()实例方法本身内置了对 id 属性、class 属性的修改功能，但是在此建议开发者如非必须，请勿对这两个属性进行修改，以避免在之后通过 CSS 选择器筛选该节点时发生错误。

除了 setAttribute()实例方法外，开发者还可以使用 YUI 框架为 YUI Node 节点实例和 YUI NodeList 节点集合的 set()方法来定义节点的属性，其与 setAttribute()实例方法的关系和 get()方法与 getAttribute()方法之间的关系类似，都可以操作 YUI Node 节点实例和 YUI NodeList 节点集合的额外属性。

需要注意的是，YUI Node 节点实例和 YUI NodeList 节点集合的 children 实例属性本身是一个只读属性，因此不能使用 set()方法对其进行设置。

- 移除一般属性

YUI 框架的 Node 类提供了 removeAttribute()实例方法，帮助开发者将某个属性从指定 Node 节点实例上移除，其使用方法与 getAttribute()实例方法类似，如下所示。

```
CurrentNode.removeAttribute ( Attribute ) ;
```

在上面的伪代码中，CurrentNode 关键字表示要处理的 Node 节点实例；AttributeName 关键字表示要获取的属性名称。关于移除一般属性，其语句使用与获取一般属性值的 getAttribute()方法类似，在此不再赘述。

8.2.3　插入 DOM 节点

YUI 框架不仅支持对节点本身进行编辑操作，也允许开发者通过各种 Node 类的实例方法来对节点进行插入操作，这些方法极大地增强了 YUI 框架的 DOM 操作能力，也为开发者提供了更多便捷的工具。

1．向节点内追加元素

追加是前端开发中节点操作的一个术语，指向某一个集合内部的末尾添加新的内容。YUI框架为Node类提供了append()方法，帮助开发者为指定的节点实例内部追加新的内容，其使用方法如下所示。

```
ParentNode.append ( Content ) ;
```

在上面的伪代码中，ParentNode 关键字表示要添加内容的 Node 节点实例；Content 关键字表示要在 ParentNode 实例末尾追加的内容，其可以是三种类型的内容，包括 HTML 源代码的字符串、另一个 Node 实例和 HTML DOM 节点。

例如，在 Web 文档中存在一个定义列表，其内容包括各种标记语言的名称及解释，代码如下。

```
<dl id="markup-language" class="definition-list">
    <dt id="xml-title" class="definition-list-title">XML</dt>
    <dd id="xml-detail" class="definition-list-detail">eXtenceble Markup
Language</dd>
    <dt id="html-title" class="definition-list-title">HTML</dt>
    <dd id="html-detail" class="definition-list-detail">HyperText Markup
Language</dd>
</dl>
```

开发者可以自行编写一个字符串，使该字符串包含一个新的词条和解释，将其作为内容，插入到该定义列表中，代码如下。

```
YUI ().use ( 'node' , function ( Y ) {
    var strNodeXHTML = '';
    strNodeXHTML += '<dt id="xhtml-title" class="definition-list-title">
XHTML</dt>';
    strNodeXHTML += '<dd id="xhtml-detail" class="definition-list-detail">
eXtenceble HyperText MarkupLanguage</dd>';
    var yNodeDefinitionList = Y.one ( '#markup-language' );
    yNodeDefinitionList.append ( strNodeXHTML );
} );
```

同理，开发者也可以将以上代码中的 strNodeXHTML 字符串以 Node 类的 create()方法转换为 Node 节点实例，然后再将其追加到定义列表中，其方法在之前小节中已介绍过，在此不再赘述。

2．向节点内前置元素

前置也是前端开发中节点操作的一个术语，指向某一个集合内部的最前面添加新的内容，其意义与追加正好完全相反。YUI 框架为 Node 类提供了 prepend()实例方法，用于向指定的节点前置内容，其使用方法与 append()方法类似，如下所示。

```
ParentNode.prepend ( Content ) ;
```

在上面的伪代码中，ParentNode 关键字表示要添加内容的 Node 节点实例；Content 关键字表示要在 ParentNode 实例内的起始元素之前追加的内容，其也可以是三种类型的内容，包括 HTML 源代码的字符串、另一个 Node 实例和 HTML DOM 节点。

例如，对之前的定义列表进行操作，将自行编写的内容前置到定义列表中，代码如下。

```
YUI ().use ( 'node' , function ( Y ) {
    var strNodeXHTML = '';
    strNodeXHTML += '<dt id="xhtml-title" class="definition-list-title">
XHTML</dt>';
    strNodeXHTML += '<dd id="xhtml-detail" class="definition-list-detail">
eXtenceble HyperText MarkupLanguage</dd>';
    var yNodeDefinitionList = Y.one ( '#markup-language' );
    yNodeDefinitionList.prepend ( strNodeXHTML );
} );
```

3．向节点内任意位置插入元素（insert）

如果开发者需要向节点内任意位置插入元素，则可以使用 YUI 框架为 Node 类提供的 insert()实例方法，将内容插入到指定节点内部的某一个指定位置中，其使用方式如下所示。

```
ParentNode.insert ( Content , Position ) ;
```

在上面的伪代码中，ParentNode 关键字表示要插入的指定父节点；Content 关键字表示要插入到父节点的内容，Position 关键字表示插入内容的位置。其中，Content 关键字与 append()和 prepend()方法类似，插入的内容可以是 HTML 源代码的字符串、另一个 Node 实例和 HTML DOM 节点；Position 关键字表示的插入位置可以是 ParentNode 节点的内部子元素的 Node 实例和 HTML DOM 实例和该子元素在整个 ParentNode 节点内部的索引号等。

如果开发者不设置 Position 参数，则 YUI 框架将会默认将 Content 内容插入到 ParentNode 节点内部的末尾，以类似 append()的方式处理。

需要注意的是，如果开发者以索引号的方式定义 Position 参数，则该索引号以 0 开始计数，计数时会连父节点内的空白节点也计算入内。

例如，在 Web 文档中存在一个无序列表 UL，其中包含三个空白子节点和两个列表项目子节点 LI，如下所示。

```
<ul id="scripts" class="summary">
    <li id="vbscript" class="script">VBScript</li>
    <li id="actionscript" class="script">ActionScript</li>
</ul>
```

如果开发者希望自定义一个列表项目子节点 LI，并将其插入到两个列表项目子节点 LI 之间，可以设置 Position 关键字的数值为 2 或者 3，如下所示。

```
YUI ().use ( 'node' , function ( Y ) {
    var strJSHTML = '<li id="javascript" class="script">';
    strJSHTML += 'Javascript';
    strJSHTML += '</li>';
    var yNodeJS = Y.Node.create ( strJSHTML );
    var yNodeScripts = Y.one ( '#scripts' );
    yNodeScripts.insert ( yNodeJS ,
            2 );
} );
```

8.2.4　清空或删除节点

YUI 框架提供了两种方法，用于对 Node 节点实例进行删除或清空操作，替代原生 HTML DOM 中的对应方法。

1. 清空节点

清空节点的作用是将某个节点内所有的内容（包括所有后代节点、文本内容等）调用 YUI 框架的全部销毁机制清除掉，其需要使用 YUI 框架 Node 类的 empty()实例方法，其使用方式如下所示。

```
CurrentNode.empty ( ) ;
```

在上面的伪代码中，CurrentNode 关键字表示要清空的 Node 节点实例。empty()实例方法的使用十分简单，在此不再赘述。

2. 删除节点

如果需要将一个节点实例彻底删除，可以使用 YUI 框架的 Node 类提供的 remove()方法，该方法由原生的 HTML DOM 中的 Node 对象下 removeChild()方法衍生而来，其使用方法如下所示。

```
CurrentNode.remove ( Destory ) ;
```

在上面的伪代码中，CurrentNode 关键字表示要删除的节点实例；Destory 关键字是一个逻辑性数据，用于定义在删除节点实例时是否调用 destroy()全局方法。如其为逻辑真，则将把 Node 节点实例和 Web 文档中对应的 HTML 标记一并删除，如其为逻辑假，则仅删除 Web 文档中的 HTML 标记，仍然保留内存中的 Node 节点实例。如果 Destory 参数被忽略，则 YUI 框架默认其为逻辑假。

例如，Web 文档中存在一个文本段落，该文本段落的 id 属性为 "hello-world"，如下所示。

```
<p id="hello-world">Hello , World !</p>
```

如果直接调用 remove()实例方法，或者设置 remove()实例方法的参数为逻辑假，则在执行该方法后，开发者仍然可以通过 getHTML()实例方法获取该文本段落的内容，如下所示。

```
YUI ( ).use ( 'node' , function ( Y ) {
    var yNodeHelloWorld = Y.one ( '#hello-world' ) ;
    yNodeHelloWorld.remove ( false ) ;
    console.log ( yNodeHelloWorld.getHTML ( ) ) ; //输出 Hello , World !
} );
```

如果开发者设置 remove()实例方法的参数为逻辑真,则 Web 浏览器将提示找不到对象,报告异常。具体的实现方式请开发者自行测试，在此不再赘述。

8.3　处理 DOM 节点集合

HTML DOM 本身包含有原生的 NodeList 对象，其由 XML DOM 衍生而来，提供了一些简单的属性和方法帮助开发者处理若干 DOM Element 对象或 Node 对象的实例的集合。但是这一原生的集合本身功能较少，其提供的 API 接口也远远称不上完善。

基于此理由，YUI 框架定义了一个全新的 NodeList 类，并为该类提供了大量的方法，帮助开发者以类似操作数组的方式快速操作整个集合中的所有 Node 实例。NodeList 类与 Node 类相同。都需要依赖 Node 模块。因此在使用该类时，同样需要先加载 Node 模块。

8.3.1　批量操作集合中的节点

YUI 框架的 NodeList 类本身从其 Node 类中继承了许多有效的方法，绝大多数 Node 类中的节点操作方法在 NodeList 类中都可以使用，但是其往往与 Node 类下的同名方法效果稍有不同。常用的继承方法主要包括以下几种，如表 8-4 所示。

表 8-4　NodeList 类从 Node 类中继承的常用方法

方法	作用
addClass()	为 NodeList 集合中每一个节点实例添加 class 属性值
append()	为 NodeList 集合中每一个节点实例内部追加新节点
empty()	将 NodeList 集合中每一个节点的内容清空（包含子节点）
insert()	为 NodeList 集合中每一个节点实例内部插入新节点，并定义插入位置

续表

方法	作用
prepend()	为 NodeList 集合中每一个节点实例内部前置新节点
remove()	移除 NodeList 集合中每一个节点实例
removeClass()	为 NodeList 集合中每一个节点实例移除 class 属性值
removeAttribute()	移除 NodeList 集合中每一个节点实例的指定属性
replaceClass()	为 NodeList 集合中每一个节点实例替换 class 属性值
setAttribute()	设置 NodeList 集合中每一个节点实例的指定属性值
setHTML()	设置 NodeList 集合中每一个节点的内容

YUI 框架设计表 8-4 中的继承方法的目的，就是在实际开发中尽量避免开发者大量的遍历操作，通过简单的继承方法，帮助开发者对 NodeList 节点集合的所有元素进行批量操作。这种设计思路极大地减少了开发者人工遍历集合的操作，简化了开发者的编码工作量。

8.3.2　操作集合中的节点

原生的 HTML DOM 中的 NodeList 对象本身功能较弱，其只支持一种方法即 item()方法，用于根据指定的索引号来获取 NodeList 对象内某一个节点。这一现实直接导致了开发者很难对 NodeList 进行操作，严重限制了这种重要集合的功能。

1．以数组的方式操作节点集合

YUI 框架对 NodeList 对象进行了深度定制和增强，按照 Javascript 数组的功能重新设计了 YUI 版本的 NodeList，为其新增了大量的方法，帮助开发者像操作数组一样方便地操作集合中的节点。YUI 新增的类数组操作的方法如表 8-5 所示。

表 8-5　类数组操作的 NodeList 方法

方法名	作用
push()	为节点集合追加新的节点
unshift()	为节点集合前置新的节点
splice()	删除指定起始位置索引和结束位置索引之间的节点，添加若干新节点
pop()	删除节点集合最后一个节点
shift()	删除节点集合第一个节点
indexOf()	根据节点对象实例，获取其在节点集合中的索引位置
concat()	将节点集合合并在一起
slice()	根据指定起始位置索引和结束位置索引，拆分出一个新的节点集合

以上这些方法的使用方式与原生 Javascript 的数组同名方法使用基本一致，在此不再赘述。

2．获取节点集合长度

YUI 框架的 NodeList 类并没有定义一个实例属性 length，因此，开发者如果需要获取某个节点集合的长度，需要使用 NodeList 类的实例方法 size()，其使用方式如下。

```
NodeList.size ( ) ;
```

在上面的伪代码中，NodeList 关键字表示要获取长度的节点集合。size()实例方法将返回一个非负整数，如果节点集合为空，则该方法将返回 0。

3. 过滤节点集合

YUI 框架为 NodeList 类定义了一个名为 filter()的实例方法，允许开发者通过 CSS 选择器来对节点集合进行过滤操作，筛选出符合 CSS 选择器的部分节点，其使用方式如下所示。

```
NodeList.filter ( Selector ) ;
```

在上面的伪代码中，NodeList 关键字表示要过滤的节点集合，Selector 关键字表示用于过滤的 CSS 选择器。

需要注意的是，filter()实例方法本身并不会直接对当前 NodeList 节点集合进行写入操作，也不会将 NodeList 中不符合 CSS 选择器的节点删除，其只会返回一个新的 NodeList 节点集合，并将符合 CSS 选择器的节点副本插入到这一新的节点集合。

例如，在 Web 文档中存在一个无序列表 UL，该列表中囊括了若干种常用的大型软件，并通过 class 属性值来区分软件的开发商，如下所示。

```
<ul id="software" class="summary">
    <li class="microsoft" id="word">Word</li>
    <li class="microsoft" id="excel">Excel</li>
    <li class="microsoft" id="powerpoint">PowerPoint</li>
    <li class="microsoft" id="outlook">Outlook</li>
    <li class="microsoft" id="visio">Visio</li>
    <li class="adobe" id="photoshop">Photoshop</li>
    <li class="adobe" id="flash">Flash</li>
    <li class="adobe" id="illustrator">Illustrator</li>
    <li class="adobe" id="dreamweaver">dreamweaver</li>
    <li class="adobe" id="indesign">Indesign</li>
</ul>
```

在上面的代码中，无序列表 UL 包含了 10 个列表项目 LI，其中列表项目分成了两种，一种为 Microsoft 公司开发的软件；另一种则为 Adobe 公司开发的软件。如果开发者将整个无序列表 UL 内的所有列表项目 LI 添加到 NodeList 节点集合之后，即可通过 filter()方法来将其拆分为两个新的 NodeList 节点集合，如下所示。

```
YUI ().use ( 'node' , function ( Y ) {
    var yNodeListSoftware = Y.all ( '#software li' );
    var yNodeListMicrosoft = yNodeListSoftware.filter ( '.microsoft' );
    var yNodeListAdobe = yNodeListSoftware.filter ( '.adobe' );
    console.log ( yNodeListMicrosoft.size () ); //输出 5
    //输出  Photoshop
    console.log ( yNodeListAdobe.item ( 0 ).getHTML () );
} );
```

过滤是一种对 NodeList 节点集合十分有用的操作方式，开发者可以结合之前介绍的 CSS 2.1 和 CSS 3.0 标准的选择器，实现很多有用的过滤操作。

4．奇偶筛选

YUI 框架为 NodeList 节点集合提供了两种实例方法，即 even()方法和 odd()方法，帮助开发者对节点集合中的奇数元素和偶数元素进行筛选，筛选出序列为奇数或偶数的节点元素。这两种方法的使用方式大体相同，都可以由开发者直接调用，返回对应的节点元素集合。

例如，在 Web 文档中存在一个无序列表 UL，该列表中存在若干用户的姓名信息，如下所示。

```
<ul id="users" class="summary">
    <li class="user">Sera Chain</li>
    <li class="user">Tom Chen</li>
    <li class="user">Jerry Lee</li>
    <li class="user">Harry Fan</li>
    <li class="user">Marry Kim</li>
</ul>
```

在上面的无序列表 UL 中，存放了 4 个用户的姓名列表项目 LI。在将这些姓名的列表项目全部存放到 YUI NodeList 节点集合之后，即可通过 even()实例方法和 odd()实例方法，将其按照序列的奇偶数进行拆分，如下所示。

```
YUI ().use ( 'node' , function ( Y ) {
    var yNodeUsers = Y.all ( '#users li' );
    var yNodeUserEven = yNodeUsers.even ();
    var yNodeUserOdd = yNodeUsers.odd ();
    console.log ( yNodeUserEven.size () ); //输出 3
    console.log ( yNodeUserOdd.size () ); //输出 2
    //输出 Marry Kim
    console.log ( yNodeUserEven.item ( 2 ).getHTML () );
} );
```

需要注意的是，奇偶筛选所使用的"序列"这一概念与 YUI NodeList 节点集合的索引有所区别。YUI NodeList 节点集合的索引使用的是从 0 开始的非负整数顺延，而奇偶筛选所使用的"序列"则是从 1 开始的自然数顺延。

在实际开发中，奇偶筛选常用于为 Web 文档中的各种表格定义斑马线效果，通过奇偶行不同的背景颜色来提高内容的识别效率。

8.3.3　遍历节点集合

在之前的章节中，已经介绍了如何用原生的 Javascript 循环语句来遍历普通的 Javascript

数组。在 YUI 框架中，NodeList 节点集合是一种类数组的对象，其具有很多数组的特性。
YUI 框架为 NodeList 节点集合提供了 each()方法，帮助开发者对 NodeList 节点集合进行遍
历操作。

使用 YUI NodeList 类的 each()实例方法，需要定义一个参数函数，并将参数函数作为
执行遍历的主体来使用，其使用方式如下。

```
CurrentNodeList.each ( function ( NodeInstance ) {
    Sentences ;
} ) ;
```

在上面的伪代码中，CurrentNodeList 关键字表示要遍历的目标 NodeList 节点集合；
NodeInstance 关键字表示遍历的每一次迭代中操作的节点实例；Sentences 关键字表示遍历
时执行的语句。

例如，在 Web 文档中存在一个显示 Javascript 各种数据类型的无序列表 UL，代码如下。

```
<ul id="javascript-data-types" class="summary">
    <li id="string" class="primitive-data-type">String</li>
    <li id="boolean" class="primitive-data-type">Boolean</li>
    <li id="number" class="primitive-data-type">Number</li>
    <li id="null" class="primitive-data-type">Null</li>
    <li id="undefined" class="primitive-data-type">Undefined</li>
    <li id="object" class="reference-data-type">Object</li>
    <li id="array" class="reference-data-type">Array</li>
    <li id="date" class="reference-data-type">Date</li>
    <li id="regexp" class="reference-data-type">RegExp</li>
    <li id="function" class="reference-data-type">Function</li>
    <li id="error" class="reference-data-type">Error</li>
</ul>
```

在上面的代码中，列出了常见的 Javascript 数据类型，并通过 class 属性将其区分为原
始数据类型和引用数据类型两大类。开发者可以将该无序列表 UL 内的所有列表项目 LI 存
储到一个 NodeList 节点集合中，然后通过 Node 节点的 hasClass()方法，将其中引用数据类
型的节点内容输出，代码如下。

```
YUI ().use ( 'node' , function ( Y ) {
    var yNodeListJavascriptDataTypes = Y.all ( '#javascript-data-types
li' );
    yNodeListJavascriptDataTypes.each ( function ( yNodeDataType ) {
        if ( yNodeDataType.hasClass ( 'reference-data-type' ) ) {
            console.log ( yNodeDataType.getHTML () );
        }
    } );
} );
```

8.4 小　　结

　　YUI 框架对原生的 HTML DOM 进行了封装和扩展，其自定义了 Node 类和 NodeList 类两个抽象类，将 Web 文档中的所有 XHTML 和 HTML 标记都视为 Node 类的实例，同时还根据 XML DOM 的 NodeList 对象的属性和方法，对 HTML DOM 中的 NodeList 进行扩展，增强可操作若干节点集合的功能。

　　然而，YUI 框架的官方手册十分粗糙，其中有很多错误内容，另外，也严重缺乏示例，没有示范的代码，这些原因直接导致初学者在学习 YUI 框架时会遇到很多困难。

　　本章通过大量简短而精干的实例来详细介绍了使用 YUI 框架的 Node 类和 NodeList 类来处理 Web 前端开发中对 DOM 节点和节点集合进行操作的方法。通过这些简短案例，开发者可以更加快速地了解 YUI 框架的 DOM 操作，更迅速地掌握操作 Web 文档标记的方法。

第 9 章   处理增强事件

事件是 Javascript 脚本代码执行的核心，在之前的章节中，已经介绍过使用原生 Javascript 和 HTML DOM 来处理事件的各种方法。然而，由于不同 Web 浏览器对 HTML DOM 存在众所周知的兼容性问题，使用原生的 Javascript 和 HTML DOM 来处理事件的过程十分繁冗，因此，YUI 3 框架参照 jQuery 和其他成功的前端开发框架，对原生 HTML DOM 的事件处理机制进行了进一步的优化，为开发者提供了一种简化的事件绑定处理机制。

同时，YUI 框架还参照 C#等成熟的编程语言，设计出一种"委托"机制，允许开发者为一个事件源绑定多种事件，使开发者开发出更加灵活的代码。

总之，YUI 框架为原生 Javascript 和 HTML DOM 设计了大量增强机制，以通过这些机制来帮助开发者编写出更加灵活、更加优雅的 Javascript 代码。本章就将通过 YUI 框架的事件机制，帮助开发者处理增强事件。

9.1   YUI 事件概述

YUI 框架作为一种成熟的 Javascript 开发框架，其在 DOM 操作、事件处理以及 Ajax 交互等方面对原生的 Javascript 脚本语言和 HTML DOM 都进行了优化和整理，为开发者提供了一种全新的事件处理机制。

9.1.1   原生 Javascript 的事件处理

原生的 Javascript 脚本语言依赖 HTML DOM 的 Event 对象和 EventTarget 对象来处理事件，其有两种绑定和处理事件的方式。一种方式是依赖 HTML DOM 的事件句柄属性将事件源与事件的处理和反馈机制绑定起来，通过 HTML 标记的属性来绑定事件函数，实现事件源向事件处理的过渡。

这种方式的问题在于其将 HTML 与 Javascript 代码混合，而在实际应用中，整个项目往往有大量调用事件的 HTML 标记，如果需要对这些标记绑定的事件进行修改，需要花费大量的精力。同时，这种方式也导致事件的业务逻辑混乱，直接影响项目代码的维护。

另一种处理事件的方式则是依赖 DOM 2.0 EventTarget 对象的四种方法，包括 AddEventListener()方法、RemoveEventListener()方法、attachEvent()方法以及 detachEvent() 方法。

其中，AddEventListener()、RemoveEventListener()两种方法仅被有限的 Web 浏览器支持，早期的 Internet Explorer（8.0 版本以前）和 Opera（10.0 版本以前）并不支持这两种方法，而是支持两种方法——attachEvent()和 detachEvent()。这种严重的兼容性问题导致开发者必须为兼容这些老旧版本的 Web 浏览器而编写双重代码，根据浏览器的类型来决定哪些代码可以执行。

因此，以上两种方式都不是什么令人愉快的开发方式。在实际开发中，开发者往往只能自行封装 DOM 2.0 EventTarget 对象的事件处理方法，这种自行封装的方法标准五花八门，维护也十分困难。

这种状况持续已久，不断地影响开发者对前端开发的应用，可以说，相比同类型的 ActionScript 等脚本语言，HTML DOM 在设计上已经十分过时。

9.1.2 YUI 事件

YUI 框架对 HTML DOM 的 Event 对象和 EventTarget 对象进行了深度封装和定制，为其自身的 Node 类和 NodeList 类也添加了相关的方法，以实例方法的方式帮助开发者更好地绑定和处理事件。

1. YUI 事件封装原理

简单来讲，YUI 框架在处理事件时，采用了先判断再绑定的处理机制。由于 YUI 框架支持老旧版本的 Web 浏览器（如 IE 8.0 及更低版本、Opera 10.0 及更低版本），因此其在处理事件绑定时参照的是以下流程，如图 9-1 所示。

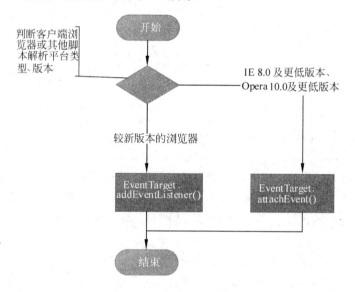

图 9-1　YUI 框架绑定事件的流程

YUI 框架在处理事件解绑时的机制与绑定事件类似，都会先判定客户端浏览器或其他脚本解析平台的类型，然后再决定调用 removeEventListener()方法或 detachEvent()方法。

这种封装的机制有效地解决了 HTML DOM 在不同 Web 浏览器下的兼容性问题。同时，由于 YUI 框架通过一些简短的方法来实现事件绑定，因此相比原生 Javascript 的事件绑定方法，YUI 框架绑定事件的使用更加便捷。

2．YUI 事件类型

YUI 框架的 Event 类对原有的 HTML DOM 事件进行了大量的扩展和强化，其主要支持以下类型的事件，包括原生 HTML DOM 事件以及 YUI 内置的自定义事件，如表 9-1 所示。

表 9-1　YUI 3 框架支持的主要事件类型

事件名	作用	依赖模块
blur	失去焦点	原生 HTML DOM
change	交互组件内容变更	
click	鼠标单击	
dblclick	鼠标双击	
focus	获得焦点	
keydown	按下键盘按键	
keypress	按下并弹起键盘按键	
keyup	弹起键盘按键	
mousedown	按下鼠标键	
mousemove	鼠标移动	
mouseout	鼠标滑出	
mouseover	鼠标滑过	
mouseup	弹起鼠标键	
select	选择类交互组件被选中	
submit	表单提交	
mouseenter	YUI 版本鼠标滑过，但不会触发祖辈节点鼠标滑入事件	event-mouseenter
mouseleave	YUI 版本鼠标滑出，但不会触发祖辈节点鼠标滑入事件	event-mouseenter
available	某个节点被添加到 DOM 树上	event-base
contentready	某个节点的内容添加完成	event-base
domready	整个 DOM 树加载完成	event
flick	按住触屏，以进行滑动等操作	event-flick
gesturemove	手势移动	event-move
gesturemoveend	手势移动结束	event-move
gesturemovestart	手势移动开始	event-move
key	YUI 版本键盘事件	event-key
mousewheel	鼠标滚轮事件	event-mousewheel
valuechange	YUI 版本交互组件内容变更	event-valuechange
windowresize	YUI 版本浏览器窗口尺寸变更	event-resize

上表中包括了原生 DOM Event 对象支持的部分事件类型，以及通过 YUI 框架定义的事件等。关于事件的具体使用，请参考之后相关章节。

9.2　绑定事件和解绑事件

YUI 框架 Web 元素提供了两种绑定和解绑事件的方式：一种是通过 YUI 框架的单全局变量直接调用对应的方法来绑定和解绑事件；另一种，则是通过 Node 类和 NodeList 类的实例方法来绑定和解绑事件。这两种方式在使用上略有区别，效果则区别不大。

9.2.1　绑定事件

开发者可以通过两种方式来为 Web 元素绑定 YUI 事件，一种是通过 YUI 单全局变量的 on()方法（在 YUI 框架中可以将其视为全局方法，实际上其仍然属于原生 Javascript 的实例方法）来将事件类型、事件句柄以及事件源绑定；另一种则是通过 YUI Node 类以及 NodeList 类的同名实例方法实现。

1. 使用 YUI 全局方法绑定事件

YUI 框架提供 on()方法帮助开发者将事件类型、事件监听器以及事件源绑定到一起，其使用方式如下所示。

```
Y.on ( EventType , EventSubscriber, EventTarget ) ;
```

在上面的伪代码中，EventType 关键字表示需要绑定的事件类型名称；EventSubscriber 关键字表示事件监听器；EventTarget 关键字表示事件源。

其中，事件的类型名称应为全小写的一个字符串型变量，其值可参考表 9-1；事件监听器通常为一个函数，其决定了 YUI 框架对该事件的处理以及反馈结果；on()方法的事件源十分灵活，开发者既可以使用一个 CSS 选择器的字符串（如为 CSS 3 选择器字符串，请自行加载 selector-css3 模块），也可以使用 Node 节点实例，或 NodeList 节点集合的实例来作为事件源。对于一些特殊的 YUI 事件或时间处理方法，开发者可以额外为 on()全局方法添加其他的参数。

例如，在 Web 文档中存在一个 id 属性为"show-name"的输入标记，其类型为按钮，代码如下。

```
<input type="button" id="show-name" class="button" value="按钮" />
```

使用 YUI 框架的 on()全局方法，开发者可以方便地通过原生 HTML DOM 的 alert()全局方法将其按钮名称输出，代码如下。

```
YUI ().use ( 'node' , function ( Y ) {
    var yNodeShowNameButton = Y.one ( '#show-name' );
    Y.on ( 'click' , function () {
        //输出按钮
        window.alert ( yNodeShowNameButton.getAttribute ( 'value' ) );
    } , yNodeShowNameButton );
} );
```

2. 使用节点或节点集合的实例方法来绑定事件

除了 YUI 框架的 on()全局方法外，开发者也可以通过 YUI Node 类和 YUI NodeList 类的同名实例方法来为 Web 元素以及 Web 元素的集合绑定事件，其使用方法与 on()全局方法略有区别，如下所示。

```
EventTarget.on ( EventType , EventSubscriber ) ;
```

在上面的伪代码中，**EventTarget** 关键字表示事件源；**EventType** 关键字表示事件监听器；**EventSubscriber** 关键字表示事件处理的句柄。

例如，之前定义的用于显示按钮名称的脚本，其也可以修改为使用按钮自身的 on()实例方法来实现，代码如下。

```
YUI ().use ( 'node' , function ( Y ) {
    var yNodeShowNameButton = Y.one ( '#show-name' );
    yNodeShowNameButton.on ( 'click' , function () {
        window.alert ( yNodeShowNameButton.getAttribute ( 'value' ) );
    } );
} );
```

3．批量节点的绑定事件

以上两种方式虽然都可以为 Web 元素绑定事件，但是实际上还是有微弱的区别：on()全局方法可以隐式地声明一个数组，将多个节点元素放置到该隐式数组中来绑定事件，而 on()实例方法则只能为一个独立的事件源服务，开发者需要显式地建立一个 YUI NodeList 节点集合，才能实现这类功能。

例如，定义三个按钮，每个按钮都具有单独的 id 属性和按钮的值，代码如下。

```
<p>
    <button type="button" id="test-button-1">Test 1</button>
    <button type="button" id="test-button-2">Test 2</button>
    <button type="button" id="test-button-3">Test 3</button>
</p>
```

开发者如果需要为以上三个按钮绑定同一个事件，则可以使用 on()全局方法，隐式地将这三个按钮的实例放置到数组中，然后再进行绑定，代码如下。

```
YUI ().use ( 'node' , function ( Y ) {
    var yNodeShowNameButton1 = Y.one ( '#test-button-1' );
    var yNodeShowNameButton2 = Y.one ( '#test-button-2' );
    var yNodeShowNameButton3 = Y.one ( '#test-button-3' );
    Y.on ( 'click' , function () {
        //输出按钮
        window.alert ( yNodeShowNameButton.getAttribute ( 'value' ) );
    } , [ yNodeShowNameButton1 ,
    yNodeShowNameButton2 ,
    yNodeShowNameButton3 ] );
} );
```

显式建立的对象越多，对内存的占用就越多，因此在处理大量绑定同一事件的对象时，更推荐使用 on()全局方法。

4. 绑定多个事件

YUI 框架允许开发者为 Web 元素绑定指定类型的多个事件监听器，实现一个事件多种处理，其原理就是按照指定的顺序来依次为某一个 Web 元素绑定事件。例如，通过单击一个按钮来弹出多个消息框，首先在 Web 文档中定义一个按钮标记 BUTTON，如下所示。

```
<button type="button" id="multi-message-box">弹出多对话框</button>
```

然后，即可编写三个事件监听器函数，依次通过 on()方法将其绑定到该按钮上，代码如下。

```
YUI ().use ( 'node' , function ( Y ) {
    var yNodeButton = Y.one ( '#multi-message-box' );
    function clickHandle1 () {
        window.alert ( '第一个对话框' );
    }
    function clickHandle2 () {
        window.alert ( '第二个对话框' );
    }
    function clickHandle3 () {
        window.alert ( '第三个对话框' );
    }
    Y.on ( 'click' , clickHandle1 () , yNodeButton );
    Y.on ( 'click' , clickHandle2 () , yNodeButton );
    Y.on ( 'click' , clickHandle3 () , yNodeButton );
} );
```

5. 绑定一次性事件

开发者可以使用 YUI 框架为 Node 类和 NodeList 类提供的 once()实例方法，为节点实例绑定一次性事件，即仅会触发一次的事件。once()实例方法的使用方式与 on()实例方法极其类似，如下所示。

```
EventTarget.once ( EventType , EventSubscriber ) ;
```

在上面的伪代码中，EventTarget 关键字表示事件源；EventType 关键字表示需要绑定的事件类型名称；EventSubscriber 关键字表示事件监听器。使用 once()方法可以强制限定事件在触发一次后自动失效，免去开发者建立计数器解绑事件的困扰。由于绑定一次性事件的 once()方法与 on()实例方法基本类似，在此不再赘述。

9.2.2 解绑事件

在绑定事件后，开发者也可以通过 YUI 框架为 Node 类和 NodeList 类提供的 detachAll()实例方法和 detach()实例方法将事件从 Web 元素上解除，禁止该事件再次触发。

1．解绑监听器

在通过 on()方法将事件监听器绑定到 Web 元素上之后，开发者可以通过 detach()方法将监听器从 Web 元素上解绑。在解绑事件监听器时需要注意的是，detach()方法与 on()方法类似，其既是 YUI 全局的方法，也是 YUI Node 类或 YUI NodeList 类的实例方法。在使用全局的 detach()方法时，开发者仍然需要通过 YUI 单全局变量的引用"Y"来调用这一方法，其使用方式如下。

```
Y.detach ( EventType , EventHandle , EventTarget ) ;
```

在上面的伪代码中，EventType 关键字表示事件的类型；EventHandle 关键字表示事件的句柄；EventTarget 关键字则表示事件源。

其中，事件的类型名称应为全小写的一个字符串型变量，其值可参考表 9-1；事件句柄是一个特殊的对象，其由事件绑定的函数返回；事件源既可以是一个 CSS 选择器的字符串（如为 CSS 3 选择器字符串，请自行加载 selector-css3 模块），也可以是 Node 节点实例，或 NodeList 节点集合的实例。

例如，在 Web 文档中存在一个超链接标记 A，该标记的 id 属性为"tup-link"，同时存在一个按钮标记 BUTTON，该标记的 id 属性为"clear-hover-style"，代码如下。

```
<a href="http://www.tup.com.cn" title="清华大学出版社">清华大学出版社</a>
<button type="button" id="clear-hover-style">清除滑过效果</button>
```

在 CSS 样式表中，开发者可以定义一个简单的样式，设置背景颜色和前景颜色分别为黑色和白色，代码如下。

```
.hover-style {
    background-color : '#000' ;
    color : '#fff' ;
}
```

开发者可以为超链接标记 A 绑定两个事件，分别用于鼠标滑过时添加样式和鼠标滑出时去除样式，然后再为按钮标记 BUTTON 清除鼠标滑过超链接标记 A 的事件，代码如下。

```
YUI ().use ( 'node' ,
    function ( Y ) {
        var yNodeTUPLink = Y.one ( '#tup-link' );
        var yNodeClearButton = Y.one ( '#clear-hover-style' );
        //编写鼠标滑过时的句柄函数
        function mouseOverHandle () {
            yNodeTUPLink.addClass ( 'hover-style' );
        }
        //编写鼠标滑出时的句柄函数
        function mouseOutHandle () {
            yNodeTUPLink.removeClass ( 'hover-style' );
        }
```

```
//编写单击按钮时的句柄函数
function clickHandle () {
    //解绑事件
    Y.detach ( 'mouseover' , mouseOverHandle , yNodeTUPLink );
}
//绑定事件
Y.on ( 'mouseover' , mouseOverHandle , yNodeTUPLink );
Y.on ( 'mouseout' , mouseOutHandle , yNodeTUPLink );
Y.on ( 'click' , clickHandle , yNodeClearButton );
} );
```

除了用 detach()全局方法以外，开发者也可以用 detach()实例方法来实现 Web 元素的解绑，其使用方法大体上与 on()实例方法类似，在此不再赘述。

2．解绑指定类型的事件监听

detach()方法也可以解除某个 Web 元素指定类型的事件的绑定，其用法十分简单，开发者只需省略 detach()实例方法中的事件监听器即可，如下所示。

```
EventTarget.detach ( EventType ) ;
```

在上面的伪代码中，EventTarget 关键字表示事件源；EventType 关键字表示事件的类型，其应为全小写的一个字符串型变量，其值可参考表 9-1。

例如，在下面的代码中，定义了一个文本段落标记 P 和一个按钮标记 BUTTON，代码如下。

```
<p id="style-paraph">这里是一段测试文本，当您用鼠标滑过这段文本时，文本的背景色将显示为橙色 "#ffcc00"，文字显示为白色 "#ffffff"。</p>
<button type="button" id="clear-style">清除样式</button>
```

在 CSS 样式表中，开发者可以分别定义两个类选择器 ".background-orange" 和 ".foreground-white"，以设置段落文本的前景色和背景色，代码如下。

```
.background-orange {
    background-color: #f60;
}
.foreground-white {
    color: #fff;
}
```

然后，开发者即可在 Javascript 代码中为段落绑定多个鼠标滑入事件和鼠标滑出事件，并为按钮清除段落事件监听的事件，代码如下。

```
YUI ().use ( 'node' , function ( Y ) {
    var yNodeStyleParaph = Y.one ( '#style-paraph' );
    var yNodeClearButton = Y.one ( '#clear-style' );
    yNodeStyleParaph.on ( 'mouseover' , function () {
```

```
        yNodeStyleParaph.addClass ( 'background-orange' );
    } );
    yNodeStyleParaph.on ( 'mouseover' , function () {
        yNodeStyleParaph.addClass ( 'foreground-white' );
    } );
    yNodeStyleParaph.on ( 'mouseout' , function () {
        yNodeStyleParaph.removeClass ( 'background-orange' );
    } );
    yNodeStyleParaph.on ( 'mouseout' , function () {
        yNodeStyleParaph.removeClass ( 'foreground-white' );
    } );
    yNodeClearButton.on ( 'click' , function ( yEvent ) {
        yNodeStyleParaph.detach ( 'mouseover' );
        yNodeStyleParaph.detach ( 'mouseout' );
    } );
} );
```

在执行以上代码后，即可通过 id 属性值为 "clear-style" 的按钮直接清除与段落文本相关的四个事件，其中，包括两个鼠标滑过事件和鼠标滑出事件。

3. 解绑所有事件监听

YUI 框架为 Node 类和 NodeList 类提供了 detachAll()方法，用于一次性解绑某个 YUI Node 节点以及 YUI NodeList 节点集合上所有事件的监听，该方法的使用方式如下。

```
EventTarget.detachAll ( ) ;
```

在上面的伪代码中，EventTarget 关键字表示事件源；detachAll()方法可以去除某个 Web 元素上所有事件的监听，因此在使用时一定要详细了解该 Web 元素上的所有事件，避免误将不需要移除的事件监听也同时移除掉。

例如，对上一段代码进行略微修改，即可同时将段落上的鼠标滑入事件和鼠标滑出事件一并移除，代码如下。

```
YUI ().use ( 'node' , function ( Y ) {
    var yNodeStyleParaph = Y.one ( '#style-paraph' );
    var yNodeClearButton = Y.one ( '#clear-style' );
    yNodeStyleParaph.on ( 'mouseover' , function () {
        yNodeStyleParaph.addClass ( 'background-orange' );
    } );
    yNodeStyleParaph.on ( 'mouseover' , function () {
        yNodeStyleParaph.addClass ( 'foreground-white' );
    } );
    yNodeStyleParaph.on ( 'mouseout' , function () {
        yNodeStyleParaph.removeClass ( 'background-orange' );
    } );
    yNodeStyleParaph.on ( 'mouseout' , function () {
```

```
        yNodeStyleParaph.removeClass ( 'foreground-white' );
    } );
    yNodeClearButton.on ( 'click' , function ( yEvent ) {
        yNodeStyleParaph.detachAll ( );
    } );
} );
```

9.3　事件的高级应用

在之前的小节中，已经介绍了绑定事件和解绑事件的基本方法。实际上 YUI 框架的事件功能十分强大，其本身对 HTML DOM 事件进行封装，并添加了许多强大的功能。

9.3.1　基本事件源引用

定义事件的监听器时都默认忽略掉了一个重要的参数，即事件的引用参数。事件引用参数与事件的关系，类似 YUI 框架中 use()方法的处理函数中 Y 参数与整个 YUI 框架的关系，其本身就是一个代替事件自身而建立的引用对象实例，用于供事件监听器内部调用。为一个事件监听器添加此参数的方式如下。

```
EventTarget.on ( EventType , function ( YEvent ) {
    Sentences ;
} ) ;
```

在上面的伪代码中，EventTarget 关键字表示事件源；EventType 关键字表示事件的类型，YEvent 关键字表示事件的引用对象；Sentences 关键字表示事件的处理语句。

Event 事件引用在进行复杂的项目开发时十分重要。在实际开发中，开发者可以通过 Event 事件来调用事件源等一系列相关的子对象，从而实现事件的高级应用。

开发者可以使用 YUI 事件的引用参数的 target 属性来调用一个名为 EventTarget 的实例，从而在事件处理代码中调用。这一属性十分重要，在开发大型项目时，经常会为某一类 Web 元素绑定类似事件。

例如，在Web 文档中定义一个按钮标记BUTTON，设置该标记的 id 属性为“test-button”，代码如下。

```
<button type="button" id="test-button">测试按钮</button>
```

如果开发者使用之前的方式来定义该按钮，对该按钮进行操作时，就不得不通过该按钮的名称来调用，代码如下。

```
YUI ().use ( 'node' , function ( Y ) {
    var yNodeButton = Y.one ( '#test-button' ) ;
    yNodeButton.on ( 'click' , function () {
```

```
        window.alert ( yNodeButton.get ( 'text' ) ) ;
    } ) ;
} ) ;
```

以上这种方法适合为某个单独的 Web 元素绑定专有的事件监听，也就是说一个 Web 元素对应一个绑定。例如，一个 Web 页中包含有多个按钮，代码如下。

```
<button type="button" id="test-button-1" class="test-button"> 测试按钮
1</button>
<button type="button" id="test-button-2" class="test-button"> 测试按钮
2</button>
<button type="button" id="test-button-3" class="test-button"> 测试按钮
3</button>
```

如果开发者需要为多个 Web 元素绑定类似事件监听器，使用之前小节中介绍的方法，就不得不编写多个事件监听器函数，代码如下。

```
YUI ().use ( 'node' , function ( Y ) {
    var yNodeButton1 = Y.one ( '#test-button-1' );
    var yNodeButton2 = Y.one ( '#test-button-2' );
    var yNodeButton3 = Y.one ( '#test-button-3' );
    yNodeButton1.on ( 'click' , function () {
        window.alert ( yNodeButton1.get ( 'text' ) );
    } );
    yNodeButton2.on ( 'click' , function () {
        window.alert ( yNodeButton2.get ( 'text' ) );
    } );
    yNodeButton3.on ( 'click' , function () {
        window.alert ( yNodeButton3.get ( 'text' ) );
    } );
} );
```

以上的开发方式明显是一种笨拙的方式，完全做不到优雅。使用事件引用实例的 target 参数则可以完全避免这种笨拙的形式。target 参数可以批量化地处理 Web 元素，在 Web 元素的事件处理器内部实现 Web 元素的隐式引用。例如，对上面的代码进行改写，通过 NodeList 节点集合来处理这些按钮，代码如下。

```
YUI ().use ( 'node' , function ( Y ) {
    var yNodeButtons = Y.all ( '.test-button' );
    yNodeButtons.on ( 'click' , function ( yEvent ) {
        window.alert ( yEvent.target.get ( 'text' ) );
    } );
} );
```

很明显，通过以上的方式可以实现动态地调用事件源，其解决方式更加优雅，更加精简。调用事件源可以实现更多便捷的功能，这些功能有待于开发者去挖掘和体验。

9.3.2　获取键盘信息

在原生的 HTML DOM 中，开发者可以通过 DOM Event 对象在键盘事件监听终端用户对键盘的各种操作，包括按下和弹起字母键或功能键等。但是由于 Web 浏览器对 HTML DOM 解析的差异以及各种 Web 浏览器所在系统平台的区别，有时这些方法存在兼容性问题。

YUI 框架对原生 HTML DOM 进行了深度封装，为开发者提供了键盘开发接口，帮助开发者更有效地捕获用户的键盘输入。

1．捕获字母键输入

在原生的 HTML DOM 中，开发者可以通过 DOM 的 Event 对象的 keyCode 属性和 charCode 属性等，来捕获用户按下和弹起的字母键键位码和 ASCII 码。但是由于各种 Web 浏览器的兼容性问题以及一些用户计算机键盘的区域差异，这两种编码有微小的区别。

YUI 框架在深度封装 HTML DOM 事件的同时，对这两种属性进行了兼容性处理，帮助开发者更加精确地获取用户输入的标准 ASCII 码，从而实现高效的字母键输入捕获。

在使用 YUI 框架的 keyCode 属性和 charCode 属性时，开发者需要使用事件的引用实例来调用。例如，在 Web 文档中创建一个文本段落 P，设置其 id 属性值为 "get-output"，用于输出用户键盘输入的字母，代码如下。

```
<p id="get-output"></p>
```

然后，开发者即可为整个 Web 文档绑定键盘事件，通过键盘事件的引用实例来获取用户输入的字符，将其输出到该文本段落 P 中，代码如下。

```
YUI ().use ( 'node' , function ( Y ) {
    var yNodeOutput = Y.one ( '#get-output' ) ;
    Y.on ( 'keypress' , function ( yEvent ) {
        var strCurrentNodeText = yNodeOutput.get ( 'text' ) ;
        yNodeOutput.set ('text',strCurrentNodeText + String.fromCharCode (
            yEvent.keyCode ) ) ;
    } ) ;
} ) ;
```

在上面的代码中，使用了原生 Javascript 脚本语言的 String 类的 fromCharCode()静态方法，用于将键位码转换为普通的字母字符。

2．捕获功能键输入

除了处理基本的字母键以外，原生的 HTML DOM 事件可支持处理键盘上的各种功能键，其包括 Ctrl 键、Alt 键（Mac 系统下为 Option 键）、Shift 键以及 Win 键（Mac 系统下为 Command 键），捕获用户对这些键盘按键的输入状态。

YUI 框架的事件机制也支持开发者对这些按键进行处理，其同样需要使用 YUI Event

类的引用实例。Event 类提供了以下几种属性用于捕获这些功能键的输入，如表 9-2 所示。

表 9-2　YUI Event 类的功能键实例属性

实例属性	作用	按下值	弹起值
altKey	捕获 Alt 键或 Mac 系统下 Option 键的操作	true	false
CtrlKey	捕获 Ctrl 键的操作	true	false
metaKey	捕获 Win 键或 Mac 系统下 Command 键的操作	true	false
shiftKey	捕获 Shift 键的操作	true	false

这些属性将提供一个逻辑性数据，当其被按下时输出 true，否则输出 false。例如，对之前捕获用户输入字符并输出到文本段落中的脚本进行略微修改，仅捕获用户按下 Shift 功能键同时输入的内容，代码如下。

```
YUI ().use ( 'node' , function ( Y ) {
    var yNodeOutput = Y.one ( '#get-output' ) ;
    Y.on ( 'keypress' , function ( yEvent ) {
        if ( yEvent.shiftKey ) {
            var strCurrentNodeText = yNodeOutput.get ( 'text' ) ;
            yNodeOutput.set ( 'text' ,
                        strCurrentNodeText + String.fromCharCode (
                        yEvent.keyCode ) ) ;
        }
    } ) ;
} ) ;
```

在捕获以上这些功能键时需要注意，多数 Web 浏览器自身已经内建了大量的快捷键操作，因此开发者在设计捕获按键来进行工作时请尽量避免与 Web 浏览器内建的快捷键冲突。

9.3.3　获取鼠标信息

YUI 框架的 Event 引用实例也可以支持对鼠标信息的处理，允许开发者通过该实例的方法来捕获鼠标的各种信息，包括鼠标按键信息和鼠标位置信息等。

1．捕获鼠标位置

在实际的 Web 开发中，开发者们经常需要依赖原生 HTML DOM 的相关事件属性获取鼠标指针在 Web 浏览器中的即时坐标。YUI 框架的 Event 类继承了这些实例属性，主要包括 pageX 和 pageY，分别表示当前鼠标指针的水平坐标和垂直坐标。

例如，在 Web 文档中定义两个输入组件 INPUT 分别用于显示鼠标的水平坐标位置和垂直坐标位置，代码如下。

```
<p>
    <label>鼠标指针水平坐标：
        <input type="text" id="cursor-x" class="cursor-coords" value=""
```

```
readonly="readonly" />px
    </label>
</p>
<p>
    <label>鼠标指针垂直坐标:
        <input type="text" id="cursor-y" class="cursor-coords" value=""
readonly="readonly" />px
    </label>
</p>
```

然后，开发者即可创建一个鼠标移动事件，在事件监听器中添加事件的引用实例参数，读取鼠标移动的坐标，将其写入到之前的输入组件中，代码如下。

```
YUI ().use ( 'node' , function ( Y ) {
    var yNodeXOutput = Y.one ( '#cursor-x' );
    var yNodeYOutput = Y.one ( '#cursor-y' );
    Y.on ( 'mousemove' , function ( yEvent ) {
        yNodeXOutput.set ( 'value' , yEvent.pageX );
        yNodeYOutput.set ( 'value' , yEvent.pageY );
    } );
} );
```

2. 捕获鼠标键信息

在原生的 HTML DOM 中，为 Event 对象提供了 button 属性，用于获取用户单击或按下鼠标键时的结果。然而，在不同的 Web 浏览器下，这些属性的值本身有较大的区别。

例如，在 Internet Explorer 8.0 及更早版本的 Internet Explorer 浏览器中，默认将 Event 对象的 button 属性值 1、2、4 分别识别为鼠标左键、鼠标右键以及鼠标中键，而在 Internet Explorer 9.0 及更新版本 Internet Explorer 浏览器以及其他绝大多数 Web 浏览器中，都默认将 Event 对象的 button 属性值 0、1、2 分别识别为鼠标左键、鼠标中键以及鼠标右键。

这种基本的差异导致开发者在实际开发中，必须先筛选浏览器类型，如发现是 Internet Explorer 浏览器，则必须再次进行筛选，筛选出 Internet Explorer 8.0 及更早的版本，然后再分别进行处理。

YUI 框架针对这种问题，对其自身封装的 Event 类进行了统一协调，强制定义 YUI Event 类的 button 实例属性，定义其值为 1 时代表鼠标左键，值为 2 时代表鼠标中键，值为 3 时代表鼠标右键。

在下面的代码中，就将通过浏览器控制台输出用户鼠标键的按键信息，如下所示。

```
YUI ( ).use ( 'node' , function ( Y ) {
    Y.on ( 'click' , function ( yEvent ) {
        switch ( yEvent.button ) {
            case 1 :
                console.log ( '您单击的是鼠标左键' ) ;
            break;
            case 2 :
```

```
            console.log ( '您单击的是鼠标中键' ) ;
        break ;
        case 3 :
            console.log ( '您单击的是鼠标右键' ) ;
        break ;
        }
    } ) ;
} ) ;
```

需要注意的是，在一些 Web 浏览器中右键鼠标往往会直接弹出页面的右键菜单，因此开发者通过其他方式先屏蔽右键菜单，然后才能使用 button 属性获取右键按键的属性值。

9.3.4 DOM 渲染与脚本预载

DOM 渲染指 Web 浏览器对 DOM 树以及其内的节点进行加载和显示的过程。YUI 框架单独提供了 DOM 渲染扩展，用于在 Web 浏览器加载 DOM 节点时触发各种事件，其主要用于判断整个 DOM 树或 DOM 树上的某些节点是否已经被加载完毕。

这些扩展主要应用于各种脚本预载功能，包括全局脚本预载、节点脚本预载以及内容脚本预载。

1. 全局脚本预载

在实际开发中，如果编写的脚本调用了某个 DOM 节点但该节点并未加载完成，则 Web 浏览器很可能针对此问题报告"找不到 DOM 对象"之类的错误。

HTML 的脚本标记 SCRIPT 本身支持一个 defer 属性，用于定义其内嵌的脚本延迟至整个页面加载完毕后再执行，以解决此问题。但是，并非所有的 Web 浏览器都支持此功能。

解决这一问题有两种途径。最简单的方式是将所有 Javascript 脚本放置到文档末端加载，当脚本执行时，通常所有 DOM 节点均已加载完毕。除此之外，开发者还可以使用一些第三方框架封装的延迟加载方法，例如 jQuery 框架就提供了一个名为 Ready 的事件，用于在 DOM 节点加载完毕后执行脚本。

YUI 框架本身提供了 DOM Ready 事件，其仿照 jQuery 的 Ready 事件，通过判断 DOM 树加载完毕，然后再执行对应的事件监听器。

DOM Ready 事件的使用方法与其他事件基本类似，唯一区别在于 DOM Ready 事件本身不是基于某个 DOM 节点，因此只能通过 YUI 框架的 on() 全局方法来调用。在使用 DOM Ready 事件时，推荐将加载 YUI 框架源代码的脚本标记 SCRIPT 和 DOM Ready 事件的脚本都放置到 Web 文档的文档头标记 HEAD 中。

例如，在下面的代码中，就定义了一个简单的 DOM Ready 事件，判断当文档加载完毕后在控制台中输出"文档加载完毕"的脚本，代码如下。

```
<head>
<meta http-equiv='Content-Type' content='text/html; charset=utf-8' />
<title>Test DOM Ready</title>
```

```
<script type="text/javascript" src="../Scripts/library/yui/build/yui/yui-
min.js"></script>
<script type="text/javascript">
YUI ().use ( 'node' , function ( Y ) {
    Y.on ( 'domready' , function ( yEvent ) {
        console.log ( '文档加载完毕' );
    } );
} );
</script>
</head>
```

DOM Ready 事件的最大意义在于允许开发者进行脚本预载，强制在 DOM 树尚未完全加载完成时先加载各种脚本，对各种 DOM 节点进行预先配置和调用，直至 DOM 树加载完成后再发挥作用，这样，当终端用户看到页面加载完成时，所有脚本通常均已加载完毕，完全可用。这种方式完全避免了页面加载完成脚本加载滞后导致的脚本不可用的问题。

2. 节点脚本预载

节点脚本预载是指在节点加载完成之前预先加载处理节点的脚本，以在节点加载完毕后迅速对其进行处理。

YUI 框架提供了 Available 事件，用于判断某个节点在 DOM 树上加载完毕时执行相关的事件处理器脚本，其使用方式与 DOM Ready 事件类似。例如，在 Web 文档中建立一个无序列表标记 LI 和一个按钮标记 BUTTON，代码如下。

```
<ul id="js-librarys" class="summary">
</ul>
<p>
    <button type="button" id="load-list-element">加载列表</button>
</p>
```

在 Javascript 脚本中首先定义一段文本代码，然后通过按钮的事件将其加载到无序列表中，再通过 Available 事件监听无序列表最后一个列表元素的加载状态，代码如下。

```
YUI ().use ( 'node' , function ( Y ) {
    var yNodeLoadButton = Y.one ( '#load-list-element' );
    var yNodeJSList = Y.one ( '#js-librarys' );
    //定义无序列表子节点内容
    var strJSListHTML = '';
    strJSListHTML += '<li id="yui-library" class="js-library">';
    strJSListHTML += 'YUI Library';
    strJSListHTML += '</li>';
    strJSListHTML += '<li id="jquery-library" class="js-library">';
    strJSListHTML += 'jQuery Library';
    strJSListHTML += '</li>';
    strJSListHTML += '<li id="extjs" class="js-library">';
    strJSListHTML += 'ExtJS';
```

```
      strJSListHTML += '</li>';
      //添加按钮的加载列表事件
      yNodeLoadButton.on ( 'click' , function ( yEvent ) {
          yNodeJSList.setHTML ( strJSListHTML );
      } );
      //监听最后一个列表项目的加载状况，加载完毕后弹出提示
      Y.on ( 'available' , function ( yEvent ) {
          window.alert ( '列表加载完毕' );
      } , '#extjs' );
  } );
```

节点脚本预载通常用于异步数据交互方面，为异步数据交互提供预处理程序，从另一个角度替代异步数据交互的回调功能。

3．内容预载

内容预载也是 YUI 框架提供的一种事件功能，其通过 Content Ready 事件来监听节点的内容加载，当节点的内容加载完毕后调用指定的事件处理机制来处理。其使用方式与节点脚本预载类似，在此不再赘述。

9.3.5　阻止浏览器默认行为

Web 浏览器会为一些特殊的 HTML DOM 节点进行默认的行为处理，例如，对超链接进行跳转处理、对 type 属性值为 submit 的按钮标记 BUTTON 和输入标记 INPUT 执行表单提交处理、对 type 属性值为 reset 的按钮标记 BUTTON 和输入标记 INPUT 执行表单重置处理等。

但是在实际开发中，很多情况下需要阻止 Web 浏览器的这些行为，例如，如用户在 Web 页面的表单中填写了内容，在未提交表单之前又单击了其他超链接，应提示用户保存当前填写的内容；在提交表单之前，需要对用户输入的内容进行验证；重置表单之前需要提示用户是否为误操作等。

这些交互体验统统需要开发者以特殊的方式来先进行判断，然后再决定是否执行浏览器的默认行为。

YUI 框架为 YUI Event 类提供了一个 preventDefault()实例方法，用于阻止 Web 浏览器的默认行为，为开发者编写的处理脚本赢得时间，待开发者允许后再由开发者手动指定行为。

preventDefault()实例方法必须在事件监听器具备事件引用参数后，由监听器内部的代码调用，其使用方式如下。

```
EventTarget.on ( EventType , function ( YEvent ) {
    YEvent.preventDefault ( ) ;
} ) ;
```

在上面的伪代码中，EventTarget 关键字表示事件源，EventType 关键字表示事件的类

型，YEvent 关键字表示事件的引用对象。

例如，在 Web 文档中存在一个简单的表单，其中包括了一个文本域组件和一个密码域组件，以及两个按钮分别用于表单提交和表单重置，如下所示。

```
<form action="http://localhost/Test" method="post" id="login-form">
    <p>
        <label>账户:</label><input type="text" id="login-account" />
    </p>
    <p>
        <label>密码:</label><input type="password" id="login-password" />
    </p>
    <p>
        <button type="submit" id="login-submit">登录</button>
        <button type="reset" id="login-reset">重置</button>
    </p>
</form>
```

在 Web 浏览器的默认行为下，无论终端用户向表单内输入任何内容（包括一些危险的 SQL 注入语句等）或所有内容留空，只要其单击登录按钮，都会直接将这些内容提交至服务器。同时，如果用户输入了表单内容但误单击了重置按钮，则这些内容都有可能被清除掉。

因此，开发者有必要使用 YUI Event 类的 preventDefault()实例方法，首先屏蔽这些默认行为，然后通过指定的判断来决定如何执行，代码如下。

```
YUI ().use ( 'node' , function ( Y ) {
    var yNodeForm = Y.one ( '#login-form' );
    var yNodeAccount = Y.one ( '#login-account' );
    var yNodePassword = Y.one ( '#login-password' );
    var yNodeSubmitButton = Y.one ( '#login-submit' );
    var yNodeResetButton = Y.one ( '#login-reset' );
    //绑定提交按钮的事件
    yNodeSubmitButton.on ( 'click' , function ( yEvent ) {
        //阻止默认提交行为
        yEvent.preventDefault ();
        //判断账户和密码是否为不为空
        if ( '' !== yNodeAccount.get ( 'value' ) &&
            '' !== yNodePassword.get ( 'value' ) ) {
            yNodeForm.submit ();
        }
        //否则提示
        else {
            window.alert ( '请完整地输入账户和密码' );
        }
    } );
    //绑定重置按钮的事件
```

```
yNodeResetButton.on ( 'click' , function ( yEvent ) {
    //组织默认重置行为
    yEvent.preventDefault ();
    //判断账户或密码是否不为空
    if ( '' !== yNodeAccount.get ( 'value' ) ||
        '' !== yNodePassword.get ( 'value' ) ) {
        //根据用户选择框决定是否重置
        if ( confirm ( '当前输入信息未保存，您确认需要重置码？' ) ) {
            yNodeForm.reset ();
        }
    }
    else {
        yNodeForm.reset ();
    }
} );
} );
```

上面的代码对一个用户登录模块进行了简单的提交验证和重置验证，通过阻止浏览器默认行为的方式来实现信息的人工处理，根据处理的结果再决定如何执行行为。

表单验证是 Javascript 在大型 Web 项目中最重要的功能。关于如何实现优雅而高效的表单验证，在此请开发者自行思考。

9.4　委　托　事　件

委托是一种事件处理机制，其依赖于 Javascript 自身的事件冒泡机制，用于对某元素上绑定事件监听器，以监听其后代元素的事件。委托机制的意义在于，大量的事件本身会消耗 Web 浏览器更多的资源，而通过委托机制可以大为减少事件监听器的数量，从而降低 Web 浏览器的损耗，提升 Web 项目的性能。

YUI 框架提供了一个 delegate()全局方法，用于以较低的性能损耗为元素绑定委托事件监听器，将事件监听器添加到该元素的指定后代元素上，其使用方式如下所示。

```
Y.delegate ( EventType , EventSubscriber , AncestorNode ,
DescendantSelector ) ;
```

在上面的伪代码中，EventType 关键字表示事件的类型；EventSubscriber 关键字表示事件的监听器；AncestorNode 表示委托的祖辈节点；DescendantSelector 关键字表示后代节点的选择器。

与 on()方法、detach()方法类似，开发者也可以通过 YUI Node 类、NodeList 类的同名实例方法来为祖辈节点绑定委托，其方式如下所示。

```
AncestorNode.delegate ( EventType , EventSubscriber , DescendantSelector ) ;
```

以上伪代码中的关键字作用与上一段伪代码中的关键字作用完全相同，在此不再赘述。

委托与之前小节中介绍的批量节点的绑定事件相比，其优点在于性能损耗更低，更高效。在实际开发中，如果需要处理大量节点的类似事件，更加推荐用委托的方式来解决问题。

例如，在下面的代码中，就定义了一个简单的账户注册表单，为每一个需要验证的表单控件添加了相同的 class 属性，并通过其 id 属性来识别表单的类型，代码如下。

```
<form method="post" action="http://localhost/Test" id="signup-form">
    <p>
        <label>账户:</label>
        <input  type="text"  id="signup-account"  class="signup-componet
required" />*
    </p>
    <p>
        <label>密码:</label>
        <input type="password" id="signup-password" class="signup-componet
required" />*
    </p>
    <p>
        <label>确认:</label>
        <input type="password" id="signup-accept-password" class="signup-
componet required" />*
    </p>
    <p>
        <label>电话:</label>
        <input type="text" id="signup-phone" class="signup-componet" />
    </p>
    <p>
        <label>邮件:</label>
        <input type="text" id="signup-email" class="signup-componet" />
    </p>
</form>
```

在上面的代码中，显示了账户、密码、重设密码、电话以及邮件五个表单输入组件，其中，前三个表单输入组件添加了一个额外的"required" class 属性值，表示此为必填项。

通过 delegate()方法，开发者可以方便地视整个表单为祖辈元素，然后以".required"值作为筛选后代元素的选择器，为其添加失去焦点时验证内容是否为空的方法，判断当内容为空时弹出提示信息，代码如下。

```
YUI ().use ( 'node' , 'event-focus' , function ( Y ) {
    //获取祖辈元素的实例
    var yNodeSignupForm = Y.one ( '#signup-form' );
    //委托失去焦点的事件
    Y.delegate ( 'blur' , function ( yEvent ) {
        //判断当后代元素的值为空时弹出信息
```

```
        if ( '' === yEvent.target.get ( 'value' ) ) {
            window.alert ( '此为必填项，请输入内容。' );
        }
    } , yNodeSignupForm , '.required' );
} );
```

9.5　小　　结

作为一种较为成熟的前端开发框架，YUI 框架对原生 HTML DOM 的事件机制进行了三个方面的增强改进。

第一，其协调了不同 Web 浏览器对 HTML DOM 解析方面的差异，为开发者提供了统一的开发体验，例如事件的绑定机制、事件获取鼠标按键等。

第二，YUI 框架还增强了事件对象实例的功能，提供了 DOM 渲染技术等，帮助开发者更好地实现脚本的预载。

第三，YUI 框架参照了 C#、Java 等成熟的大型面向对象编程语言，为开发者提供了一种全新的事件处理模式——委托，以简洁的代码为开发者实现强大的功能，在降低 Web 项目资源损耗的同时提升开发效率。

本章就针对 YUI 框架进行的以上三点改进和增强，详细介绍了绑定事件、解绑事件、引用事件源、处理键盘、鼠标事件、DOM 渲染和阻止浏览器默认行为等重要的内容。除此之外，还在章尾介绍了 YUI 框架的委托机制，帮助开发者编写高效的代码。

第 10 章   操作样式表

在 Web 前端开发中，YUI 框架最重要的作用除了封装 HTML DOM 的对象和方法，为开发者提供统一的 API 接口以消弭不同 Web 浏览器之间 HTML DOM 的差异之外，还提供了统一的 CSS 样式表操作功能，并通过 CSS Reset 功能，重置和清除了 Web 浏览器之间的默认样式差异，最大限度避免了 Web 项目在不同操作系统平台下 Web 浏览器之间的兼容性问题。

另外，YUI 框架还提供了简化的动态布局工具，以预置的第三方样式表来辅助开发者对 Web 项目的各种界面元素进行快速布局，这些工具极大地降低了开发者在编写 Web 项目界面元素的样式时的工作量。

除此之外，YUI 框架还提供了一套简化的样式操作功能，帮助开发者快速对 Web 界面元素进行各种基本动画操作。

本章就将以 YUI 框架的 CSS 样式操作功能和简单操作功能为基础，帮助开发者了解 YUI 框架是如何操作样式表，通过这些功能简化 Web 前端开发，提升 Web 前端项目的兼容性和开发效率。

10.1   建立标准化样式

传统的 Web 开发依赖开发者自行编写各种结构代码、样式代码和脚本代码。虽然各 Web 浏览器厂商都逐渐接受了 W3C 对结构代码和样式代码的统一化标准，但是由于这些厂商开发的文档排版引擎本身原理不同，始终无法为开发者提供统一的解析效果。

尤其是所有 Web 浏览器都会对普通的 HTML 和 XHTML 标记定义一个默认的样式，例如段落的边距、一些特殊的内联语义元素的字体样式（加粗、倾斜）以及一些布局元素的缩进、边框等。由于这种默认样式本身没有一个统一的标准，因此，开发者开发出来的 Web 页在不同的 Web 浏览器下显示的效果往往有很大的区别。

基于以上理由，一些开发者开始尝试通过 CSS Hack 等小技巧来解决 CSS 兼容问题，但是这始终仅仅是临时的解决方案，真正一劳永逸地解决 CSS 兼容性问题只能通过 CSS 重置工具来实现。

10.1.1   CSS Reset

CSS Reset（CSS 重置工具）是一种针对不同 Web 浏览器对 HTML 和 XHTML 标记的默认样式进行修改和覆盖的技术，其原理就是针对 CSS 的标记选择器，使用第三方编写的 CSS 样式表进行覆盖，强制所有 Web 浏览器按照开发者定义的样式来解析 Web 文档。

1. 早期的 CSS Reset

最初促使开发者使用 CSS Reset 的重要原因就是当时两种市场份额最大的 Web 浏览器 Internet Explorer 和 Firefox 对一些标记的默认样式定义完全不同。

例如，在这两种 Web 浏览器默认的解析下，无序列表标记 UL 下的每个列表项目标记 LI 看起来都会相对于整个文档流缩进两个字符。但是，如果开发者需要对这种缩进进行修改，就会发现 Internet Explorer 下的列表项目标记 LI 默认以外边距的方式缩进，而 Firefox 下的列表项目标记 LI 则默认以内边距的方式缩进。

除了这种差异外，很多其他的标记解析也完全具有不同的标准。还例如，在 Internet Explorer 下所有位于超链接标记 A 之内的图像标记 IMG 都默认具有一像素的蓝色边框，而在其他 Web 浏览器中就没有此种设置。

随着众多厂商加入到 Web 浏览器的研发和发布中，当代主流的 Web 浏览器类型越来越多，开发者在调试 Web 文档的显示效果时，也不得不付出更多额外的精力。

一些高级前端开发者对以上这些问题深恶痛绝，因此开始通过对整个 Web 项目的全局编写统一的格式化样式表，以期解决这些问题。这种统一的格式化样式表，就是 CSS Reset 的前身。

早期开发者们编写的 CSS Reset 往往十分简单，其通过 CSS 的全局通配符来强制清除了 Web 页中所有 XHTML 和 HTML 标记的内外边距以及边框，代码如下。

```
* {
    padding: 0 ;
    margin: 0 ;
    border: 0 ;
}
```

以上的 CSS Reset 解决了无序列表 UL、定义列表 DT、表格 TABLE 和图像 IMG 等标记的部分问题，但又产生了一些新的问题，例如在早期的 Internet Explorer 浏览器下，如果应用了这一样式，则所有有序列表标记 OL 的列表项目的编号将全部消失。

同时，这种"一刀切"的办法也往往无法满足各种不同语言区域、不同书写习惯的开发者的需要，很多开发者都开始按照这一原理，针对自身的需求编写各种版本的 CSS Reset。对于一些高级开发者而言，编写功能更加强大且支持对更多标记的解析效果的 CSS Reset 就更加迫在眉睫。

2. YUI CSS Reset 的优点

YUI 框架针对更多开发者的 CSS 样式重置需要，深入研究了各平台版本的 Web 浏览器，编写了更加强大的 CSS Reset。YUI CSS Reset 具有以下几种特点。

- 避免使用全局通配符

相比早期的 CSS Reset，YUI 框架的 CSS Reset 并没有使用全局通配符"*"来匹配选择器，因此 YUI 框架的 CSS Reset 执行效率更高，渲染速度更快。

- 强制清除所有默认样式效果

早期的 CSS Reset 仅仅对全局所有元素的内外边距和边框进行了简单处理，并没有深入地研究各种浏览器针对具体某个标记进行的差异处理。YUI 框架的 CSS Reset 清除的默认样式效果更多，包括段落的行高、字体的尺寸等都有涉及，功能更强。

- 兼容绝大多数平台

YUI 框架的 CSS Reset 由雅虎前端团队的专家编写，并且经过了广泛的测试，适应绝大多数 Web 平台。

3. 加载 YUI CSS Reset

与加载 YUI 框架的脚本类似，YUI CSS Reset 也可以通过两种方式来加载，一种是通过 CDN 远程服务器加载，另一种则是通过本地加载。

- 通过 CDN 远程服务器加载

开发者可以像加载 YUI 框架脚本一样，通过雅虎的官方服务器加载 YUI 框架的 CSS Reset。例如，加载最新版本的 YUI 3.15.0 的 CSS Reset，代码如下。

```
<link rel="stylesheet" type="text/css" href="http://yui.yahooapis.com/
3.15.0/build/cssreset/cssreset-min.css">
```

- 通过本地加载

服务器访问互联网受限的开发者也可以从之前章节中获取 YUI 官方网站的 URL，下载完整版本的 YUI 框架代码，将其解压至本地磁盘，然后在 YUI 框架目录下的 build/yui/cssreset/ 子目录中查找 cssreset-min.css，将其加载到 Web 文档中。

应用 YUI 的 CSS Reset，开发者可以方便地清除 Web 浏览器对各种 Web 标记的解析效果。在下面的代码中，将根据现代 XHTML 标准来重制了蒂姆·伯纳斯-李爵士（Sir Tim Berners-Lee）在 1991 年编写的"World Wide Web"网页（原地址在：http://info.cern.ch/hypertext/ WWW/TheProject.html），如下所示。

```
<!DOCTYPE html PUBLIC '-//W3C//DTD XHTML 1.0 Strict//EN' 'http://www.w3.
org/TR/xhtml1/DTD/xhtml1-strict.dtd'>
<html xmlns='http://www.w3.org/1999/xhtml'>
<head>
<meta http-equiv='Content-Type' content='text/html; charset=utf-8' />
<title>The World Wide Web project</title>
</head>
<body>
    <h1>World Wide Web</h1>
    <p>
        The WorldWideWeb (W3) is a wide-area<a href="http://info.cern.ch/
hypertext/WWW/WhatIs.html" title="hypermedia"> hypermedia</a> information
retrieval initiative aiming to give universal access to a large universe
of documents.
    </p>
    <p>
        Everything there is online about W3 is linked directly or indirectly
to this document, including an <a title="executive summary" href="http://
info.cern.ch/hypertext/WWW/Summary.html"></a> of the project, <a title=
"Mailing lists" href="http://info.cern.ch/hypertext/WWW/Administration
```

```
/Mailing/Overview.html">Mailing lists</a> , <a title="Policy" href="http:
// info.cern.ch/ hypertext/WWW/Policy.html">Policy</a> , November's <a
title="W3 news" href="http://info.cern.ch/hypertext/WWW/News/9211.html">
W3 news</a> , <a title="Frequently Asked Questions" href="http://info.
cern.ch/hypertext/ WWW/FAQ/List.html">Frequently Asked Questions</a> .
    </p>
    <dl>
        <dt>
            <a title="What's out there?" href="http://info.cern.ch/
hypertext/DataSources/Top.html">What's out there?</a>
        </dt>
        <dd>
            Pointers to the world's online information, <a title="subjects"
href="http://info.cern.ch/hypertext/DataSources/bySubject/Overview.html
">subjects</a> , <a title="W3 servers" href="http://info.cern.ch/
hypertext/DataSources/WWW/Servers.html">W3 servers</a>, etc.
        </dd>
        <dt>
            <a title="Help" href="http://info.cern.ch/hypertext/WWW/Help.
html">Help</a>
        </dt>
        <dd>on the browser you are using</dd>
        <!--……-->
    </dl>
</body>
</html>
```

上面的代码完全根据现代 XHTML 标准修改了原版的"World Wide Web"网页，该页面本身并不包含任何样式，在 Internet Explorer 11.0 浏览器中，其所有元素都将以浏览器默认的解析方式显示，如图 10-1 所示。

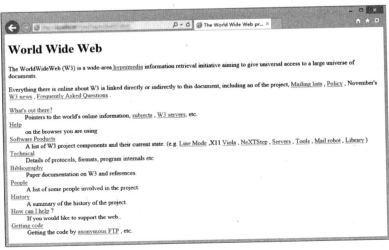

图 10-1 默认效果的 WWW 网页

在该 Web 文档的文档头标记 HEAD 内，开发者可以追加载入 YUI 框架的 CSS Reset 的代码，如下所示。

```
<link type="text/css" rel="stylesheet" href="../Scripts/yui/build/cssreset/cssreset-min.css" />
```

保存 Web 文档并刷新 Web 浏览器，即可发现 Web 浏览器预置的所有默认效果都已经被移除，如图 10-2 所示。

10.1.2　重建标准样式

除了清除 Web 浏览器默认为 XHTML 和 HTML 标记添加的样式以外，YUI 框架还内建了标准样式的支持，以绝大多数 Web 浏览器通用的方式来解析 Web 内容，包括设置各种标题、内容的字体尺寸、行高以及表格边框等效果，为终端用户提供一个基础的 Web 排版效果。

重建标准样式的好处是可以为 Web 浏览器内建基本的排版效果支持，无需开发者再自行编写一些简单的排版样式。重建标准样式需要依赖 YUI 框架的 CSS Base 样式表文件，开发者可以通过 YUI 框架的 CDN 服务器来获取这一文件，加载到当前 Web 文档中，代码如下。

```
<link type="text/css" rel="stylesheet" href="http://yui.yahooapis.com/3.15.0/build/cssbase/cssbase-min.css" />
```

除此之外，开发者也可以通过下载到本地的 YUI 框架源代码获取该文件，其位于 YUI 框架代码根目录下的 build/cssbase/子目录，名为 "cssbase-min.css"。

例如，为之前的 "World Wide Web" 网页添加 CSS 标准样式，保存文件后刷新 Web 浏览器，即可查看排版后的效果，如图 10-3 所示。

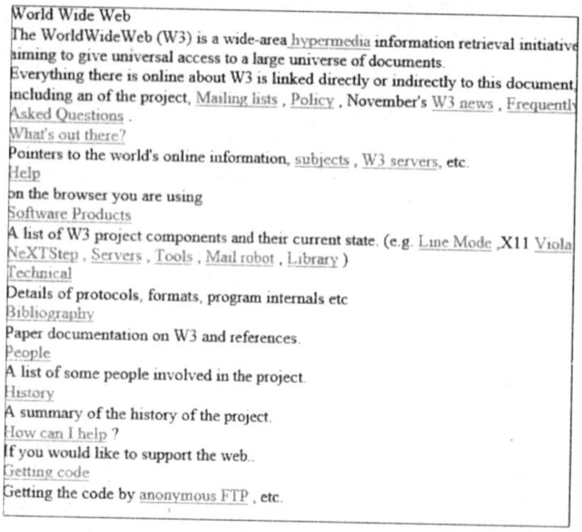

图 10-2　移除默认效果的 WWW 网页

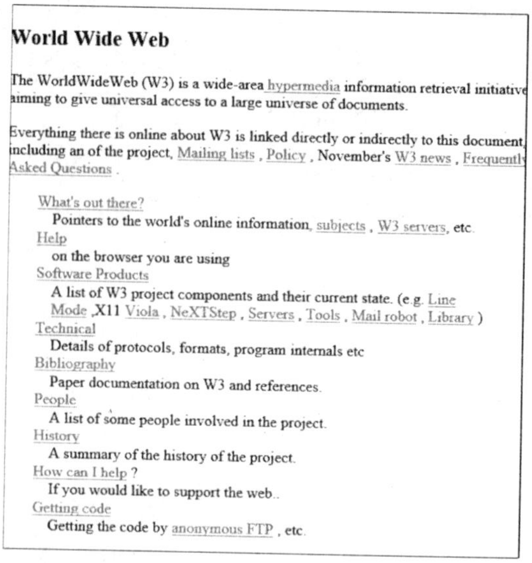

图 10-3　排版后的 World Wide Web

除了采用 YUI 框架的 CSS Base 样式表文件以外，开发者也可以根据自身需求，编写自己的标准样式，例如针对中文用户的书写习惯，设置段首缩进两个字符，代码如下。

```
p {
    text-indent : 2em ;
}
```

10.1.3　应用一致字体

不同语言版本的 Web 浏览器在解析 Web 文档时，会根据语言的字符特性来修改显示的字体尺寸。这种看似"合理"的解析方式对开发者而言是一个严重的问题。

例如，在 Internet Explorer 浏览器中解析英文的 Web 文档时，会默认设置页面基准字体尺寸为 13px，行高 16px，而在解析中文的 Web 文档时，则会默认设置页面基准字体尺寸为 16px，行高 24px。

另外，目前的主流 Web 浏览器对字体的尺寸解析方式也存在一些问题，例如，在中文环境下，Windows 版本的 Safari 浏览器默认采用 Times New Roman 字体和 Coursier New 字体来显示 Web 文档，而其他 Web 浏览器在 Windows XP 操作系统中默认使用宋体和新宋体显示 Web 文档，在 Windows Vista 及之后更新版本的 Windows 操作系统中默认使用微软雅黑和微软雅黑 Light 字体来显示 Web 文档。

如果开发者只需要维护单一语言版本的 Web 项目，这种问题尚不太严重。但是如果开发者需要维护多语言版本的 Web 项目，则这种解析方式有可能直接影响整个 Web 项目的布局效果以及终端用户的一致体验。

YUI 框架设计了一个 CSS Fonts 样式文件，用于对 Web 页中的文本内容进行标准化排版。开发者可以通过 YUI 框架的 CDN 服务器来获取这一文件，加载到当前 Web 文档中，代码如下。

```
<link type="text/css" rel="stylesheet" href="http://yui.yahooapis.com/
3.15.0/build/cssfonts/cssfonts-min.css" />
```

除此之外，开发者也可以通过下载到本地的 YUI 框架源代码获取该文件，其位于 YUI 框架代码根目录下的 build/cssfonts/子目录，名为"cssfonts-min.css"。

YUI CSS Fonts 样式表文件对整个 Web 文档的基准字体进行了如下配置，规划了各种标记以全局字体尺寸为基准的缩放比例，如表 10-1 所示。

表 10-1　YUI CSS Fonts 的基准设置

样式	CSS 属性	值
全局字体尺寸	font-size	13px
全局文本行高	line-height	1.231 倍（16px）
全局普通字体	font-family	arial , helvetica , clean , sans-serif
全局等宽字体	font-family	monospace

需要注意的是，以上的字体设置是基于英文的书写特点和字符特色，因此不太适合中文的 Web 文档设计。开发者如果需要开发基于中文的 Web 项目，还需要针对中文进行另

外的优化，在加载 YUI CSS Fonts 样式表文件后另外编写一份基于本地的 CSS 样式表，代码如下。

```
//优化全局中文字体尺寸以及添加中文字体，支持 Windows 和 Mac 系统
body {
    font : 12px/1.5 tahoma , arial , simsun , 'Microsoft YaHei' , 'Apple LiSung
Light' , sans-serif;
}
//优化表单交互组件的字体尺寸和中文字体，支持 Windows 系统和 Mac 系统
select , input , button , textarea {
    font : 99% tahoma , arial , simsun , 'Microsoft YaHei', 'Apple LiSung
Light' , sans-serif;
}
//优化特殊的等宽字体标记的字体，支持中文字体，支持 Windows 系统和 Mac 系统
pre , code , kbd , samp , tt {
    font-family : monospace , NSimSun 'Apple LiSung Light' ;
}
```

　　将以上 CSS 代码保存到 CSS 文件中，在加载 YUI CSS Fonts 之后另行加载，即可对中文 Web 项目进行优化显示。例如，将 YUI CSS Fonts 文件以及以上代码应用到 "World Wide Web" 文档中，效果如图 10-4 所示。

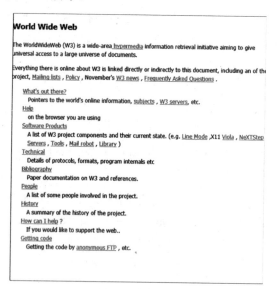

图 10-4　应用 YUI CSS Fonts 并优化中文显示的效果

10.2　网格化布局

　　传统的 Web 布局依赖表格或 CSS 样式表控制的文档节标记 DIV、定义列表 DL 等，开

发者在开发此类网页时，通常需要自行编写大量 CSS 样式表，实现多列内容的并列显示，例如设置布局元素为浮动、内联等。

然而，这些方法往往存在一些局限性，例如各 Web 浏览器由于对 CSS 样式表的解析方式不同，一些多列布局在某些特殊的 Web 浏览器下往往无法直接使用。因此，开发者必须通过复杂的兼容性代码来实现这一功能。

YUI 框架通过开发强适用性的 CSS 样式表，以简化的调用方式，帮助开发者创建多列布局和响应式布局，极大地简化了开发者编写 CSS 样式表的工作。其提供了 YUI CSS Grids 文件，用于辅助开发者定义多列布局，快速建立兼容主流 Web 浏览器且符合 Web 标准化的 Web 页。在使用 YUI CSS Grids 文件时，开发者需要通过 YUI 框架的 CDN 服务器来获取这一文件，加载到当前 Web 文档中，代码如下。

```
<link type="text/css" rel="stylesheet" href="http://yui.yahooapis.com/
3.15.0/build/cssgrids/cssgrids-min.css" />
```

除此之外，开发者也可以通过下载到本地的 YUI 框架源代码获取该文件，其位于 YUI 框架代码根目录下的 build/cssgrids/子目录，名为 "cssgrids-min.css"。

YUI CSS Grids 将符合多列布局的 Web 元素分为父元素和子元素，将父元素拆分为 24 个单元，允许开发者通过 Web 元素的规范化 class 属性值，来设置各子元素相对父元素的宽度，然后并列显示。

在这一规范中，需要开发者为父元素添加一个值为 "yui3-g" 的 class 属性，将该元素标识为多列布局的父元素，然后再为每一个需要多列布局的子元素添加一个符合 "yui3-u-x-y" 规范的 class 属性，其中，x 和 y 分别表示子元素占父元素全局宽度的分子和分母。

需要注意的是子元素的宽度分数值必须是 1/24 的整数倍数，否则 YUI 框架将无法对这些子元素进行布局。例如，某个子元素占父元素宽度的 50%，则其 class 属性应包含 "yui3-u-1-2" 的属性值；如某个子元素占父元素宽度的 3/8，则其 class 属性应包含 "yui3-u-3-8" 的属性值。

在下面的代码中，创建了一个包含 6 个子元素的无序列表，将其设置为某个 Web 站点的导航条，代码如下。

```
<div id="nav">
    <ul class="yui3-g">
        <li class="yui3-u-1-6">
            <a href="index.html" title="Index">Index</a>
        </li>
        <li class="yui3-u-1-6">
            <a href="news.html" title="News">News</a>
        </li>
        <li class="yui3-u-1-6">
            <a href="products.html" title="Products">Products</a>
        </li>
```

```
    <li class="yui3-u-1-6">
        <a href="support.html" title="Support">Support</a>
    </li>
    <li class="yui3-u-1-6">
        <a href="contacts.html" title="Contacts">Contacts</a>
    </li>
    <li class="yui3-u-1-6">
        <a href="aboutus.html" title="About Us">About Us</a>
    </li>
</ul>
</div>
```

YUI CSS Grids 也支持嵌套，其允许开发者将若干包含"yui3-g"以及"yui3-u-x-y"父子关系的 XHTML 或 HTML 结构嵌套在一起，组成复合架构。例如，在下面的代码中，就调用了 YUI CSS Grids 文件实现复合嵌套布局，代码如下。

```
<div id="full-wrap" class="yui3-g">
    <div id="aside" class="yui3-u-1-4">Aside Content</div>
    <div id="article" class="yui3-u-3-4">
        <div id="article-wrap" class="yui3-g">
            <div id="index" class="yui3-u-1-4">Article Index</div>
            <div id="section" class="yui3-u-3-4">Article Content</div>
        </div>
    </div>
</div>
```

10.3　简单动画交互

传统的 Web 开发往往更侧重于内容的显示，以内容为核心来设计 Web 项目。但是随着现代 Web 技术的发展，越来越多的开发者尝试使用 Javascript 脚本语言来编写各种动画效果，通过纯前端开发来实现类似 Flash 动画的效果，以统一的开发方式来满足各种不同类型设备的需求。

YUI 框架为开发者提供了基本的动画支持，其原理是封装原生 HTML DOM 中的 setInterval()全局方法和 clearInterval()全局方法，动态地改变 Web 元素的 CSS 样式。这一方式将复杂的 DOM 操作转变为几个简单的实例方法，并提供了丰富的扩展性，极大地降低了开发者的编码强度。

10.3.1　显示和隐藏元素

YUI 框架的 Node 类和 NodeList 类分别为开发者提供了设置 YUI Node 节点对象实例以及 YUI NodeList 节点对象集合中所有元素显示和隐藏的实例方法。

1．Web 元素的隐藏

YUI 框架为 Node 类和 NodeList 类提供了 hide()方法，用于将对应的节点对象实例和节点对象集合所有的 Web 元素隐藏起来。hide()方法原理是为该 Web 元素添加 style 属性，定义其 CSS 样式为"display:none"，并为其添加一个 YUI 框架的自定义属性 hidden，设置属性值为 hidden。

hide()实例方法不需要添加任何参数即可执行，其需要依赖 YUI 框架的 node 模块，例如，在下面的代码中，定义了一个按钮标记，如下所示。

```
<button type="button" id="hide-itself" class="button">单击我会让我隐藏起来
</button>
```

通过以上按钮代码的 id 属性将该按钮实例化为 YUI Node 节点实例，然后即可为其使用 hide()方法，代码如下。

```
YUI ( ).use ( 'node' , function ( Y ) {
    var yNodeHideButton = Y.one ( '#hide-itself' );
    //绑定鼠标单击事件
    yNodeHideButton.on ( 'click' , function ( ) {
        yNodeHideButton.hide ( );
    } );
} );
```

在单击以上的按钮之后，YUI 框架就会自动调用 hide()实例方法，将该按钮隐藏起来。

2．Web 元素的显示

与 hide()实例方法相对应，YUI 框架还为 Node 类和 NodeList 类提供了 show()实例方法，允许开发者在隐藏某个节点对象实例或某个节点对象集合后将其显示出来。show()实例方法的使用方式与 hide()方法的原理也完全相反，其将去除 Web 元素的 hidden 自定义属性，并清除该元素的"display:none"样式。

例如，在 Web 文档中存在一个日历表格，其 id 属性值为"calendar"，在表格下还存在两个按钮标记，其 id 属性值分别为"hide-calendar"和"show-calendar"，代码如下。

```
<table id="calendar">
    <!-- …… -->
</table>
<button type="button" id="hide-calendar" class="button">隐藏</button>
<button type="button" id="show-calendar" class="button">显示</button>
```

对之前隐藏自身按钮的代码进行稍微修改，即为两个按钮绑定事件。在事件中调用 hide()实例方法和 show()实例方法之后，即可控制日历表格的显示与隐藏的切换，代码如下。

```
YUI ( ).use ( 'node' , function ( Y ) {
    var yNodeCalendarTable = Y.one('#calendar');
    var yNodeHideButton = Y.one ( '#hide-calendar' );
```

```
    var yNodeShowButton = Y.one ( '#show-calendar' ) ;
    //绑定鼠标单击事件
    yNodeHideButton.on ( 'click' , function ( ) {
        yNodeCalendarTable.hide ( );
    } );
    //绑定鼠标单击事件
    yNodeShowButton.on ( 'click' , function ( ) {
        yNodeCalendarTable.show ( );
    } );
} );
```

3. 简单淡入淡出

直接调用 show()方法和 hide()方法只能强制 Web 元素突兀地显示或隐藏，如果开发者希望 Web 元素的这种显示效果更加美观，则可以在加载 YUI 框架时多调用一个 YUI transition 模块，然后再定义这两种方法的额外参数，通过额外参数来增强显示和隐藏的效果。

YUI 的 transition 模块主要功能是对原生 HTML DOM 的 setInterval()方法、clearInterval()方法等进行封装，用于各种动画的转换过渡效果支持，是实现各种动画效果的重要工具。

transition 模块对 YUI Node 类的 show()实例方法和 hide()实例方法进行了重构，增加了参数定义以及相关的动画功能，因此如果需要使用这些实例方法来制作各种带过渡效果的显示和隐藏，必须先调用 transition 模块。

transition 模块重构的 show()实例方法和 hide()实例方法允许开发者调用 YUI 内置的默认显示或隐藏动画，即淡入淡出效果，其需要为这两种方法添加一个逻辑值参数 true，然后，YUI 将自动以默认配置的方式来进行淡入淡出显示。

例如，在 Web 文档中添加两个按钮标记 BUTTON，并定义按钮标记的 id 属性为 "fade_out" 和 "fade_in"，同时定义一个图像标记 IMG，调用百度的 LOGO 图像，设置其 id 属性为 "baidu_logo"，代码如下。

```
<p>
    <button type="button" id="fade-out">淡出效果</button>
    <button type="button" id="fade-in">淡入效果</button>
</p>
<p>
    <img src="http://www.baidu.com/img/bdlogo.gif" id="baidu_logo" alt="
百度" />
</p>
```

然后，开发者即可在 Javascript 脚本代码中加载 YUI 框架的 node 模块和 transition 模块，通过为 show()方法和 hide()方法添加逻辑值参数的方式为按钮绑定淡入效果和淡出效果，代码如下。

```
YUI ().use ( 'node' , 'transition' , function ( Y ) {
    var yNodeImageBaidu = Y.one ( '#baidu_logo' );
```

```
    var yNodeFadeOutButton = Y.one ( '#fade_out' );
    var yNodeFadeInButton = Y.one ( '#fade_in' );
    //绑定淡出效果的事件
    Y.on ( 'click' , function ( yEvent ) {
        yNodeImageBaidu.hide ( true );
    } , yNodeFadeOutButton );
    //绑定淡入效果的事件
    Y.on ( 'click' , function ( yEvent ) {
        yNodeImageBaidu.show ( true );
    } , yNodeFadeInButton );
} );
```

在默认的逻辑值参数下，YUI 框架将强制定义淡入淡出效果的时间为 1 秒。在使用淡入淡出效果时，开发者必须先调用 transition 模块，否则任何 show()方法和 hide()方法的参数都不会起作用。

关于 transition 模块，YUI 框架为其增加了许多强大的动画过渡制作功能，开发者可以参照之后的小节来深入地学习。

10.3.2 拖曳元素

在一些具有复杂交互效果的 Web 文档中，开发者经常需要为用户提供更加灵活的操作模式，例如对 Web 元素进行拖曳等。原生的 HTML DOM 并未提供此类支持，因此，开发者往往需要自行编写复杂的业务逻辑代码来实现此类功能。

YUI 框架为 Node 类提供了一个 plug()方法，用于帮助开发者将各种插件绑定到 YUI Node 节点对象或 NodeList 节点对象集合上。然后，其又为开发者提供了 dd-drag 模块和 dd-plugin 模块，开发者提供简单的拖曳接口支持，以简化开发者的开发。

1．基本拖曳

YUI 框架为开发者提供了两种方式来实现基本的拖曳。一种是通过为 YUI Node 节点对象或 NodeList 节点对象集合添加插件的方式来实现拖曳，其需要加载 dd-plugin 模块，另一种方式则是直接根据选择器创建拖曳实例，其需要加载 dd-drag 模块。

- 加载拖曳插件

在实现基本拖曳时，需要开发者首先为 YUI 框架加载 dd-plugin 模块，然后再将拖曳的实例以插件的方式绑定到 YUI Node 节点对象或 NodeList 节点对象集合上，其使用方式如下所示。

```
DragNode.plug ( Y.Plugin.Drag ) ;
```

在上面的伪代码中，DragNode 关键字表示要加载拖曳插件的节点。例如，在 Web 文档中添加一个百度 LOGO 的图像标记 IMG，定义该标记的 id 属性，代码如下。

```
<img src="http://www.baidu.com/img/bdlogo.gif" id="baidu_logo" alt="百度" />
```

　　然后，开发者即可在 Javascript 脚本中加载 YUI 框架的 node 模块和 dd-plugin 模块，应用 plug()方法来绑定拖曳插件，代码如下。

```
YUI ().use ( 'node' , 'dd-plugin' , function ( Y ) {
    var yNodeDragImage = Y.one ( '#baidu_logo' );
    yNodeDragImage.plug ( Y.Plugin.Drag );
} );
```

- 创建拖曳实例

　　开发者也可以通过直接创建拖曳实例的方式来实现 Web 元素的拖曳。通过 dd-drag 模块下的 Drag()构造函数来创建可拖曳的实例，使用方式如下。

```
var Drag = new Y.DD.Drag ( { node : Selector } ) ;
```

　　在上面的伪代码中，Drag 关键字表示一个拖曳实例；Selector 关键字表示指定节点的 CSS 选择器。例如，对上一个代码案例进行略微修改，即可使用此方式来实现拖曳，代码如下。

```
YUI ().use ( 'dd-drag' , function ( Y ) {
    var yDDDragImage = Y.DD.Drag ( { node : '#baidu_logo' } );
} );
```

　　使用拖曳实例的方式来实现拖曳，适合处理简单的拖曳实例，但是由于这种方式创建的实例并非 YUI Node 实例，因此可能无法使用 YUI Node 实例的一些其他特性。在实际开发中，更推荐开发者采用第一种方式，以非破坏的、可逆的方式来为 YUI Node 实例添加行为。

2．限定拖曳区域

　　YUI 框架除了允许开发者根据指定的 Web 元素创建拖曳实例外，还允许开发者将该实例的拖曳范围限制在某一个指定的区域，禁止用户将其拖曳到该区域以外。

　　YUI 框架本身的插件机制十分灵活，其将对象的插件视为对象下的一个属性，允许开发者为这一属性再次绑定插件，以实现插件的插件功能。在之前已经介绍过以插件的方式来实现拖曳，其实开发者还可以插件的插件方式，将拖曳限制作为插件，绑定到 YUI Node 对象实例的拖曳插件上，此过程依赖 YUI 框架的 dd-plugin 模块和 dd-constrain 模块，具体实现如下所示。

```
DragNode.dd.plug ( Y.Plugin.DDConstrained , { constrain2node : Selector } ) ;
```

　　在上面的伪代码中，DragNode 关键字表示已加载拖曳插件的节点对象实例；Selector 关键字表示拖曳限制区域节点的 CSS 选择器。

　　例如，在下面的代码中，分别定义了两个 Web 元素，其中，第一个为文档节标记 DIV，第二个为图像标记 IMG，代码如下。

```
<div id="image-container">
```

```
    <img src="http://www.baidu.com/img/bdlogo.gif" id="baidu_logo" alt="
百度" />
</div>
```

然后，即可为这两个 Web 元素编写对应的 CSS 代码，定义其尺寸以及为文档节标记
DIV 设置一个背景色，以识别拖曳限制区域，代码如下。

```
#image-container {
    width: 400px;
    height: 400px;
    background-color: #f60;
}
#image-container #baidu_logo {
    background-color: #fff;
}
```

在此需要注意的是，限定移动的区域元素必须有一个指定的尺寸，且其尺寸必须大于
拖曳元素。在编写了 CSS 代码后，即可调用 dd-plugin 模块和 dd-constrain 模块，实现绑定，
代码如下。

```
YUI ().use ( 'node' , 'dd-plugin' , 'dd-constrain' , function ( Y ) {
    var yNodeDropImage = Y.one ( '#baidu_logo' );
    yNodeDropImage.plug ( Y.Plugin.Drag );
    yNodeDropImage.dd.plug ( Y.Plugin.DDConstrained ,
            { constrain2node : '#image-container'} );
} );
```

当然，开发者也可以用拖曳实例的方式绑定拖曳限制插件，其方式如下所示。

```
Drag.plug ( Y.Plugin.DDConstrained , { constrain2node : Selector } ) ;
```

在上面的伪代码中，Drag 关键字表示拖曳实例；Selector 关键字表示绑定限制区域的
Node 节点的 CSS 选择器。对上一个实例的 Javascript 代码略微修改即可实现限定拖曳区域，
如下所示。

```
YUI ().use ( 'dd-drag' , 'dd-constrain' , function ( Y ) {
    var yNodeDDDragImage = new Y.DD.Drag ( {node : '#baidu_logo'} );
    yNodeDDDragImage.plug ( Y.Plugin.DDConstrained , {constrain2node :
'#image-container'} );
} );
```

10.3.3　调整元素尺寸

YUI 框架为开发者提供了 Resize 插件，允许开发者进行简单的设置，为终端用户提供
可调整尺寸的 Web 元素。在此需要注意的是，仅有 CSS 样式中 position 属性值为 relative
的 Web 元素才可进行如此设置。

1．添加调整尺寸功能

与添加拖曳功能类似，开发者也可以通过两种方式为 Web 元素添加调整尺寸的功能，即为 YUI Node 节点加载调整尺寸插件，或直接建立可调尺寸的实例。

- 加载调整尺寸插件

开发者可以简单地通过加载 resize-plugin 模块的方式，为已经实例化的 YUI Node 节点添加调整尺寸插件，其方式如下。

```
ResizeNode.plug ( Y.Plugin.Resize ) ;
```

在上面的伪代码中，ResizeNode 关键字表示需要加载调整尺寸插件的 YUI Node 节点实例。例如，在 Web 文档中创建一个 id 属性值为"baidu_logo"的图像标记 IMG，代码如下。

```
<img src="http://www.baidu.com/img/bdlogo.gif" id="baidu_logo" alt="百度"
/>
```

在 CSS 样式表中，定义该标记的定位属性，代码如下。

```
#baidu_logo {
    position : relative ;
}
```

需要注意，虽然绝大多数 Web 标记默认的定位属性都是 relative，但是为防止意外发生，在此更加推荐开发者确认此属性值。

在定义完成 CSS 样式后，即可在 Javascript 脚本中加载 resize-plugin 模块，为该图像标记添加调整尺寸功能，代码如下。

```
YUI ().use ( 'node' , 'resize-plugin' , function ( Y ) {
    var yNodeResizeImage = Y.one ( '#baidu_logo' );
    yNodeResizeImage.plug ( Y.Plugin.Resize );
} );
```

开发者也可以在 CSS 样式表中专门定义一个 position 的 CSS 类，然后在添加调整尺寸功能时动态加载该属性，代码如下。

```
.position_relative {
    position : relative ;
}
```

最后对之前的代码略微修改，加上添加 CSS 样式的脚本，这样做更能够满足模块化开发的需要，代码如下。

```
YUI ( ).use ( 'node' , 'resize-plugin' , function ( Y ) {
    var yNodeResizeImage = Y.one ( '#baidu_logo' );
    yNodeResizeImage.addClass ( 'position_relative' );
    yNodeResizeImage.plug ( Y.Plugin.Resize );
```

```
} );
```

- 创建可调尺寸的实例

YUI 框架也支持开发者直接创建一个可调整尺寸的实例，通过该实例直接赋予 Web 元素调整尺寸的功能，其实现方式与创建拖曳实例类似，如下所示。

```
var Resize = new Y.Resize ( { node : Selector } ) ;
```

在上面的伪代码中，Resize 关键字表示可调尺寸的实例名称；Selector 表示调整尺寸的元素 CSS 选择器。但是与添加调整尺寸功能调用的模块有所区别，这种方式需要调用 resize 模块。例如，对上一个实例的脚本进行略微修改，代码如下。

```
YUI ( ).use ( 'resize' , function ( Y ) {
    var yNodeResizeImage = Y.one ( '#baidu_logo' );
    yNodeResizeImage.addClass ( 'position_relative' );
    var yResizeImage = new Y.Resize ( { node : '#baidu_logo' } ) ;
} ) ;
```

2. 限定调整尺寸范围

如果开发者需要限定某个 Web 元素在指定尺寸范围内可调，仍然可通过两种方式实现，这两种方式都需要额外调用 resize-constrain 插件。一种方式是为可调整尺寸的 Web 元素实例中的调整尺寸插件再添加一个尺寸范围插件，如下所示。

```
ResizeNode.resize.plug ( Y.Plugin.ResizeConstrained , {
    minWidth : MinimalWidth ,
    maxWidth : MaximalWidth ,
    minHeight : MinimalHeight ,
    maxWidth : MaximalHeight
} ) ;
```

在上面的伪代码中，ResizeNode 关键字表示已经添加调整尺寸功能的 Web 元素 YUI Node 节点实例；MinimalWidth 关键字表示其最小允许的宽度；MaximalWidth 关键字表示其最大允许的宽度；MinimalHeight 关键字表示其最小允许的高度；MaximalHeight 关键字表示其最大允许的高度。以上这四种关键字都应为数字，单位为像素。开发者至少应为 Web 元素设置其中任意一种限定数字。

例如，定义之前的图像标记 IMG 最小高度为 129 像素，最小宽度为 270 像素，代码如下。

```
YUI ( ).use ( 'resize' , 'resize-constrain' , function ( Y ) {
    var yNodeResizeImage = Y.one ( '#baidu_logo' );
    yNodeResizeImage.addClass ( 'position_relative' );
    yNodeResizeImage.plug ( Y.Plugin.Resize );
    yNodeResizeImage.resize.plug (
        Y.Plugin.ResizeConstrained , { minWidth : 270 , minHeight : 129 } ) ;
} ) ;
```

　　另一种方式是为定义的可调尺寸实例添加尺寸范围插件，其实现方式与为拖曳实例添加拖曳限定类似，如下所示。

```
Resize.plug( Y.Plugin.ResizeConstrained , {
    minWidth : MinimalWidth ,
    maxWidth : MaximalWidth ,
    minHeight : MinimalHeight ,
    maxWidth : MaximalHeight
} ) ;
```

　　在上面的伪代码中，Resize 关键字表示已经调整尺寸实例；MinimalWidth 关键字表示其最小允许的宽度；MaximalWidth 关键字表示其最大允许的宽度；MinimalHeight 关键字表示其最小允许的高度；MaximalHeight 关键字表示其最大允许的高度。以上这四种关键字都应为数字，单位为像素。开发者至少应为 Web 元素设置其中一种限定数字。

　　对上一示例进行略微修改，即可以这种方式来实现尺寸调整限定，代码如下。

```
YUI ( ).use ( 'resize' , function ( Y ) {
    var yNodeResizeImage = Y.one ( '#baidu_logo' );
    yNodeResizeImage.addClass ( 'position_relative' );
    var yResizeImage = new Y.Resize ( { node : '#baidu_logo' } ) ;
    yResizeImage.plug (
        Y.Plugin.ResizeConstrained , { minWidth : 270 , minHeight : 129 } ) ;
} ) ;
```

10.4　自定义过渡动画

　　在之前的小节中，已经介绍了 YUI 框架下的简单的一些动画交互效果，包括显示、隐藏、淡入淡出、拖曳以及调整尺寸等。其中，YUI 的淡入淡出需要引入一个名为 transition 的模块，通过为 show()方法和 hide()方法添加参数的方式来实现基本的淡入淡出效果。

　　实际上，YUI 框架通过 transition 模块对原生 HTML DOM 的 setInterval()、clearInterval()、setTimeout()以及 clearTimeout()等几种全局方法进行了封装，使其具有很多强大的功能，例如以指定的时间间隔来改变 Web 元素的各种状态等。transition 模块是绝大多数 YUI 框架下实现 CSS 动画的必备模块。

10.4.1　显示隐藏动画

　　之前小节中采用的是为 YUI Node 类以及 YUI NodeList 类的 show()方法和 hide()方法添加一个简单逻辑真（true）的方式来实现基本的淡入淡出。实际上 YUI 框架允许开发者为这两种方法添加更加复杂的参数，实现自定义的淡入淡出效果。

　　以 YUI Node 类以及 YUI NodeList 类的 show()方法为例，其支持开发者通过以下方式来进行自定义淡入淡出效果，代码如下。

```
Node.show ( TransType , ConfigData , Callback ) ;
```

在上面的伪代码中，Node 关键字表示需要应用淡入特效的 YUI Node 节点实例或 YUI NodeList 节点实例的集合；TransType 关键字表示显示时加载效果的类型；ConfigData 关键字表示一个对象，用于配置加载效果的各种属性；Callback 关键字表示该效果执行完成之后的回调函数。

YUI 框架允许开发者为此类方法的 TransType 关键字定义四种值，如表 10-2 所示。

表 10-2 显示隐藏动画的类型

名称	作用
fadeIn	show()方法默认值，淡入效果，逐渐增大透明度直至完全显示
sizeIn	逐渐增大尺寸直至完全显示
fadeOut	hide()方法默认值，淡出效果，逐渐减小透明度直至完全隐藏
sizeOut	逐渐减小尺寸直至完全消失

ConfigData 关键字本身应为一个对象，该对象自身的属性即这种显示隐藏效果的属性。对于以上四类动画效果，YUI 框架允许开发者为 ConfigData 关键字的对象定义一个 duration 属性，其值为显示隐藏动画的持续时间，单位为秒。

Callback 关键字所代表的回调函数，将在整个显示隐藏动画执行完毕之后再执行，开发者可以在该函数内定义一些代码，实现动画结束后的后续操作或命令（例如在消失后移除此元素，以及在显示前添加此元素等）。

例如，在 Web 文档中定义一个表单标记 FORM，为其添加一个段落标记 P，在其中创建用于控制显示和隐藏的按钮，然后为表单标记 FORM 添加数据集标记 FIELDSET，在其中添加几个表单组件，代码如下。

```
<form method="post" action="http://localhost/Test" id="user-info">
    <p>
        <button type="button" id="show-user-info">显示</button>
        <button type="button" id="hide-user-info">隐藏</button>
    </p>
    <fieldset id="formData">
        <legend>用户信息</legend>
        <p>
            <label>账户:</label>
            <input type="text" id="user-account" value="" />
        </p>
        <p>
            <label>年龄:</label>
            <input type="text" id="user-age" value="" />
        </p>
    </fieldset>
</form>
```

在 Javascript 脚本中为 id 属性值为"show-user-info"和"hide-user-info"的按钮绑定鼠

标单击事件，然后即可在单击事件的事件监听器中定义对数据集标记 FIELDSET 的自定义淡入淡出效果，并逐个在行为执行完毕后输出信息，代码如下。

```
YUI ().use ( 'node' , 'transition' , function ( Y ) {
    var yNodeForm = Y.one ( '#user-info' );
    var yNodeFieldset = Y.one ( '#formData' );
    var yNodeShowButton = Y.one ( '#show-user-info' );
    var yNodeHideButton = Y.one ( '#hide-user-info' );
    //绑定显示数据集标记的事件
    yNodeShowButton.on ( 'click' , function ( yEvent ) {
        //判断当数据集标记未存在于表单标记 FORM 中时
        if ( 1 === yNodeForm.get ( 'children' ).size () ) {
            //添加该数据集
            yNodeForm.append ( yNodeFieldset );
            //定义淡入效果
            yNodeFieldset.show ( 'fadeIn' , {duration : 2} , function () {
                console.log ( 'Load finished.' );
            } );
        }
        else{
            console.log ( 'Fieldset is already exist.' );
        }
    } );
    //判断当数据集标记未存在于表单标记 FORM 中时
    yNodeHideButton.on ( 'click' , function ( yEvent ) {
        //判断当数据集标记未存在于表单标记 FORM 中时
        if ( 1 === yNodeForm.get ( 'children' ).size () ) {
            console.log ( 'Fieldset does not exist.' );
        }
        else {
            //定义淡出效果
            yNodeFieldset.hide ( 'fadeOut' , {duration : 2} , function () {
                //回调函数移除数据集标记
                yNodeFieldset.remove ();
                console.log ( 'Fieldset Removed.' );
            } );
        }
    } );
} );
```

10.4.2　绑定自定义过渡动画

在之前的小节中已经介绍了一些简单的动画效果，这些动画往往都更加依赖 YUI 框架预置的一些简单方法来实现。实际上 YUI 框架还提供了强大的自定义过渡动画功能。

1. 绑定独立过渡动画

使用 YUI 框架的 transition 模块，开发者还可以实现更多自定义动画效果，其需要为 YUI Node 节点实例或 YUI NodeList 节点实例的集合添加 transition 实例方法，该实例方法的使用方式如下。

```
Node.transition ( ConfigData , Callback ) ;
```

在上面的伪代码中，Node 关键字表示需要绑定动画的 YUI Node 节点实例或 YUI NodeList 节点实例集合；ConfigData 关键字表示一个 YUI Transition 对象实例，用于定义自定义动画的参数；Callback 关键字表示执行动画完成后的回调函数。

transition()实例方法的原理是通过原生的 CSS 3 的过渡属性 transition 及其相关的子属性来实现过渡效果，因此，该方法的 ConfigData 对象实例允许开发者为其定义 CSS 3.0 的过渡子属性，具体包括以下四种，如表 10-3 所示。

表 10-3　ConfigData 对象实例的属性

属性	作用	属性值
duration	过渡效果持续时间	数字
delay	过渡效果起始的延迟	数字
easing	过渡效果的执行加速度曲线	字符串
CSSAttributes	其他需要实现过渡效果的 CSS 属性	对应的属性值

在表 10-3 中，easing 属性的属性值与 CSS 3.0 中的 transition-timing-function 属性值一致，其支持以下六种属性值，如表 10-4 所示。

表 10-4　ConfigData 对象实例的 easing 属性值

属性值	作用	对应具体函数数值
linear	匀速执行	cubic-bezier(0,0,1,1)
ease	默认值，慢速开始，快速执行，再慢速结束	cubic-bezier(0.25,0.1,0.25,0.1)
ease-in	匀加速执行	cubic-bezier(0.42,0,1,1)
ease-out	匀减速执行	cubic-bezier(0,0,0.58,1)
ease-in-out	渐加速再减速	cubic-bezier(0.42,0,0.58,1)
cubic-bezier (n,n,n,n)	自定义加速度函数	-

ConfigData 对象实例的 CSSAttributes 属性指代所有需要添加过渡的 CSS 属性的集合，其可以是高度（height）、宽度（width）、颜色（color）、定位位置（left、top、bottom、right）、透明度（opacity）等。

例如，在下面的代码中，在 Web 文档中定义了一个按钮标记 BUTTON，用于控制图像开始过渡效果，然后，又定义了一个图像标记 IMG，用于实现过渡效果，代码如下。

```
<p>
    <button type="button" id="start-move">开始移动</button>
</p>
<img src="http://www.baidu.com/img/bdlogo.gif" id="baidu_logo" alt="百度"
```

```
/>
```

为了确保图像的移动能够成功，需要在 CSS 中将图像设置为绝对定位，并设置其左侧
的位置为 0，代码如下。

```css
.position_absolute {
    position: absolute;
}

.left-0 {
    left: 0;
}
```

然后，再为按钮标记 BUTTON 绑定鼠标单击事件，在事件监听器中为图像标记 IMG
使用 transition()方法，通过定义 ConfigData 对象的方式，来创建一个可以从屏幕左侧匀速
移动到最右侧的动画，代码如下。

```javascript
YUI ().use ( 'node' , 'dom' , 'transition' , function ( Y ) {
    var yNodeStartMoveButton = Y.one ( '#start-move' );
    var yNodeEndMoveButton = Y.one ( '#end-move' );
    var yNodeBaiduLogo = Y.one ( '#baidu_logo' );
    //为图像添加 CSS 类，定义绝对定位和位置
    yNodeBaiduLogo.addClass ( 'position_absolute' );
    yNodeBaiduLogo.addClass ( 'left-0' );
    //为按钮添加鼠标单击事件，触发过渡动画
    yNodeStartMoveButton.on ( 'click' , function ( yEvent ) {
        //获取浏览器内容显示区域宽度和图像宽度
        var intCurrentScreenWidth = Y.DOM.docWidth ();
        var intBaiduLogoWidth = yNodeBaiduLogo.get ( 'width' );
        //定义动画效果
        yNodeBaiduLogo.transition ( {
            //持续时间 5 秒
            duration : 5.0 ,
            //匀速移动
            easing : 'linear' ,
            //定义移动的最终结果
            left : intCurrentScreenWidth - intBaiduLogoWidth + 'px'
        } );
    } );
} );
```

在上面的代码中，为了获取浏览器的内容显示区域尺寸，调用了 YUI 框架的 dom 模
块，使用了该模块下 DOM 类的 docWidth()静态方法。

开发者也可以修改 transition()方法的参数，设置动画起始的延迟时间为 2 秒，过渡时
间为 10 秒，然后设定图像标记 IMG 以匀加速的方式执行，并在过渡结束后通过回调函数，
在命令行中输出移动结束的信息，代码如下。

```
YUI ().use ( 'node' , 'dom' , 'transition' , function ( Y ) {
    var yNodeStartMoveButton = Y.one ( '#start-move' );
    var yNodeEndMoveButton = Y.one ( '#end-move' );
    var yNodeBaiduLogo = Y.one ( '#baidu_logo' );
    //为图像添加 CSS 类，定义绝对定位和位置
    yNodeBaiduLogo.addClass ( 'position_absolute' );
    yNodeBaiduLogo.addClass ( 'left-0' );
    //为按钮添加鼠标单击事件，触发过渡动画
    yNodeStartMoveButton.on ( 'click' , function ( yEvent ) {
        //获取浏览器内容显示区域宽度和图像宽度
        var intCurrentScreenWidth = Y.DOM.docWidth ();
        var intBaiduLogoWidth = yNodeBaiduLogo.get ( 'width' );
        //定义动画效果
        yNodeBaiduLogo.transition ( {
            //定义延迟时间 2 秒
            delay : 2.0 ,
            //持续时间 10 秒
            duration : 10.0 ,
            //匀加速移动
            easing : 'ease-in' ,
            //定义移动的最终结果
            left : intCurrentScreenWidth - intBaiduLogoWidth + 'px'
        } , function () {
            //移动完成后输出结果
            console.log ( 'Move finished.' );
        } );
    } );
} );
```

在较新的 Web 浏览器中，YUI 框架的过渡动画功能依赖于 CSS 3.0 的动画支持功能实现，此种实现方式效率较高，对浏览器资源的消耗也较少。然而由于一些旧版本的 Web 浏览器对 CSS 3.0 的支持不足，造成 YUI 框架将自动加载额外的退却代码，以旧的原生 Javascript 和 HTML DOM 方式来实现此类功能，最终将消耗较多的资源。

因此，开发者在使用 YUI 框架的自定义过渡动画功能时，应尽量确保终端用户使用较新版本的 Web 浏览器，否则应尽量避免使用这种功能。

2. 绑定混合动画

在一些特定的场合，开发者往往需要为某个 Web 元素添加多种过渡效果，此时，开发者需要针对 transition()方法的 ConfigData 参数进行再次定义，为其添加多种类型的 CSS 过渡属性。例如，对之前实例进行修改，在该图像标记移动的同时修改其透明度，使其在滑动的同时淡出消失，代码如下。

```
YUI ().use ( 'node' , 'dom' , 'transition' , function ( Y ) {
    var yNodeStartMoveButton = Y.one ( '#start-move' );
```

```
        var yNodeEndMoveButton = Y.one ( '#end-move' );
        var yNodeBaiduLogo = Y.one ( '#baidu_logo' );
        //为图像添加 CSS 类，定义绝对定位和位置
        yNodeBaiduLogo.addClass ( 'position_absolute' );
        yNodeBaiduLogo.addClass ( 'left-0' );
        //为按钮添加鼠标单击事件，触发过渡动画
        yNodeStartMoveButton.on ( 'click' , function ( yEvent ) {
            //获取浏览器内容显示区域宽度和图像宽度
            var intCurrentScreenWidth = Y.DOM.docWidth ();
            var intBaiduLogoWidth = yNodeBaiduLogo.get ( 'width' );
            //定义动画效果
            yNodeBaiduLogo.transition ( {
                //持续时间 5 秒
                duration : 5.0 ,
                //匀速移动
                easing : 'linear' ,
                //淡出消失
                opacity : 0 ,
                //定义移动的最终结果
                left : intCurrentScreenWidth - intBaiduLogoWidth + 'px'
            } );
        } );
    } );
```

在以上的实例中，仅对 transition()方法的 ConfigData 参数添加了一个 opacity 的属性，定义了最终过渡效果属性值为 0，然后，该图像开始移动时，就会自动地按照与移动加速度相同的方式降低透明度，两种过渡效果同时进行。

3. 步进过渡效果

如果开发者需要控制过渡动画的过渡进度，以逐步进行的方式过渡，则可以对每个 CSS 属性进行独立的过渡特性定义，单独定义诸如延迟、持续时间、加速度等，其方式如下。

```
Node.transition ( {
    CSSAttribute1 : {
        delay : Transition1Delay ,
        duration : Transition1Duration ,
        easing : Transition1Easing ,
        value : Transition1Value } ,
    CSSAttribute2 : {
        delay : Transition2Delay ,
        duration : Transition2Duration ,
        easing : Transition2Easing ,
        value : Transition2Value } ,
    ......
} , Callback ) ;
```

　　在上面的伪代码中，Node 关键字表示需要绑定动画的 YUI Node 节点实例或 YUI NodeList 节点实例集合；CSSAttribute1、CSSAttribute2 关键字表示步进过渡的 CSS 属性；Transition1Delay 、 Transition2Delay 关键字表示每个步进过渡的延迟时间；Transition1Duration 、 Transition2Duration 关键字表示每个步进过渡的持续时间；Transition1Easing、Transition2Easing 关键字表示每个步进过渡的加速度；Transition1Value、Transition2Value 关键字表示每个步进过渡的目标值；Callback 关键字表示执行动画完成后的回调函数。

　　例如，将上一示例中的移动淡出动画修改为步进方式，向右移动 5 秒，然后 2 秒钟淡出，即可采用分段计算延迟的方法实现，代码如下。

```
YUI ().use ( 'node' , 'dom' , 'transition' , function ( Y ) {
    var yNodeStartMoveButton = Y.one ( '#start-move' );
    var yNodeEndMoveButton = Y.one ( '#end-move' );
    var yNodeBaiduLogo = Y.one ( '#baidu_logo' );
    //为图像添加 CSS 类，定义绝对定位和位置
    yNodeBaiduLogo.addClass ( 'position_absolute' );
    yNodeBaiduLogo.addClass ( 'left-0' );
    //为按钮添加鼠标单击事件，触发过渡动画
    yNodeStartMoveButton.on ( 'click' , function ( yEvent ) {
        //获取浏览器内容显示区域宽度和图像宽度
        var intCurrentScreenWidth = Y.DOM.docWidth ();
        var intBaiduLogoWidth = yNodeBaiduLogo.get ( 'width' );
        //定义动画效果
        yNodeBaiduLogo.transition ( {
            left : {
                //持续时间 5 秒
                duration : 5.0 ,
                //匀速移动
                easing : 'linear' ,
                //定义移动的最终结果
                value : intCurrentScreenWidth - intBaiduLogoWidth + 'px'
            } ,
            opacity : {
                //延迟 5 秒
                delay : 5.0 ,
                //持续时间 2 秒
                duration : 2.0 ,
                //匀速淡出
                easing : 'linear' ,
                //定义淡出的最终结果
                value : 0
            }
        } );
    } );
} );
```

```
} );
```

4．步进过渡效果的处理

由于 transition()方法仅支持对整体的过渡动画定义回调，因此不能为开发者提供每一个步骤开始和结束时处理业务的功能。开发者如果希望在这些步进过渡的同时来进行业务处理功能，则需要为每一个过渡效果的 CSS 属性额外添加一个 on 属性，通过该属性以内置属性的方式绑定 end 事件，其方式如下。

```
CSSAttribute : {
    on : {
        end : function ( ) {
            Sentences ;
        }
    }
}
```

在上面的伪代码中，CSSAttribute 关键字表示过渡的 CSS 属性；Sentences 关键字表示步进过渡结束之后执行的语句。

例如，对上一实例进行修改，定义图像标记 IMG 在移动过程结束后输出"Move finished."，在淡出结束后输出"Fadeout finished."，在最后，通过回调函数的方式输出"All transition finished."，标识整个过渡事件的阶段，代码如下。

```
YUI ().use ( 'node' , 'dom' , 'transition' , function ( Y ) {
    var yNodeStartMoveButton = Y.one ( '#start-move' );
    var yNodeEndMoveButton = Y.one ( '#end-move' );
    var yNodeBaiduLogo = Y.one ( '#baidu_logo' );
    //为图像添加 CSS 类，定义绝对定位和位置
    yNodeBaiduLogo.addClass ( 'position_absolute' );
    yNodeBaiduLogo.addClass ( 'left-0' );
    //为按钮添加鼠标单击事件，触发过渡动画
    yNodeStartMoveButton.on ( 'click' , function ( yEvent ) {
        //获取浏览器内容显示区域宽度和图像宽度
        var intCurrentScreenWidth = Y.DOM.docWidth ();
        var intBaiduLogoWidth = yNodeBaiduLogo.get ( 'width' );
        //定义动画效果
        yNodeBaiduLogo.transition ( {
            left : {
                //持续时间 5 秒
                duration : 5.0 ,
                //匀速移动
                easing : 'linear' ,
                //定义移动的最终结果
                value : intCurrentScreenWidth - intBaiduLogoWidth + 'px' ,
                //定义起始和结束的输出
                on : {
                    end : function () {
```

```
                console.log ( 'Move finished' );
            }
        }
    } ,
    opacity : {
        //延迟 5 秒
        delay : 5.0 ,
        //持续时间 2 秒
        duration : 2.0 ,
        //匀速淡出
        easing : 'linear' ,
        //定义淡出的最终结果
        value : 0 ,
        //定义起始和结束的输出
        on : {
            end : function () {
                console.log ( 'Fadeout finished' );
            }
        }
    }
} , function () {
    //最终输出
    console.log ( 'All transition finished.' );
} );
} );
```

10.5　小　　结

　　YUI 框架本身对原生 HTML DOM 进行了深度封装,其除了可以管理和优化 Javascript 脚本代码以外,也继承和强化了原生 HTML DOM 对 CSS 样式表的各种操作功能,通过统一的、协调一致的代码开发方式来辅助开发者优化 Web 界面。

　　本章详细介绍了 YUI 框架在三个方面对 CSS 样式表的操作功能,包括浏览器默认样式的重置、重建和统一,对 Web 元素的一些基本交互功能的实现,以及自定义过渡动画。

　　作为一款强大的前端开发框架,YUI 还有许多针对 Web 界面的强化开发功能,这些功能依赖开发者自行去挖掘和研究,最终开发出富交互性的 Web 项目。

第 11 章　异步数据交互

在传统的 Web 项目中，如果 Web 前端脚本需要获取后端提供的数据，只能通过提交数据请求并同步刷新整个页面的方式来实现。为了尽量减轻服务器的压力，很多这类项目都不得不采用框架技术，将需要刷新的内容放置在框架中，尽可能地缩减刷新请求数据的范围。

微软公司的 Internet Explorer 4.0 浏览器最先着手解决这一问题，其通过引入一个 ActiveX 控件来执行异步的 HTTP 请求，以名为 XMLHttpRequest（XHR）的对象来实现异步的数据交互，该对象随后被几乎所有的 Web 浏览器所支持，并在 2005 年正式成为业界通行的技术标准，为众多著名的 Web 开发项目所使用。

YUI 框架本身内建了对异步数据交互技术的支持，通过其内置的 IO 类来对经典的 XHR 对象进行封装，以更加简单的方式为开发者提供异步数据交互的开发接口，提高开发的效率。除此之外，开发者也可以通过 YUI Node 类的一些实例方法，简单地进行异步加载的操作。

本章将针对 YUI 框架的特色，详细介绍异步数据交互的概念和原理，以及 YUI 框架内建的异步数据交互机制等内容，辅助开发者更好地和后端数据结合，开发出完整的 Web 项目。

11.1　异步数据交互初探

计算机程序的本质就是对各种数据进行处理，Web 项目作为计算机程序的一个延伸，也不例外。Web 项目与普通计算机程序的联系在于，普通计算机程序往往涵盖人机交互和数据处理两个部分，而 Web 项目中又可分为前端和后端，其中前端主要的作用就是处理人机交互，而后端则主要用于数据处理，这两者之间默认会通过 HTTP 协议或 HTTPs 协议来进行通信。在学习异步数据交互之前，开发者首先应该了解一些基本知识。

11.1.1　HTTP 协议

HTTP（Hypertext Transfer Protocol，超文本传输协议）是整个万维网数据通信的基础，几乎所有的 Web 站点都依赖这一协议实现数据的通信和传输。HTTP 协议还有一个改进的加密安全版本 HTTPs，其对 HTTP 协议传输的数据进行了进一步的安全加密，以保障通信的数据安全。

基本的 HTTP 协议以如下的方式进行数据的通信，如图 11-1 所示。

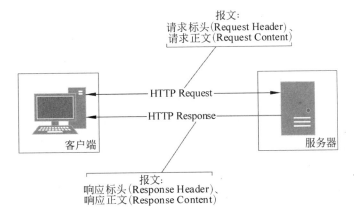

图 11-1　HTTP 协议的通信方式

　　报文网络中交换与传输的数据单元即为站点一次性要发送的数据块。报文包含了将要发送的完整的数据信息，其长度不限且可变。在实际的 HTTP 协议通信中，客户端每向服务器请求一条数据、一个文件都会提交一次 HTTP 请求。

1．HTTP 协议的请求和相应

　　在 HTTP 协议中，当客户端向服务器发出请求时，会向服务器提交一个请求报文。而服务器在处理完成请求后，也会向客户端发送一个响应报文。这两种报文都会包含两部分信息，即标头和正文。

- 请求标头（Request Header）

　　请求标头的作用是向服务端提供本次 HTTP 请求时的一些基本信息，包括请求的方法、客户端程序的类型、允许支持的数据类型、Cookie 支持信息等数据。以 Internet Explorer 11.0 向百度搜索引擎进行一次访问请求为例，其标头如表 11-1 所示。

表 11-1　IE 11.0 向百度发出的 URL 访问请求的标头

键	值
请求	GET http://www.baidu.com/ HTTP/1.1
Accept	text/html, application/xhtml+xml, */*
Accept-Language	en-US,en;q=0.8,zh-Hans-CN;q=0.5,zh-Hans;q=0.3
User-Agent	Mozilla/5.0 (Windows NT 6.3; Win64; x64; Trident/7.0; rv:11.0) like Gecko
UA-CPU	AMD64
Accept-Encoding	gzip, deflate
Proxy-Connection	Keep-Alive
DNT	1
Host	www.baidu.com
Pragma	no-cache
Cookie	BAIDUID=1E871487585E4043E992EBC69BC87BE5:FG=1; cflag=65535:1; H_PS_PSSID=5646_1441_5225_5287_5722_5848_4262_5830_4760_5659_5856_5733_5840; BD_CK_SAM=1

　　在上面的表格中，内容第一行的"请求"信息为请求标题（Request Line），其阐述了本次请求的方法、URL 地址以及协议等基本信息，其他内容则阐述了本次请求的各种负数

信息，如请求的数据 MIME 类型、支持的语言、浏览器信息等，这些信息都将被服务器接收，并反馈给客户端。

- 请求正文（Request Content）

请求正文为客户端在向服务器发送请求时传递给服务器，需要服务器端程序处理的具体数据内容。在一般的访问请求（Get 方法）下，请求正文往往为空；而在一些提交数据的请求（Post 方法）下，请求正文将为一个对象，其将会向服务器发送需要服务器处理的具体数据。

例如，在一个用户注册页面的数据提交请求中，请求正文会包含注册时用户填写的账户、密码、确认密码等信息。

- 响应标头（Response Header）

响应标头是服务器在处理请求完成后反馈给客户端的基本信息，其体现了服务器向客户端传递的本次响应操作的一些状态。例如，在之前的访问百度搜索引擎页面时的请求之后，百度的服务器将会反馈给客户端如下信息，如表 11-2 所示。

表 11-2　百度向 IE 11.0 反馈的 URL 访问响应的标头

键	值
响应	HTTP/1.1 200 OK
Date	Wed, 02 Apr 2014 06:17:21 GMT
Content-Type	text/html
Connection	Keep-Alive
Vary	Accept-Encoding
Expires	Wed, 02 Apr 2014 06:16:25 GMT
Cache-Control	private
Server	BWS/1.1
BDPAGETYPE	1
BDQID	0xdc48afb1000033fb
BDUSERID	0
Set-Cookie	BDSVRTM=0; path=/
Set-Cookie	H_PS_PSSID=5646_1441_5225_5287_5722_5848_4262_5830_4760_5659_5856_5733_5840; path=/; domain=.baidu.com
Content-Length	53948

在表 11-2 中，内容的第一行被称作状态标题（Status Line），用于阐述本次反馈的状态信息，之后的内容则描述本次发出反馈的服务器的信息以及当前反馈的各种状态。

- 响应正文（Response Content）

响应正文是服务器向客户端传递的处理完成后反馈的主要数据，其可以是 HTML 文档、各种用于 Web 项目的多媒体文件等。

2．HTTP 协议的方法

HTTP 协议提供了两种方法用于客户端和服务器端之间传输数据，即 Post 方法和 Get 方法。这两种方法也是所有客户端和服务器端之间传输数据的基本方法。

所谓 Web 客户端和服务器端的通信，依赖的就是这两种方法。在 HTML 语言的表单标记 FORM 中，其 method 属性对应的值就是这两种方法。

（1）Post 方法

Post 方法的作用是向指定的服务器端资源提交要被处理的数据，其可以向服务器端发送一个存储多种类型信息的对象，通过该对象中的属性来实现数据的传递。如果开发者使用 Web 浏览器的开发者工具来抓取 Post 方法向服务器端传输的数据，那么大概可以捕获到的报文如下所示。

```
POST Path HTTP/1.1
Host: HostName
Key1=Value1&Key2=Value2……
```

在上面的伪代码中，**Path** 关键字表示 Post 方法请求的具体路径；HostName 关键字表示请求的主机域名或 IP 地址；Key1、Key2 等关键字表示传输的键名；Value1、Value2 等关键字表示传输键名对应的值。

例如，向本地主机 127.0.0.1 下的 Test/test.php 地址传输两个值，分别为用户的帐户名 account，其值为"SeraChain"，密码 password，其值为"123456"，那么其传递的代码应如下所示。

```
POST /Test/test.php HTTP/1.1
Host: 127.0.0.1
account=SeraChain&password:123456
```

Post 方法本身具有以下几种特性：
- Post 方法的请求不会被缓存。
- Post 方法的请求也不会被保留到 Web 浏览器的历史记录中。
- Post 方法的请求生成的页面不能被收藏到 Web 浏览器的收藏夹中。
- Post 方法的请求对数据的长度没有要求。

因此，如果开发者的服务器无法使用缓存文件，或需要用户上传某些指定类型的文件，再或者需要发送包含位置类型字符的数据时，必须使用 Post 方法来传递数据。Post 方法更适合处理一些向服务器提交的重要类型数据，其传递数据的方式更加可靠和安全。

Post 方法支持多种类型的编码，诸如 application/x-www-form-urlencoded、multipart/form-data 等类型的编码都可以被应用到 Post 方法中，可以传递字符串，也可以传递二进制数据。

（2）Get 方法

Get 方法的作用是从指定的服务器资源请求数据，其可以较快的速度从服务器获取简单的数据，通过一个简单的键/值字符串来传递数据，实现前后端数据交互。Get 方法必须通过 URL 来传递或请求数据，使用 Get 方法将获取到字符串格式的数据，如下所示。

```
Path?Key1=Value1&Key2=Value2……
```

在上面的伪代码中，**Path** 关键字表示请求的服务器中指定的路径；Key1、Key2 关键字表示请求的键；Value1、Value2 关键字表示请求的值。

例如，以 Get 方法的方式向本地主机 127.0.0.1 下的 Test/test.php 地址传输两个值，分别为用户的帐户名 account，其值为"SeraChain"，密码 password，其值为"123456"，那么其传递的值应如下所示。

```
Test/test.php?account=SeraChain&password=123456
```

Get 方法本身具有以下几种特性：
- 相对 Post 方法而言，Get 方法的速度稍快。
- Get 方法的请求可以被缓存。
- Get 方法的请求会被保留到 Web 浏览器的历史记录中。
- Get 方法的请求生成的页面可以被收藏到 Web 浏览器的收藏夹中。
- 由于 Get 方法传输的数据都会被以明文的方式显示在 URL 中，因此 Get 方法不适合在处理一些敏感数据时使用（诸如用户的密码等）。
- Get 方法具有长度的限制，通常情况下进支持不超过 2048 个字符的数据传递。

Get 方法更适合从 Web 服务器中取回一些非敏感类型的数据，以较快的速度来将这些数据加载到 Web 页中。如果需要向服务器提交一些复杂而敏感的数据，则不应使用 Get 方法。

Get 方法仅支持 application/x-www-form-urlencoded 类型的编码，只允许传输普通字符串。

11.1.2　传统的同步数据交互

在传统的 Web 项目中，前端与后端的数据交互更多地依赖表单提交来实现，也就是说，前后端数据的交互更多是以同步的方式来实现，如图 11-2 所示。

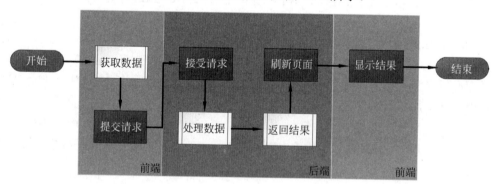

图 11-2　传统的同步数据交互流程

在这种流程下，前端脚本承担获取数据并向后端提交数据请求的任务，而后端则承担处理数据返回结果的业务，再刷新页面，以同步的方式返回给前端，由前端来显示结果的业务。

这种数据交互的方式存在以下两个问题。

首先，前端与后端任何的数据交互需求（哪怕是提交一个小小的字符串），都必须强制用户刷新整个 Web 页面，向服务端请求完整的页面数据，因此其会给服务器造成极大的压力，提升 Web 项目中的服务器流量成本。

　　另一方面，这种笨拙的数据交互方式需要不断地向后端程序请求整个 Web 文档，造成大量重复而无意义的加载。Web 文档的文件尺寸越大，这种请求让用户等待的时间就越长，在一定程度上降低了用户体验。尤其在当用户提交的表单交互较为复杂时（如果需要用户填写大量的表单内容），一旦有一个内容填写错误，用户不得不重新填写整个表单的所有内容。

　　以上这两个问题直接影响了 Web 项目的运维成本以及用户交互的体验，因此，开发者们不得不依赖一些更加复杂而高成本的实现方式来规避这些问题。例如，通过弹出窗口、嵌入帧等方式来确认用户输入的内容（例如验证用户注册账户名称是否重复），或者将一个大型的表单拆分为多个页面等。

　　这些复杂的实现方式虽然能够暂时缓解这些压力，但是终究不是最优雅的解决方案。因此，很多开发者以及 Web 浏览器厂商都在寻找更加完善的解决方案。

11.1.3　异步数据交互

　　异步数据交互是现代 Web 开发的一种重要的前后端数据交互技术，其特点是通过简洁而快速的数据传递，降低前后端数据交互的压力，提高数据交互的效率。

1. 异步数据交互的发展

　　异步数据交互技术本身最初并非来自于 Web 项目，而是由微软公司的 Outlook Web Access 小组在 1998 年开发，是为 Exchange Server 编写的一个由客户端脚本发送 HTTP 请求的工具，并作为 Exchange Server 的一个组件发布。

　　随后，微软公司迅速将其加入了 Internet Explorer 4.0 浏览器中，成为该浏览器的一个新特性。在该浏览器中，提供了一个名为 XMLHttpRequest（XHR）的对象 API，允许开发者通过该对象的属性和方法请求后端数据，在不刷新整个页面的情况下以脚本获取数据，显示到前端页面中。

　　然而，在浏览器大战的时代，由于这一技术并未被所有的 Web 浏览器所支持（例如同时代的 NetScape 就不支持这一技术），因此这一技术最初并未被推广开来。

　　这种状况在 2005 年初突然有了一个较大的改观，设计师 Jesse James Garrett（用户体验咨询公司 Adaptive Path 的创始人之一，也是"视觉词典"这一概念的发明者）首先提出了"Asynchronous JavaScript and XML"（基于异步交互的 Javascript 脚本和 XML，简称 Ajax 技术）这一概念，并为诸多大型 Web 项目所使用。

　　异步交互的需求，促使越来越多的 Web 浏览器开始加入这一部分功能，以后发布的各种 Web 浏览器（例如 Mozilla Firefox、老牌的 Opera 以及 Apple Safari 等）都逐步地添加了类似支持，提供了 XMLHttpRequest（XHR）对象接口供开发者调用。

　　如今，这一技术已经成为 W3C 指定的 HTML DOM 技术的标准，为所有 Web 浏览器以及依赖 Web 浏览器核心的设备所支持，成为前端开发项目中必备的技术。

2.异步数据交互的原理

异步数据交互的原理实际上十分简单,其通过前端脚本来向后端直接提交交互的需求,然后通过 HTML DOM 中的 XMLHttpRequest(XHR)对象直接从后端程序获取 XML 架构的结构数据,然后在不刷新页面的同时通过 HTML DOM 的标准 DOM 操作接口来写入到当前页面中,如图 11-3 所示。

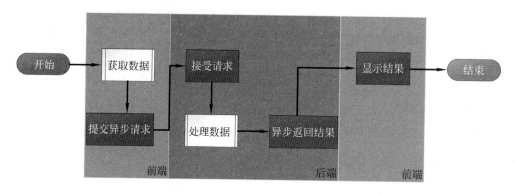

图 11-3　异步数据交互的原理

在异步数据交互的过程中,前端脚本并非通过传统的 HTTP Get 或 HTTP Post 方法来获取和传递数据,而是通过异步的 XHR Get 或者 XHR Post 方式传递数据,数据的格式也不再是 Get 或 Post 对象而是基于 XML 架构的结构化数据。

异步数据交互解决了传统同步数据交互的两大问题,由于其传递的是纯结构化的 XML 数据,因此相比传递整个 Web 页面的各种文本、图像、音频、视频、动画等多媒体内容和大量的 CSS 样式表、Javascript 脚本,其效率更高,对网络资源占用更少,有效地降低了 Web 服务器的压力和 Web 项目运维的流量成本,将 Web 服务器的运算效能释放出来,以应用到更多更复杂的其他数据处理业务上。

同时,由于异步数据交互仅仅处理整个 Web 文档中的局部内容,而并非刷新所有页面,因此在异步数据交互的同时,并不会影响到用户的其他浏览体验,用户完全可以浏览和操作页面内的其他内容和组件,大为提升了用户的交互体验。

在一些由复杂交互组件组成的 Web 页中,开发者可以借助大量的异步数据交互,将用户的每一步操作拆分开来,实现用户交互一次就进行一次数据请求,即时验证用户的操作并提供反馈。

如今,一些 Geek 类的开发者在开发 Web 项目时甚至极端地完全摒弃传统的 HTTP Get 和 HTTP Post 方法,将整个项目在一个单页面内运行,通过大量的异步数据交互来解决页面内数据的提交、处理和转换(例如基于 jQuery 框架的 Ember.js 就以此种方式来实现)。使用异步数据交互也成为了前端开发者必备的技能。

11.2　获取和显示数据

YUI 框架对经典的 XMLHttpRequest(XHR)对象进行了封装,通过多种途径来为开发者提供异步的数据交互功能。

11.2.1　加载静态数据

YUI 框架为 Node 类和 NodeList 类提供了一个名为 load()的实例方法，通过该方法以最简单的方式来加载静态数据，同时将静态数据插入到 Web 文档中，其使用方式如下。

```
Node.load ( URL , Selector , Callback ) ;
```

在上面的伪代码中，Node 关键字表示需要加载静态数据的 YUI Node 节点实例或 NodeList 节点实例集合；URL 关键字表示加载的静态数据源的 URL 地址，其可以是普通的文本文件，或 HTML、XML 格式的结构化文档在互联网上的 URL 地址；Selector 关键字表示当加载的静态数据源为 HTML 格式数据时，在该数据源中进一步通过 CSS 选择器筛选节点内容；Callback 关键字表示加载完成后执行的回调函数。

load()实例方法的特点就是将整个异步数据交互进行高级封装，在一个最简单的方法中，将原生 Javascript 中复杂的 XMLHttpRequest 对象参数全部隐藏起来，这样，开发者只需要定义几个简单的参数，即可实现加载数据。

需要注意的是，在使用 load()实例方法时，需要额外加载 YUI 框架的 node-load 模块(即使已经加载了整个 node 模块)。

1．加载整个外部数据源文档

如果开发者需要加载的仅仅是简单的整个外部数据文档，则可以直接定义 load()实例方法的第一个参数，即数据源的 URL 地址，然后，将剩下的异步加载工作完全委托给 YUI 框架来做。

例如，在 Web 文档中存在一个带有 id 属性的表格标记 TABLE，其中定义了若干图书信息的数据列，并包含一个加载数据的按钮标记 BUTTON，代码如下。

```
<table id="book_table">
    <caption>图书列表</caption>
    <thead>
    <tr>
        <th>ISBN</th>
        <th>标题</th>
        <th>作者</th>
        <th>售价</th>
    </tr>
    </thead>
    <tfoot>
    <tr>
        <td colspan="4">
            <button type="button" id="load_data">加载最新数据</button>
        </td>
    </tr>
```

```
        </tfoot>
        <tbody>
        </tbody>
    </table>
```

在上面的代码中，表格主体标记 TBODY 的内容为空，开发者可以在服务器的 Web 发布目录下建立一个简单的仅包含表格行和单元格的 html 文件，代码如下。

```
    <tr>
        <td>9787302251163</td>
        <td>Excel 2010 办公应用从新手到高手</td>
        <td>杨继萍、吴军希、孙岩</td>
        <td>45</td>
    </tr>
    <tr>
        <td>9787302241812</td>
        <td>PowerPoint 2010 办公应用从新手到高手</td>
        <td>杨继萍、吴军希、孙岩</td>
        <td>43.8</td>
    </tr>
    <tr>
        <td>9787302241799</td>
        <td>网页设计与制作(CS5 中文版）从新手到高手</td>
        <td>杨敏、王英华</td>
        <td>49</td>
    </tr>
    <tr>
        <td>9787302249580</td>
        <td>Visio 2010 图形设计从新手到高手</td>
        <td>杨继萍、吴军希、孙岩</td>
        <td>46</td>
    </tr>
```

假设将以上的内容保存在本地服务器的 Web 发布目录下的 Test/Data 子目录中，并命名为"books.html"，则该 html 文件的实际完整目录应为"http://localhost/Test/Data/books.html"。

完成以上操作后，即可在 Javascript 代码中加载 node 模块和 node-load 模块，为按钮绑定鼠标单击事件，在事件中为表格的主体标记 TBODY 添加 load()实例方法，加载之前定义的外部 html 文件，代码如下。

```
YUI ().use ( 'node' , 'node-load' , function ( Y ) {
    var yNodeTableBody = Y.one ( '#book_table tbody' );
    var yNodeLoadButton = Y.one ( '#load_data' );
    //为加载按钮绑定鼠标单击事件
    yNodeLoadButton.on ( 'click' , function ( yEvent ) {
        //在事件中加载外部数据源，插入到表格主体中。
```

```
      yNodeTableBody.load ( 'http://localhost/Test/Data/books.html' );
      yEvent.target.set ( 'text' , '再次加载' );
   } );
} );
```

2．加载局部 HTML 节点

load()实例方法不仅可以加载整个外部的数据源文档，还可以加载 HTML 格式源文档中的某个指定节点的内容，其需要使用 load()方法的第二个参数进行定义。这一特性可以帮助开发者有目的性地选择外部数据源中的数据。

例如，对上一示例中的 books.html 进行修改，为每个表格行添加一个 class 属性，依照图书的类型定义属性值，代码如下。

```
<tr class="office">
    <td>9787302251163</td>
    <td>Excel 2010 办公应用从新手到高手</td>
    <td>杨继萍、吴军希、孙岩</td>
    <td>45</td>
</tr>
<tr class="office">
    <td>9787302241812</td>
    <td>PowerPoint 2010 办公应用从新手到高手</td>
    <td>杨继萍、吴军希、孙岩</td>
    <td>43.8</td>
</tr>
<tr class="web">
    <td>9787302241799</td>
    <td>网页设计与制作 (CS5 中文版）从新手到高手</td>
    <td>杨敏、王英华</td>
    <td>49</td>
</tr>
<tr class="office">
    <td>9787302249580</td>
    <td>Visio 2010 图形设计从新手到高手</td>
    <td>杨继萍、吴军希、孙岩</td>
    <td>46</td>
</tr>
```

如果开发者仅仅需要加载办公方面的图书，则可以对 Javascript 进行略微修改，设置 load()方法的第二个参数值为 ".office"，代码如下。

```
YUI ().use ( 'node' , 'node-load' , function ( Y ) {
    var yNodeTableBody = Y.one ( '#book_table tbody' );
    var yNodeLoadButton = Y.one ( '#load_data' );
    //为加载按钮绑定鼠标单击事件
    yNodeLoadButton.on ( 'click' , function ( yEvent ) {
```

```
        //在事件中加载外部数据源，插入到表格主体中。
        yNodeTableBody.load
( 'http://localhost/Test/Data/books.html','.office' );
        yEvent.target.set ( 'text' , '再次加载' );
    } );
} );
```

然后，在用户单击加载按钮后，即可有选择性地加载数据源，仅显示三本与 Office 系列软件相关的图书。

3．处理加载回调

在上面的两个示例中，都是在加载数据语句开始执行时直接修改按钮标记的名称，将其名称修改为"再次加载"。在实际的开发中，如果加载的数据较多，速度较慢，很可能在数据尚未加载完成时按钮的名称已经修改完毕，造成按钮状态与加载进度不匹配的问题。

开发者可以再为 load() 方法添加第三个参数，即回调函数，确认加载成功完成之后再修改按钮的名称，其需要对代码进行略微修改，如下所示。

```
YUI ().use ( 'node' , 'node-load' , function ( Y ) {
    var yNodeTableBody = Y.one ( '#book_table tbody' );
    var yNodeLoadButton = Y.one ( '#load_data' );
    //为加载按钮绑定鼠标单击事件
    yNodeLoadButton.on ( 'click' , function ( yEvent ) {
        //在事件中加载外部数据源，插入到表格主体中。
        yNodeTableBody.load  ( 'http://localhost/Test/Data/books.html' ,
'.office' , function () {
            //将处理结果放到回调函数中
            yEvent.target.set ( 'text' , '再次加载' );
        } );
    } );
} );
```

以回调函数的方式来处理加载完成后的业务有很重要的意义，其可以有效地避免加载失败后的业务逻辑错误。关于更多复杂的加载处理，请参考之后相关小节。

11.2.2 获取动态数据

在 YUI 框架中，提供了对经典的 XMLHttpRequest 对象进行封装而形成的 IO 类。通过该类的属性和方法，开发者可以方便地获取远程服务器上的 XML 数据，将其加载和显示到 Web 文档中。

1．io() 方法

相比之前介绍的 load() 方法，IO 类的功能更加强大，也能够提供更多开发者自定义的配置，实现更复杂的异步数据交互。

在使用该类时，开发者需要加载该类对应的 io 模块。io 模块是 IO 类的完整支持模块，其包含了所有 IO 类的功能。在加载完成该模块后，开发者即可调用该类提供的全局方法 io()，通过指定的参数来获取动态数据。

io()全局方法本身包含非常复杂的参数设置，在用于处理简单的获取动态数据业务时，开发者可以通过以下方式来实现，如下所示。

```
Y.io ( URL , ConfigData ) ;
```

在上面的伪代码中，URL 关键字表示要获取的动态数据的数据源 URL 地址；Config 关键字为一个对象，用于配置 io()全局方法，定义该方法的具体数据交互模式。

ConfigData 对象是一个复杂的多维对象，其支持多种类型的属性，并允许在属性中以一些特殊的业务处理函数作为属性值，其常用属性如表 11-3 所示。

表 11-3　ConfigData 对象的基本属性

属性	作用	属性值	作用和说明
method	定义数据交互所采用的 HTTP 方法	GET POST	使用 HTTP Get 方法进行数据交互 使用 HTTP Post 方法进行数据交互
data	向服务器端传递的数据	键值字符串 队列字符串	'Key1=Value1&Key2=Value2' {Key1:Value1,Key2:Value2}，在使用此模式时需要加载 querystring-stringigy-simple 模块
headers	HTTP 请求的标头	对象	具体属性请参考之前相关小节的表格
on	定义数据交互过程中触发的事件		
context	为交互定义事件处理器函数的上下文		
form	自动处理指定 HTML 表单和值，将其作为交互的数据直接传输	id useDisabled	对应表单的 id 属性 设置为 true 时，将把禁用的字段值也作为数据传递
sync	定义是否以异步的方式处理	true false	以异步的方式处理，在交互完成前暂停所有代码执行 默认值，以同步的方式处理
timeout	毫秒值，定义交互的最大请求时间，逾期后将自动终止交互		

在了解以上属性之后，开发者即可利用这些属性来实现动态的异步数据交互。例如，要实现 PHP 脚本和 YUI 框架之间的简单数据通信，可在本地 Web 服务器下的"/Test/Services/"子目录下建立一个名为"test.php"的 PHP 脚本文件，并在其中输入以下内容，代码如下。

```php
<?php
header('Content-type: application/json');

$response = array();
if ( isset ( $_GET [ 'requestdata' ] ) && 'test'===$_GET [ 'requestdata' ] )
{
    $response [ 'title' ] = '测试 YUI 框架 IO 功能' ;
    $response [ 'data' ] = '在 YUI 框架中，提供了对经典的 XMLHttpRequest 对象进行
封装而形成的 IO 类，通过该类的属性和方法，开发者可以方便地获取远程服务器上的 XML 数据，
```

```
将其加载和显示到 Web 文档中。';
}
echo json_encode ( $response ) ;
?>
```

以上 PHP 脚本的作用就是先创建一个简单的数组，然后再检测前端向后端发送的 HTTP Get 请求，获取一个名为 requestdata 的键名，判断当该键名存在且其值为字符串 test 时，将指定的内容作为元素添加进数组中，然后再将该数组转换为 JSON 字符串，反馈给前端。关于 PHP 脚本的相关内容，请开发者自行查阅相关资料来学习。

然后，开发者即可在 Web 文档中创建两个 HTML 标记，用于接收异步交互传递而来的数据，如下所示。

```
<h1 id="page_title"></h1>
<p id="page_data"></p>
```

最后，开发者即可在 Javascript 脚本代码中调用 node 模块、io 模块以及用于处理 JSON 格式字符串的 json-parse 模块，编写异步数据交互的相关代码，如下所示。

```
YUI ().use ( 'node' , 'io' , 'json-parse' , function ( Y ) {
    Y.io ( '/Services/test.php' , {
        //定义向后端传递的参数数据
        data : 'requestdata=test' ,
        //定义异步请求的 HTTP 方法
        method : 'GET' ,
        //定义请求的处理事件
        on : {
            //判断当请求完成时执行的回调函数
            complete : function ( id , response ) {
                //判断当请求成功时
                if ( response.status >= 200 && response.status < 300 ) {
                    //调用转换程序，将反馈的 JSON 字符串转换为 Javascript 对象
                    ShowData ( Y.JSON.parse ( response.responseText ) );
                }
            }
        }
    } );
} );
```

在上面的代码中，调用了一个名为 ShowData()的自定义函数，该函数的作用就是读取转换后的对象，将其中包含的反馈结果输出到 Web 文档指定的标记中，以下为该自定义函数的代码。

```
function ShowData ( yResponse ) {
    var yNodeTitle = Y.one ( '#page_title' );
    var yNodeInfo = Y.one ( '#page_data' );
    yNodeTitle.setHTML ( yResponse.title );
```

```
            yNodeInfo.setHTML ( yResponse.data );
}
```

以上是一个从前端向后端提交数据请求，然后从后端获取数据，最终显示到前端的完整示例。YUI 框架不仅可以和 PHP 脚本进行前后端交互，其本身也支持诸如 C#、VBScript、Java 等后端编程语言。开发者完全可以通过这些语言为 YUI 框架的前端提供数据支持。

2. 交互的响应

在上一示例中，开发者可以注意到请求完成时执行的回调函数包含了两个参数，其中第一个参数为 id，是一个数字值，是当前执行的异步数据交互的唯一标识符。另一个参数名为 response，是一个从属于 YUI Response 类的对象实例，在上一示例中，通过该对象的 responseText 方法来获取后端程序反馈的结果。

YUI Response 类的作用是根据异步数据交互的请求，获取后端程序响应的各种信息，因此又被称作响应对象。这一对象支持以下几种属性，如表 11-4 所示。

表 11-4　响应对象的属性

属性	作用
status	数据交互事务的 HTTP 通信状态码，为一个整数
statusText	数据交互事务的 HTTP 通信消息
responseText	后端响应的数据结果字符串（通常为 JSON 格式）
responseXML	后端响应的数据结果 XML 结构代码

开发者可以通过响应对象的 status 属性来判断交互请求被 HTTP 协议处理的结果，并通过 statusText 将结果输出。如果后端反馈的结果是文本信息或 JSON 格式的字符串，开发者应通过 responseText 属性将其取出；而如果后端反馈的结果是 XML 结构代码，则开发者应通过 responseXML 属性将其取出。

虽然 YUI 框架的 Response 类支持处理两种类型的响应数据，但在实际开发中，绝大多数的 Web 项目都使用 JSON 格式的数据来实现前后端通信。

11.2.3　处理异常

在理想状态下，前端向后端服务器请求的所有数据都能够正常地被后端服务器处理，并反馈回来。但是理想状态并不常有，在实际开发中，开发者必须完善地考虑异步数据交互的所有异常情况，并针对这些异常情况进行处理，才能开发出完善的 Web 项目。

在 11.2.2 节中，已经介绍过 io()方法的 on 属性可以用来绑定多种类型的异步数据交互事件，这些事件最重要的作用就是用来处理异步交互的异常。io()方法的配置对象允许开发者定义包括之前使用过的 complete 事件在内的五种事件，即 start、complete、success、failure 以及 end 等，其分别表示数据交互开始、数据交互完成、数据交互成功、数据交互失败以及数据交互结束。根据这五种事件，开发者可以方便地对异步数据交互的每个步骤编写回调函数，结合响应对象的 status 属性，实现异常的快速处理。

例如，对之前加载两段文本信息的示例进行略微修改，添加各种事件处理的回调函数，即可实现事件异常的逐个监听，并返回异常信息，代码如下。

```javascript
Y.io ( '../Services/test.php' , {
    //定义向后端传递的参数数据
    data : 'requestdata=test' ,
    //定义异步请求的 HTTP 方法
    method : 'GET' ,
    //定义请求的处理事件
    on : {
        //判断当请求开始时执行的回调函数
        start : function ( id ) {
            console.log ( 'Load Start' );
        } ,
        //判断当请求完成时执行的回调函数
        complete : function ( id , response ) {
            console.log ( 'Load Complete' );
        } ,
        //判断当请求成功时执行的回调函数
        success : function ( id , response ) {
            //判断当请求成功时
            if ( response.status >= 200 && response.status < 300 ) {
                //调用转换程序，将反馈的 JSON 字符串转换为 Javascript 对象
                ShowData ( Y.JSON.parse ( response.responseText ) );
            }
        } ,
        //判断当请求失败时执行的回调函数
        failure : function ( id , responce ) {
            //根据 HTTP 请求号码输出错误信息
            switch ( response.status ) {
                case 400 :
                    console.log ( '请求无效' );
                    break;
                case 403 :
                    console.log ( '禁止访问' );
                    break;
                case 404 :
                    console.log ( '无法找到文件' );
                //......
            }
        } ,
        //判断当请求结束时执行的回调函数
        end : function ( id , response ) {
            console.log ( response.statusText );
        }
    }
```

```
} );
```

在上面的代码中，通过异步数据交互的五种步骤事件，依次判断了数据交互的开始、完成、成功、失败以及结束状态，并在数据交互失败的回调函数中定义了一个 switch 分支语句，通过判断响应对象的 status 属性值，实现异常的信息输出。实际开发中，开发者完全可以通过 DOM 操作将这些异常处理以可视化的方式展示给终端用户。

11.3　处理复杂数据

在之前的示例中，已经介绍过了通过 YUI 框架和简单的 PHP 脚本结合，从后端获取简单的两个字符串的方法。实际上，后端程序为前端提供的数据往往都是以复杂的多维数组或多层次对象的方式构成，因此，需要开发者了解进阶处理复杂动态数据的方法。

11.3.1　JSON 数据格式

JSON（JavaScript Object Notation，Javascript 对象描述规则）是一种基于 Javascript 脚本语言的轻量化数据交换格式，是 Javascript 第三版的一个子集。其采用完全独立于语言的文本格式，以及标准的多层次键值集合结构，这些特性使得其跨越了编程语言和开发平台，逐渐成为目前应用最广泛的数据交换语言。

JSON 结构的数据主要以键/值对的形式存在，其中值内又可以继续嵌套一个 JSON 格式的数据，若干键/值对之间是典型的嵌套结构，如下所示。

```
{
    Key1 : Value1 ,
    Key2 : { Key3 : Value3 ,
        Key4 : { ……
            }
        }
}
```

在上面的伪代码中，Key1、Key2、Key3 等关键字表示 JSON 结构中的键名；Value1、Value3 等关键字表示对应键名的值。在 JSON 格式中，所有的键和值如果为字符串，则都应以引号""""括起来。

在下面的代码中，就书写了一个典型的表示用户信息的 JSON 字符串，代码如下。

```
{
    "Name" : "Sera Chain" ,
    "Age" : "37" ,
    "Birthday" : "1977"
}
```

JSON 数据格式也可以存储数组之类的非键/值对结构数据，其需要以中括号"[]"的形式实现。例如，为以上的用户信息结构添加履历信息，代码如下。

```
{
    "Name" : "Sera Chain" ,
    "Age" : "37" ,
    "Birthday" : "1977" ,
    "Company" : [
        "China Telecom" ,
        "Tsinghua University" ,
        "Tsinghua University Press"
    ]
}
```

JSON 结构的数据定义十分灵活，在不同的主条目之间，记录的实际键/值对结构可以不一样，JSON 结构是完全动态的。

由于 JSON 结构与 Javascript 的结合相比 XML 更加紧密，且读写更加简单，如今其已经被广泛应用成为业界的标准，大有取代 XML 结构之势。YUI 框架内置了强大的 JSON 结构解析，其可以与后端程序配合，实现高效的异步数据交互。在处理复杂的动态数据时，必须使用到 JSON 数据格式。

YUI 框架提供了 Y.JSON.parse()的静态方法，用于将 JSON 格式的字符串转换为 Javascript 对象或数组，以供开发者进行调用。

11.3.2 JSON 数据格式的应用

JSON 数据格式相比纯文本内容，其可以存储更加复杂的数据结构，例如存储对象，或多列的由对象和数组混合组成的数据。

例如，在之前的加载静态数据实例中，采用了 XML 结构来存储图书信息列表。其包括四本图书数据，每本图书数据还包括图书的 ISBN 号、书名、作者和价格等属性信息，如表 11-5 所示。

表 11-5　后端程序提供的图书信息表

id	ISBN	书名	作者	价格
0	9787302251163	Excel 2010 办公应用从新手到高手	杨继萍、吴军希、孙岩	45
1	9787302241812	PowerPoint 2010 办公应用从新手到高手	杨继萍、吴军希、孙岩	43.8
2	9787302241799	网页设计与制作(CS5 中文版）从新手到高手	杨敏、王英华	49
3	9787302249580	Visio 2010 图形设计从新手到高手	杨继萍、吴军希、孙岩	46

开发者可以将这些信息存储到数据库中供 PHP 脚本读取，也可以用最简单的办法，在 PHP 脚本中直接定义数组，然后将数组转换为 JSON 字符串，输出给前端，代码如下。

```
<?php
header('Content-type: application/json');
$response = array();
```

```
if ( isset ( $_GET [ 'books' ] ) && 'all'===$_GET [ 'books' ] ) {
    $response = array ( '0' => array ( 'id' => '0' ,
            'isbn' => '9787302251163' ,
            'title' => 'Excel 2010办公应用从新手到高手' ,
            'author' => '杨继萍、吴军希、孙岩' ,
            'price' => '45' ) ,
        '1' => array ( 'id' => '1' ,
            'isbn' => '9787302241812' ,
            'title' => 'PowerPoint 2010办公应用从新手到高手' ,
            'author' => '杨继萍、吴军希、孙岩' ,
            'price' => '43.8' ) ,
        '2' => array ( 'id' => '2' ,
            'isbn' => '9787302241799' ,
            'title' => '网页设计与制作(CS5中文版)从新手到高手' ,
            'author' => '杨敏、王英华' ,
            'price' => '49' ) ,
        '3' => array ( 'id' => '3' ,
            'isbn' => '9787302249580' ,
            'title' => 'Visio 2010图形设计从新手到高手' ,
            'author' => '杨继萍、吴军希、孙岩' ,
            'price' => '46' ) ) ;
}
echo json_encode ( $response ) ;
?>
```

通过 PHP 脚本的 json_encode()方法,可以将以上的数组转换为一个 JSON 格式的字符串,再将该字符串传递到前端脚本。

在 Web 文档中插入一个表格标记,设置表格标记的 id 属性值为 "book_table",再在表格中插入表格的标题、标头以及脚注中的按钮,用于显示从后端获取的数据,代码如下。

```
<table id="book_table">
    <caption>图书列表</caption>
    <thead>
        <tr>
            <th>序号</th>
            <th>ISBN</th>
            <th>标题</th>
            <th>作者</th>
            <th>售价</th>
        </tr>
    </thead>
    <tfoot>
        <tr>
            <td colspan="5">
                <button type="button" id="load_data">加载数据</button>
```

```
            </td>
        </tr>
    </tfoot>
    <tbody>
    </tbody>
</table>
```

然后，开发者即可使用 YUI 框架加载 node 模块、io 模块以及 json-parse 模块，创建加载按钮的实例，并编写异步数据交互的脚本，代码如下。

```
YUI ().use ( 'node' , 'io' , 'json-parse' , function ( Y ) {
    var yNodeLoadData = Y.one ( '#load_data' );
    yNodeLoadData.on ( 'click' , function ( yEvent ) {
        Y.io ( '../Services/book.php' , {
            //定义向后端传递的参数数据
            data : 'books=all' ,
            //定义异步请求的 HTTP 方法
            method : 'GET' ,
            //定义请求的处理事件
            on : {
                //判断当请求完成时执行的回调函数
                complete : function ( id , response ) {
                    //判断当请求成功时
                    if( response.status >= 200 && response.status < 300 ){
                        //将 HTML 代码输出到 Web 文档中
                        InsertData (
                            //将数组转换为 HTML 代码
                            TransData (
                                //将 JSON 字符串转换为 Javascript 数组
                                Y.JSON.parse ( response.responseText ) ) );
                    }
                }
            }
        } );
    } );
});
```

在上面的代码中，调用了两个自定义方法 TransData()和 InsertData()，其作用分别是将由 JSON 格式字符串转换成的数组再次转换为 HTML 代码，以及将 HTML 代码输出到 Web 文档中。

其中，TransData()方法较为复杂，其需要首先创建一个模板字符串，将 HTML 格式代码以及替换通配符整合到一个字符串中，然后再遍历 JSON 字符串转换而成的数组，使用 Y.Lang.sub()方法进行快速替换，然后输出结果，代码如下。

```
function TransData ( yResponse ) {
    //初始化模板字符串
```

```
var strTemplate = '<tr>';
strTemplate += '<td>{id}</td>';
strTemplate += '<td>{isbn}</td>';
strTemplate += '<td>{title}</td>';
strTemplate += '<td>{author}</td>';
strTemplate += '<td>{price}</td>';
strTemplate += '</tr>';
var strHTML = '';
//遍历 JSON 字符串转换而来的数组
Y.Array.each ( yResponse , function ( book , index ) {
    //定义匹配替换的对象
    var objReplace = { id : book.id ,
        isbn : book.isbn ,
        title : book.title ,
        author : book.author ,
        price : book.price };
    //输出匹配替换后的结果
    strHTML += Y.Lang.sub ( strTemplate , objReplace );
} );
//返回字符串
return strHTML;
}
```

最后，开发者需要编写自定义函数 InsertData，将获取的 HTML 代码字符串插入到 Web
文档中，代码如下。

```
function InsertData ( html ) {
    var yNodeDataTableBody = Y.one ( '#book_table tbody' );
    yNodeDataTableBody.setHTML ( html );
}
```

复杂数据的处理，最重要的就是了解数据的格式和结构，然后根据数据的具体类型（例
如对象或数组）来采用对应的方式遍历，输出为 HTML 数据。以上示例仅仅是针对一个简
单的多维数据结构，在实际开发中，开发者会遇到更多复杂的结构，届时需要开发者认真
研究数据的具体结构，然后针对具体情况决定处理的方式。

11.4　提交数据和文件

异步数据交互分为两种类型：一种类型如之前的实例一样，是前端发出请求，向后端
请求数据，由后端提供数据发送给前端，再由前端来处理；而另一种类型则是前端主动向
后端提交数据，由后端将数据处理后存储到数据库中。

之前的实例更多的是采用 HTTP Get 方法来实现，但是如果需要前端向后端发送大量
数据或发送需要加密的数据，则必须依赖 HTTP Post 方法。YUI 框架的 io() 方法本身对这

两种数据交互方式都支持，但是在提交数据时，开发者还是需要了解更多的实用技巧。

11.4.1 提交表单组件

表单是重要的交互组件，其承载着 Web 项目从终端用户处获取各种输入信息以及选择项目状况的重任。传统的 Web 开发中，表单组件数据的提交通常以同步刷新页面的方式实现。

在原生的 Javascript 和 HTML DOM 中，虽然也可以提供异步提交的解决方案，但是其需要开发者自行编写表单提交的脚本，从每一个表单组件中读取数据，拼接队列字符串，然后再将该字符串以 HTTP Post 的方式传输到服务器中。

这种方式十分繁琐，因此，YUI 框架封装的 io()方法为用户提供了一种全新的便捷表单提交方式——快速表单。该提交方式需要开发者定义表单标记 FORM 的 id 属性，然后即可通过 YUI 框架的 io()方法配置参数中的 id 属性值，其方式如下。

```
Y.io ( URL , { method : Method ,
    form : { id : FormNode } ,
    //……
}
```

在上面的伪代码中，URL 关键字表示表单提交的 URL 地址；Method 关键字表示提交的 HTTP 方法，在此推荐 HTTP Post 方法；FormNode 关键字表示要提交的表单 YUI Node 节点实例。

使用 YUI 框架的快速表单机制，开发者可以直接调用整个表单中所有标签标记 LABEL、输入组件 INPUT、选择组件 SELECT 和文本区域组件 TEXTAREA 等标记的 name 属性，然后将 name 属性和这些标记的值以 HTTP Post 方法提交。

例如，在 Web 文档中存在一个 id 属性值为"signup"的表单标记 FORM，其中包含了若干表单组件，每个表单组件都有一个唯一的 name 属性值，代码如下。

```
<form id="signup" method="post" action="../Services/signup.php">
  <p>
    <label>账户:</label>
    <input type="text" name="account" value=""/>
  </p>
  <p>
    <label>密码:</label>
    <input type="password" name="password" value=""/>
  </p>
  <p>
    <label>确认:</label>
    <input type="password" name="check_password" value=""/>
  </p>
  <p>
    <label>电话:</label>
```

```
        <input type="text" name="cellphone" value=""/>
    </p>
    <p>
        <label>邮件:</label>
        <input type="text" name="email" value=""/>
    </p>
    <p>
        <button type="submit">提交</button>
    </p>
</form>
```

在 Javascript 脚本中首先加载 YUI 框架的 io-form 模块、node 模块以及 json-parse 模块，然后将整个表单转换为 YUI Node 实例，代码如下。

```
YUI ().use ( 'io-form' , 'node' , 'json-parse' , function ( Y ) {
    var yNodeSignupForm = Y.one ( '#signup' );
});
```

编写一个自定义方法 Signup，首先阻止默认的表单提交行为，再通过 YUI 框架的全局单变量调用 io()方法，设置提交的 URL 地址，并配置异步数据交互的信息，代码如下。

```
function Signup ( yEvent ) {
    yEvent.preventDefault ();
    Y.io ( '../Services/signup.php' ,
        //定义异步提交的属性
        {
            //设置为 POST 提交方式
            method : 'POST' ,
            //绑定提交的表单
            form : { id : yNodeSignupForm } ,
            //处理表单提交完成后的事件
            on : {
                complete : function ( id , response ) {
                    //隐藏提交表单
                    yNodeSignupForm.hide ();
                    //使用自定义函数处理提交后的结果数据
                    ShowResult (
                        TransResult (
                            Y.JSON.parse ( response.responseText ) ) );
                }
            }
        }
    );
}
```

编写处理反馈信息的自定义方法 TransResult()，建立处理的 HTML 模版，然后创建匹配对象，将模版中的预置信息替换为最终的 HTML 代码，然后返回，代码如下。

```
function TransResult ( yResponse ) {
    var strHTML = '';
    var strTemplate = '<table id="signup_info">';
    strTemplate += '<caption>注册信息</caption>';
    strTemplate += '<thead>';
    strTemplate += '<tr>';
    strTemplate += '<th>名称</th>';
    strTemplate += '<th>内容</th>';
    strTemplate += '</tr>';
    strTemplate += '</thead>';
    strTemplate += '<tfoot>';
    strTemplate += '</tfoot>';
    strTemplate += '<tbody>';
    strTemplate += '<tr>';
    strTemplate += '<th>账户</th>';
    strTemplate += '<td>{account}</td>';
    strTemplate += '</tr>';
    strTemplate += '<tr>';
    strTemplate += '<th>密码</th>';
    strTemplate += '<td>{password}</td>';
    strTemplate += '</tr>';
    strTemplate += '<tr>';
    strTemplate += '<th>确认</th>';
    strTemplate += '<td>{check_password}</td>';
    strTemplate += '</tr>';
    strTemplate += '<tr>';
    strTemplate += '<th>电话</th>';
    strTemplate += '<td>{cellphone}</td>';
    strTemplate += '</tr>';
    strTemplate += '<tr>';
    strTemplate += '<th>邮件</th>';
    strTemplate += '<td>{email}</td>';
    strTemplate += '</tr>';
    strTemplate += '</tbody>';
    strTemplate += '</table>';
    var objReplace = {
        account : yResponse.account ,
        password : yResponse.password ,
        check_password : yResponse.check_password ,
        cellphone : yResponse.cellphone ,
        email : yResponse.email
    }
    strHTML = Y.Lang.sub ( strTemplate , objReplace );
```

```
    return strHTML;
}
```

然后，编写输出显示结果的自定义函数 ShowResult()，将字符串创建为一个新的 YUI Node 节点实例，然后将其插入到 Web 文档中，代码如下。

```
function ShowResult ( html ) {
    var yNodeInfo = Y.Node.create ( html );
    Y.one ( 'body' ).append ( yNodeInfo );
}
```

最后，为提交按钮绑定鼠标单击事件，执行 Signup()自定义函数，即可完成实例。使用 YUI 框架的快捷表单提交机制，开发者可以用更少的 HTML 结构代码以及更少的 Javascript 脚本代码来实现快速异步数据提交，使整个开发更加简单，免去了拼接大量表单值字符串的烦恼。

11.4.2　上传文件

之前已经介绍过使用 YUI 框架的快速表单机制来实现数据的快速提交，但是这种快速提交机制本身是有限制的，其可以支持绝大多数表单组件——除了 type 属性值为 file 的输入组件以外。

type 属性值为 file 的输入组件主要用于实现文件的上传。在传统的同步数据交互模式下，这一组件完全可以满足开发者的需求。但是在异步交互模式下，出于安全原因，Web 浏览器的 Javascript 和 HTML DOM 不能访问除 Cookie 以外的客户端文件，即便是访问 Cookie 也存在有诸多的限制，因此 Web 浏览器不能直接通过 XMLHttpRequest（XHR）请求以 HTTP Post 方法发送客户端上传文件的数据。

在一些较新的 Web 浏览器中，YUI 框架目前支持通过 File 接口将文件读取到内存中然后再提交服务器，但是在较旧版本的 Web 浏览器中，YUI 框架只能通过创建隐藏的嵌入帧标记 IFRAME 的方式，在该嵌入帧中实现文件的传输。

好在 YUI 框架将这一过程完全封装起来，协调成为一个统一的对开发者开放的接口，以简化的开发方式帮助开发者实现数据的传输。

为 io()方法添加上传文件的支持只需要开发者为 io()方法添加"upload:true"的开关，调用 YUI 框架的 io-upload-iframe 模块即可用最简单的方式解决这个问题，其需要为 io()方法的配置参数的 form 属性新增一个 upload 子属性，定义属性值为逻辑真（TRUE），方式如下。

```
Y.io ( URL , { method : Method ,
    form : {
        id : FormNode ,
        upload : true
    } ,
    //……
}
```

在上面的伪代码中，URL 关键字表示表单提交的 URL 地址；Method 关键字表示提交的 HTTP 方法，在此推荐 HTTP Post 方法；FormNode 关键字表示要提交的表单 YUI Node 节点实例。

例如，在 Web 文档中创建表单，添加隐藏域定义上传文件的尺寸，然后添加上传域和上传按钮等组件，代码如下。

```
<form id="avator_upload" method="POST" action="../Services/file_upload.
php" enctype="multipart/form-data">
    <p id="uploader">
        <input type="hidden" name="MAX_FILE_SIZE" value="20000"/>
        <label>上传头像:</label>
        <input type="file" name="avatar"/>
        <button type="submit">上传</button>
    </p>
    <p id="feedback"></p>
</form>
```

在使用 YUI 框架封装的文件上传功能时，同时也需要服务端脚本做出支持，接受文件，并做出反馈。例如，同样使用 PHP 技术来实现文件的捕获和反馈，代码如下。

```
<?php
header('Content-type: application/json');
$response = array();
if ( isset ( $_FILES [ 'avatar' ] ) ) {
    $response [ 'name' ] = filter_var ( $_FILES ['avatar']['name'] ,
FILTER_SANITIZE_STRING );
    $response [ 'size' ] = $_FILES ['avatar']['size'] ;
}
echo json_encode ( $response );
?>
```

在上面的代码中，同样建立了一个名为 response 的数组，并判断 PHP 文件上传对象是否存在，如果该对象存在，则将该对象中包含的上传文件名和尺寸信息传递给 response 数组，并反馈给前端。

在 Javascript 脚本中依次加载 node 模块、io-form 模块、io-upload-iframe 模块（用于旧版本 Web 浏览器的支持，以及 json-parse 模块，然后即可创建表单组件的节点实例，编写文件上传的自定义函数，处理上传事务，代码如下。

```
YUI ().use ('node','io-form','io-upload-iframe','json-parse',function
( Y ) {
    var yNodeForm = Y.one ( '#avator_upload' );
    function UploadAvatar ( yEvent ) {
        yEvent.preventDefault ();
        Y.io ( '../Services/file_upload.php' ,
            {
```

```
            method : 'FILE' ,
            form : {
                id : yNodeForm ,
                upload : true
            } ,
            on : {
                complete : function ( id , response ) {
                    ShowData (
                        TransData (
                            Y.JSON.parse ( response.responseText )
                        )
                    );
                }
            }
        } );
    }
    Y.on ( 'submit' , UploadAvatar , '#avator_upload' );
} );
```

然后，开发者即可着手编写处理 JSON 数据的 TransData()自定义函数以及用来显示上传结果的 ShowData()自定义函数，代码如下。

```
function TransData ( yResponse ) {
    var strHTML = '';
    strHTML += '已上传头像文件';
    strHTML += yResponse.name;
    strHTML += ',文件尺寸为';
    strHTML += Math.round ( file.size / 1024 / 1024 * 1000 ) / 1000;
    strHTML += 'MB';
    return strHTML;
}


function ShowData ( html ) {
    var yNodeFeedback = Y.one ( '#feedback' );
    yNodeFeedback.setHTML ( html );
}
```

在实际开发中，YUI 框架的上传文件处理机制在一些较旧版本的 Web 浏览器中需要额外追加更多模块和资源，也会消耗更多 Web 浏览器的运算资源。因此除非提交表单中必须实现文件上传功能，否则请勿将以上功能与其他非上传表单混用。

11.5　小　　结

异步数据交互是前端脚本和后端程序之间数据交互的重要方式，其具有降低服务器压力、提升用户体验等诸多优越性，因此在前端开发中得到了越来越多的应用。

　　YUI 框架对原生的 Javascript 和 HTML DOM 进行了深度的封装和定制，以简化的 API 接口来为开发者提供更加简单便捷的数据交互体验，降低了开发者的编码压力，规避了很多调试和测试的困难。

　　本章作为全书的结尾，详细探讨了 HTTP 协议、传统的同步数据交互以及异步数据交互之间的关系和差异，然后，针对 YUI 框架深入地介绍了显示数据、处理异常、处理复杂数据以及提交数据和文件等异步数据交互的重要功能。在学习了本章内容之后，前端开发者们可以通过本章中提供的各种典型案例来深度了解 YUI 框架的异步数据交互机制，更好地与后端开发者配合，共同实现完整的 Web 项目。